어류생리학

BIOSCIENCE 도서출판 바이오사이언스(주)

머 리 말

1977년에, 「魚類生理學槪論」(田村 保編)이 어류생리학의 입문서로 25년 전에 간행되고 나서, 어류생리학분야에 있어서 기초지식의 보급에 큰 공헌을 해왔다. 그러나, 최근, 어류생리학의 연구가 상당히 진전되어 새로운 사실이 계속해서 집적되면서 새로운 입문서의 간행이 필요하게 되었다. 신간을 출판할 때에는 젊은 현역의 선생님들에게 집필을 하도록 하자는 어류생리학개론의 저자분들의 뜻을 따라, 본 출판에 있어서는, 본인이 편집을 맡고, 젊은 선생님들을 중심으로 집필을 부탁하였다. 쾌히 집필을 수락해준 젊은 연구자들께 감사드린다.

이 책은 수산분야의 대학에서 어류생리학을 처음으로 배우는 학부학생들을 대상으로 했다. 또한, 대학원 석사과정의 입학시험을 준비하기 위해 어류생리학을 배우는 학생들에게도 도움이 되었으면 한다. 본 책의 특색의 하나는, 총론을 시작으로, 어체를 구성하고 있는 단위안 세포, 조직 그리고 기관에 관해서 개설하고, 더욱이 개체 레벨의 생리현상을 유기적으로 조절하는 생체제어계와, 그 기능에 크게 연관되어 있는 온도와 빛 등의 물리화학적 환경과 생물학적 환경의 영향에 관해서 서술한 것이다. 또한, 변태, 대사 그리고 생체방어의 장도 새롭게 추가했다. 총론과 각론을 통해서, 어류생이학을 체계적으로 습득할 수 있다면 더 할 수 없는 기쁨이겠다. 이 책을 교재나 참고서로서 사용하여, 불충분하거나 어려운 점도 많을 것으로 생각된다. 허심탄회한 의견과 비판을 기다리면서, 출판에 애써주신 恒星社 厚生閣의 佐竹久男님과 小浴正博님께 심심한 감사를 드린다.

會田 勝美
Katsumi Aida

역자의 말

어류 생리학은 어류의 독특하고 다양한 기능을 이해하는데 필수적인 학문이며, 더욱이 어류 양식이나 질병의 치료 등 어류와 관련된 학문을 공부하기위해서는 기본적으로 다루어야 할 분야이다. 최근 물리학, 화학의 발달에 힘입어 생화학, 분자 생물학 분야가 눈부시게 발달하면서 생명현상을 연구하는 방법론이 첨단화 되고 이와 더불어 동물 생리학의 연구에 있어서도 생화학, 분자생물학 그리고 세포생물학적인 측면에서 그 원리를 구명하려는 방향으로 나아가고 있어 생리학은 모든 분야의 기본 학문으로 자리매김을 하고 있다.

우리나라는 삼면이 바다로 둘러 쌓여있어 일찍이 어류 양식과 이와 관련된 학문분야가 발달하여 해양생물과 양식 관련학과가 십여개에 이르며, 그동안 이곳에서 수많은 전문가들이 배출되어 우리나라의 어류양식 기술을 세계적인 수준으로 올려놓았다. 이처럼 어류양식 등 어류와 관련되 학문 분야가 발달해 왔음에도 불구하고 우리나라에서는 어류생리학에 관한 책이 출간된 바가 없어 어류를 대상으로 처음 공부하는 대학 학부생이나 어류 양식 전문가들이 어류에 대한 생리학적 지식을 습득하는데 알맞은 서적이 없어 적지 않은 어려움이 있어왔다.

지난해 본 역자들이 일본 Mie에서 열린 제4회 국제 어류생리화학 학회에 참가하게 되어 우리나라의 어류생리학의 발전을 위한 의견을 나누던 중, 우선 한국어판 어류생리학 입문서의 출간 필요성을 개진하게 되었다. 마침 그곳에서 몇몇 역자의 지도교수였던 동경대학의 會田 勝美교수를 만나 어류생리학에 대한 저서 출간에 대한 조언을 듣던 중에 대표저자로 최근에 출간한 " 魚類生理學の基礎"에 대하여 알게 되었고, 또한 이 책의 역서 출간 허락도 얻을 수 있게 되었다.

본서의 대표 저자인 會田 교수는 백여편의 어류생리학 관련 논문을 유명학회지에낸 어류생리학의 세계적인 권위자이고, 공동 집필자의 대부분이 같은 대학 연구실 출신으로 일본에서 어류생리학 분야의 주역들이다. 이들은 이미 " 魚類生理學", "魚類生理學概論"이라는 저서를 집필한 바가 있으며, 2002년에 대학교 학부생을 위한 교재의 필요성에 의해 본 저서를 출간하게 되어 현재 일본에서는 대학 교재로 널리 사용되고 있는 책이다.

본서를 이미 어류관련 전문가를 위해 출간한 "魚類生理學"의 방대한 내용 중에 수산학을 공부하는 학부 학생들이 어류에 관련된 여러 분야를 공부하는데 기본으로 알아야할 내용을 발췌하여 학부수준에 알맞도록 집필하였으며, 그동안 새롭게 밝혀진 생리학적 내용을 첨가함으로서 최신 어류생리학으로 손색이 없도록 저술하였다.

이 역서가 나올 수 있도록 허락해주시고 많은 조언과 편의를 제공해주신 일본 동경대학의 會田 勝美교수와 恒星社 厚生閣의 佐竹久男 사장님께 감사를 드리며, 수정 · 편집 과정에 있어서 노력을 아끼지 않으신 국립수산과학원 김대중 박사와 김명희 박사에게 감사드리고, 역서의 출간에 적극 협조해 주신 바이오사이언스의 문정구부장님께도 감사드린다.

2007년 2월

역자대표 한 창 희

집필자 소개

* 會田勝美 1944년 출생, 東京大學大學院 (農學博士)
현재, 東京大學大學院農學生命科學研究科 教授

足立伸治 1956년 출생, 北海道大學水産學部 (水産學博士)
현재, 北海道大學大學院水産科學科 助教授

植松一眞 1952년 출생, 東京大學大學院 (農學碩士)
현재, 廣島大學大學院生物圏科學研究科 教授

金子豊二 1956년 출생, 東京大學大學院 (農學博士)
현재, 東京大學大學院農學生命科學研究科 助教授

神原　淳 1958년 출생, 廣島大學大學院 (農學碩士)
현재, 三重大學生物資源學部生物圏生命科學科 教授

小林牧人 1956년 출생, 東京大學大學院 (農學博士)
현재, 國際基督敎大學敎養學部理學科生物學敎室 準敎授

鈴木　讓 1948년 출생, 東京大學大學院 (農學博士)
현재, 東京大學大學院農學生命科學研究科附屬水産實驗所 教授

塚本勝巳 1948년 출생, 東京大學大學院 (農學博士)
현재, 東京大學海洋研究所 教授

難波憲二 1941년 출생, 東北大學大學院 (農學碩士)
현재, 廣島大學大學院生物圏科學研究科 教授

三輪　理 1958년 출생, 東京大學農學部卒 (農學博士)
현재, 獨立行政法人 水産總合研究센터 養殖研究所病理部組織病理研究室長

渡部終五 1948년 출생, 東京大學大學院 (農學博士)
현재, 東京大學大學院農學生命科學研究科 教授

* 편집자

역 자 소 개

강 석 중 부산수산대학졸 (이학박사)
경상대학교 해양과학대학 (현재)

권 혁 추 일본 북해도대학 수산학연구과 (수산학박사)
선문대학교 해양생명과학과 (현재)

김 대 중 일본 동경대학 농학생명과학연구과 수권생물학전공 (농학박사)
국립수산과학원 양식과학부 (현재)

김 명 희 일본 동경대학 농학생명과학연구과 수권생물학전공 (농학박사)
동의대학교 생명과학부강사 (현재)

김 윤 동의대학교 생물학과졸 (이학박사)
국립수산과학원 양식과학부장 (현재)

손 영 창 일본 동경대학 농학생명과학연구과 수권생물학전공 (농학박사)
강릉대학교 해양생명공학부 (현재)

여 인 규 일본 북해도대학 수산학연구과 (수산학박사)
제주대학교 해양과학대학 (현재)

전 중 균 일본 동경대학 농학계연구과 수산학전공 (농학박사)
강릉대학교 해양생명공학부 (현재)

한 창 희 일본 동경대학 농학계연구과 수산학전공 (농학박사)
동의대학교 생명과학부 (현재)

최신 어류의 생리학 목차

제1장 총　론

여러 가지 생체기능을 요소론적으로 해석하여 생체로서의 제어기구를 해명하는 것이 생리학(physiology)이다. 생체는 어떻게 구성되어져 있는 것일까, 제각기 어떠한 기능을 가지고 있는 것일까, 그것들은 서로 어떻게 연대해서 개체로써의 기능을 발휘하고 있으며 혹은 환경이나 타 개체와 어떠한 관계를 유지하며 생체기능을 발휘하고 있을까.

수산학의 목적이 물에 서식하는 생물, 특히 어류가 가지는 기능을 고도로 이용하는 것인 이상 어류의 생리 기능을 상세히 연구하는 것은 매우 중요하다. 본서는 수산학의 여러 분야를 배우려는 학부학생을 주된 독자로 생각하고, 어류생리학의 전체상을 제시하고자 하는 것이 목적이다. 이 장은 총론으로 어류의 몸을 구성하고 있는 요소를 개설하여, 개별의 생리현상에 공통으로 존재하는, 혹은 그것들을 연결하는 요소로써 생체제어계나 그 기능에 크게 연관되는 온도나 광주기등의 영향에 대해서 다룬다.

본서는 어류를 대상으로 하고 있다. 분류학적으로 어류 (Pisces) 라고 하면 무악류 (無顎類; 圓口類)는 제외되지만, 편의상 그것도 포함해 넓은 의미의 어류로써 다루는 경우가 많다. 무악류에는 먹장어나 칠성장어 무리가 존재하지만 무악류는 턱이 없기 때문에 섭이효율이 나쁘고, 생존경쟁에 실패하여 대부분은 데본기 말기에 전멸했다고 한다. 곧 턱을 가진 어류가 왕성하게 되었지만 현재까지 계속해서 번성하고 있는 것은 연골어류 (軟骨魚類)와 경골어류 (硬骨魚類)이다. 현존하는 연골어류는 전두류(全頭類; 은상어류)와 판새류 (板鰓類; 상어 · 가오리류)이다. 경골어류는 현재 가장 번성하고 있는 무리로, 폐어류, 총기류 (總鰓類), 조기류로 분류된다. 폐어류는 공기호흡에 적응하여 세력을 넓혔지만 현재에는 소수 종만이 서식하고 있을 뿐이다. 총기류도 공기호흡하는 것이 가능하지만, 거의 백악기까지 전멸하여 시라칸스만이 현재까지 존재하고 있을 뿐이다. 조기류는 경골어류를 대표하는 무리로, 철갑상어가 속하는 연질류, 아미아가 속하는 전골류, 청어, 농어, 참돔등 대부분의 어류가 속하는 진골류로 구성되어 있다. 그 중에서도 진골류는 가장 번성하고 있는 어류며, 통상 물고기라고 지칭하는 경우 진골류를 나타내는 경우가 많다. 이처럼 어류는 여러갈래로 나뉘어 진화하여 왔기 때문에 생리 · 생태의 다양성은 다양하지만, 여러 공통성이 존재한다고 하여 그냥 어류 혹은 물고기로써 취급하는 것은 위험하다. 그래서 본서에서는 가능한 앞에서 기술한 것처럼 분류군 혹은 어종명을 나타내어 각각의 생리기능을 기술하였다. 다만 진골류에 관한 연구성과가 많이 축적되어 있고, 또한 수산에서도 중요 어종을 포함하고 있기 때문에 기술하는 대부분은 진골류에 관한 것이라는 것을 미리 알려주고 싶다.

§1. 세 포 (細胞)

세포 (Cell)는 생물체의 구성단위이다. 단세포 생물에서는 하나의 세포 그것 자체가 생명체이지만, 다세포 생물은 다종다양한 세포 통제를 받는 하나의 조화있는 집단이라 말할 수 있다. 이러한 생체내에서 동일 계통의 세포와 그곳에서 생산된 세포간 물질에서 특정한 생리적 기능에 대해서 분화를 하고 있는 형태학적 단위를, 상피, 근육, 신경 등의 조직 (tissue) 이라 한다. 그리고 이러한 조직이 모여, 어떤 일정의 기능을 가진 독립된 집단이 기관 (organ)이며, 조직, 기관이 서로 조화를 가지고 개체를 형성한다.

생체내에는 형태학적, 기능적으로도 다종다양한 세포가 있지만, 세포는 공통된 기본적인 구성을 가지고 (그림 1-1), 대사, 증식 등의 기능을 담당한다.

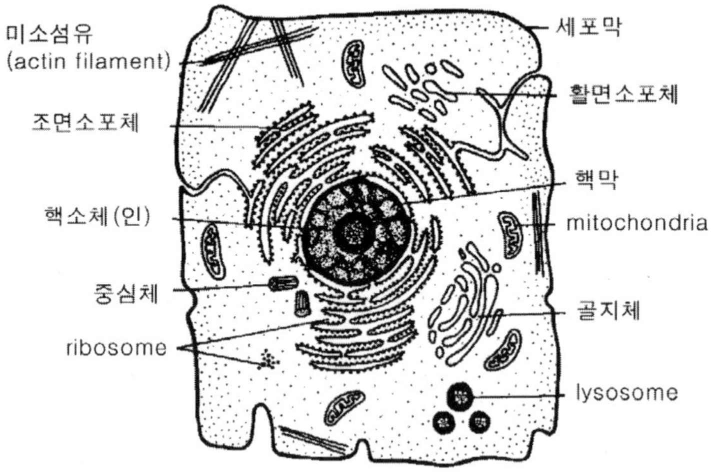

그림 1-1 동물세포의 구조

1-1 세포의 구성

동물세포는 세포막에 의해 둘러싸여 있는 독립된 단위로써 존재한다. 세포내용물은 유전 정보를 유지하는 역할을 담당하는 핵 (nucleus)과 여러 가지 기능을 담당하는 세포질 (cytoplasm)로 나뉘어져 있지만, 양자를 합쳐서 원형질 (protoplasm)이라 부른다.

세포막 (cell membrane)은 인지질의 이중층이라는 기본구조를 가진다. 이 막에 부가된 단백질이나 당은 세포의 성질을 결정하고 물질 투과등의 기능을 담당하는 중요한 역할을 가지고 있다. 세포막은 막계 세포소기관의 막과 완전히 같은 기본 구조를 가지고 있어, 합쳐서 생체막이라고 부른다.

핵의 형태는 세포의 분열에 따라 크게 변화하지만, 보통은 거의 구형으로 세포내의 소포체 (endoplasmic reticulum)와 연락을 가진 핵막 (nuclear membrane)으로 둘러싸여 있다. 핵에는 유전자 (gene)의 본체인 DNA가 유지 되어져 있어, 분열할 때 유전정보를 다음세대에 전달해 줄 뿐만 아니라 세포가 지닌 특유의 기능을 지배하고 있다. 핵에 있는 인 (nucleolus, 핵소체)에는 RNA (ribonucleic acid)와 단백질 (protein)이 포함되어 있어 리보좀 (ribosome)합성에 관여하고 있다.

세포질중에는 많은 세포 소기관 (cell organella)이 존재한다. 그 대부분은 막으로 둘러싸여진 구조를 가지며, 한 장의 막에 의해 둘러싸인 단막계 세포 소기관과 복수의 막으로 둘러싸여져 있는 복막계 세포 소기관으로 나뉘어진다.

소포체는 한층의 막으로 둘러싸여진 평편한 주머니 모양의 구조체로, 복잡한 형태를 하고 있다. 소포체에는 리보좀이 부착하고 있는 조면소포체 (rough-surfaced endoplasmic reticulum)와 부착하고 있지 않는 활면소포체 (smooth-surfaced endoplasmic reticulum) 2종류가 있다. 리보좀은 단백질 합성에 필요한 구조체로, mRNA 염기배열에 따라서 리보좀 위에서 폴리펩티드쇄의 합성이 이루어진다. 소포체 기능중 단백질의 세포내 수송이 있어, 내강을 거쳐 골지체 (Golgi body or Golgi apparatus)까지, 또 세포외로 운반하여 배출한다. 골지체는 소포체와 마찬가지로, 단막계의 세포소기관으로 편평 층상구조를 가진다. 당쇄의 첨부등의 단백질 꾸밈이나 분비과립 형성등의 복막계 세포소기관에는 미토콘드리아 (mitochondrion)가 있다. 외측을 뒤덮고 있는 외막과 내측에서 크리스테 (cristae)라는 주름상의 구조를 형성하는 내막으로 나뉜다. 미토콘드리아는 세포에 있어서 에너지 생성을 위한 소기관으로, citric acid 회로, 전자전달, 산화적 인산화에 필요한 효소군, 지방산의 β산화계 등의 효소군을 가지고 있다. 이것에 의해 pyrubic acid, amino acid, 지방산을 이용해서 인산과 ADP에 의해 ATP을 생성하여 세포내에 에너지를 공급하고 있다.

그 외 세포내에는 세포내 소화에 관한 lysosome, 세포의 운동이나 세포내 과립의 이동이나 세포분열에 관여하여 세포골격을 형성하는 미소관 (microtuble), 미소섬유 (microfilament)등 여러가지 성분이 존재하여 세포 특유의 기능을 발휘하게 된다.

1-2 세포의 화학적 성질

세포를 구성하는 분자는 대부분 물, 당질 (carbohydrate), 아미노산 (amino acid)과 단백질 (protein), 뉴크레오타이드 (nucleotide)와 핵산 (nucleic acid), 지질 (lipid)로 나뉘고, 그 외 무기성분으로 K, Mg, Na, Ca, Zn, Fe, Cl, SO_4, CO_3, PO_4 등이 이온 또는 단백질, 당, 지질등과 결합하는 형태로 존재한다. 그 중에서 물이 가장 다량으로 존재하는 성분으로 70% 내지 80 %를 차지한다.

당질은 세포내에서 에너지 대사의 기질로써 저장되는것 이외에 세포의 구조 유지등의 역할을 담당하고 있다. glucose등의 단당류, 소수의 단당에서 유래하는 소당류, 에너지원으로써 저장되는 glycogen등의 다당류가 있다.

아미노산은 아미노기 (NH_2)와 카르복실기 (-COOH)를 가진 화합물의 총칭이다 (그림 1-2). 생체를 구성하는 주요한 아미노산은 20종류가 있고, 그 대부분은 동물 자신이 합성할수 없기에 음식물로써 섭취해야 된다. 단백질은 이러한 아미노산이 peptide 결합에 의해 다수결합한 것으로 그 배열에 의해 구

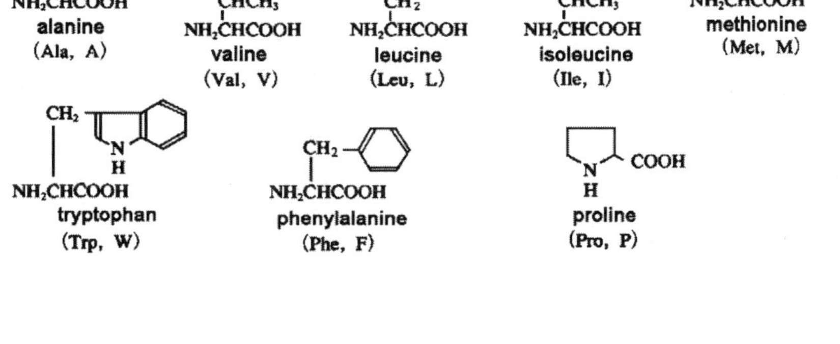

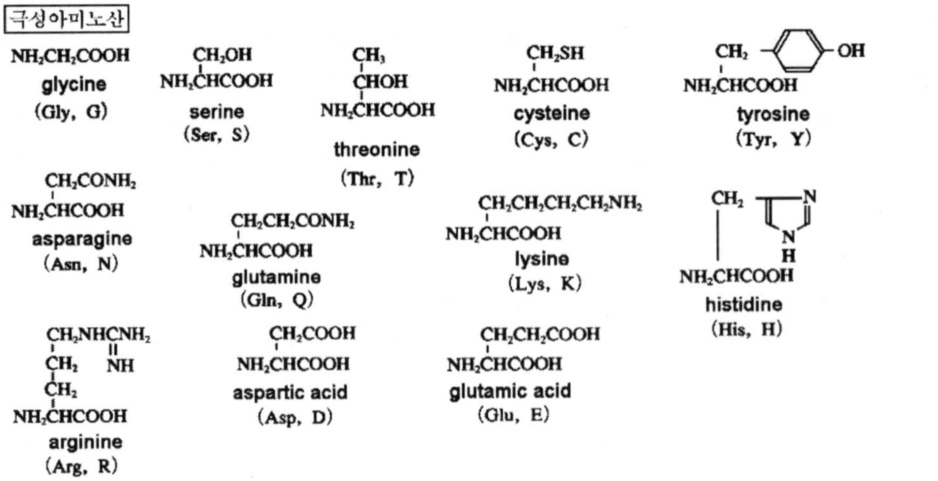

그림 1-2 생체를 구성하는 아미노산의 구조. 3문자 혹은 1문자의 알파벳에 의해 아미노산 표기를 나타내고 있다.

조가 결정된다. 구조 단백질, 효소, 호르몬 등 단백질의 기능은 매우 다양하다.

핵산의 구성단위이며, 單體로서도 에너지 대사에 중요한 역할을 담당하고 있는 nucleotide는 염기, 인산, 당으로 구성된다. 염기에는 육각환과 오각환의 purine 구조를 가지는 adenine, guanine, 오각환의 pyrimidin구조를 가지는 cytosine, uracil, thymine이 있다 (그림 1-3). 이러한 염기에 ribose 또는 deoxyribose가 결합한 것이 nucleoside, 또 당부분에 인산이 결합한 것이 nucleotide이다. adenine에 ribose가 결합한 adenosine에 인산이 1분자에서 3분자 결합한 것, 즉 인산의 수에 의해 adenosine 5′ 일인산 (adenosine 일인산, AMP), adenosine 5′ 이인산 (adenosine이인산, ADP), adenosine 5′ 삼인산 (adenosine삼인산, ATP)으로 되어, 그중 ATP는 에너지 대사에서 중요한 작용을 담당하고 있다 (그림 1-4). 인산을 한분자 가진 nucleotide가 체인 모양으로

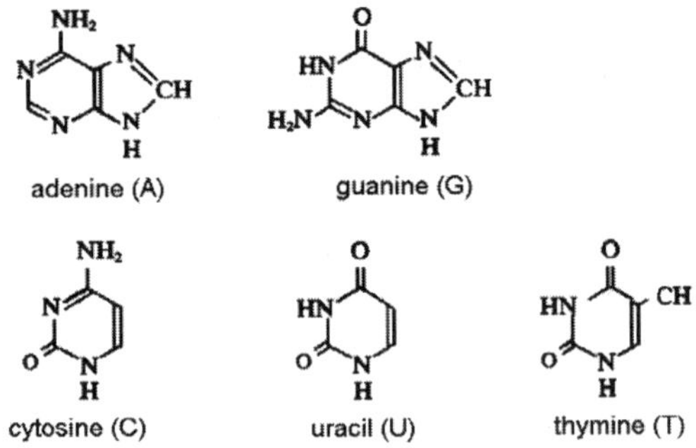

그림 1-3 nucleotide를 구성하는 염기의 구조

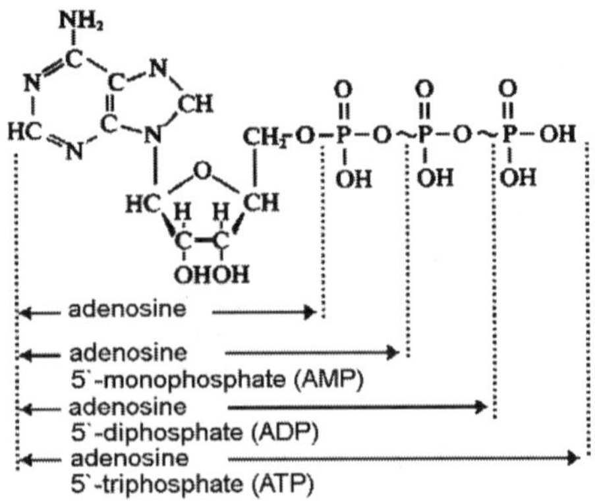

그림 1-4 adeninenucleoside (adenosine) 및 adeninenucleotide의 구조

길게 연결되어 있는 것이 핵산이며, 당으로써 deoxyribose를 내포한 DNA (deoxyribonucleic acid)와, ribose를 내포한 RNA가 있다 (그림 1-5). DNA를 구성하는 염기는 adenine, guanine, cytosine, thymine으로, RNA의 경우 thymine이 uracil로 바뀌었다. DNA는 유전자의 본체로 2가닥 체인 구조로 핵중에 내포되어 있다. RNA는 유전정보에 기인하여 단백질을 합성할때에 중요한 작용을 한다.

지질은 소수성으로 물에 잘 녹지 않고, 유기용매에 쉽게 녹아 탄화수소화합물을 주체로 하는 물질의 총칭이다. 대다수 종류의 화학물질이 포함되지만, 단순지질, 복합지질, 불감화성지질로 나뉜다.

단순지질의 대표적인 것은 triglyceride이다. 탄화수소의 말단이 카르복실기로 된 것이 지방산 (fatty acid)이며, glycerin과 3분자의 지방산이 에스테르 결합한 것이 triglyceride 혹은 triacylglycerol이라고 부른다. 지질 특히 triacylglycerol은 에너지원으로써 저장된다. 복합지질의 글리세로인산지방질 (glycerophospholipid)지질은 생체막을 구성하는 주요성분으로 중요하다. glycerol을 가지지 않는 스핑고인산지방질 (sphingophospholipid), 분자내에서 소수성 부분과 친수성 부분을 가져 생체막을 구성하는 성분이 된다. 그외, 불감화성 지질로써는 호르몬으로 주요한 steroid 등이 있다.

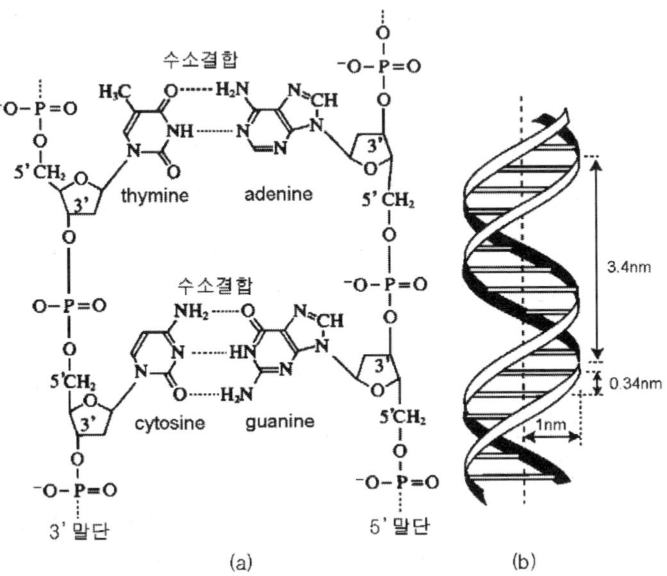

그림 1-5　DNA의 구조
(a) 염기쌍의 형성　　　(b) 이중 나선

1-3 세포의 생활현상

생체내에서는 다종다양한 세포가 제각기 특유의 기능을 영위하고 있지만, 공통적인 기능도 존재한다. 이러한 세포의 생활현상을 정리하고자 한다

1) 세포의 운동 살아있는 세포는 그 외형이 변화하지 않아도 세포내의 구조는 끊임없이 움직이고 있다. 그 원인은 원형질 유동으로 (protoplasm streaming), actin과 myosin이 여기에 관여하고 있다고 알려져 있다. 분비과립이나 외부에서 흡수된 물질을 축적하는 endosome의 이동도 이러한 방법에 의존한다. 원형질의 gel에서 sol로, 혹은 sol에서 gel로의 변환에 의한 ameboid movement는 백혈구등의 유리세포에서 관찰된다.

특히 운동능을 획득하여 세포로써 분화한 것이 근세포이다. 근세포의 수축과 이완은 actin과 myosin을 주성분으로하는 2종류의 filament의 움직에 의하지만 자세한 사항은 §2에서 다룬다.

2) 물질대사 각 세포는 활동에 필요한 영양소나 효소를 섭취하고 노폐물이나 이산화탄소를 배출한다. 필요에 따라서 저장도 한다. 저분자 물질의 경우는 형태적인 변화를 일으키지 않고 삼투에 의해 세포막을 통과하는 경우가 있다. 여기에는 세포막에 있는 단백질이 특정 물질만을 통과시키는 채널을 형성하는 경우, 또 운반하는 캐리어로써 작용하는 경우도 포함된다. 한편 고분자 물질은 세포막이 함입하여 생긴 부위에서 소포(小胞)로써 흡수하는 음작용 (pinocytosis)에 의해 거둬 들이는 경우가 많다. 백혈구계의 세포는 돌기를 왕성하게 돌출시켜 이물질이나 세균등을 끌어들여 세포내로 거둬 들이는 식작용 (phagocytosis)을 한다. 이 양자를 합쳐서 endocytosis 라고 하지만, 최근에는 특히 전자로 사용되어지는 것이 많다. 분비과립을 방출할 경우는 역으로 과립을 둘러 싼 소포(小胞)의 막이 세포막과 융합하여 개구(開口)하는 exocytosis가 일어난다.

3) 자극에 대한 반응 세포는 물리적, 화학적 자극에 대해 특유의 반응을 나타낸다. 백혈구와 같은 자유세포의 경우는 특정 화학물질에 대해 주성 (走性; chemotaxis)을 나타내어, 박테리아의 탐식등이 해당된다. 감각세포는 제각기 특유의 자극에 응답하여 전기적 흥분을 나타낸다. 신경세포는 그러한 흥분을 전달하고, 근육세포는 신경을 통해서 받은 자극에 응답해서 수축한다. 혈액을 통해서 운반되어지는 호르몬은 제각기 표적이 되는 세포가 특유의 반응을 나타낸다.

4) 세포의 증식, 분화, 성장 세포는 분열에 의해서 증가한다. 각 세포의 크기는 정해져 있어, 생체의 성장은 세포의 수에서 결정된다. 하나의 난세포에서 발생하는 다세포 생물은 발생의 진행과정에 따라서 특수화, 즉 분화 (differentiation)하여 특별한 형태내지 기능을 구비하게 된다. 발생 초기에는 분열 (cell division)만을 반복하기 때문에 세포는 작아지지만, 섭이를 시작하게 되면 세포 자체의 성장도 일어나고, 분화한 세포는 제각기 거의 정해진 크기로 된다. 개체의 성장은 세포의 증식과 성장 및 세포간물질 (細胞間物質; intercellular substance)의 증대에 의한다.

5) 세포의 노화, 죽음, 갱신 다세포 동물에서 개체의 생명현상은 세포내지 세포집단의 죽음과 신생의 균형에 의해 이루어진다. 노화한 세포, 역할을 마친 세포, 더욱이 이상을 일으킨 세포는 apoptosis라는 유전적으로 프로그래밍 되어진 일정의 과정에 의해 사멸되든지 배제(排除)된다. 세포의 죽음과 신생에 의한 갱신은 생체내의 모든 부위에서 일어나고 있으며, 예를들어 소화관 상

피의 갱신사이클은 수일 정도라고 알려져 있다.

§ 2. 조 직 (組織)

생물의 몸은 세포나 세포간 물질이 조화 있게 배치되어 구성되어 있지만, 이러한 요소는 몇몇 조직 (tissue)이라는 단위로 크게 구별된다. 조직이란 동일 계통의 세포와 그 세포가 생산한 세포간물질로 구성되며, 특정 생리적 기능에 대한 분화을 이루고 있는 형태적 단위이다. 이러한 조직은 외측을 둘러싸고 있는 상피세포, 몸의 지주(支柱), 혹은 기관의 형태를 유지하기 위한 기능을 가진 지지조직, 혈액과 림프, 근조직 및 신경조직으로 분류된다.

2-1 상피조직

체표면, 관강 [管腔; 소화관, 비뇨생식기의 관계(菅系)등] 등의 표면을 둘러싸고 있는 하나 내지 수층의 세포를 상피조직 (epithelium)이라고 한다. 각 기관에 의해서 상피를 형성하는 세포의 형태나 배열에 특색이 있지만, 세포간물질이 조금밖에 존재하지 않는 것이 특징이다. 상피의 대부분은 쉽게 퍼지는 것이 가능하지만, 인접하는 세포간에는 밀착대 (密着帶; zonula occludens), 접착대 (接着帶; intermediate junction), 접착반 (接着斑; desmosome)과 같은 강고한 접착장치가 있어, 이것을 통해 세포끼리 연결에 의해 형태가 유지되어진다. 상피세포가 함몰하여 분비에 관여하는 세포군을 형성하고 있는 것을 특히 선 (腺; gland)이라고 한다. gland에는 도관 (導管)을 가져 분비물을 도관에서 밖으로 방출하는 외분비선 (外分泌腺; exocrine gland)과 상피에서 떨어져 결합조직내로 매몰된 내분비선 (內分泌線; endocrine gland)이 있다. 또 특수한 분화를 일으켜, 시각, 청각, 평형감각 등의 감각에 관여하는 것, 수정체와 같이 세포가 특수한 물리적 성질을 획득한 것도 있다. 상피에서 유래하는 세포를 상피성(上皮性)이라 말한다.

심장, 혈관등의 내면을 둘러싼 조직을 내피(內皮; endothelium)라고 한다. 중배엽 기원으로 외계와 연락을 가지지 않는 것이 특징이다. 체강내면 (體腔內面)을 둘러싼 조직은 중피 (中皮; mesothelium)라고 부르고, 마찬가지로 중배엽 기원이다.

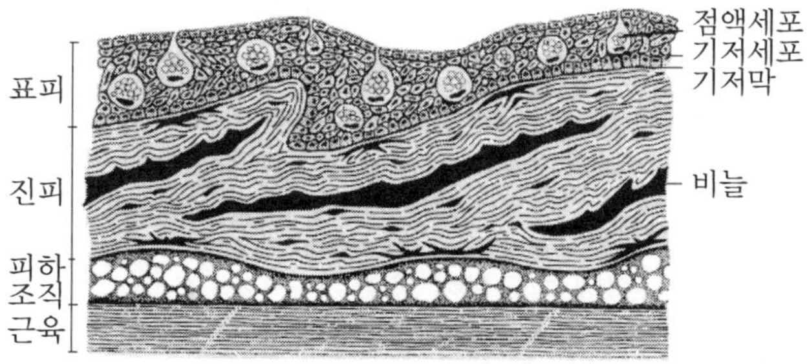

그림 1-6 어류 표피의 모식도

상피조직을 형태에 따라 분류하면, 한층의 상피세포에서 유래되는 단층상피 (單層上皮; simple epithelium)와 다층상피의 세포에서 유래되는 중층상피 (重層上皮; stratified epithelium)가 있고, 또 편평상피 (扁平上皮), 입방상피 (立方上皮), 원주상피 (圓柱上皮)로 나뉜다. 편평한 한층의 상피세포에서 유래하는 단층편평상피는 아가미의 호흡상피, 혈관내피나 체강내면의 중피등에서 발견되어진다. 단층입방상피는 높이와 폭이 거의 일정한 세포가 한층으로 열거되어 있는 상피로, 신장의 세뇨관, 갑상선여포 등이 해당된다. 단층원주상피는 긴 원주상의 세포가 열거된 상피로 소화관의 상피에 다수 존재하여 영양성분의 흡수에 적당하다. 중층상피는 체표를 둘러싼 표피가 있지만, 가장 바깥층은 편평하고 심층에서는 입방 그리고 어종에 따라서는 중간에 원주와 같은 것이 전 세포에 균일하지는 않지만 일반적 으로 존재한다.

상피를 기능에 따라 분류하면 피개상피 (被蓋上皮 혹은 保護上皮; covering epithelium), 선상피 (腺上皮; glandular epithelium), 흡수상피 (吸收上皮; absorptive epithelium), 감각상피 (感覺上皮; sensory epithelium), 호흡상피 (呼吸上皮; respiratory epithelium), 생식상피 (生殖上皮; reproductive epithelium)로 나뉜다. 피개상피는 몸의 외표면이나 중공기관 (中空器官)의 내면을 둘러싸서 보호한다. 분비나 흡수기능을 가지는 것도 있다. 선상피는 특히 분비능력을 가진 세포군이다. 흡수상피는 피개상피 중에서도 특히 흡수능력을 가진 것으로 소화관 상피가 해당한다. 특수한 분화을 걸쳐 외계의 자극을 받아서 흥분하여, 신경에 전달되도록 된 것이 감각상피이고, 망막의 광수용 세포, 후수용기 (嗅受容器, 후상피), 미각수용기 (味覺受容器), 측선감각기 (側線感覺器) 등이 있다. 호흡상피는 가스 교환을 위해 특별히 분화된 세포로 아가미 표면을 둘러싸고 있다. 생식세포는 생식선 내에서 생식세포가 증식 · 성장하는 곳에 있다.

상피세표의 대표적인 것으로 표피 (表皮; epidermis)가 있고, 그 밑에 있는 진피 (眞皮; dermis)를 합쳐 피부 (皮膚; skin)를 구성하고 있다 (그림 1-6). 어류를 비롯한 척추동물의 진피는 중층상피로 구성되어 있어, 단층상피로 구성되어 있는 무척추동물의 표피와는 크게 다르다. 표피에는 표피세포외에 체표에 점액을 분비하는 점액세포 (粘液細胞; mucus cell), 생체방어인자를 생산할거라 추정되는 곤봉상세포 (棍棒狀細胞; club cell), 낭상세포 (囊狀細胞; sacciform cell)도 흩어져 존재한다 [(제12장 생체방어)를 참조]. 이러한 세포는 기저세포 (基底細胞)에서 분화한다. 진피는 기저막 (基底膜; basement membrane)에 의해 표피에서 떨어져 있고, collagen섬유로 풍부한 치밀결합조직 (緻密結合組織)으로 이루어져있다. 대부분 물고기의 진피중에는 비늘도 존재하여 체표를 튼튼하게 한다.

2-2 지지조직

몸의 지주로써 혹은 기관의 형태를 유지하는데 작용하는 것이 지지조직 (支持組織; supporting tissue)이며, 풍부한 세포간물질로 세포를 매몰한 것처럼 흩어져 존재하는 것이 특징이다. 지지조직에는 결합조직 (結合組織; connective tissue), 연골조직 (軟骨組織; cartilage tissue), 골조직 (骨組織; bone tissue, osseous tissue)이 있고, 거기에 혈액 (blood)과 림프 (lymph)를 포함하는 경우가 있지만 여기에서는 독립된 것으로써 취급한다. 이러한 지지조직의 성질은 세포보다도 섬유와 그 사이에 매몰되어 있는 기질 (基質; ground substance)에서 유래하는 세포간물질에 의해 결정된다. 섬유에는 대표적인 것으로 콜라겐 섬유 (collagen fibers)가 있다. 기질은 무구조(無構造) 부분의 단백질과 다당류 (polysaccharide)를 대부분 함유한다. 연골조직은 기질에 chondroitin sulfate등의 산성무코다당 (mucopolysaccharide)을 가지며, 골조직은 칼슘염이 침적한 것이다.

1) 결합조직　여러 가지 조직이나 기관을 서로 연결시키는 역할을 담당하고 있는 것이 결합조직이다. collagen섬유의 밀도에 따라, 드문 드문 불규칙한 소성결합조직 (疎性結合組織; loose connective tissue)과 일정 방향으로 가지런히 섬유가 고밀도로 열거되어 강건한 치밀결합조직(緻密結合組織)이 있다. 소성결합조직은 피부나 소화관 점막의 밑, 신경이나 혈관 주위, 근육사이 등 몸속에 넓게 분포하고 있다. 한편 치밀결합조직은 체표를 둘러싸고 있는 표피를 튼튼하게 하기 위해 안쪽에서 받쳐주는 진피, 눈 주위를 둘러싸고 있는 공막 (鞏膜)등, 일정한 형태를 만드는 정형 (定形)결합조직으로써 존재하고 있다. 소성결합조직에는 collagen 섬유 (纖維)를 만들어 내는 섬유아세포 (纖維芽細胞; fibroblast) 외에, 마크로파지 (macrophage), 림프구, 프라스마 세포등의 유리세포가 내포되어져 있어 박테리아등 외적의 침입에 대한 방어에 관여한다. 또 지방을 축적하는 지방세포 (fat cell)도 있고, 이 지방세포가 다수 집합해서 생긴 조직을 특히 지방조직 (adipose tissue)이라고 부른다. 그림 1-7에 결합조직을 구성하는 세포의 분화를 나타냈다. 결합조직을 구성하는 주요한 섬유는 collagen 섬유이며, collagen이라는 것은 단백질을 묶은 구조를 가진다. collagen은 glycine, proline, hydroxyproline을 주체로 하는 경 단백질이며, 잡아 당기는 강도가 크고 신축성이 적은 것이 특징이다. 섬유에는 잡아 당기면 2 - 2.5배 정도 늘어나는 탄성섬유 (彈性纖維; elastic fiber)도 있다. proline, glycine이 풍부한 elastin이라는 단백질에서 유래한다. collagen 섬유와 탄성섬유가 조합됨므로써 강인(强靭)과 유연성이 생긴다.

2) 연골조직　연골조직은 골과 함께 골격계를 만든다. 부드러운 탄성이 있고 압력에 대해서 저항성을 가지고 있다. 연골 기질중에 연골세포가 산재하는 형태를 하고 있지만, 이 기질에는 gel상의 proteoglycan (단백질과 결합한 condoroichin유산, condoromcoide 등)이나 섬유성분로써

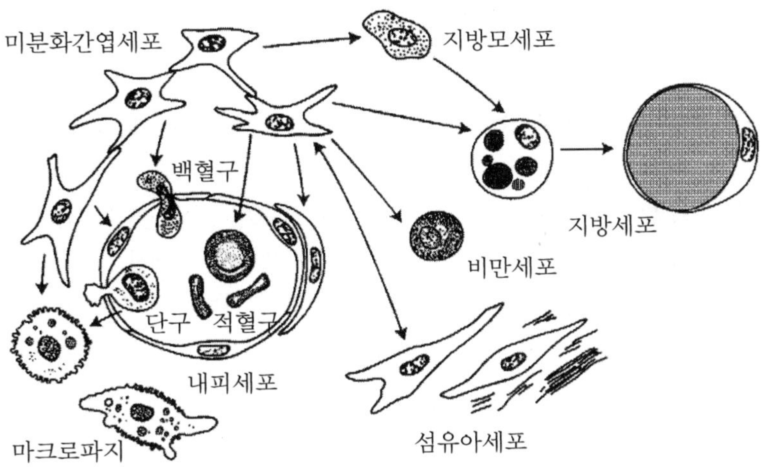

그림 1-7 결합조직의 분화를 나타내는 모식도
결합조직을 구성하는 세포는 중배엽 기원의 미분화 세포 (간엽세포 間葉細胞)에서 유래하는 것이라 추측되어진다.

collagen 섬유나 탄성섬유를 포함한다. 기질 조성의 차이에 의해 glass 연골, 섬유연골, 탄성연골 등으로 나뉜다. 어류에서는 골단 (骨端)의 연골 (성장대)이 평생 없어지지 않기 때문에 골 성장이 계속된다.

3) 골조직 골세포와 석탄화한 세포간물질 (골기질)로 이루어져, 표면은 골막으로 둘러싸여 있다. 뼈는 골아세포 (骨芽細胞; osteoblast)에 의해 만들어진다. 자신이 형성한 collagen 섬유를 주체로하는 골기질에 매몰되어, 주위가 석탄화되면 골세포 (osteocyte)로 변한다. collagen과 특히 유산을 결합한 proteoglycan을 주체로 하는 유기물질이 골아세포(骨芽細胞)에서 분비되어 여기에 인산칼슘이 hydroxyapatite 결정 형태의 석탄질로써 침적하여 골기질이 형성된다. 한편, 뼈는 파골세포 (破骨細胞)에 의해 흡수된다. 이와같이 골기질은 골형성과 흡수로써 항상 교체되고 있다. 뼈가 형성되는 것을 골화 (ossification)라고 말하지만, 골화에는 연골내골화와 막내골화의 2 종류가 있다.

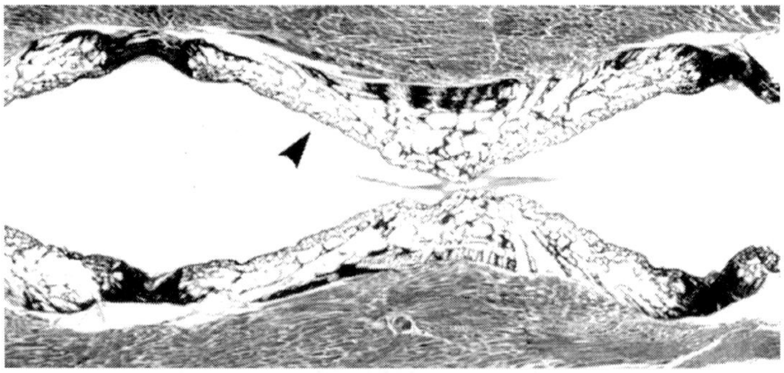

그림 1-8 방어의 척추골 (화살)의 종단면
북모양의 척추골이 연결되어 있는 것을 알 수 있다. 파골 (破骨)세포에 의해서 형성되어진 공극 (空隙) (실제는 지방조직화)이 다수 존재한다.

대부분의 뼈는 발생초기에 연골에서 만들어져, 다음에 골조직으로 바뀌어 진다. 이런 양식을 연골내골화라고 한다. 또 피부의 치밀결합조직중에 골조직이 만들어지는 것을 막내골화라고 말하고, 아가미 덮개뼈등이 여기에 해당한다. 그림 1-8에 방어 척추골의 단면을 나타냈다.

2-3 혈액

혈액 (血液; blood)은 생체내에서 혈관내에 존재하는 세포부유액 (細胞浮遊液)이라고 정의되며, 체중의 5 - 10%를 점한다. 혈액에서 혈구 (血球; blood cells)를 제외한 액체가 혈장 (血漿; blood plasma)이다. 혈청 (血淸; serum)과 혼동되기 쉽지만 혈청은 일단 응고한 혈액에서 스며 나오는 투명한 액체이며, fibrinogen이 함유되어 있지 않는 등 생체내의 액체인 혈장과는 성상 (性狀)이 다소 다르다. 정상인 상태에서도 혈액중의 액체성분은 혈관밖으로 누출하여, 간질액 (間質液; interstitial fluid, 조직액; tissue fluid)이 되지만, 단백질, 특히 고분자 성분의 함유량이 적은 등, 혈장과는 상당히 성상이 다르다.

1) 혈 구

혈액중 세포성분이 혈구 (血球)이다. 어류의 경우 적혈구 (赤血球; red blood cell, erythrocyte), 과립구 (顆粒球; granulocyte), 단구 (單球; monocyte, macrophage), 림프구

(lymphocyte), 전구 (栓球 ; thrombocyte)가 있어, 이중 과립구는 호중구 (好中球; neutrophil), 호염기구 (好塩基球; basophil), 호산구 (好酸球; eosinophil)로 나뉜다. 적혈구는 포유류의 것과는 다르며 핵이 존재한다.

적혈구의 기능에 관해서는 「제3장」에서, 그 외의 혈구에 대해서는 「제12장」에서 자세히 기술한다.

2) 혈 장 혈장의 대부분은 물이지만, 무기염류, 단백질, 당, 지질, 저분자물질이 녹아 있다. 무기염류로는 Na와 Cl이 많고, 담수어나 해수어에서도 거의 1/3정도의 삼투압으로 유지되고 있다. 혈장 단백질은 다양한 성분으로 구성되어 있지만, 주요성분은 유안(硫安) 50% 포화에서 침전되지 않고, 물에 녹는 알부민(albumin)과 유안 50% 포화에 침전되고, 염류용액에 녹는 글로부린(globulin)으로 크게 나뉜다. 알부민은 포유류에서 단일 성분으로 존재하지만, 어류에서는 다성분성으로 여러 가지 물질의 carrior로써 기능을 하고 있다. 글로부린에는 면역 글로부린 (immunoglobulin)이나 혈액응고 (blood coagulation)에 관여하는 fibronogen이 함유되어 있다. 그외 미량성분로써는 여러 가지 호르몬이 있지만, 제 6장에서 취급하기로 한다.

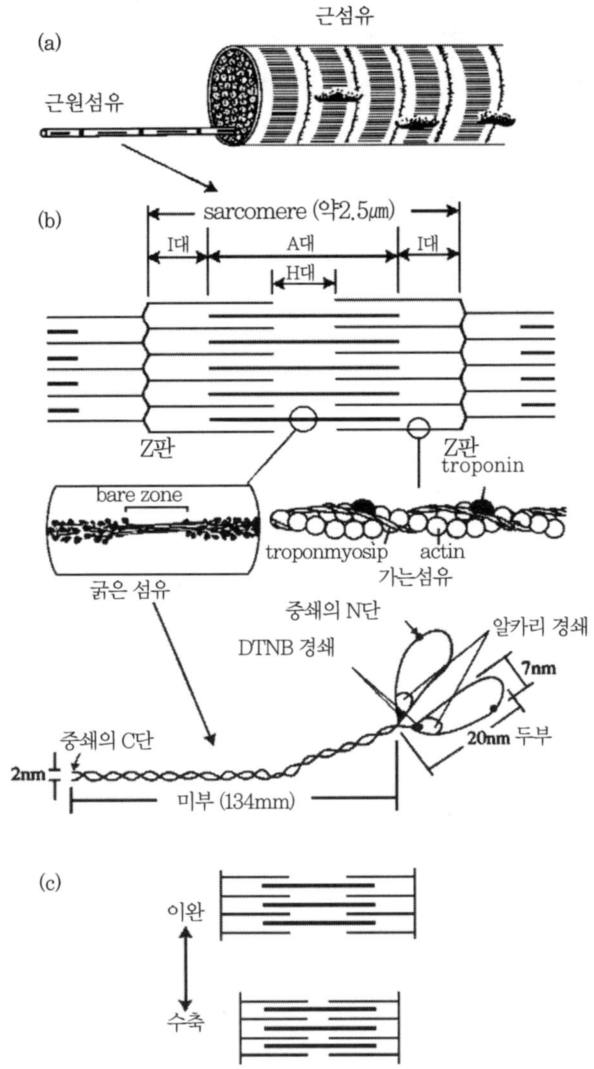

그림 1-9 골격근에 있어서 (a) 근섬유와 근원섬유의 관계, (b) 근원섬유와 myofilament (굵은 섬유와 가는 섬유)의 구조, 및 (c) 근육의 수축과 이완에 동반하여 굵은 섬유와 가는 섬유가 상대적으로 움직인다 [渡部(1991)과 關(1991)에서 변형]

3) 혈액응고 혈액은 상처부위에 빠르게 응고하여, 출혈을 저지하는 작용을 가진다. 응고반응의 개시요인에 의해 이물질 (異物質)과의 접촉에 의한 내인계 (内因系)와 상처난 조직이 지닌 인자의 작용에 의한 외인계 (外因系)가 있다. 포유류에서는 15종류의 인자가 관여해서 최종적으로 prothrombin에서 변환한 thrombin의 작용에 의해 fibrinogen에서 fibrin라는 섬유성의 불용성

단백질이 생겨 응고를 일으키는 과정이 밝혀졌으며, 어류 혈액응고에 관해서도 거의 동일하다고 추측되어진다. 혈액응고를 저지하는 데에는, Ca이온을 킬레이드 (chelate)하는 방법외에 무코 다당 (多糖)의 한 종류인 heparin을 첨가하는 방법이 있어, 후자는 어류생리학 분야에서도 혈액을 실험재료로 하는 경우에 응고 저지제로써 많이 이용된다.

2-4 근육조직

수축성 (收縮性; contractility)은 세포 원형질의 특징중 하나이며, 이 성질이 특히 분화한 세포가 근세포 (筋細胞; muscle cell)이다. 일반적으로 가늘고 긴 섬유 형태를 지니고 있기 때문에 근섬유 (筋纖維; muscle fiber)라고 부른다. 근섬유내에는 종단으로 평행하게 이어져 있는 다수의 근원섬유 (筋源纖維; myofibril)와 그 사이를 채우고 있는 근형질 (筋形質; sarcoplasm)이 존재한다 (그림 1-9). 근원섬유내에는, 굵기가 다른 2종류의 myofilament가 이어져 있다. 굵은 filament는 주로 myosin, 얇은 쪽은 주로 actin이다 (그림 1-9). 이러한 섬유는 근세포에 대량으로 존재하고 있지만 근세포에만 존재하는 것이 아니고, 다른 세포에 있어서도 세포골격의 구성단백질로써 세포의 형태유지에 관여하든지, 또는 세포분열때에 출현하는 수축환을 형성하여 세포를 잘라 버리는 역할을 담당하고 있다. 이 외에 수축 단백질인 troponin이나 tropomyosin, 근육에 탄성을 부여하는 connectin이나 nebulin, 근형질 단백질인 해당계 효소,creatine kinase, phosphorylase, 유산탈수소효소, myoglobin등이 존재한다.

어류의 근육조직은 형태적으로는 횡문 (橫紋)의 유무에 의해 횡문근 (striated muscle)과 평활근 (平滑筋; smooth muscle)으로 크게 나뉜다. 또 기능으로는 골격근 (skeletal muscle), 심근 (cardiac muscle), 내장근 (visceral muscle)으로 나뉘지만, 골격근과 심근은 횡문근, 내장근은 평활근이다. 또 골격근은 수의근 (隨意筋)이며, 내장근과 심근은 불수의근 (不隨意筋)이다. 여기서는 횡문근 (골격근, 심근)과 평활근으로 나눠서 특징을 기술한다.

1) 횡문근

골격근 : 골격근은 직경 50~300㎛, 길이 5~20㎜의 무수한 근섬유로 구성되어 있고, 근원섬유는 광학적불등방성 (光學的不等方性)을 나타낸다. 즉 장축방향에 I 대 (明帶 light band, 等方帶 isotropic band)와 A 대 (暗帶 dark band, 異方帶 anisotropic band)가 상호 연결되어 있다. I 대의 중앙에는 Z 판이 있다. A 대의 중앙에는 H 대가 있고, 그 중앙에는 M선이라고 불려지는 암선 (暗線)이 존재한다. 이러한 배열은 규칙적이며, 또 1개의 근섬유에서는 서로 접하는 근원섬유의 사이에 위상 (位相)이 잘 일치한다. Z판에서 Z판까지는 근원섬유의 형태적 단위를 근절 (筋節; sarcomere)이라고 한다. sarcomere의 길이는 약 2.5㎛이다. 근원섬유의 간극 (間隙)에는 약간 원형질이 존재하여, 여기에 미토콘드리아, 작은 지방덩어리, glycogen 과립등이 존재하는것 외에 근세관계 (筋細管系; sarco-tubular system)가 존재한다. 핵은 다핵으로 세포주변부에 열거되어 있다. 근세관계는 근섬유의 세포막이 Z판의 장소에서 함입하여 생긴 횡단계통 (橫斷系統; transverse system, T系)과 근섬유를 sarcomere 단위로 망목상 (網目狀)에 둘러 싸고 있는 활면 소포체인 일종의 근소포체 (筋小胞體; sarcoplasmic reticulum)로 이루어진 종주계통 (縱走系統;

longitudinal system, L系)으로 이루어져 있다. T계의 소관은 Z판 위치에서 양측 근절의 근소포체종말조 (筋小胞體終末槽; terminal cisterna)에 부착하여, L系-T系-L系의 세개조 구조 (triad)를 형성한다. 골격근은 보통근 (速筋, 白筋)과 혈합근 (血合筋; 遲筋, 赤筋)으로 나뉜다. 자세한 것은「제5장」을 참조.

근육수축은 운동신경에 의해 지배받고 있다. 척추신경에서 분지한 신경섬유의 말단이 근섬유에 분포하여, 그 접합부는 종반 (終盤; end plate)을 형성하고 있다. 종반은 축색의 말단이 반상 (盤狀)으로 퍼져 있다. 신경 흥분이 종반에 도착하면 시냅스 소포내의 아세틸콜린이 방출되고, 근섬유막에 도달하여 막내의 아세틸콜린 수용체와 결합한다. 그 결과 막의 양이온 투과성이 높아지고 탈분극이 일어난다. 이 흥분은 근섬유막에 전달되고 더욱이 T系의 소관계를 걸쳐 세개조 구조 (triad)의 부분에서 근소포체로 전달된다. 근소포체는 저장하고 있는 Ca^{2+}를 근원섬유 주위로 방출하여 근섬유의 수축을 일으킨다. 이 Ca^{2+}는 Ca^{-}ATPase에 의해 능동적으로 근소포체내로 거둬 들여짐으로써 Ca^{2+}농도가 낮아져 근섬유는 이완한다. 근육이 수축할때는 myosin, actin의 양 filament 모두 길이는 변하지는 않지만, sarcomere 길이가 짧아진다. 이것은 평행하게 열거되어져 있는 양 filament 간에 미끄러짐이 생겨서 actin filament의 선단끼리가 접근하기 때문이다 (그림 1-9). Actin과 myosin은 ATP가 존재하면 myosin의 ATPase 작용에 의해 미끄러져 들어가는 것이 시작되지만, 이 경우 미량의 Ca^{2+} 및 Mg^{2+} 의 존재가 필수적이다. 그러나 근육내에는 ATP와 Mg2+은 충분히 존재하기 때문에 Ca^{2+}이 근소포체에서 방출되면 수축이 일어나게 된다.

심근 : 심근섬유는 심장의 실제 내용을 구성하며 수축 · 이완을 일으키는 세포이다. 형태적으로 횡문근에 속하지만, 골격근 섬유와는 서로 달라 단핵으로 근원섬유가 적고 근형질이 많다. 미토콘드리아나 glycogen 과립이 풍부하다. 세포는 분지해서 다른 세포와 망상 형태로 구성하고 있다. 일정 간격으로 개재판 (介在板; intercalated disc)이 존재하지만, 이것은 세포의 경계를 나타낸다. 심근에서는 자극의 잠복기, 수축기, 불응기 등이 골격근에 비해서 길다. 또 심근에서는 페이스메이커(pacemaker)나 자극 전도계가 분화하여 고도의 자동성이 발달해 있다. 자세한 것은 제3장 호흡 · 순환을 참조

2) 평활근 평활근은 횡문근보다 원시적인 근육으로 근원섬유의 위상 (位相)이 갖춰져 있지 않기 때문에 현미경에서 관찰해도 횡문이 보이지 않는다. 척추동물에서는 심근이외의 내장근을 구성하고 있다. 근섬유는 장방추형 (長紡錘形)의 단핵세포이다. 길이는 20~200㎛, 두께는 약 5㎛이다. myosin과 actin의 존재 비율은 1 : 10~20이고, 횡문근의 1 : 2와는 꽤 다르다. sarcomere는 존재하지 않고, Z판 대신에 암조소체 (暗調小體; dense body)가 actin filament를 묶고 있다. 수축은 Ca^{2+}에 의해 억제된다. 평활근은 수축 · 이완의 속도가 늦은 것이 특징이다. 1회의 수축기간은 횡문근이 0.1초 정도인것에 대해서 몇초 이상 걸린다. 근세관계의 미발달, 흥분수축의 분자기구의 서로 틀림, myosin의 ATP 분해속도가 늦는 등이 그 원인이라 추측되어진다. 평활근은 교감신경, 부교감신경을 통해서 자율신경계의 2중지배를 받고 있어, 긴장성근 (緊張性筋)혹은 유지근(維持筋)으로써의 기능에 적당하다.

2-5 신경조직

신경계를 구성하는 주요 조직으로, 발생학적으로는 외배엽성의 세포에서 유래한다. 외계나 다른 세포로부터 정보를 받아 들여, 그 정보를 전기 신호로 변경시켜 다른 세포에 전달하는 기능을 분화시킨 신경세포 (neuron)와 이것을 보호하고 도와주는 glia 세포로 구성된다.

1) neuron의 형태 neuron 세포체의 직경은 보통 수㎛에서 수십㎛이다. 어류에서 최대의 neuron은 연수 (延髓)에 있는 mauthner 세포이다. neuron은 큰 세포체 (cell body, soma), 세포체에서 나뭇가지처럼 퍼져있는 수상돌기 (樹狀突起; dendrite), 수상돌기의 반대 방향으로 퍼져있는 긴 한가닥의 축색 (axon)으로 구성되어 있다 (그림 1-10). 축색의 종말 (終末; nerve terminal)은 다른 neuron의 수상돌기나 세포체에서 끝난다. 이부분, neuron과 neuron의 접점을 시냅스 (synapse)라고 한다. 이와 같은 neuron은 수상돌기 및 세포체에서 정보를 받아, 축색에서 정보를 전송한다. 이와같은 보통의 특징을 구비하고 있는 neuron의 형태는 매우 다양하다. neuron의 축색내에는 미소관을 따라서 능동적으로 물질을 수송하는 축색수송 (axonal transport)이라는 기구가 있다. 세포체에서 축색종말 쪽으로 수송을 순행성수송 (順行性輸送; anterograde transport), 반대방향의 것을 역행성수송 (逆行性輸送; retrograde transport)이라고 한다.

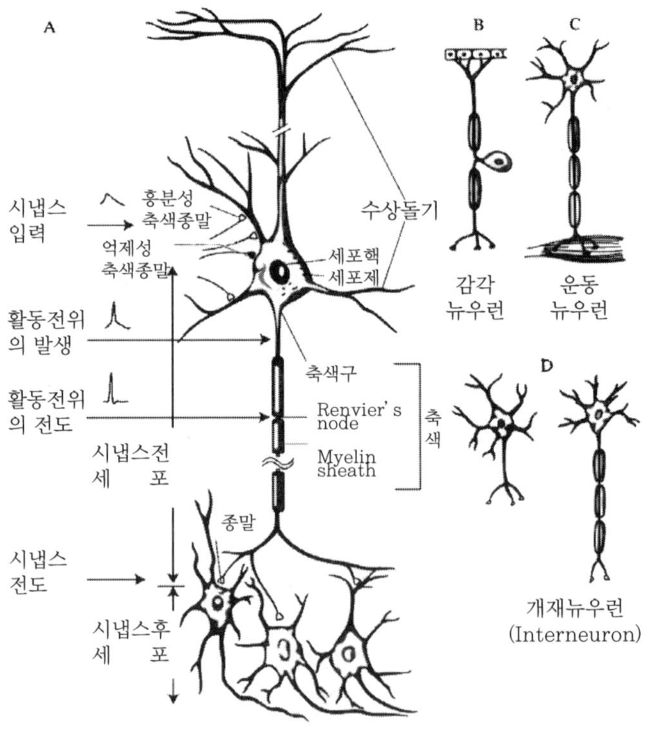

그림 1-10 기본적인 neuron의 형태
(A) 전형적인 척추동물의 neuron은 핵이 있는 세포체와, 2종류의 돌기, 수상돌기와 축색으로 구성. 수상돌기는 입력의 장소, 축색은 출력의 장소이다. 축색기부의 축색소구에서 최초의 활동전위가 발생한다. 축색의 대부분은 Ranviers node부를 없앤 myelin sheath로써 절연되어져 있다. Neuron은 축색종말에 의해 다른 neuron (synapse 후 세포)의 세포체 혹은 수상돌기와 접속한다. (B) 피부감각을 담당하는 척수신경절 neuron으로 대표되는 감각 neuron. (C) 골격근을 지배하는 척수운동 neuron. (D) 중추 neuron의 대부분은 interneuron (介在 neuron) 이며, 이러한 축색의 길이는 다양하다. (Kandel et al., 2000)

2) glia 세포 중추신경을 구성하는 주요한 세포에는 neuron 이외에 glia 세포가 있다 (그림 1-11). 척추동물의 glia 세포에는 희돌기교세포 (oligodendrocyte, 希突起膠細胞), 성상교세포 (astrocyte, 星狀膠細胞), microglia가 있다. 희돌기교세포는 축색을 여러겹 둘러 싼 myelin을 형성하여, 축색을 절연 (絕緣)한다.

myelin이 있는 축색을 유수축색 (有髓軸索)이라 말하고, 무수축색보다도 신호를 고속으로 전달하는 것이 가능하다. 성상교세포는 많은 방사상 (放射狀)의 돌기에 의해 neuron과 모세혈관의 내피세포에 접촉한다. 이와같이 성상교세포가 neuron의 주변을 채우므로써, neuron는 혈액중의 물질로부터 격리된다. 이것을 혈액뇌관문 (血液腦關門)이라 한다. microglia는 소형의 식세포에서 변성한 neuron등을 제거한다. schwann세포는 말초신경계에 있어서 희돌기교세포와 동일한 작용을 한다.

3) neuron의 전기현상 neuron의 세포막은 일반 세포와 마찬가지로 지질이중층 (lipid bilayer)으로 구성되어져 있기 때문에 물분자나 지용성물질 이외는 투과할 수 없다. 그곳에서 내외로 물질을 수송하기 때문에, 세포막에 매몰되어 있는 막수송 단백질 (transport)나 ion channel 단백질이 필요하다. 막수송 단백질은 특정 물질과 결합한 후, 자신의 3차원 구조가 변화함으로써 물질을

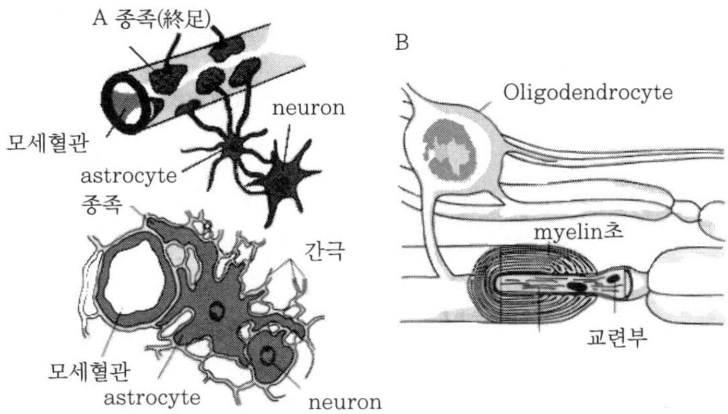

그림 1-11 중추신경계에 있어서 대표적인 glia 세포인 astrocyte (성상세포) 와 oligodendrocyte (희돌기교세포) (A) astrocyte는 다수의 돌기를 가지는 별모양의 세포이다. 돌기선단의 종말족 (終末足)에 의해 neuron, 모세혈관, 다른 glia 세포와 접촉한다. 물질이 모세혈관에서 neuron으로 확산할 때의 통로는 이들의 좁은 간극 (間隙)만이 존재한다. (B) oligodendrocyte는 편평한 세포막의 돌기에 의해 축색을 겹겹이 둘러 쌓으므로써 myelin초를 형성한다 (Kandel et al., (2000) 및 Nicholls et al., (2001))

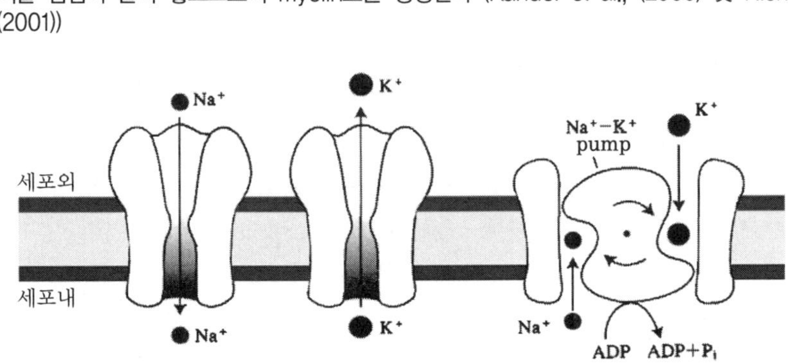

그림 1-12 Ion channel과 ion. pump Neuron이 정지시에 있을 때에도 Na^+과 K^+ 모두 각각의 channel을 통해 조금씩 농도구배에 의해 수동적으로 확산한다. 여기에 대해서 농도구배에 역행하여 능동적으로 K^+ 를 퍼 넣고 Na^+ 를 퍼 내는 것이 ATP를 에너지원으로 하는 Na^+-K^+ pump이다. 이것에 의해 세포내외의 이온농도 , 더 나아가서는 정지막전위가 유지된다.

막의 반대측으로 수송한다. 이 수송에는 능동적인 것과 수동적인 것이 있다. 특정 이온을 능동적으로 수송하는 막수송 단백질을 ion pump라고 부른다 (그림 1-12). ion channel 단백질에는 세포막을 관통하는 통로 (channel)가 있고, 이 통로가 열릴 때만이 특정 이온이 수동적으로 통과할 수 있다 (그림 1-12). 앞쪽 끝이 매우 좁은 유리 미소전극을 세포에 찔러서 세포내외의 전극차를 측정하면 세포내의 전위는 외측을 기준으로 한 경우 -40~-80mV 수치로 된다. 이 수치를 정지막전위 (靜止膜電位; resting potential)라고 부른다. 이 경우 세포막의 바로 외측에는 양 이온이, 바로 내측에는 음이온이 모여 있기 때문에 이 상태를 분극 (分極; polarization)이라 말한다 (그림 1-13). 세포내에는 K+ 이온외에 소량의 Na+과 Cl- 등의 무기이온과, 단백질등의 유기 음이온이 존재하고 세포외측에는 주로 Na+와 Cl-이, 다른 소량의 K+와 Ca2+이 존재한다 (그림 1-13). 이러한 정도의 차이는 있을지언정, ion channel를 통해 이동하는 것이 가능하다. 이온의 불등분포 (不等分布)에도 관계없이 세포내외의 삼투압은 당연 동일하다.

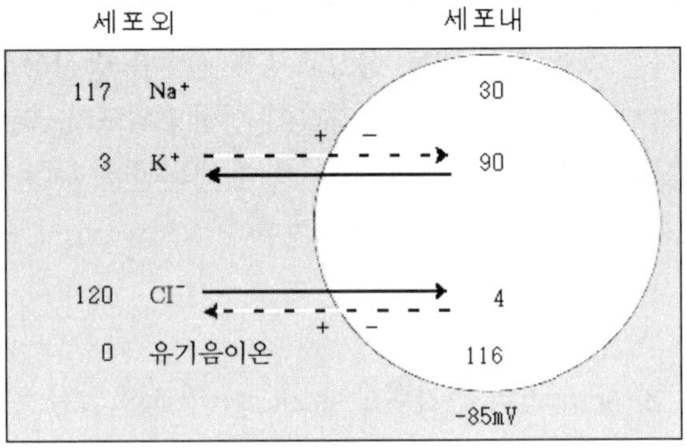

그림 1-13 Model neuron에 있어서 세포내외의 이온분포 (mM). 세포막은 Na^+과 세포내 음이온에 대해서는 투과성이 없지만, K^+ 과 Ca^{2+} 는 투과시킨다. K^+ 는 농도구배에 의해 세포외로 끌린다 (실선). 전기적구배에 의해 세포내로 끌어 당긴다 (점선). 정전시에는 2개의 힘은 균형을 이룬다. Cl^- 에는 K^+ 과 반대방향으로 향하는 힘이 작용한다. (Nicholls et al., 2001)

정지막전위 (靜止膜電位; resting potential) 정지때, 세포내외의 이온에는 농도구배에 따라서 이동하도록하는 힘 (Na^+, Ca^{2+}에는 안쪽 방향의 힘, K^+에는 바깥 방향의 힘이 걸린다)과 전기적 구배 (전위구배)에 따라서 이동할려는 힘 (양이온에는 안쪽 방향의 힘, Cl^-에는 바깥 방향의 힘이 걸린다)이 작용한다 (그림 1-14). 이 관계를 도난 평형 (Donnans membrane equilibrium)이라 한다. 또 능동적인 ion pump인 Na^+/K^+ 교환 pump가 항시 유입하는 Na^+을 배출하고, 유출하는 K^+을 집어 넣는다 (그림 1-14). 이러한 결과 총체로써 정지막전위가 발생하여 유지되어진다.

활동전위 : 활동전위 (活動電位; action potential)는 neuron이 정보를 세포체에서 축색 종말까지 재빠르게 전달하기 위한 신호이다. neurun에 양이온을 유입하면 세포내외의 전위차는 정지 레벨보다도 감소한다. 이것을 탈분극 (脫分極; depolarization)이라 한다. 반대로 음이온이 유입하면 정지 레벨보다도 증가한다. 이것을 과분극 (過分極; hyperpolarization)이라 한다. 탈분극이 어느 레벨이상으로 커지게 되면, 막전위는 급속하게 탈분극 방향으로 변화한 후, 다시 정지 레벨로 향하여 감소한다 (그림 1-15). 이것이 활동 전위이다. 활동전위가 일으나는 막전위의 레벨을 역치 (閾値; threshold value)라고 한다. 활동전위의 크기는 neuron에 따라 항시 일정하다. 활동전위의 발생에는 2종류의 전위 의존성 ion channel (Na^+ channel과 K^+ channel)이 이관여한다. 양이온의 유입에 의해 막이 탈분극하는 것이 자극이 되어 Na^+ channel이 열리고 Na^+이 급속하게 세포내로 유입한다. 이것이 활동전위의 첫동작이다. 활동전위가 최고치에 달하면 Na^+channel이 닫

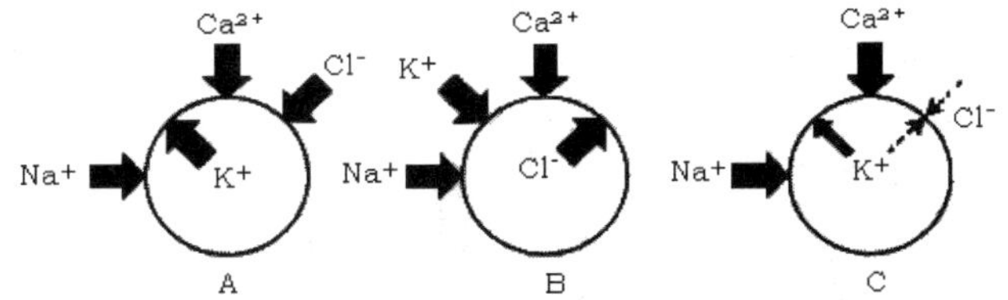

그림 1-14 세포내외의 환경을 구성하는 주된 4종의 이온에 관련하여 농도구배에 의한 확산력 (A)과 전기적 구배에 의한 전기적 인력 (引力) (B). (C)는 양방의 힘을 상쇄한 결과. (Camhi, 1984)

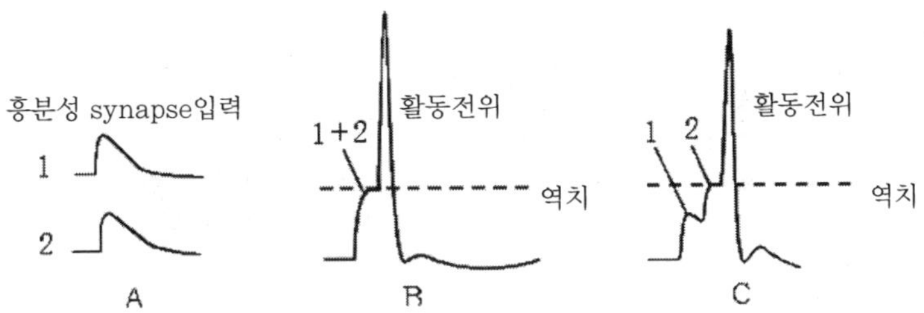

그림 1-15 활동전위가 발생하기 위해서는 다수의 흥분성 synapse가 동시에 활성화되어져야 한다. 거의 동시에 입력되어진 흥분성 synapse 후 전위 (A)가 가산되고, 막전위가 역치를 넘어서면 처음으로 활동전위가 발생한다. synapse후 전위의 가산에는 공간적 가산 (B)과 시간적가산(C)이 있다. [佐藤頁彦(1996)에서 인용]

히고, 다음에 K^+ channel이 열림으로써 K^+이 세포에서 배출된다 (그림 1-15). 이러한 것에 의해 활동전위는 급속히 종식한다. 한번 개공 (開孔)한 channel은 일정기간 불활화한다. 이것을 불응기 (不應期)라고 한다. neuron으로 이온의 유입 결과 생긴 전위변화는 시냅스후 전위라고 불려지고, 다른 neuron에서의 시냅스 입력에 의해 일어난다. 이것에 대해서는 뒤에서 설명한다.

활동전위의 전도 : neuron에서 발생한 활동전위는 축색을 걸쳐 종말까지 도달한다. 축색의 어느 부분에서 활동전위가 발생하는 경우에 Na+ channel에서 유입된 Na+은 impulse의 진행 방향으로 흘러, 그 부분의 세포막을 탈분극 시킨다. 이와 같은 활동전위가 축색을 차례로전달하는 것을 전도 (伝導)라 한다. 활동전위는 축색을 어떠한 방향으로도 전달하는 것이 가능하지만, 불활화한 방향으로는 전달되지 않기 때문에 생리적으로는 세포체에서 종말 (終末)로의 방향으로만 전달된다. 전달속도를 높이는 데는 2가지 방식이 있다. 하나는 축색을 굵게하는 방식으로, 무척추동물의 거대축색이 여기에 해당한다. 다른 하나는 척추동물에서 나타나는 축색의 유수화 (有髓化)이다. 유수축색에서는 myelin초가 약 1 ㎜ 간격으로 축색막이 노출되어 있다

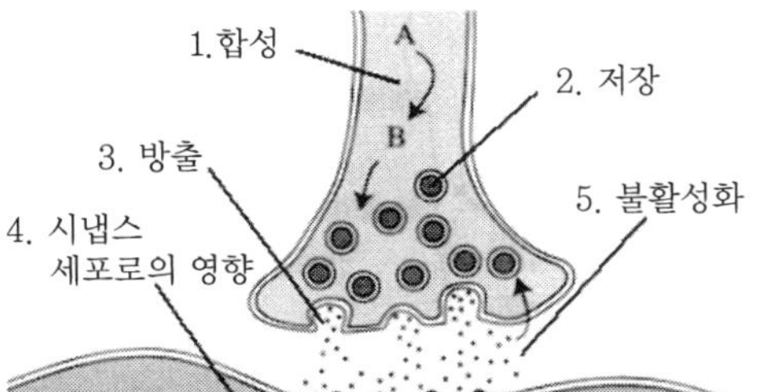

그림 1-16 화학적 synapse에서의 전달과정 5단계 전달물질의 합성은 세포체에서 이루어지며, 축색수송에 의해 종말까지 운반되는 것이 많다. 역할이 끝난 전달물질은 효소에 의해 분해나 종말에서의 재흡수등에 의해 제거된다.(Telucomin 1999).

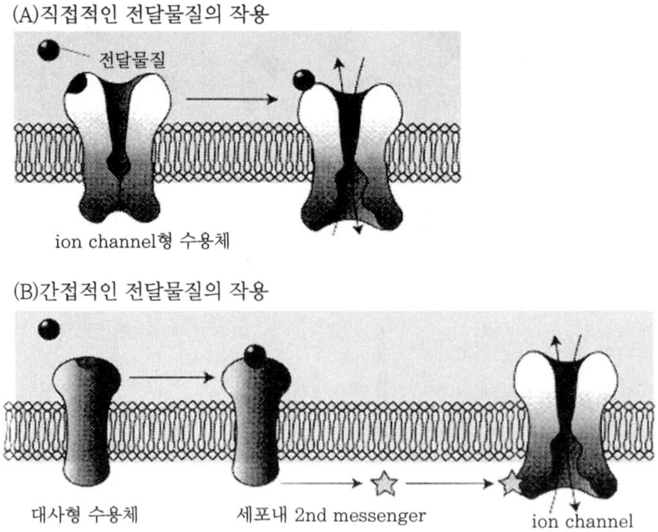

그림 1-17 신경전달물질의 직접작용과 간접작용
2종류의 수용체. (A)직접적 화학 synapse에서는 전달물질이 ion channel과 일체된 ion channel형 수용체에 결합하여, 그 결과 channel이 열린다. (B) 간접적 화학 synapse에서는 전달물질이 대사형 수용체에 결합한다. 이 수용체 자신은 channel을 가지지 않지만 세포내의 2차 신호전달계를 통해서 on channel의 개폐에 관계한다.(Nicholls et al., 2001).

(Ranvier' s node, 그림 1-10). 축색내를 흐르는 전류는 교륜부 (絞輪部)만을 통해서 유출하기 때문에, 활동전위는 교륜부를 건너서 고속으로 전도한다. 이것을 도약전도 (跳躍伝導)라 한다.

시냅스 전달 : 활동전위가 축색을 전도하여 종말에 도달하면, 시냅스라는 구조를 통해서 신호를 다음 세포 (neuron, 근세포 또는 腺)에 전달된다. 전달에는 화학 시냅스에서의 신경전달물질(神經伝達物質)의 방출에 의한 화학적 전달과 電氣 시냅스에서의 cap 결합을 통한 전기적 전달 2종류가 있다. 전기 시냅스에서는 시냅스前 neuron의 종말에 활동전위가 도달한 곳에서 발생한 전류가 cap 결합을 통한 시냅스後 neuron에서 시냅스 전위를 발생시킨다. 어류에서는 Mauthners 세포로 늘어서 있는 척수내 신경회로에서 나타난다. 화학 시냅스는 시냅스前세포의 시냅스前膜과 시냅스後세포의 시냅스後膜으로 이루어 진다. 활동전위가 종말에 도달하면, 신경전달물질을 축적한 시냅스 소포가 시냅스前膜에 융합하여 알멩이만이 시냅스 간극 (間隙)으로 방출된다 (그림 1-16). 이 과정은 종말부의 탈분극으로 전위의존성 Ca2+ channel이 열리고, Ca2+이 유입하게 된다. 방출되어진 신경전달물질은 시냅스後膜에 있는 수용체 (受容体 ; receptor)에 결합한다.

수용체는 이온채널로써의 기능도 갖춘 이온 채널형 수용체와 별도의 세포내 전달계와 상호작용을 하는 대사형 수용체 (代謝型受容体)로 구분된다 (그림 1-17). 이온 채널형 수용체에는 acetylcholine의 nicotine性 수용체, glutamic acid 수용체 (calnin산형, AMPA형,NMDA형), GABAA 수용체, glycin 수용체가 있다. 이것들에 전달물질이 결합하면 구조가 변화하여 특정 이온을 통과시키는 이온 채널이 열린다. 예를들면, glutamicacid 수용체에서는 양이온이, GABAA 수용체에서는 Cl-가 세포내로 들어온다. 대사형 수용체에는 acetyl choline의 muscarine性 수용

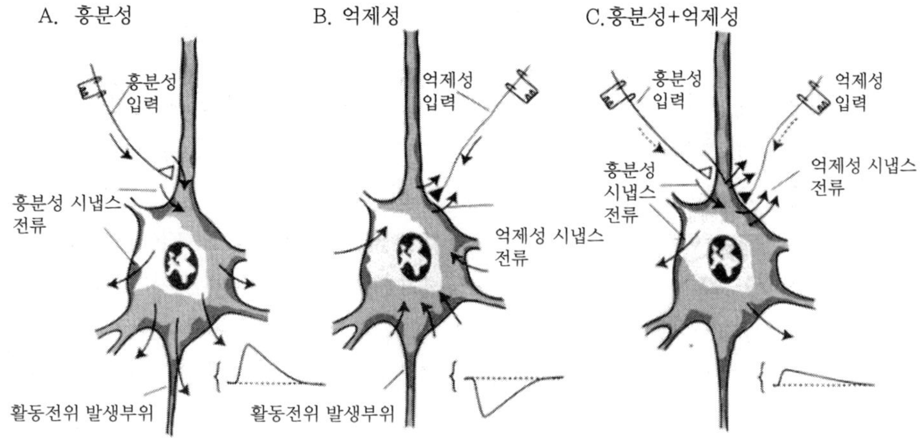

그림 1-18 Neuron로의 흥분성 및 억제성 입력과 통합.
(A) 흥분성 입력이 있으면 synapse후 세포의 양 ion channel이 열려, Na^+ 나 K^+등이 세포내로 유입한다. 이것에 의해 탈분극성의 synapse후 전위가 발생한다. (B) 억제성 입력이 있으면 synapse 후 세포의 Cl^- channel이 열려, Cl^-를 세포내로 유입한다. 이것에 의해 과분 극성의 synapse후 전위가 발생한다. (C)흥분성 및 억제성 입력이 동시에 있으면 양입력의 효과는 상쇄된다. (Kandel et al., 2000)

체, 대사형 glutamic acid 수용체, GABAB 수용체, adrenaline 수용체, serotonin 수용체, 각종 신경peptide의 수용체등이 있다. 대사형 수용체는 G 단백질 공역형 수용체라고도 말한다. 수용체에 전달물질이 결합하면, 여기에 공역하는 G 단백질이 표적이라고 하는 효소를 활성화 시킨 후, 몇 단계의 세포내전달계를 걸쳐 수용체와는 독립한 channel을 연다. 이러기 위해선 이 형의 수용체에 의해 일어나는 시냅스 활동의 시간 경과는 이온 채널형 수용체 보다도 천천히 이루어진다.

시냅스後 전위 : 화학적 전달의 결과, 시냅스後 세포의 이온 채널이 열리고, 어떤 이온이 세포막을 통과한다. 이 경우에 생기는 막전위 변화를 시냅스後 전위라고 말한다. 채널의 이온 선택성에 따라 서로 틀린다. 예를들면, glutamic acid 수용체에서는 Na+과 K+이 들어오기 때문에 탈분극하고, GABAA 수용체에서는 Cl−가 세포내로 들어오기 때문에 과분극한다. 전자는 세포를 흥분시키기 쉽기 때문에 흥분성 시냅스後 전위라고 말한다. 후자는 역으로 억제하기 때문에 억제성 시냅스後 전위라고 말한다. 어떤 neuron에 복수의 흥분성 시냅스에서 거의 동시에 입력이 들어오면, 이들의 시냅스後 전위가 가산되어진다. 이 경우 탈분극이 역치를 넘어면, 그 neuron은 활동전위를 발생한다. 또 흥분성 입력과 억제성 입력이 동시에 오는 경우, 효과는 없어진다 (그림 1-18). neuron이 받은 모든 시냅스 입력의 결과, 활동전위를 발생할련지 안할련지를 결정하는 것을 neuron의 통합작용이라 한다.

활동전위와 서로 틀린 시냅스後 전위의 크기는 입력의 질과 양에 따라 다양하다. 또 활동전위처럼 재생산되는 것없이 감쇠 (減衰)해 버리는 점에서도 다르다. 시냅스後 전위와 같은 neuron의 전위변화를 통합해서 국소전위 (局所電位)라고 말한다. 신경근접합부에 발생하는 종판전위 (終板電位), 감각세포에서 발생하는 수용기전위 (受容器電位, 발동기전위나 기동전위라고도 말함)등이 있다.

§3. 기 관 (器官)

발생학적, 형태적, 기능적 근거에 의해서 분류되어진 조직 (組織)의 몇몇에 의해서 구성되어, 특정 기능이 국재해서 영위되며, 또한 그 부분이 형태적으로 독립하고 있는 경우, 그 부분을 기관 (器官; organ)이라 말한다. 예를들면 장관 (腸管)은 내측에서 상피조직 (上皮組織; 한층의 흡수상피), 결합조직, 근육조직 (평활근), 결합조직, 상피조직이 층상으로 열거되어, 결합조직과 근육조직중에는 혈관과 신경이 분포한다. 더욱이 이러한 기관은 기능적 공통성이나 관련성에서 기관계를 구성한다. 어류에서는 신경계, 감각계, 운동계, 골격계, 호흡계, 순환계, 소화 · 흡수계, 배출계, 생식계, 내분비계, 면역계 (생체방어계), 발광계, 발음계등이 있다. 그러나 하나의 기관이 반드시 하나의 기관계만으로 속하는 것은 아니다. 예를들면 뇌는 신경계만 아니라 내분비계에도 속해서, 신장은 배출계만이 아니라 조혈 (造血)에 관여하는 조직을 가지므로 생체방어계에도 속한다.

§4. 생체 제어 (生体制御)

세포, 조직, 기관이라는 계층적 요소로 구성되어진 생체는, 이하의 각 장에서 취급하는 여러 가지 기능을 운영하고 있다. 생물이 생존하여, 번영하기 위해서는 개체가 가지고 있는 여러 가지 기능을 서로서로 완전히 독립한 것이 아니라 상당히 조화를 유지해 가면서 작동하는 것이 필요하다. 다시 말하면, 생체를 제어하는 구성의 이해는 개체 레벨에서 생리현상을 이해하는 것이 필수적이다. 여기에서는 생체를 하나의 유기체로써 통합 · 조절하고 있는 생체제어계와 그 기능에 강하게 영향을 끼치는 온도나 광주기 (光周期; photoperiod)등의 환경요인과의 관계에 대해서 설명하고자 한다.

4-1 생체제어계

생체를 제어하는 시스템에는 신경계와 내분비계가 있어, 그기에 면역계 (생체방어계)을 첨부하는 것도 가능하다. 신경계는 개체 내외의 환경변화에 대해서 민첩하게 응답하는데 유효한데 비해서 내분비계는 비교적 천천히 이루어지는데, 보다 장시간에 걸쳐 응답을 지배하고 있다. 광, 음, 냄새등 특정 감각기에 수용되는 정보는 신경계를 통해서 중추에 전송되고 처리되어 다시 신경계

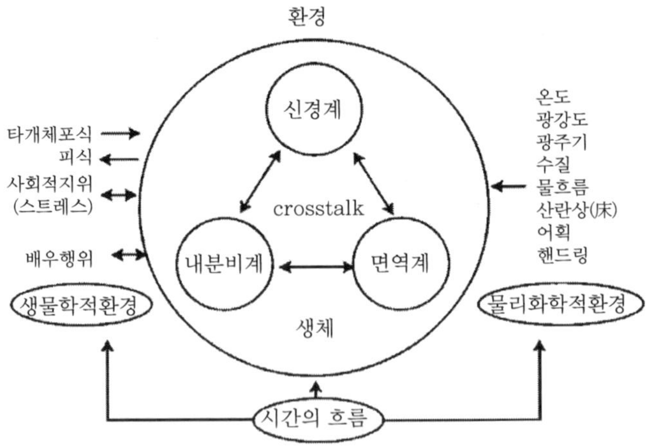

그림 1-19 생체제어계 생체기능은 신경계, 내분비계, 면역계에 의해서 주로 제어되고 있지만, 동시에 생체를 둘러 싸는 생물학적 환경, 물리화학적 환경에 의해서 영향을 받는다. 생체와 환경은 시간축의 중간에 존재하고, 그 상태는 시시 각각 변화한다.

를 통해서 근육등의 효과기에 전달되어지는것에 의해 민첩한 응답, 예를들면 섭이나 도피라는 행동등이 야기한다. 한편 중추에서의 정보는 뇌하수체 (pituitary gland)등의 호르몬 생산세포를 자극하여 내분비계 (endocrine system)의 응답도 야기한다. 내분비계에 의해 지배되는 현상에는 성성숙 (性成熟; gonadal maturation), 성장 (growth)등의 비교적 긴시간이 요구되는 현상이나, 삼투압의 조절 (osumoregulation)등 체내환경을 일정하게 유지, 즉 항상성 (恒常性; homeostasis)의 유지에 관련하는 응답이 있다.

면역계 (immune system)는 질병과의 관계에서 논의되어져 왔기 때문에 생체제어계로써 위치를 차지하는 것은 적었다. 그러나 면역계는 단순히 병원 (病原)을 처리하는 기구가 아니라 비상사태에 대해서 생체를 정상 상태로 유지하는 기구로써 생체제어계의 일원이다. 실제 감염에 대한 대처 뿐만아니라 암화 (癌化)한 세포나 역할을 다해 죽은 세포의 처리도 그 역할에 포함되어지기 때문이다.

신경, 내분비,면역은 독립된 계 (系)임과 동시에 서로 밀접한 관계여서 network를 구축하고 있다. 이미 기술한것처럼 감각정보는 신경, 내분비의 응답을 초래하지만 제각기의 응답은 서로의 계(系)에 여러 가지 형태로 영향을 끼치고 있다. 면역계도 마찬가지이며, 면역응답은 신경, 내분비의 영향을 강하게 받고있는 한편, 감염등 몸의 이상정보는 면역계를 통해서 신경계, 내분비계의 응답를 초래하고 있다. 면역계 특유의 전달물질이라 생각되어지는 cytokine이 내분비계에서도 중요한 작용을 하고 있다는 것, 호르몬로써 알려져있던 물질이 면역계의 세포에서 생성되는 현상등, 상호간의 계(系)의 밀접한 관계가 점점 밝혀지고 있다. 즉 신경계, 내분비계, 면역계의 crosstalk (그림 1-19)가 생체제어계의 근간을 이루고 있다고 말할 수 있다 (廣川, 1993).

어류는 수중에 생활하고 있기 때문에 그 생체기능은 물의 물리화학적 성질의 영향을 강하게 받고 있다. 또 광강도나 광주기의 영향도 받고 있다. 또 포식, 피식, 사회적 지위등의 타개체와의 관계가 생체기능에 영향을 미친다. 특히 사회적으로 뒤떨어져 있는 위치를 차지하고 있는 개체는 stress에 의한 생체기능의 변조(變調)를 일으킨다.

4-2 생체리듬에 관한 요인

물고기는 시시각각 변동하는 자연환경에서 서식하고 있기 때문에 그 생리기능이나 행동은 환경요인의 영향을 복합적으로 받아서 변동한다. 그중에서도 수온이나 일조시간은 1일이나 1년을 주기로 크게 변동하기 때문에 물고기의 생리기능이나 행동은 1일이나 1년을 주기로한 rhythmic한 변동을 나타내는 경우가 많다. 유영리듬 (그림 1-20), 섭이리듬이나 생식리듬등이 그 좋은 예다. 또 생식리듬에 월주기를 나타내는 물고기도 알려져 있다.

야행성 어류는 암기 (暗期)에, 주행성 (晝行性)어류는 명기 (明期)에 유영하며, 1일을 주기로 한 리듬을 나타내지만, 이것은 각 어류의 유영행동이 명기 혹은 암기에 유도되어진다는 성질에 의한다. 이 유영리듬은 섭이리듬와 함께 연계하여, 야행성의 어류는 야간에, 주행성의 어류는 밝은 시간대에 섭이한다 (그림 1-20). 예를들면, 야행성의 메기는 어두워지면 유영을 시작하고, 어둠중에 전기감각을 이용하여 작은 물고기를 포식한다. 주기적인 섭이는 소화흡수나 거기에 관여하는 호르몬의 생산이나 분비등의 생리기능에도 1일을 주기로한 rhythmic한 변동을 초래하게 된다.

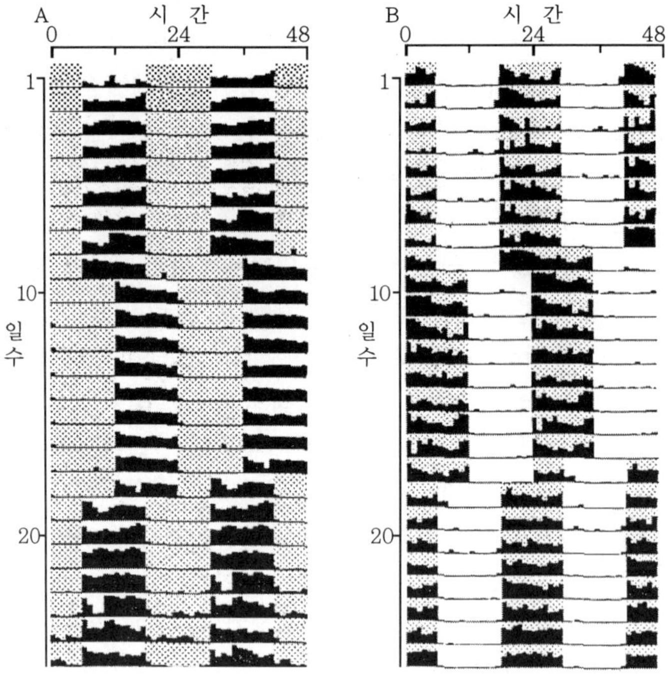

그림 1-20 일주행동의 활동기록
A: 은어 (주행성). B: 메기 (야행성). 명암 cycle (명:100 lx, 암: 완전암)은 10일째에 6시간 phase로 후퇴하고, 19일째에 6시간 phase로 전진시켰다. Dyeblot법으로 표시하고 있다. 점묘 부분이 암기를 나타낸다. (田畑, 1988)

또 어류는 1년중 특정 계절에 산란기를 가지지만, 이것은 어류가 1년을 주기로한 생식리듬을 가지는 것을 나타낸다. 이것도 수온이나 광주기가 1년을 주기로써 변동하는 것에 기인하고 있다. 언제 산란하는지에 따라 춘산란어 (春産卵魚), 추산란어 (秋産卵魚)등의 몇가지 형태로 나뉘지만, 이것은 성성숙의 개시요인이나 종료요인으로써, 이러한 요인을 각 어류가 방아쇠로써 이용하고 있는 것이 다르다. 예를들면, 춘산란어는 봄에 수온상승을 성숙개시 요인으로, 여름의 고수온을 종료요인으로써 이용하고 있고, 또 추산란어는 일조시간의 감소를 성숙개시요인으로, 겨울이 다가옴에 따라 저수온을 종료요인으로써 이용하고 있다. 이러한 수온에 대한 반응성 (고수온성, 중수온성, 저수온성의 차이)이나 광주기에 대한 반응성 (광주기의 유무, 광주성을 가지고 있는 경우는 長日性인가 短日性인가의 차이)은 진화의 과정에서 획득되어진 유전적 요인에 기준하고 있다.

최근 정해진 시간에 산란하는 어류에 관한 많은 것이 알려져 있지만, 이것은 난모세포의 최종성숙을 야기하는 생식선자극호르몬의 일과성 (一過性; surge) 대량분비의 개시시간이 1일의 명기리듬에 의해서 결정되는 것이 원인이다. 잉어과 어류에서는 이 일과성 대량분비는 명기 후반에 시작하기 때문에 배란은 반드시 야간에 일어난다.

또 유영 · 섭이리듬이나 산란리듬은 어류를 항암조건하에서도 약 1일를 주기로하는 리듬, 즉 개일 (概日)리듬 (circadian rhythm)을 나타내기 때문에 1일을 주기로 하는 명암리듬 외에, 생체내에서 약 1일 주기를 가진 생물시계 (biological clock)가 존재하는 것도 알게되었다 (그림 1-21).

이와같이 주기적으로 변동하는 수온이나 광주기등의 외적요인이나 생물시계에 의한 정보를 받아서 생체내의 신경계, 내분비계나 면역계등이 rhythmic한 반응을 하는 것에 의해 생체리듬이 유기된다.

4-3 온도

수생생물의 대부분은 그 체온을 환경인 수온에 지배 받는 외온성의 생물이다. 따라서 이러한 생물은 사라지지 않고 환경 수온의 변화, 즉 온도 스트레스에 적응해가면서 서식하고 있다. 그러나, 이와 같은 온도 스트레스에도 불구하고 수생생물은 그 생리, 생화학의 모든 측면을 통해서 대사의 제어 내지는 보상에 의해서 생명활동을 유지하고 있다. 환경수온은 수생생물의 생태나 세포기능을 규정하는 가장 큰 환경요인의 하나이다 (田村, 1977). 온도 감각에 관해서는「제4장」을 참조.

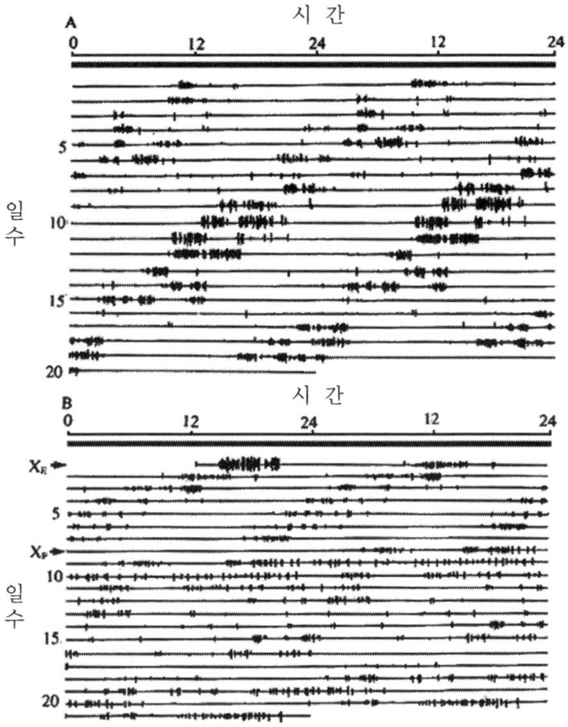

그림 1-21 항암(恒暗)하에 있어서 칠성장어의 활동기록
A: 정상개체, B: 양안(兩眼) 적출후 (X_E)와 송과체 적출후 (X_P)의 활동기록. 정상 개체와 양안적출 개체는 항암하에서 circadian rhythm을 나타내지만, 송과체를 거듭 적출하면 circadian rhythm을 나타내지 않게한다. (田畑, 1988)

1) 선호온도 (選好溫度) 어류에 있어서는 좋아하는 온도인 선호온도 (選好溫度; preferred temperature)와 꺼리는 온도인 기피온도 (忌避溫度)가 있다. 전자는 적수온이라 불려지는 것과 거의 일치하지만, 선호온도는 순치온도 (馴致溫度; acclimation temperature)에 의해 변한다. 실험적으로 순치온도를 여러 가지로 변화시켜 어류의 선호온도를 조사해 보면 특정 온도에 적응하는 경향을 나타낸다. 이 최종 도달온도를 최종선호온도 (最終選好溫度; final preferendum)라고 한다 (Tsuchida, 1995) (그림 1-22). 이 최종선호온도는 어종에 따라 고유하며, 예를들면 한대성 (寒帶性)의 연어나 청어에서는 14℃ 전후, 온대산 (溫帶産)의 전갱이, 참돔, 청보리멸에서는 24 ~ 26℃이다. 흥미 깊은 것은 기수역에도 행동범위가 보이는 감성돔이나 농어에서는 29~30℃이다. 즉 어류의 최종선호온도는 성장을 나타내는 지표의 하나인 이료전환효율 (餌料轉換效率)이 최대로 되는 온도와 거의 일치하지만, 최대 일간성장율 (日間成長率)를 나타내는 온도는 약간 높고, 최대 일간섭이률 (日間攝餌率)의 온도는 더 높다. 또 발생단계에 의해서도 서로 틀리고, 가령(加齡)이나 성장에 따라서 저하하는 경향이 있다. 더욱이 절식에 의해서도 저하한다.

2) 온도 내성 (溫度 耐性) 어류와 환경수온과의 관계에서는 선호온도와 함께 온도내성도 하나

의 중요한 지표가 된다. 온도내성은 일정 수온 조건하에서 요구되는 50% 치사온도와, 온도를 일정 속도로 昇溫 (下降)시키는데 요구되는 임계최고 (臨界最高) (最低)온도에 의해서 평가되어진다. 이러한 평가 지표는 앞에서 말한 선호온도와 마찬가지로 순치온도에 의해서 변화한다. 무한시간의 온도접촉에 있어서 50% 치사온도는 초기 치사온도 (incipient lethal temperature)라고 부르고, 순치온도와 초기 치사온도가 일치하는 온도는 최종치사온도 (ultimate lethal temperature)라고 부른다. 어류의 온도내성은 위에서 말한 것과 마찬가지 정의에서 순치온도를 횡축, 치사온도를 종축의 그래프로 나타내면 고온 및 저온측의 치사온도로 둘러싸여진 다각형으로 되며, 이 영역은 온도내인영역 (溫度耐忍領域; zone of thermal tolerance)이라 부른다 (Coutant, 1970) (그림

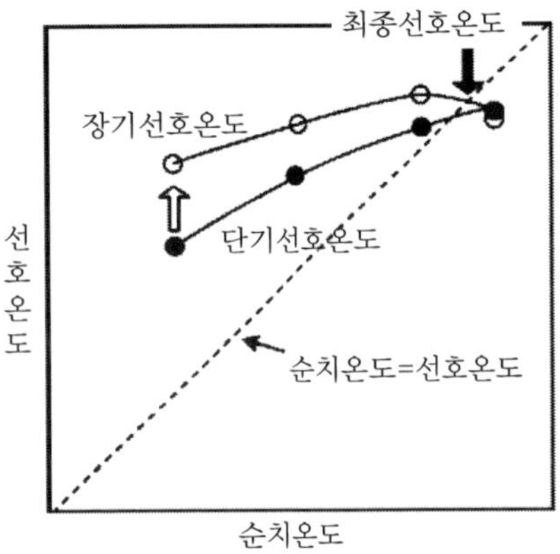

그림 1-22 어류의 단기선호온도(●), 장기선호온도(○), 최종선호온도(→)의 관계. 단기 선호온도는 시간의 경과에 따라 서서히 장기선호온도에 근접한다(⇨). (Tsuchida 1995)

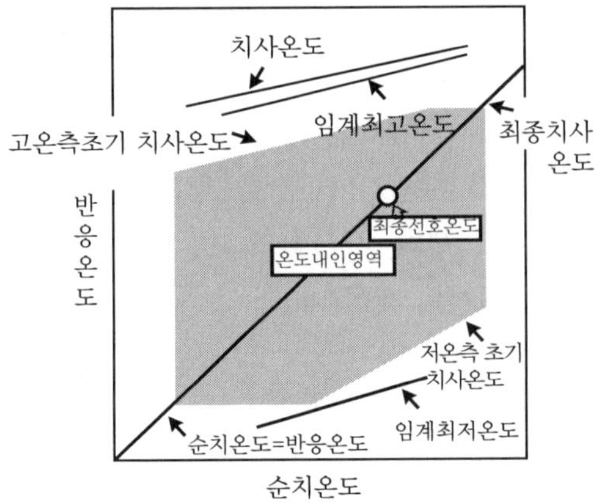

그림 1-23 어류의 온도 내인 영역과 여러 가지의 온도 특성과의관계. (Tsuchida 1995 및 Coutant 1977))

1-23). 한편 순치온도에서 일정한 비율로 승온, 혹은 강온(降溫)시킨 경우에 어체가 평형감각을 잃은 때의 온도를 평형상실온도 (平衡喪失溫度), 또는 임계최고 (최저) 온도 (critical thermal maximum or minimum)라고 부른다. 이 경우 승온속도(昇溫速度)보다 값이 크게 변화한다. 임계최고 및 최저온도는 최고 및 최저 초기 치사온도보다 제각기 높은 혹은 낮은 온도로 된다.

생물은 단시간의 아치사적 (亞致死的; sublethal)인 고온접촉에 의해서 열쇼크 단백질 (heat shock protein, HSP) 발현을 증대시킨다 (山下, 1997). 이 반응은 세균에서 척추동물까지 모든 생물에 관찰된다. HSP는 여러 분자종에서 이루어진 일련의 단백질군으로, 분자량 7만의 HSP 70은 불과 수분에서 수십분의 고온접촉으로 일과성의 발현변동을 나타낸다. 그 역할은 신생 단백질을 보호하고, 변성 단백질를 제거하는, 즉 단백질의 시중드는 역의 의미로 chaperon molecule라고 부른다. 최근, 식물 플랑크톤에서 세포막 결합성인 protase 활성부위의 구조를 가진 신규 단백질이, 이와 같은 아치사적인 고온에서 발현하는 것이 나타났다. 이 단백질의 경우 고온접촉과 세포변화를 결부시켜 세포내 정보전달의 역할을 담당하는 것이 시사되어졌다. 어류에서는 HSP 발현에 의해 세포레벨 및 개체레벨의 온도내성이 상승하는 것이 알려져 있다.

3) 온도와 화학반응 화학반응은 반응물이 활성화 상태 (遷移狀態)로 되어 얻어지는 에너지를 획득하여, 화학결합의 생성이나 해리를 통해서 생성물에 변화하는 과정을 나타낸다. 이때 천이상태 (遷移狀態)는 활성화 에너지 (activation energy)의 벽에 위치하여, 화학반응은 활성화되어진 화합물의 농도에 비례해서 진행한다. 생물의 호흡대사에서 잘 이용되어지는 Q10 법칙은 10℃의 온도상승에 호흡대사가 2배로 된다는 것을 나타내는 법칙이다. Maxwell-Boltzmann의 기체분자의 에너지 분포측과, Ahrrenius의 반응속도정수와 온도와의 관계식에서 상기의 Q10 법칙이 이론적으로도 돌출되어진다 (渡部 · 橋本, 1980).

화학반응은 앞에서 말한 Maxwell-Boltzmann법칙에서 온도가 높아지면 높아 질수록 증대한다. 생체내의 화학반응은 대부분이 효소 (酵素; enzyme)의 촉매작용에 의존하고 있지만, 이 경우도 온도가 높을수록 빠르게 진행한다. 그러나 효소는 단백질에서 생겨진 것으로, 온도가 높아짐에 따라 변성이 진행되고, 바로 활성을 잃어 버린다. 이 효소 단백질의 열내성 (熱耐性) 또는 열안정성은 효소의 종류에 따라 틀린다. 단백질은 유전자 (gene)에 기록되어져 있는 정보에 기반으로 세포내의 ribosome이라 불리는 거대분자의 단백질 · 핵산 복합체에서 합성되어진다. 여기에서는 단백질의 구성 성분인 아미노산이 peptide 결합이라 불리는 공유결합에 의해서 배열되어 있다. 이와 같은 유전정보를 기반으로 생긴 아미노산 배열은 단백질의 입체구조를 규정한다. 완성된 단백질은 강체 (剛体)가 아니며, 상온에서도 미묘하게 변화한다. 이것은 단백질 입체구조의 구축에, 비공유결합이라 불리는 분자의 운동 에너지 근처에 큰 결합력이 관여하기 때문이다. 역으로 약한 결합 에너지가 화학반응을 촉매하는 경우에 유효하게 된다. 예를들면, 효소는 기질과 결합하면 입체구조가 미묘하게 변화한다. 효소 이외에도 성장인자 (成長因子)의 수용체 단백질은 성장인자가 결합하는 것에 의해서 그 구조가 변화하고, 다음에 생체반응으로 전도된다. 어류는 항온 동물에 비해서 체온이 낮지만, 그 대사 속도는 양자 모두 큰 차이는 없다. 동등한 기능을 가진 어류의 단백질은 보다 유연한 구조를 가지며, 저온에서도 활성을 발현하도록 짜맞추어져 있기 때문이다. 이것은 단백질의 구조 안정성을 희생하게 하는 것을 의미하고, 어류 단백질이 일반적으로 불안정한 것이 이러한 이유이다.

4) 온도 적응 여기에서 순치온도는 어떻게해서 어류의 대사에 영향을 미치는가 ? 바꿔 말하면 어류는 온도변화에 대해서 어떻게 대사를 조절하고 있는 것일까? 환경수온의 변화에 대한 온도적응 (溫度適應; temperature adaptation)은, 거기에 필요로 하는 시간의 長短을 지표로, 다음 3가지로 크게 나뉜다 (Hazel & Prosser, 1974). 1) 조간대생물 (潮間帶生物)로 대표되는 단시간의 온도변화에 대한 적응 2) 수일 혹은 수주간을 요하는 온도순치 (temperature acclimation)라 불리는 적응, 3) 유전적 형질로써 자손까지 전달되는 적응이 있다. 1)의 단시간의 적응에는 효소와 기질의 친화성의 변화나, 기질이외의 물질이 효소작용에 미치는 영향이 생각되어 지고 있지만, 효소의 종류나 생물종에 따라 변화가 천차만별로 일정한 법칙은 보이지 않는다 (渡部 · 橋本, 1980; Hazel & Prosser, 1974). 2)의 온도순치에 관해서는 효소의 질적 및 양적변화 이외, 대사경로의 변화가 알려져 있다. 3)에 관해서는 2)의 적응 형태가 그 적온 범위내에서 고정되어서 자손까지 전

달되기 때문에 유전자의 변이을 동반한 생물종의 진화에 결부되는 것이다.

온도적응에 동반하여 세포레벨의 변화에서는 우선 세포막 (cell membrane)의 변화가 중요하다 (Hochachka & Somero, 1973). 세포막은 세포내의 물질조성을 일정하게 유지하기 때문에 세포의 내외를 격리시키는 것으로 , 지질 이중층으로 이루어져 있다. 그러나 생명활동을 유지하기 위해서는 세포간의 정보전달 (signal transduction)을 통하는 과정이 필요하고, 실제 세포막에는 여러 막결합성 단백질이 끼워져 있다. 이들 단백질은 세포외에서의 정보를 받아 들여, 구조나 국재성을 변화시켜서 세포내로 그 정보를 전달한다.세포막의 지질 이중층의 유동성이, 이와 같은 단백질 기능의 발현을 가능하게 한다. 어류와 같이 저온에서 서식하는 생물의 세포막은 탄소의 2중 결합이 높아 고도불포화지방산 (高度不飽和脂肪酸; highly unsaturated fatty acid, HUFA)을 고농도로 함유하고 그 유동성을 유지하고 있다. 또 HUFA 비율은 온도저하에 동반하여 증대한다. 이 변화에는 지방산을 불포화하는 효소 (unsaturase)발현이 관여하고 있다. 그 외, 세포소기관의 미토콘드리아는 생체 에너지인 ATP를 합성하는 중요한 기관이지만, 이 소기관을 격리하고 있는 막의 지질도 마찬가지로 변화한다. 이 경우, ATP합성효소의 subunit 발현이 저온 순치화에 의해서 증대하는 것이 밝혀졌다. 이 변화는 저온에서 대사활성이 저하하는 것을 보상하기 위한 것이라고 추측되어진다.

생체막의 지방산 조성의 변화를 일으킬 것 같은 점진적인 승온 (昇溫)에 어류를 놓아두면 HSP 이외의 여러 분자의 변화가 관찰되어진다 (渡部, 1997). 잉어나 금붕어와 같은 광온역성 (廣溫域性)의 담수어는 계절적으로 겨울의 0℃ 부근에서 여름의 30℃ 이상까지 광범위한 온도대에 서식하는 것이 가능하다. 그러나 이러한 어류는 년중, 항상적인 유영운동을 유지한다. 운동에 필수인

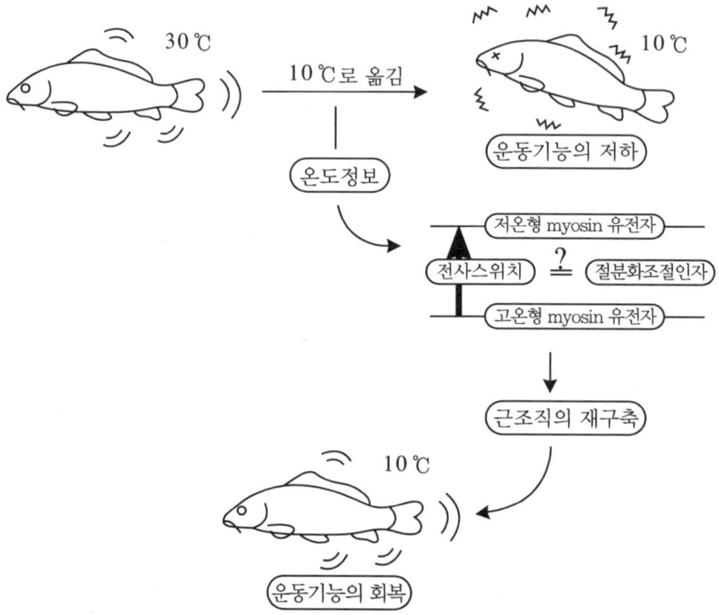

그림 1-24 잉어의 저온순치에 따른 myosin 유전자의 발현양식. (渡部, 1997)

주요 근단백질 myosin은 그 사이 저온 및 고온형의 isoform을 발현시켜 항상적인 유영운동을 가능하게한다 ((渡部, 1998) (그림 1-24). 더욱이 이 isoform의 성쇠(盛衰)는 유전자레벨의 제어를 받고 있다. 또 분자량 약 65만의 고온순화 (高溫馴化) 특이적인 단백질 (Wap 65, warm-acclimation-related protein 65)이 잉어나 금붕어에서 발견되었고, 그 구조가 포유류의 hemopexin과 비슷하다. 그 후 이 단백질의 유사체가 무지개 송어나 송사리에서도 관찰되었다. 또 유전자 조절영역의 해석에서 Wap65는 단순히 고온순치에 관여할 뿐만아니라 생체방어에도 중요한 역할을 담당하는 것이 밝혀지게 되었다.

수생생물인 어류는 대부분이 변온동물로, 끊임없는 환경수온의 변화에 적응해서 서식하고 있다. 수생생물에 따라서는 이것은 일종의 스트레스이고 동시에, 발생 · 분화, 성장, 회유, 생식, 노화 등의 생명활동을 규정하는 중요한 환경인자이다. 환경수온의 변화가 온도수용감각기관 (溫度受容感覺器官)에서 시작되어, 세포내정보전달기구을 통해서 유전자발현조절에 이르기까지, 그 해명을 금후의 과제로써 남아 있다.

4-4 스트레스

여기까지 기술하여 왔던 것 처럼, 여러 가지 내적, 외적환경의 변동에 대응하는 기구로써 생체제어기구을 받아들이는 것이 가능하다. 변동하는 물리화학환경에 대해서 적절하게 반응해서 생체 기능을 유지하고, 더욱이 차세대로 생명을 계승하여 가기 때문에, 생체에 있어서 유해한 자극이나 그것이 지속되는 경우에는 그 응답은 스트레스로써 나타나게 된다.

외부환경요인에는 개체간의 관계도 내포하고 있다. 군행동이나 자웅이 협조한 배우행동등, 양호한 개체간 관계가 있는 한편, 자치어기의 공식, 대형개체에 의한 포식, 이러한 것을 피하기 위한 도피행동도 있다. 섭이 경쟁, 산란 암컷을 순회하는 수컷끼리의 경쟁, 보육중의 난을 노리는 타개체의 배제, 사회적 열위 (劣位)등, 개체간의 관계는 여러 가지 형태의 스트레스를 생기게 한다. 발생한 개

표 1-1 다양한 스트레샤 [深田 (2000)]

세포레벨 (세균~배양세포)	개체레벨 (다세포생물 인간)
이상온도(고온, 저온)	이상온도, 화상, 염증, 면역반응
이상압력	과음, 전기쇼크
자외선, 방사선	자외선, 방사선
이상수소이온농도	세균독소, 세균, 바이러스
활성산소, 저산소	외상, 수술, 운동
중금속이온	통각자극, 신체구속
포도당기아	저산소, 저혈당, 순환부전(허혈)
세포독, 바이러스	시험 대인마찰(정신적 긴장)
아미노산 유이체	육친의 죽음, 파산(절망, 낙담)
	사회불안, 전쟁
	구역싸움, 사회적 열위
	핸드링, 포획(어획)

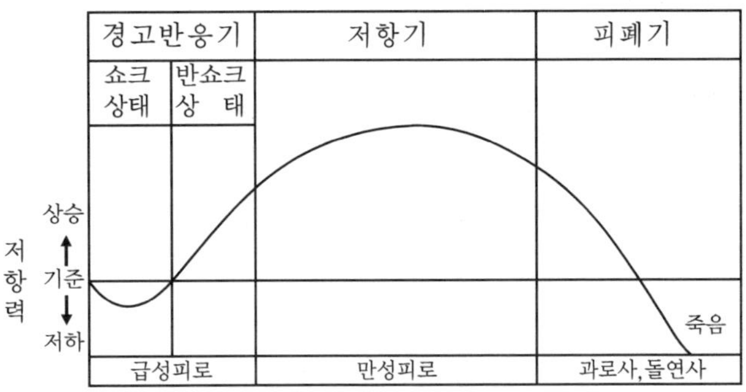

그림 1-25 스트레스후의 생체반응의 추이 (Selye설). 스트레샤에 지속적으로 노출되어진 개체는 경고반응기, 저항기, 피폐기의 3기를 걸쳐 변화한다. (深田, 2000).

체의 스트레스 반응이나 세포의 스트레스 반응은, 원인 차이에 의하지 않고 각각 거의 일정한 과정을 거친다.

1) 개체의 스트레스 반응 물고기에 있어서 수온의 급격한 변화가 스트레스로 되는 것은 앞에서 기술했지만, 용존산소의 결핍, pH의 변화, 수질오염, handing이나 어획등도 스트레스로 된다. 「스트레스」라고 말하는 용어를 의학 · 생물학에서 처음으로 사용한 것은 Walter Cannon으로, 여기서 의미하는 것은「정신적 긴장」이라는 심리적 색채가 강한 개념이었다. 이「스트레스」를 현재 의미에서는「생체에 작용하는 외부 압력에 대해서 생체에서 생겨나는 비특이적 반응의 총칭」으로, 이것을 초래하는 자극을 스트레샤로 한 것은 Hans Selye이다. 다양한 스트레샤를 표 1-1에 나타냈다. Selye는 스트레스 상태가 지속되는 경우, 생체에서 보여지는 반응을 경고반응기 (警告反應期), 저항기 (抵抗期), 피폐기 (疲弊期)로 구별되어진다 (그림 1-25).

스트레샤에 의한 자극이 중추신경계 (中樞神經系)에 전달되어지면, 시상하부-뇌하수체-부신피질 (어류에서는 간신계 [間腎系], hypothalamic-pituitary-adrenocortical [interrenal] system, HPA 系)과 시상하부-교감신경-부신수질계 (어류에서는 크롬친화세포, sympathetic-adrenomedullary system, SAM system)가 반응하여, 스트레스에 저항할려고 한다. 그러나 스트레스가 너무 강하든지, 너무 지속적이라든지 하면 몸은 피폐하고, 죽음에 이르게 된다. 전자는 시상하부에서 만들어지는 부신피질자극호르몬방출호르몬 (corticotropin-releasing hormone, CRH)이 뇌하수체에서 (adrenocorticotropic hormone, ACTH)을 분비시켜, 더욱이 ACTH가 부신피질에서 cortisol을 분비시키는 system이다. 후자는 스트레스에 의해 교감신경이 흥분하여, 부신수질 (副腎髓質)을 자극해서 주로 adrenalin을 분비시키는 system이다. 또 동시에 교감신경 절후섬유 (交感神經節後纖維)의 신경종말 (神經終末)에서는 noradrenaline이 분비되어, 교감신경이 지배하고 있는 장기 (臟器)의 활동을 변화시킨다. 따라서 혈액중의 cortisol이나 adrenalin 농도는 스트레스의 좋은 지표로 된다. 또 cortisol에 의해 혈당치 (血糖値)도 상승하기 때문에, 이것도 지표로 된다. 혈당치의 상승은 스트레스에 대항하기 위한 에너지 공급이라 생각되어진다. 兩系의 자세한 것은「제 6장 내분비」를 참조. 또 스트레스에 의한 생식기능이 억제된다든지 (「제 7장 생식」참조), 생체방어기능이 저하하든지 한다 (「제12장 생체방어」참조).

2) 세포의 스트레스 반응 1962년에 초파리를 죽지 않을 정도의 고온에 단시간 노출시키면 대부분의 단백질의 합성이 감소하는 가운데, 한 그룹의 단백질 발현이 증가하는 것을 알게되어, HSP라고 이름 붙이게 되었다 (본 장 4-3 온도 참조). 그 후 HSP는 고온 쇼크때만 아니라 표 1-1에 나타낸 것처럼, 세균에서 인간까지 다양한 스트레샤에 대해서도 마찬가지로 그 합성이 유도되어짐에 따라「스트레스 단백질」이라 불려지게 되었다. 더욱이 구속 스트레스나 수술 스트레스에 노출된 rat나 ACTH를 투여한 rat의 부신피질에서 HSP 발현이 특이적으로 유도되느 것, 포식자 (블루 길)가 있는 수조에 넣어진 금붕어나 CRH 혹은 cortisol를 투여한 금붕어의 뇌에 있어서 HSP의 발현이 증가하는 것 등에서 (Kagawa & Mugiya, 2002),「세포레벨에서의 스트레스 반응」과「개체레벨에서의 스트레스 반응」의 서로의 상관관계는 흥미있는 문제이다.

文　献

アルバーツ B., D. ブレイ, J. ルイス, M. ラルフ, K. ロバーツ, J. D. ワトソン (1995)：細胞の分子生物学, 第 3 版 (中村桂子, 藤山秋佐夫, 松原謙一監訳), 教育社, pp.1294.

Alberts, B., A. Johnson, J. Lewis, M. Raff, K. Roberts, and P. Walter (2002)：Molecular Biology of the Cell (4th ed.), Garland Science, N.Y. pp.1463

落合　明編 (1987)：魚類解剖学, 緑書房, pp.347.

Camhi, J. M.(1984)：*NEUROETHOLOGY*, p.42, Fig.7, Sinauer

Coutant, C. C. (1970)：Biological aspects of thermal pollution. I. Entrainment and discharge canal effects. *CRC Crit. Rev. Environ. Control*, 1, 341-381.

デルコミン, F. (1999)：ニューロンの生物学 (小倉昭彦・冨永恵子訳), トッパン, pp. 637.

深田順一 (2000)：ストレスとからだ, からだの中からストレスをみる (日本比較内分泌学会編), 1-37.

藤　義博・高畑雅一 (2000)：脳と行動の生物学, 講談社, pp. 158.

藤田尚男・藤田恒夫 (1988)：標準組織学総論, 第 3 版, 医学書院, pp.303.

Hazel, J. R. and C. L. Prosser (1974)：Molecular mechanisms of temperature compensation in poikilotherms. *Physiol. Rev*. 54, 620-677.

広川　勝昱 (1993)：神経・内分泌・免疫系のクロストーク, 学会出版センター, pp.209.

Hochachka, P. W. and G. N. Somero (1973)：Strategies of Biochemical Adaptation, W. B. Saunders Company, Philadelphia, pp.358.

板沢靖男, 羽生　功 (編) (1991)：魚類生理学, 恒星社厚生閣, pp.621.

板沢靖男 (2001)：温度と魚の生理, 海生研研報, 3, 57-72.

Kagawa, N. and Y. Mugiya (2002)：Brain HSP70mRNA expression is linked with plasma cortisol levels in goldfish (*Carassius auratus*) exposed to a potential predator. *Zool Sci.*, 19, 735-740.

Kandel, E. R., J. H. Schwartz and T. M. Jessell (2000)：Principles of Neural Science (4th ed.) McGraw-Hill, New York, pp.1414.

Nicholls, J. G., A. R. Martin, B. G.Wallace and P. A. Fuchs (2001)：From Neuron to Brain (4th ed.)", Sinauer Associates, Sunderland, pp.682.

佐藤真彦 (1996)：脳・神経と行動, 岩波書店, pp.239.

関　伸夫 (1991)：魚介類のタンパク質とその機能, 水産生物化学 (山口勝己編), 東京大学出版会, 8-33.

新免輝夫 (1993)：細胞の生物学, 岩波書店, pp.180.

田畑満生 (1988)：魚類の日周リズムと概日リズム, 水産動物の日周活動 (羽生　功・田畑満生編), 恒星社厚生閣, 79-100.

Takashima, F. and T. Hibiya (ed.) (1995)：An Atlas of Fish Histlogy. Normal and Pathological Features 2nd ed., Gustav Fischer Verlag, Stuttgart pp.195.

田村　保編 (1977)：魚類生理学概論, 恒星社厚生閣, pp.288.

Tsuchida, S. (1995)：The relationship between upper temperature tolerance and final preferendum of Japanese marine fish. *J. Therm. Biol.*, 20, 35-41.

山口勝己 (1977)：魚介類の組織と構成成分, 水産生物化学 (山口勝己編), 東京大学出版会, p.1-7.

山下倫明 (1997)：ストレス応答に関わる遺伝子, 魚類の DNA-分子遺伝学的アプローチ (青木　宙・隆島史夫・平野哲也編), 恒星社厚生閣, p.219-243.

渡部終五・橋本周久 (1980)：水生生物の酵素活性と水温. 昭和 54 年度環境庁委託業務結果報告書, 環境容量算定基礎調査, (財) 海洋生物環境研究所, pp.136.

渡部終五 (1997)：筋肉タンパク質, 魚類の DNA-分子遺伝学的アプローチ (青木　宙, 隆島史夫, 平野哲也編) 恒星社厚生閣, p.201-218.

渡部終五 (1998)：コイを泳がすタンパク質の遺伝子には高温用と低温用がある. *Academia*, 173, 1-6.

제 2 장 신경계

동물의 행동은 신경계의 통솔하에서 수많은 근육이 적절한 타이밍으로 수축함으로써 이루어진다. 학습과 본능의 중추도 뇌 즉, 신경계에 있다. 또한 동물의 체내 환경의 항상성은 신경계와 내분비계에 의해 조절되고 있으나 내분비계의 중추도 뇌의 안에 있다. 이와같이 생명의 근간이라고도 말할수 있는 신경계는 중추신경계와 말초신경계로 나뉜다. 중추신경계는 뇌와 척수이고, 말초신경계는 뇌신경, 척수신경, 자율신경이다. 신경계의 주체는 신경세포 (뉴런, neuron)이고, 이것을 보호하고 돕는 역할을 하는 것이 신경교세포 (glia cell)이다. 중추신경안에 있는 뉴런의 집단을 신경핵 또는 핵 (nucleus, 복수형 nuclei)이라고 한다. 말초신경에서는 뉴런의 집단을 신경절 (ganglion, 복수형 ganglia)이라고 한다. 뉴런에서 다른 세포에 뻗어있는 돌기인 축색 (axon)을 신경섬유 (nerve fiber)라고도 한다. 즉 신경이라는 것은 신경섬유의 다발이다. 중추신경에서 신경다발을 신경로 (nerve tract)라고 한다. 뉴런이 축색을 다른 뉴런이나 근육을 향해서 뻗어서 접속하는 것을 투사 (projection)라고 한다. 정보를 중추를 향해서 전달하는 신경을 구심성 신경 (afferent nerve)이라고 하고, 말초를 향해서 전달하는 신경을 원심성 신경 (efferent nerve)이라고 한다. 전자는 감각신경에 후자는 운동신경에 해당한다. 신경계는 뉴런이 시냅스라는 접합부를 통해서 복잡하게 연결되는 신경회로로 이루어져 있고, 이 회로의 내부에서 여러 가지 정보가 전기신호의 형태로 전달된다. 이들 정보의 중계지점이 신경핵이나 신경절이다.

포유류에는 없는 어류중추신경계의 특징은 뉴런이 일생동안 분화 · 증식을 계속한다는 것이다. 즉, 성장과 함께 뉴런의 수가 증가하므로 뇌도 크게 되고, 중추신경계가 손상을 받아도 비교적 쉽게 재생할수 있다.

본문에서 어류의 뇌기능에 관한 서술에 Wullimann (1998)을 참고했다.

§1. 중추신경계

1-1 척추동물의 중추신경계의 발생

척추동물의 발생의 초기, 척색의 등면을 덮는 신경계의 중앙이 비후해서 신경판 (神經板 neural plate)을 형성한다 (그림 2-1A). 계속해서, 일반적으로는 신경판의 양외측이 두터워져서 신경습 (神經褶 neural fold)가 형성되는 것과 함께 중앙부가 신경구라고 불리는 凹모양으로된다 (그림 2-1A). 더욱이 신경구의 좌우의 끝이 융합하는 것에 의해 신경관 (神經管 neural tube)이 완성된다. 어류에서는 판새류나 폐어가 이러한 과정을 가진다. 경골어류 가운데 조기류는 신경판이 전체적으로 덮어 올라가 충실한 봉상의 신경색(神經索)이 형성된 후에, 신경색의 중심에 중심관이 만들어져 신경관으로 된다 (犬飼 · 内田, 1965). 모든 척추동물의 중추신경계 (central nervous system)는 이 신경관에서 유래한다. 나중에 신경관의 앞쪽은 팽대해서 뇌로 되고, 꼬리쪽은 척수로 된다. 이와는 달리, 신경습이 제방모양으로 발달할 때, 여기에서 일부의 세포가 이탈해서, 신경관의 등쪽의 양측으로 외배엽성의 세포집단을 형성한다. 이것을 신경제 (神經提) 또는 신경관 (神經冠, neural crest)이라고 한다 (그림 2-1A). 신경제에서 복외측방향으로 이동하는 신경제세포를 기원으로해서, 척수신경절세포, 자율신경절세포, 색소세포, 쉬반세포, 크롬친화세포 (「제6장 내분비」참조)등이 분화한다. (倉谷 · 大隅, 1997).

1-2 진골어의 뇌

발생과정의 초기에 있어서 척추동물의 뇌는, 전뇌포 (前腦胞, prosencephalon, 장래에 후구, 종

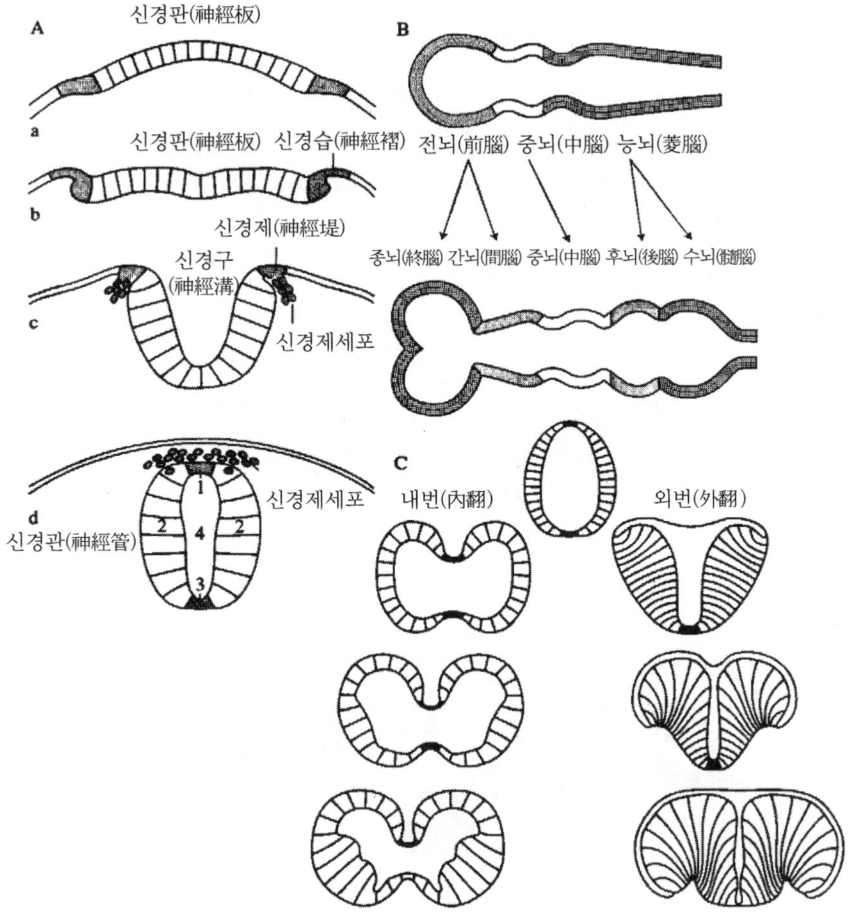

그림 2-1 척추동물 중추신경계의 발생의 모식도
(A) 신경관 (神經管)의 형성과 신경제 (神經提)의 분화. a 개판 (蓋板), b 측판 (側板), c 저판 (底板), d 뇌실 (腦室). (B) 신경관의 팽대에 의한 뇌포 (腦胞)의 형성. (C) 척추동물의 종뇌 형성의 2가지 양식. 왼쪽은 양생류 등의 내번 (內翻), 오른쪽은 경골어류의 외번 (外翻). 내번에서는 한쌍의 측뇌실 (제 1, 제 2뇌실)이 형성되지만, 외번에서는 1개의 공통뇌실 (종뇌뇌실)밖에 형성되지 않는다. 뇌실질의 선은, 변형의 과정을 알기쉽게 나타내기 위해 넣었다. (Meek and Nieuwenhuys (1998)을 참고로 하여 그림)

뇌와 간뇌로 분화), 중뇌포 (中腦胞), 능뇌포 (菱腦胞, rhombencephalon, 장래에 후뇌와 수뇌로 분화)의 세 개의 뇌포로부터 된다. (그림 2-1B). 더욱이 발생이 진행되면, 앞쪽에서부터 후구 (嗅球, olfactory bulb), 종뇌 (終腦, telencephalon), 간뇌 (間腦, diencephalon), 중뇌 (中腦, mesencephalon 또는 midbrain), 후뇌 (後腦, metencephalon) (소뇌와 포유류의 교(橋)에 해당), 수뇌 (髓腦, myelencephalon)의 다섯 개의 뇌포로 분화한다 (그림 2-1B). 어류의 종뇌는 단뇌 (端腦)라고 불리는 것도 있다. 참돔에서는 부화시에 내부적으로는 이미 다섯 개의 뇌포가 보인다 (Toyoda and Uematsu, 1994). 나중에 후뇌는 소뇌로, 수뇌는 연수로 분화한다 (그림 2-2). 간뇌, 그리고 중뇌와 연수 (延髓, medulla oblonggata)를 뇌간 (腦幹, brain stem)이라고 한다. 뇌간에는 호흡등의 생명활동의 유지에 필요한 중추가 있다. 뇌간중에도 뇌실의 복측 부분을 피개 (被蓋, tegmentum)라고 하며, 중뇌피개 (中腦被蓋), 교피개 (橋被蓋), 연수피개 (延髓被蓋)등으로 불린다. 교피개와 연수피개를 합쳐서 능뇌피개 (菱腦被蓋)라고 불리는 것도 있다. 나중에 언급할

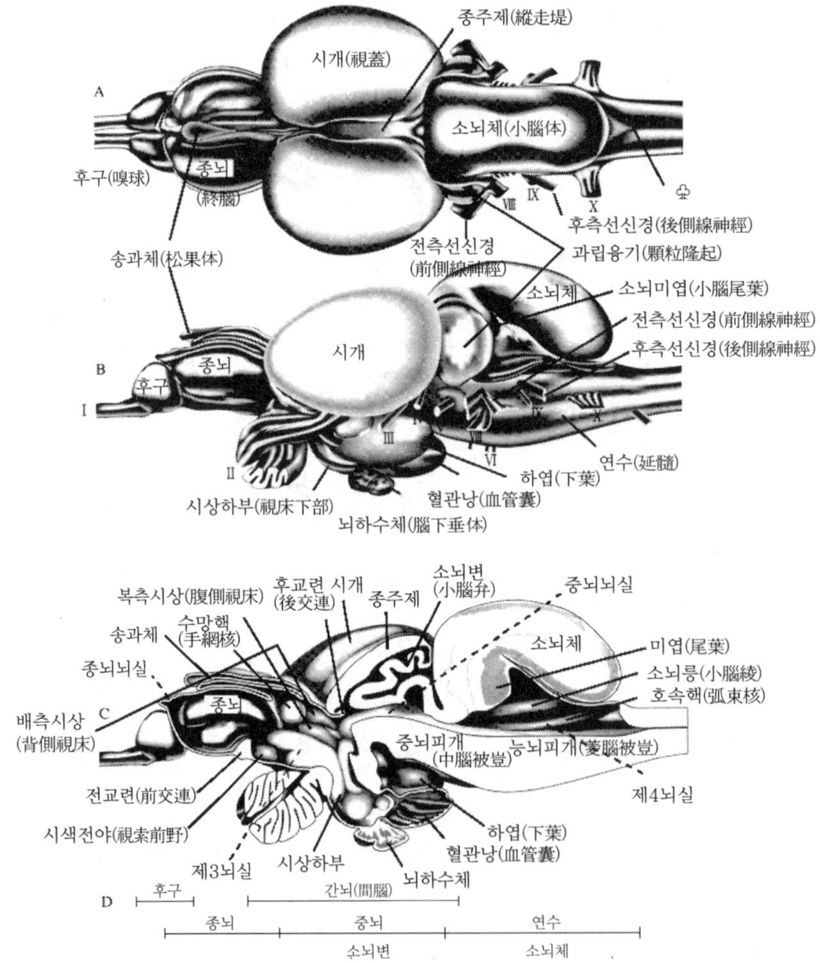

그림 2-2 무지개송어 (*Oncorhynchus mykiss*)의 뇌
(A) 등쪽면 ♧은 연수와 척수의 경계를 나타낸다. (B) 좌측면도. (c) 정중앙단면도. (D) 대표적인 뇌 영역의 대략적인 구분. 로마 숫자로서 표시한 뇌신경의 명칭은 표 2-2를 참조할 것. 뇌실은 점선으로 나타내었다. (Meek and Nieuwenhuys (1998)을 참조로 해서 그림)

뇌신경의 근원이 되는 모든 핵은 모두 이들 피개에 있다. 피개의 가운데 뇌신경핵이나 그 외의 명료한 세포군, 섬유의 집단을 제외한 후에 남은 세포와 섬유가 망상으로 얽힌 것으로 보이는 부분을 망양체 (網樣体)라고 한다 (時實, 1976).

어류의 중뇌는 시개 (視蓋)와 그 복측의 피개를 포함한다 (그림 2-2). 시개는 나중에 언급하는 것과 같이 시각계의 일차 중추이다. 중뇌피개에는 운동기능에 관련하여 중요한 역할을 하는 뉴런군 (신경핵)이나 신경로가 있다. 간뇌는 등쪽과 배쪽을 이어주는 시상상부 (視床上部, epithalamus), 배측시상 (背側視床, dorsal thalamus), 복측시상 (腹側視床, ventral thalamus), 후결절 (後結節, posterior tuberculum), 시상하부 (視床下部, hypothalamus)로 나뉘어진다. 내분비학적으로 시색전야 (視索前野)는 종뇌와 간뇌의 이행부에 해당한다. 시상하부는 여러 가지 기본적인 생명기능을 총괄하는 중추이다. 시상하부-하수체에 대해서는 「제6장 내분비」와 「제7장 생식」을 참조.

판새류를 포함한 다른 척추동물의 종뇌 (대뇌)에는, 우반구에 제1뇌실, 좌반구에 제2뇌실이 있다. 그러나, 나중에 언급하는 것과 같이 경골어류의 종뇌는 이들과는 다른 발생과정을 거치므로, 종뇌에는 뇌실이 1개 밖에 없고 이것을 공동뇌실 또는 종뇌뇌실이라고 한다 (그림 2-1C). 그 이외의 뇌실은 다른 척추동물의 실례에 따라 제3뇌실 (간뇌), 중뇌뇌실 (중뇌) 및 제4뇌실 (연수)로 부른다 (그림2-2).

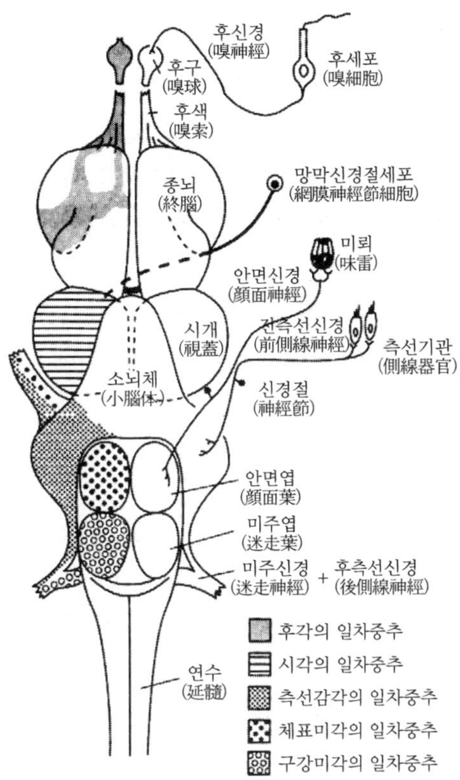

그림 2-3 진골어류 뇌의 감각영역과 감각수용세포
후세포의 축색은 후구의 승폭세포에 시냅스한다. 승폭세포는 종뇌와 간뇌에 투사한다. 망막의 시세포에서 수용한 광정보는 다른 종류의 뉴런에 의해 처리된 후, 신경절세포의 축색 (시신경)을 경유해서, 반대측의 뇌에 보내어진다 (시신경교차). 망막으로부터의 주요한 일차 투사 영역은 시개이다. 두부 및 체간부의 측선기관에서 오는 정보는, 각각 전후의 측선 신경을 거쳐서, 소뇌의 과립융기에 투사된다. 일반적으로 체표미뢰의 미세포에서는 안면신경을 경유해서 안면엽으로 투사하고, 구강내 미뢰에서는 미주신경을 거쳐서 미주엽으로 투사된다. 어느 쪽이 먼저 발달할지는 어종에 따라 다르다. (Finger (1983)을 기초로 한 그림)

1-3 감각에 연관된 뇌 (그림 2-2 와 그림 2-3)

1) 후 각 후상피를 구성하는 후세포의 후색 (후신경)은 후구의 사구체층으로 투사된다. 진골어의 후사구체의 수는 Zebra fish (*Danio rerio*)와 같이 80개가 존재하는가 하면 대형종에서는 수백개 존재하는 등 다양하게 존재한다 (Baier and Korsching, 1994). 어떤 후사구체에는 특정의 냄새만을 수용하는 후세포가 특이적으로 투사된다고 생각되고 있다 (Raddle and Oakley, 1991). 후각의 2차 투사는, 후사구체에 있는 대형의 승폭세포 (mitral cells)로부터 생겨서, 거의가 종뇌

복측부의 신경핵과 간뇌의 시색전핵(視索前核)에 이른다 (그림 2-4A). 잉어과 어류등의 일부의 어종에서는 후구는 후방에 접해 있고, 후구와 종뇌의 사이는 주로 증폭세포의 축색으로된 후색(嗅索, olfactory tract)에 의해 연결된다. 후색에는 내측후색과 외측후색이 있고, 후신경 (「§2. 말초신경계, 2-1뇌신경」참조)의 축색을 포함한 전자는 성행동에 관련된 정보를 운반하고, 후자는 섭이행동과 경보물질의 반응에 관여한다고 생각되어진다 (Satou외, 1983).

2) 시 각 발생학적으로는 망막은 뇌의 일부이므로, 망막의 출력은 망막안에서 한번 정리처리된 정보이다. 시신경은 망막의 출력세포인 신경절 세포의 축색으로부터 주로 구성된다. 시신경의 뇌로의 일차투사부위는 시개 (視蓋, optic tectum), 시상, 시상하부, 시개전역 (視蓋前域, pretectum), 시색전야등이다 (그림 2-4A). 대부분의 진골어류에서는, 대부분의 시신경은 반대측의 뇌에 투사된다 (山本 · 伊藤, 2002). 이것을 안전교차라고 한다.

진골어의 시개는 6층으로 되고 (15층으로 나누는 연구자도 있음), 각층에는 망막으로부터의 시각정보에 첨가해 다른 감각정보의 입력도 있다. 이들은 시개의 분명한 층구조의 각각의 층에 입력한다 (伊藤 · 吉本, 1991). 또, 시개에서 연수로의 투사도 있으므로, 시개는 감각계와 운동계의 접점이라고도 말할수 있다. 망막으로부터 양측의 시개로의 투사는 일대 일로 대응한다. 즉 망막부위국재투사(網膜部位局在投射) 가 있다 (Bartheld and Meyer, 1987). 시신경섬유는, 시개의 6층 가운데 제 2층에서 제 5층에서 끝난다. 특히 제 3층으로 투사 되는 것이 더욱더 많다. 시개로부터의 투사에서는, 농어목등의 많은 어종을 포함한 극기류에서는 간뇌의 시상전핵 (anterior thalamic nucleus)을 지나서, 종뇌배측야 외측부에 투사한다 (Ito and Venegas, 1983). 잉어목에서는 간뇌의 사구체전핵 외측부를 지나 종뇌배측야 외측부에서 끝난다 (山本 · 伊藤, 2002). 종주제 (縱走提, torus longitudinalis)는 극기류에서만 있는 전후의 긴 한쌍의 과립세포의 융기로서, 시개의 정중부에 한쌍 존재한다 (Wullimann and Roth, 1994). 시개에는 다양한 정보가 별도로 입력해, 대상물의 인식과 정립이나, 운동의 조화적 제어로 통합기능을 하는 것으로 생각되어진다.

시신경은 시개이외에도, 간뇌나 중뇌의 신경핵에 투사해, 안구운동과 원근조절을 한다. 이것들에 대해서는, Uchiyama외 (1988) 와 Somiya외 (1992)을 참조할 것.

3) 측선감각 측선신경 (lateral line nerves)은 전측선신경 및 후측선신경으로서 뇌안으로 들어가므로, 뇌신경으로서 취급해야하지만, 포유동물은 측선신경이 없으므로 번호는 붙이지 않았다. (그림 2-2, 표 2-2). 또한 측선신경뉴런의 발생학적 기원과 뇌로의 투사핵이 다른 뇌신경과 다른 것도 독립한 뇌신경이라고 불리는 근거이다 (Wullimann, 1998). 측선신경 뉴런은 뇌근방의 측선신경절에 있어, 척수신경절뉴런과 같이 2가닥의 축색을 가진다. 말초로 뻗어있는 측선기의 유모세포(有毛細胞)에 시냅스하는 축색과, 뇌로 투사하는 축색이다 (그림 2-3). 전측선신경은 두부의 측선기를 지배하고, 안면신경과 함께 뇌로 들어가고, 후측선신경은 구간부의 측선신경을 지배해, 미주신경과 함께 뇌로 들어 간다 (McCormick, 1983). 어느쪽도 소뇌체와 미주엽의 사이의 연수배측부에 있는 내이측선야 (內耳側線野)의 모든 핵의 가운데 내측핵과 미측핵에 투사한다 (그

림 2-4A). 측선신경은 소뇌의 과립융기 (eminentia granularis)와, 드물게는 소뇌체 (小腦体, corpus cerebelli)나 소뇌변 (小腦弁, valvula cerebelli)에도 투사한다 (그림 2-4A). 측선계의 2차투사는 이들의 신경핵으로부터, 외측종속을 통과해 위로 향하고, 양측의 반원제 (半圓堤, torus semicircularis) 외측부와 간뇌의 사구체전핵을 지나, 종뇌에 투사한다 (Murakami외, 1986) (그림 2-4A).

4) 전기감각 진골어류에도 판새류에도 전기수용 (electroreception)을 하는 어종이 있으나, 여기에서는 뇌내기구의 연구가 많이 되어있는 아프리카의 오스테오그로시목 모르미리과와 남미의 지무노티목의 약전어 (弱電魚)에 관해서 서술한다. 어류의 전기수용기는 특수형 측선기라고도 불리는 것과 같이 측선기관으로부터 분화한 것이다. 따라서 이들의 전기수용기는 측선신경에 지배된다. 단지, 모르미리과에서는 측선계와 같이, 두부는 전측선신경으로 구간부는 후측선신경으로

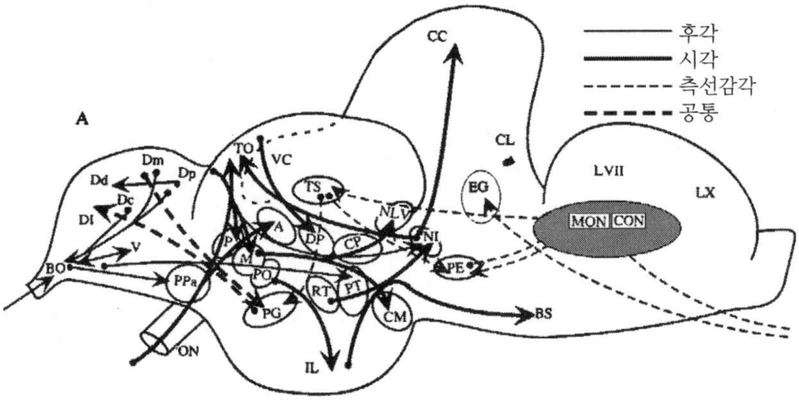

잉어과 어류의 후각, 시각, 측선감각에 관여하는 뇌내 신경로.

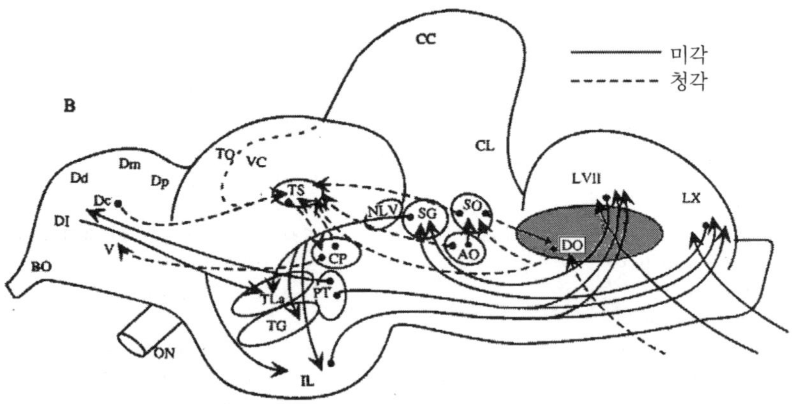

잉어과 어류의 청각과 미각에 관여하는 뇌내 신경로.

그림 2-4 감각에 관여하는 뇌
(A) 후구 (BO)의 증폭세포에서 투사는 종뇌복측부 (V)와 간뇌의 시색전핵 (PPa)에 이른다. 시신경은 시개 (TO), 시상의 핵 (A), 사상하부, 시개전역 (pretectum)등에 투사한다. 측선감각의 정보는 연수의 내이측선야 (内耳側線野)에서, 반원제 (半圓堤, TS)을 거쳐서, 시상 핵 (CP)에 이른다. 미각의 일차 중추는 안면엽 (LVII)과 미주엽 (LX)이다. 여기서부터는 협 (峽)의 2차 미각핵 (SG)을 거쳐, 시상과 종뇌에 투사한다. 회색의 영역은 연수의 내이측선야를 나타낸다 [Wullimann (1998)을 기초로 해서 그림]

표 2-1 그림2-4 및 그림 2-6에 나타낸 뇌의 각 부위의 약호

약호	영 명	한국명(일본명)
A	anterior thalamic nucleus	시상전핵(視床前核)
AO	anterior octaval nucleus	내이전핵(内耳前核)
BO	olfactory bulb	후구(嗅球)
BS	brain stem	뇌간(脳幹)
CC	corpus cerebelli	소뇌체(小脳体)
CL	cerebellar caudal lobe	소뇌미엽(小脳尾葉)
CM	corpus mamillare	유두체(乳頭体)
CON	caudal octavolateralis nucleus	내이측선역미측핵(内耳側線域尾側核)
CP	central posterior thalamic nucleus	시상중심후핵(視床中心後核)
CPN	central pretectal nucleus	시개전역중심핵(視蓋前域中心核)
Dc	central zone of dorsal telencephalic area	종뇌배측영역중심부(終脳背側領域中心部)
Dd	dorsal zone of dorsal telencephalic area	종뇌배측영역배측부(終脳背側領域背側部)
Dl	lateral zone of dorsal telencephalic area	종뇌배측영역외측부(終脳背側領域外側部)
Dm	medial zone of dorsal telencephalic area	종내배측영역내측부(終脳背側領域内側部)
DO	descending octaval nucleus	내이하강로핵(内耳下降路核)
Dp	posterior zone of dorsal telencephalic area	종뇌배측영역후부(終脳背側領域後部)
DP	dorsal posterior thalamic nucleus	시상배측후핵(視床背側後核)
DT	dorsal tegmental nucleus	배측피개핵(背側被蓋核)
EG	eminentia granularis	과립융기(顆粒隆起)
EW	Edinger-Westphal nucleus	Edinger-Westphal핵(Edinger-Westphal 核)
IL	hypothalamus inferior lobe	하엽(下葉)
IO	inferior olive	하올리보핵(下オリーブ核)
IR	inferior raphe	봉선핵(縫線核)
LC	nucleus of the locus coruleus	청반핵(青斑核)
LVII	facial lobe	안면엽(顔面葉)
LX	vagal lobe	미주엽(迷走葉)
M	magnocellular superficial pretectal nucleus	천시개전역대세포(浅視蓋前域大細胞)
MON	medial octavolateralis nucleus	내이측선역내측핵(内耳側線域内側核)
NAOD	dorsal accessory optic nucleus	부시속배측핵(副視束背側核)
NAOV	ventral accessory optic nucleus	부시속복측핵(副視束腹側核)
NCW	nucleus of the commissure of Wallenberg	Wallenberg의 교련핵(Wallenberg の交連核)
NDT	nucleus of the descending trigeminal root	삼차신경하강로핵(三叉神経下降路核)
NI	nucleus isthmi	협핵(峡核)
NLV	nucleus lateralis valvulae	소뇌변외측핵(小脳弁外側核)
NMLF	nucleus medial longitudinal fascicle	내측종속핵(内側縦束核)
NP	paracommissural nucleus	후교련방핵(後交連傍核)
NR	nucleus ruber	적핵(赤核)
NRL	lateral reticular nucleus	외측방상체핵(外側網様体核)
ON	optic nerve	시신경(視神経)
P	parvocellular superficial pretectal nucleus	천시개전역소세포핵(浅視蓋前域小細胞核)
PE	nucleus preeminentialis	전융기핵(前隆起核)
PG	preglomerular nuclei	사구체전핵(糸球体前核)
PL	perilemniscal nucleus	수대주위핵(毛帯周囲核)
PO	posterior pretectal nucleus	후시개전역핵(後視蓋前域核)
PPa	anterior part of parvocellular pretectal nucleus	시개전역소세포핵전부(視蓋前域小細胞核前部)
PPd	dorsal part of periventricular pretectal nucleus	시개전역뇌실주위핵배측부(視蓋前域脳室周囲核背側部)
PPp	posterior part of parvocellular preoptic nucleus	시개전역소세포핵후부(視蓋前域小細胞核後部)
PT	posterior tuberal nucleus	후결절핵(後結節核)
RF	reticular formation	망상체(網様体)
RT	rostral tegmental nucleus	삼차신경물측핵(三叉神経吻側核)
SC	spinal cord	척수(脊髄)
SG	secondary gustatory nucleus	2차미각핵(二次味覚核)
SO	secondary octaval nucleus	2차내이핵(二次内耳核)

약호	영 명	한국명(일본명)
STN	primary sensory trigeminal nucleus	삼차신경일차감각(三叉神経一次感覚)
Te	telencephalon	종뇌(終脳)
TG	tertiary gustatory nucleus	삼차미각핵(三次味覚核)
TLa	torus lateralis	외측제(外側堤)
TO	optic tectum	시개(視蓋)
TPp	periventricular nucleus of posterior tuberculum	후결절뇌실주위핵(後結節脳室周囲核)
TS	torus semicircularis	반원제(半円堤)
V	ventral telencephalic area	종뇌복측영역(終脳腹側領域)
VC	valvula cerebelli	소뇌변(小脳弁)
VCl	lateral lobe of valvula cerebelli	소뇌변외측엽(小脳弁外側葉)
VCm	medial lobe of valvula cerebelli	소뇌변내측엽(小脳弁内側葉)
VL	ventrolatelal thalamic nucleus	시상복외측핵(視床腹外側核)
VM	ventromedial thalamic nucleus	시상복내측핵(視床腹内側核)
VT	nucleus tegmentalis ventralis	복측피개핵(腹側被蓋核)

지배되어 (Bell, 1981), 지므노티목에서는 전신의 수용기가 전측선신경으로 지배된다 (Maler외, 1974). 양쪽의 목 모두가 앞쪽에 있는 측선신경엽의 후엽이 전기감각으로 특화하고, 특히 전기감각엽 (electrosensory lateral line lobe, ELL)으로 불린다. 전기정위 (電氣定位, electrolocation)와 전기교신 (電氣交信, electrocommunication)에 관여하는 2종류의 결절형수용기 (結節型受容器, tuberous organs)는 후엽으로 나뉘어져 투사한다. 약전어의 전기정위나 전기교신에 관여하는 신경회로는 일반측선계와 같이 반원제를 통과해 간뇌나 소뇌로 투사한다. (Striedter, 1992). 모르미리과와 지므노티목은 양쪽다 능동적인 전기수용을 하지만 독자의 진화를 한 결과, 뇌의 형태에 차이가 있다. 예를들면, 양쪽다 소뇌가 비후되어 있지만, 비후한 소뇌부위는 모르미리과에서는 소뇌변이고, 지므노티목에서는 소뇌체이다.

약전어는, 전기교신을 하는 경우에는 서로의 신호를 포착하기위해 자기신호의 정보를 배제해, 전기정위를 하는 경우에는 방해하는 다른 어류로부터 나오는 신호를 배제하는 것이 가능하다. 이들의 상세한 기작에 대해서는 川崎 (1995)를 참고하는 것이 좋다. 또한, 지므노티목과 모르미리과는 통계적으로 먼 관계에 있음에도 불구하고 어느 쪽도 같은 종 사이에서도 발전주파수의 차를 넓히는 혼신회피행동 (jamming avoidance response)을 한다. 혼신회피행동에 관여하는 신경기구는 대단히 복잡하므로 여기에서는 언급하지 않겠다. 川崎 (1989, 1995)나 管原 (1997, 2002)등을 참고로하는 것이 좋다.

5) 청각과 전정감각 (前庭感覺) 내이의 유모세포에 시냅스하는 감각섬유는 내이신경을 구성하고, 뇌로 전정감각과 청각의 정보를 전달한다 (그림 2-4B). 일차 뉴런은 뇌근방의 전정신경절에 있다. 내이신경은 연수의 내이측선야 (內側側線野; octavolateralis area)의 복측부분에 있는 5개의 신경핵에 투사한다. 이들은 앞쪽, 대세포, 하행성, 접선, 후내이신경핵 (anterior, magnocellular, descending, tangential, and posterior octaval nuclei)이다 (McCormick, 1982). 측선신경계와 같이, 일부의 섬유는 과립융기에도 투사한다. 일부의 어종에서는 전내이신경핵의 등측부와 하행성 내이신경핵의 등측내측부가 청각의 일차중추로 동정되어있다 (그림 2-

4B). 잉어과에서는 이들의 핵으로부터 나온 섬유는 외측종속을 통해, 양측의 반원제와 같은 쪽의 내이계 2차 뉴런군에 투사된다 (McCormick and Hernandez, 1996). 더욱이 반원제로부터는 시상중심후핵 (central posterior thalamic nucleus)에 투사되어, 내이계 2차 뉴런군으로부터는 반원제에 투사된다 (Echteler, 1984). 청각정보의 처리에 관여하는 것이 생리학적으로 증명되어 있는 종뇌배측야(終腦背側野)에는 실제로 시상중심후핵(視床中心後核) 으로부터 신경이 뻗어 있다. 상세한 것은 McCormick (1983)등을 참조할 것.

어류의 내이는 청각과 함께 평평감각이기도 하다. 전정정보도 내이신경으로부터 하행성 내이신경핵의 일부, 대세포성 내이신경핵, 접선핵 및 과립융기로 들어가는 것으로, 청각계와는 달리 종뇌로의 상행성 투사는 없는 듯 하다.

6) 미 각 미뢰의 미세포에는 안면신경, 설인신경, 미주신경의 섬유가 시냅스한다. 이들의 1차 뉴런은 각각 안면신경절, 설인신경절, 미주신경절에 있고, 연수의 미각주 (味覺柱, 체축방향으로 가늘고 긴 신경핵)으로 투사된다 (그림 2-3). 미각계가 발달한 어종에서는, 미각주는 각 신경의 독립한 1차 중추인 안면엽 (facial lobe), (설인) 미주엽 (vagal lobe)을 형성한다 (Wullimann, 1998). 설인신경은 미주엽의 일부로 투사한다. 미주신경은 거의가 미주엽으로 투사되어, 일부의 일반내장성 감각섬유는 카하르의 교련핵 (commissural nucleus of Cajal)에서 끝난다.

두부와 구간부의 미뢰는 안면신경으로 지배되어, 구강인두와 새궁에 분포하는 미뢰는 설인신경과 미주신경으로 지배된다. 미각계의 비대는 몇 개의 진골어류의 그룹으로서 독립하여 생겼다. 그 가운데 잘 연구되어있는 것은 메기목과 잉어목이다. 구강외 미각계가 발달해 있는 메기목에서는 안면엽이 (Hayama and Caprio, 1989), 구강내 미각계가 발달한 잉어목에서는 미주엽이 (Morita and Finger, 1985) 특히 크고 보다 복잡하다. 메기목의 쏠종개에서는 안면엽이 5쌍의 소감각주 (소엽)로 나뉘어져, 이 가운데 4쌍은 4쌍의 촉수에 각각 대응하고, 나머지 1쌍은 체표의 미뢰에 대응한다. 더욱이 각 촉수의 원위-근위축으로 내려가는 정보는 각각의 촉수소엽의 전방으로부터 후방으로, 몸의 전후측으로 내려오는 정보는 안면엽의 후방으로부터 전방으로 나타난다 (淸原, 2002). 즉, 쏠종개의 뇌에는 촉수나 체표에 대응한 지도가 있고, 이것에 의해서 어떤 맛의 물질이 어디에 닿는지를 알 수 있다. 이것을 체부위국재구축 (体部位局在構築, somatotopic organization)이라고 한다. 마찬가지로 잉어목의 미주엽에도 구강인두내전체를 나타내는 정보는 체부위국재구축이 있다.

연수의 1차 미각핵으로부터는 2차 미각로를 통해, 협 (峽, isthmus)에 있는 2차 미각핵에 투사된다. 미각정보는 더욱이 협으로부터 시상하부의 하엽 (inferior lobe)과 사구체 전역의 3차 미각핵에 보내어 진다 (그림 204B). 이러한 분포는 모든 진골어류에서 공통적으로 존재한다 (Wulliman, 1998).

미각정보는 간뇌에서부터 종뇌로 직접 보내어진다 (Yoshimoto외, 1998). 금붕어에서는 시상후핵과 3차 미각핵의 사이에 상호연결이 있고, 시상후핵 (posterior thalamic nucleus) 종뇌로의 투사핵이다. 메기류에서는 lobobulbaris핵으로부터와 하엽의 중심핵 (central nucleus)으로부터 종뇌등쪽으로의 투사가 있다. 이들의 3차 미각중추 상호의 연결도 있다.

7) 일반내장감각 진골어류의 미주신경은 내장으로부터 감각정보를 카하르교련핵으로 전한다. 금붕어에서는 카하르교련핵의 외측부가 인두후방으로부터 감각정보를 받아서, 내측부가 소화관으로부터의 정보를 받는다 (Morita and Finger, 1987). 미주신경 배측핵의 운동뉴런에도 같은 국재대응성이 존재해, 감각뉴런과 함께 반사궁을 형성한다. 이들은 자율신경계에 속한다.

진골어류의 미주엽의 미측부에 있는 중간핵 (nucleus intermedius)과 카하르교련핵은, 포유류의 내장감각에 관련하는 고속핵 (孤束核, nucleus solitarius)의 말단부와 같다 (Wullimann, 1998). 미주신경배측핵의 앞쪽에도 의핵 (疑核, nucleus ambiguus)이 있고, 잉어목과 같이 미주엽을 형성하는 것에는, 미주신경의 운동뉴런층으로 된다. 일반내장감각계의 2차 투사는 미각계의 2차 투사와 병행해서 올라가고, 2차 미각핵의 복측부분에서 끝난다.

8) 체성감각 (体性感覺) 체성감각이라는 것은 뇌신경이나 척수의 후근신경 (後根神經)을 통해 일어나는 체표의 감각이다. 구간부의 체성감각을 뇌로 즉, 전하는 척수로부터 뇌로 향하는 상행로는 척수의 측색 (側索, lateral funiculus)과 배색 (背索, dorsal funiculus)을 통한다. 측색은 뇌신경운동핵, 미주엽, 망양체 (網樣体, reticular formation), 소뇌, 반원제, 배측 및 복측시상, 시개, 종뇌복측야의 배측부에 까지 직접 투사된다. (Oka외, 1986). 배색은 연수까지만 상행한다. 척수와 뇌간의 경계부에 있는 빗장 (obex) (그림 2-2) 부근의 척수후각이나 미주엽으로부터 시상후중심핵으로의 투사, 연수의 절상핵 (楔狀核, cuneate nucleus) 로부터 소뇌로의 투사, 연수 후부로부터 간뇌의 사구체 전역으로의 투사도 있다. 두부의 체성감각을 담당하는 삼차신경은 앞쪽의 연수로부터 뇌에 들어간 다음 상행하는 섬유와 하행하는 섬유로 나뉜다. 전자는 협부의 삼차신경 1차 감각핵에서 끊기고, 후자는 하행 삼차신경핵을 경유해서 연수의 내색핵(內索核)에서 끝난다 (Puzdrowski, 1988).

협부의 삼차신경 1차감각핵과 하행삼차신경핵으로부터는 구간부의 경우와 같이 시상영역으로 투사된다. 시상으로부터는 종뇌배측야로 투사되는 경로가 있다.

1-4 운동에 관여하는 뇌

망양체는 종뇌피개에서부터 연수까지에 존재하는 계통발생학적으로 오래된 대단히 복잡한 신경회로망으로, 뇌의 다른 영역이나 척수와의 사이에 서로의 출입관계를 가진다. 망양체에는 경계가 그다지 명료하지 않은 핵이 다수 포함되어 있으며, 그 뉴런의 형태나 크기는 다양하다. (그림 2-5A).

잉어과 어류의 운동근은 동안신경, 활차신경 및 외전신경에 지배를 받는다. 이들 신경핵은 망양체로부터의 입력을 받는 것에 의해, 안구운동과 유영운동을 조절한다 (Torres외, 1992). 또한, 전정안구반사에 관여하는 회로의 일부로서 청신경핵으로부터 동안신경핵으로의 투사도 있다.

삼차신경과 안면신경은 섭이운동이나 호흡운동에 관여한다. 이들의 운동을 조화적으로 실행하기위해서는 양신경의 운동핵은 서로 밀접한 관계를 가지고, 또한 호흡운동에 관여하는 망양체뉴

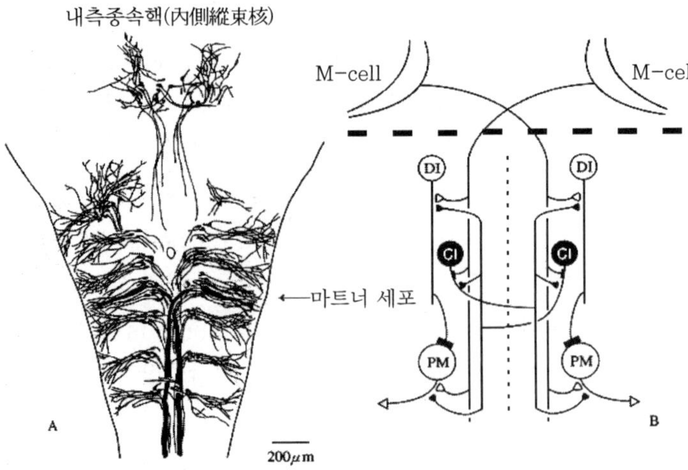

그림 2-5 망상체척수로 (網狀体脊髓路) 뉴런
(A) 금붕어의 중뇌와 연수의 망상체에 있는 망상체 척수로 뉴런. 망상체 뉴런 가운데 척수로 투사하는 것만을 표시했다. 이들 뉴런의 좌우 외측으로 향한 섬유는 수상돌기, 아래로 이어진 섬유는 척수로 향한 축색. 연수의 마트너세포는 진골어 최대의 뉴런이고, 교차성의 축색을 가진다. (Lee등 (1993)을 변형) (B) 마트너세포 (M−cell)의 척수내 신경회로를 나타낸 모식도 (굵은 점선은 뇌와 척수의 경계). 하나의 체절의 회로만을 나타냄. 이와 같이 회로가 척수 안으로 이어진다. 마트너세포가 흥분시킨 척수 뉴런과 그 축색을 나타낸다. 삼각형의 신경종말은 화학 시냅스, 판상의 종말은 전기 시냅스이다. 교차개재 뉴런 (CI)의 축색은 정중선 (점선)을 넘어 이어지고, 반대측의 모든 뉴런의 활동을 억제한다 (검은 신경종말). 일차 운동 뉴런 (PM)은 M−cell과 CI의 사이 및 DI과 PM과의 접속은 전기적 시냅스이다. (Fetcho (1992)을 기초로 해서 그림)

런으로부터의 입력도 받는다 (Luiten외, 1977). 또한, 이들의 운동핵은 삼차신경감각핵과 안면엽으로부터의 입력을 받는 것에 의해, 기계자극이나 미각자극에 대한 통합반사를 중계한다.

어체운동에 관계하는 뇌의 척수투사뉴런은, 마트너세포 (Mauthner neuron), 내측종속핵 (內側縱束核, nucleus of medial logitudinal fascicles)뉴런, 적핵 (赤核, nucleus ruber)뉴런등이 있다 (그림 2-5A). 마-트너세포는 연수에 한쌍으로 있는 거대한 뉴런으로서, 주로 청각자극이 방아쇠가 되는 도피행동을 중개한다 (Faber외, 1989). 마-트너세포의 축색은 연수에서 교차한 후 각측의 척수로 투사되여, 그 측의 모든 운동 뉴런과 직접 간접으로 연결된다 (그림 2-5B). 중뇌 망양체에 있는 내측종속핵은 체측근에 의해 유영운동을 일으키는 핵으로서 알려져, 그 뉴런의 축색은 내측종속을 통해 척수에 투사하여, 운동뉴런등의 척수뉴런에 시냅스한다 (植松, 2002). 마-트너세포계에 관한 상세한 사항은 小田・中山 (2002)를 참고할 것. 적핵은 내측종속핵과 거의 같은 레-벨의 외복측에 있는 작은 신경핵이다. 적핵의 뉴런축색은 서로 반대의 척수에 투사해, 각각의 지느러미의 운동에 관여한다고 생각되어진다.

1-5 통합하는 뇌

1) 소 뇌 진골어류의 소뇌는 소뇌체, 소뇌변, 내이측선엽 (內耳側線葉, octavolateralis lobe, 과립융기와 미엽)의 3부분으로 나뉜다 (그림 2-2). 소뇌체는 다른 척추동물과 같이 연수 앞쪽에 있으나, 소뇌변은 시개복측의 뇌실안에 존재하며, 내측엽과 외측엽으로 되어 있다. 어느 부분에도

척추동물 소뇌의 기본구조인 분자층 · 푸르킨예세포층 · 과립세포층의 3층구조가 보인다. 푸르킨예세포층에는 푸르킨예세포 (Purkinje cells)외에 다른 진골어류의 소뇌에 특유의 출력세포로 이어지는 광수상돌기세포 (廣樹狀突起細胞, eurydendroid cells)가 있다 (伊藤 · 吉本, 1991). 진골어류의 내이측선엽으로는 연수의 내이측선야로부터의 입력이 있는 것으로부터, 사지동물의 전정소뇌에 해당한다고 생각되어진다.

진골어류의 소뇌체로는 다른 척추동물과 마찬가지로 아래 올리브핵 (inferior olive)유래의 등상섬유 (登上纖維, climbing fiber)와 척수, 연수, 뇌간망양체등에서 유래의 태상섬유 (苔狀纖維, mossy fiber)로부터 입력이 들어온다 (伊藤 · 吉本, 1991) (그림 2-6A). 소뇌변으로의 입력은 연수로부터의 것을 빼면 소뇌체와 큰 차이 없다 (그림 2-6A). 단지, 소뇌체에 비해, 소뇌변으로의 입력에는 어종에 의한 차가 크므로, 소뇌변은 경골어 특유의 계통발생학적으로 새로운 구조라는

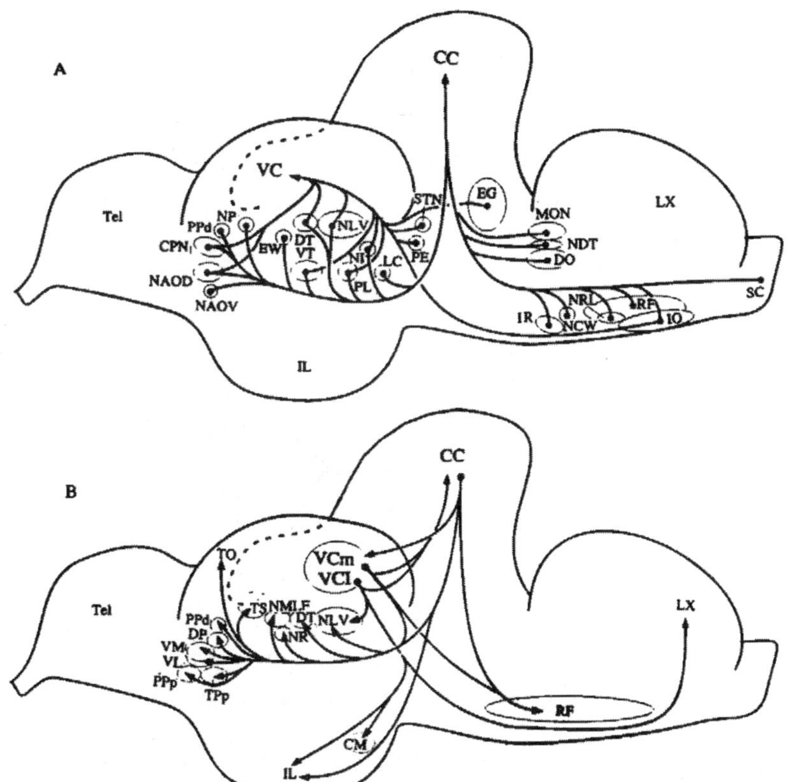

그림 2-6　소뇌의 섬유연결

(A) 입력경로. 소뇌체 (CC)와 소뇌변 (VC)에는 감뇌 (CPN등), 중뇌피개 (DT와 VT)와 하올리브핵 (IO)로부터의 입력이 공통으로 들어간다. 연수의 망상체와 (RF)와 내이측선역의 신경핵 (DON등)으로부터는 소뇌체만으로, 과립융기 (EG), 과립융기전핵 (PE), 삼차신경일차감각핵 (STN)으로부터는 소뇌변으로만 들어간다. (B) 출력경로. 소뇌체와 소뇌변내측엽 (VCm)으로부터는 간뇌 (DP등), 중뇌피개 (中腦被蓋, NMLF, NR등), 연수망상체 (延髓網狀体, RF)의 신경핵과 시개 (視蓋, TO)로의 투사가 있다. 소뇌변외측엽 (小腦弁外側葉, VCl)으로부터는 소뇌변외측핵 (小腦弁外側核, NLV), 유두체 (乳頭体, CM), 미주엽 (迷走葉, LX)로 투사한다. 하엽 (下葉, IL)로는 소뇌체와 소뇌변외측엽으로부터 투사가 있다. 소뇌변의 양엽과 소뇌체의 사이에는 서로의 연결이 있다. (Wullimann (1998)에 Ikenaga등 (2002)의 데이터를 첨가한 그림)

생각도 있다 (Wullimann and Meyer, 1993). 약전어의 소뇌변에는 소뇌체, 시개, 종뇌를 덮을 만큼 등쪽으로 팽대해 있는 것도 있다.

푸르킨예세포로부터 입력을 받는 광수상돌기세포는 양측의 시상, 시개전부, 적핵, 내측종속핵등으로 투사된다 (그림 2-6B). 단지, 소뇌체와 소뇌변 내측엽으로부터는 간뇌, 중뇌피개, 연수 망양체의 신경핵과 시개로 투사되고, 소뇌변 외측엽으로부터는 소뇌변 외측핵, 유두체, 미주엽으로 투사되어 각각 투사위치가 다르다 (ikenaga외, 2002). 하엽으로 부터는 소뇌체와 소뇌변으로 투사가 된다 (그림 2-6B). 소뇌변의 양엽과 소뇌체의 사이에는 서로간의 연락이 있다.

진골어류 소뇌체의 세포구축이나 출입력 관계는 다른 척추동물과 매우 유사하므로, 진골어류 소뇌체도 운동학습과 운동의 조절에 관여한다고 생각되어진다. 한편, 소뇌변에 대해서는, 그 외측부가 등쪽의 빛 반사에 관여하는 것이 보고되어 있는 정도이다. 소뇌변의 크기와, 감각영역과의 깊은 관계를 보면, 소뇌변이 알려지지 않는 기능을 가지고 있을 가능성도 있다.

2) 종 뇌 경골어류의 종뇌는 외번 (外翻, eversion)이라고 하는 다른 척추동물과는 전혀 다른 발생과정을 거쳐 형성된다 (吉本 · 伊藤, 2002) (그림 2-1C). 이 때문에 좌우의 뇌실은 형성되지않고, 또한 대뇌반구와 같은 층상구조도 없다. 좌우의 반구와 개판 (蓋板)으로 싸여있는 좁은 T자형의 종뇌 뇌실이 1개 있는 것 뿐이다. 그런데 지금까지 알려져 온 것처럼 어류의 종뇌에는 후각의 2차중추로서의 기능밖에 없다고 하는 설은 잘못이다. 후각정보처리에 직접 관여하는 것은 종뇌의 복측역만이라고 하는 보고도 있다. 종뇌에는 거의 모든 감각계가 입력되어 있고, 종뇌와 간뇌의 감각영역은 밀접하게 상호연락하고 있다 (伊藤, 2000). 또한, 진골어류의 종뇌에는 청반핵 (靑班核, locus coeruleus)로부터 노르아드레날린성 입력, 봉선핵 (縫線核, raphe nuclei)로부터 세로토닌성 입력, 이질성 구조로부터 도파민성 입력등의 흥분성 입력이 있다 (Wullimann, 1998). 더욱이, 진골어류의 종뇌에는 배측야와 복측야라고하는 명료한 구분이 있고, 층구조가 보이는 경우도 있다. 발생과정의 큰 차이때문에, 어류와 사지동물의 전뇌의 구조를 비교하는 것이 곤란한데, 신경전달물질의 면역조직화학등의 방법에 의해, 양자간의 상동부위가 있음을 시사할 수 있도록 되었다. 어류의 종뇌는 포유류의 대뇌변연계 (大腦辺縁係)와 계통발생학적으로 상동이라는 보고도 있다 (吉本 · 伊藤, 2002).

실제, 각시송어의 종뇌에 전기자극을 주면, 부위에 의해 방란 · 방정과 산란상파기등의 서로 다른 성행동이 유발된다 (satou외, 1984). 또한, 파괴실험과 조건붙이기를 겸용하는것에 의해 진골어류의 종뇌가 학습과 정동적(情動的)평가에 깊이 관여하는 것이 시사되었다 (吉田, 2002).

1-6 척 수

뇌의 꼬리부분으로 이어지는 가늘고 긴 척수는, 척추동물의 중추신경계의 기본형인 관상으로 되어있다 (그림 2-7). 뇌실로 이어지는 중앙의 빈공간은 중신관 (central canal)이라고 불려, 뇌척수액으로 채워져 있다. 척수는 중심관을 둘러싸는 회백질과 외연부의 백질로 되어 있다. 회백질은 주로 뉴런으로 구성되고, 백질은 신경섬유의 통로이다. 뇌와 같이, 척수도 등쪽이 감각계, 배쪽이

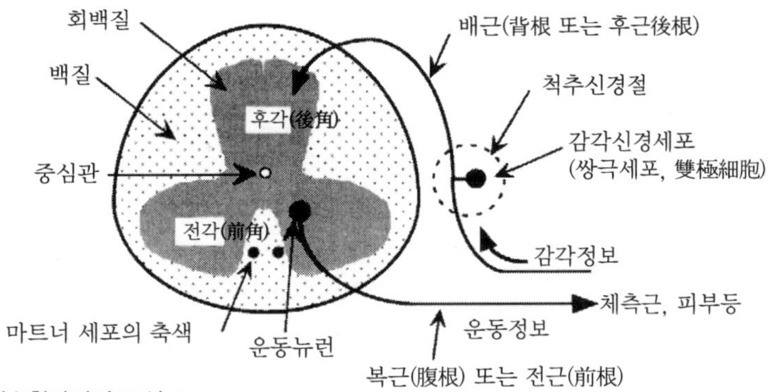

그림 2-7 진골어 척수횡단면의 모식도
척수는 뉴런의 세포 및 수상돌기가 분포하는 회백질과 축색의 통로 (전도로)를 포함한 백질로 되어있다. 어류의 회백질의 단면형은, H형의 사지동물과 다른 사람(人)형을 나타낸다. 회백질의 등쪽부분을 후각 (dorsal horn)이라고 하고, 여기에는 주로 감각계 (구심계, 求心系)의 개재 뉴런이 분포한다. 회백질의 복측부분의 전각 (前角, ventral horn)은 주로 CPG를 구성하는 운동뉴런과 각종 개재뉴런을 포함한다. 척수신경은 운동뉴런의 축색 다발인 전근 (前根 또는 복근)과 감각신경세포의 축색의 다발이 합류한 것이다. 피부 등으로부터의 감각정보를 척수로 전달하는 감각신경세포의 세포체는 척수신경절에 있고, 그 중추측의 축색은 후근 (後根 또는 背根)을 통해서 척수후각으로 들어간다.

운동계의 영역으로 구분된다. 따라서, 등쪽 회백질에는 감각계의 뉴런이, 배쪽에는 운동뉴런등의 운동계의 뉴런이 분포한다. 척수의 출입력은 배측의 후근 (後根, 또는 背根 dorsal root)과 복측의 전근 (前根, 또는 腹根 ventral root)을 통해서 이루어진다. 척수는 체측근의 근절에 대응한 단위인 척수세그먼트 (spiral segment)로부터 되고, 각 세그먼트로부터는 한 쌍의 척수신경이 나온다. 척수 세그먼트 간의 경계는 명료하지 않다.

진골어의 체측근 지배운동뉴런에는, 백근(白筋)을 지배하는 대형의 1차 운동뉴런 (primary motoneuron)과, 혈합근과 백근의 양방을 지배하는 소형의 2차 운동뉴런 (secondary motoneuron)이 있다 (Fetcho and Faber, 1988; Westerfield외, 1986). 전자는 발생의 과정에서 후자보다 먼저 분화하므로, 이와같이 불린다. 척수회백질의 복측의 부분 (전각)에는 운동뉴런외에 이것에 접속하는 각종개제뉴런 (interneuron)도 분포한다. 흥분성의 하행개재뉴런, 투사하는 억제성의 교차개재뉴런등이 알려져있다. 이들의 운동뉴런과 개재뉴런은 유영리듬의 생성회로 (central pattern generator, CPG)를 구성한다. CPG는 척수 세그먼트마다 좌우 한쌍 있다. 척수의 특정 레벨의 중심관 주변에는 교감신경의 절전세포가 분포한다. 연수의 마트너세포와 내측종속핵뉴런의 축색은 복측의 백질을 통해 척수의 말단까지 도달해, 그 도중에서 세그먼트마다 나온 측지 (collaterals)에 의해 척수의 뉴런과 접촉한다 (Faber외, 1989).

§2. 말초신경핵

말초신경핵에는 뇌로부터 나온 뇌신경 (cranial nerves)과 척수로부터 나온 척수신경 (spiral nerve)이 있어, 어느 쪽에도 피부감각과 골격근의 운동을 조절하는 체성 신경과 함께 불수의 운동을 조절하는 자율신경이 통과한다 (표 2-2).

2-1 뇌신경 (그림 2-2)

포유류의 뇌신경은 12쌍이 있으나, 어류의 뇌신경은 제 6장 뇌신경 (부신경)과 제 7장 뇌신경 (설하신경)을 뺀 10쌍과, 포유류에는 없는 측선신경이 있다 (표 2-2). 후구 복측부에 세포체가 있고, 뇌내와 후상피로 투사하는 신경을 종신경이라고 부르며, 뇌신경으로서 취급하는 경우도 있다 (표 2-2). 종신경은 생식선자극호르몬방출호르몬 (GnRH)중 1종류의 분자를 포함한다 (岡, 2002).

2-2 척수신경 (그림 2-7)

후근에 포함되는 척수신경절 (dorsal root ganglion)에는 중추와 말초를 잇는 2가닥의 축색을 가지는 뉴런 (감각신경세포)이 있어, 척수에 피부감각등을 전달한다. 전근에는 체측근과 지느러미의 근육을 지배하는 척수운동뉴런의 축색이 통과한다. 그 이외에, 어류에서는 내장감각을 전달하는 섬유가 후근과전근의 양쪽을 통과해서, 내장운동에 관여하는 관여하는 섬유가 전근을 통과한다. 이들은 자율신경계의 말초신경이다. 각 척수 세그먼트마다 후근과 전근은 한쌍씩 있다. 양근을 나온 섬유는 일단 합류한 후에, 말초신경인 척수신경으로서 분지하여 체내의 각 장소로 향한다.

표2-2 어류의 뇌신경 종류와 기능

뇌신경의 기능적 분류

뇌신경	한국명	영 명	기 능
제0뇌신경	종신경	terminal nerve	성행동에 관여한다고 알려져 있으나, 확실치는 않다.
제Ⅰ뇌신경	후신경	olfactoryn	특수내장성구심성
제Ⅱ뇌신경	시신경	opticn	특수체성구심성
제Ⅲ뇌신경	동안신경	oculomotorn	체성 원심성 및 일반 내장성 원심성
제Ⅳ뇌신경	활자신경	trochlearn	체성 원심성 및 일반 체성 구심성
제Ⅴ뇌신경	삼차신경	trigeminaln	일반 체성 구심성 및 특수 내장성 원심성
제Ⅵ뇌신경	외전신경	abducensn	체성 원심성 및 일반 체성 구심성
제Ⅶ뇌신경	안면신경	facialn	특수 내장성 구심성
제Ⅷ뇌신경	내이신경	octavaln	특수 체성 구심성
번호없음	측선신경	lateral linen	특수 체성 구심성
제Ⅸ뇌신경	설인신경	glossopharyngealn	특수 내장성 구심성, 일반 내장성 구심성, 특수 내장성 원심성
제Ⅹ뇌신경	미주신경	vagaln(vagus)	특수 내장성 구심성, 일반 내장성 구심성, 특수 내장성 원심성, 일반 내장성 원심성

뇌신경의 기능적 분류에 사용되는 용어의 설명

분류명	역 할	분류명	역 할
구심성	뇌에 정보를 전한다.(감각계)	체성	체벽 · 중축(中軸)구조를 지배
원심성	말초에 정보를 전한다.(운동계)	내장성	소화호흡계 · 비뇨생식계를 지배
특수 구심성	감각기가 독립한 기관인 경우	특수내장성원심성	새궁에서 유래하는 횡문근을 지배
일반 구심성	감각기가 신경종말인 경우	일반내장성원심성	일반의 평활근과 선을 지배

체성원심성은 특수 · 일반으로 구별하지 않는다.

2-3 자율신경계 (그림 2-8)

자율신경계는 교감신경계 (sympathetic nervous system)와 부교감신경계 (parasympathetic nervous system)로 되고, 심장, 혈관, 소화관평활근, 소화선, 부레의 가스선, 방광평활근, 생식선평활근, 간신선의 크롬친화세포, 색소포, 홍채등을 지배한다 (船越, 2002; Nilsson, 1983). 많은 경우, 교감 · 부교감양신경계는 각각의 기관에 있어서, 길항적인 작용을 하는것에 의해, 그 기능을 조절한다. 예를들면, 심장의 심박수와 수축력은 교감신경의 활동에 의해 높아지고, 반대로 부교감신경의 활동에 의해 억제된다. 또한 내장평활근은 일반적으로 전자에 의해 수축하고, 후자에 의해 이완한다. 소화관을 지배하는 교감 · 부교감의 양신경은 장관신경계 (enteric nervous system)라고 불리며, 점막하신경총 (submucosal plexus)으로부터 나온다.

어류의 교감신경과 부교감신경은 다른 척추동물과 마찬가지로, 중추내에 세포체가 있는 절전세포 (節前細胞, preganglionic neuron)와 말초에 세포체가 있는 절후세포 (節後細胞, postganglionic neuron)로 구성되어 있다. 그러나, 양신경에서는 절후세포의 위치와 신경전달물질이 전혀 다르다. 교감신경의 절후세포는 척추골의 복측, 배대동맥을 끼고 달리는 한쌍의 교감신경간 (交感神經幹, sympathetic trunk)의 팽대부에 있는 교감신경절 (sympathetic ganglion)에 위치한다 (그림 2-8). 양신경 모두 절전세포의 신경전달물질은 아세틸콜린이지만, 절후세포의 전달물질은 교감신경에서는 노르아드레날린등의 카테콜린아민이고, 부교감신경에서는 아세틸콜린이다. 자율신경의 표적기관의 세포표면에는 이들 전달물질의 수용체가 있다. 표적기관의 세포에 있는 아세틸콜린 수용체는 므스카린성 수용체이나, 절후세포에 있는 수용체는 골격근에 있는 것과 같은 니코친성 수용체이다. 카테콜라민수용체에는 크게 나누어서 α-수용체와 β-수용체가 있다. 교감신경은 일반적으로 평활근에 대해서 α-수용체를 통해서 흥분작용을, β-수용체를 거쳐서 억제작용을 한다. 이들 고전적 전달물질에 첨가해서, VIP (vasoactive intestinal peptide), 폼베

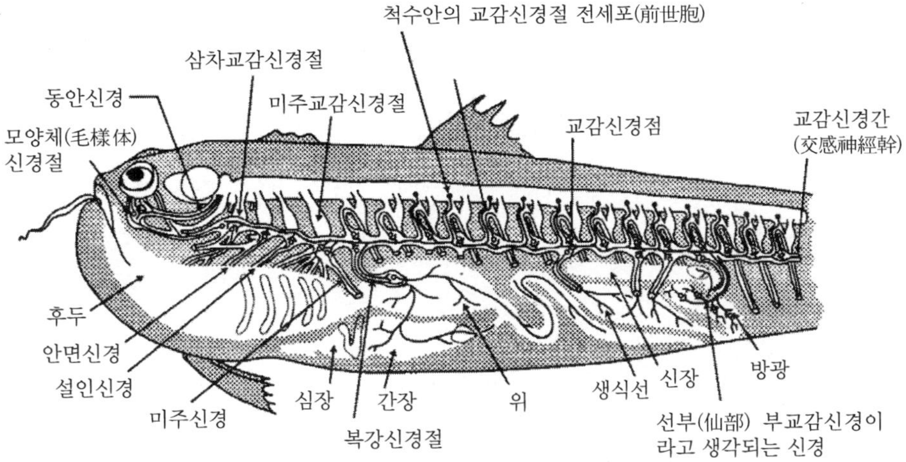

그림 2-8 진골어 자율신경계의 모식도
절전세포 (節前細胞)가 척수안에 있고, 절후세포 (節後細胞)가 교감신경절에 있는 것이 교감신경계로서, 절전세포가 뇌안에 있고, 절후세포가 표적기관 근처에 있는 것이 부교감신경이다. (Young (1931)을 기초로 時實 (1976)이 작성한 그림을 변형)

신, 뉴로텐신, 서브스탄스P, 엔케팔린, 소마스타친등의 신경펩티드와, 세로토닌, APT와 일산화질소등을 전달물질로하는 자율신경섬유도 다수 존재한다. 소화관의 연동운동은 아세틸콜린과 세로토닌에 의해 자극되어, 소마스타틴과 VIP에 의해 억제된다.

지금까지 진골어류의 자율신경계가 포유류와 같은 구분으로서 분류되는지가 논란이 되어왔다. 그러나, 최근의 연구에서는 교감신경의 절전세포는 모두 척수안에 있는 것이 확인되면서, 기시세포 (절전세포)가 뇌내에 있는 것이 부교감신경이고, 척수안에 있는 것이 교감신경인 것이, 명확히 형태학적으로 구분되어졌다 (船越, 2002). 또한 포유류의 선부부교감신경 (仙部副交感神經, sacral parasympathetic nerve)에 해당하는 신경이 일부의 어종의 생식선과 방광을 지배하는 것도 시사되어있다 (Uematsu, 1994) (그림 2-8). 이들 자율신경계의 말초신경은 뇌신경 또는 척수신경으로부터 중추가 나온다. 감각계는 내장성 구심성신경, 운동계는 내장성 원심성신경이라고 불린다 (표 2-2).

(植松一眞)

文 献

Baier, H. and S. Korsching (1994) : Olfactory glomeruli in the zebrafish form an invariant pattern and are identifiable across animals. *J. Neurosci.* **14**, 219-230.

Bartheld, C. S. von and D. L. Meyer (1987) : Comparative neurology of the optic tectum in rayfinned fishes : patterns of lamination formed by retinotectal projections. *Brain Res.* **420**, 277-288.

Bell, C. C. (1981) : Central distribution of octavolateral afferents and efferents in a teleost (Mormyridae). *J. Comp. Neurol.* **195**, 391-414.

Echteler, S. M. (1984) : Connections of the auditory midbrain in a teleost fish, *Cyprinus carpio. J. Comp. Neurol.* **230**, 536-551.

Faber, D. S., J. R. Fetcho and H. Korn (1989) : Neuronal networks underlying the escape responses in goldfish. General implications for motor control. *Ann. N. Y. Acad. Sci.*, **563**, 11-33.

Fetcho, J. R. (1992) : The spinal motor system in early vertebrates and some of its evolutionary changes. *Brain, Behavior and Evolution*, **40**, 82-97.

Fetcho J. R. and D. S. Faber (1988) : Identification of motoneurons and interneurons in the spinal network for escapes initiated by the Mauthner cell in goldfish. *J. Neurosci.*, **8**, 4192-4213.

Finger, T. E. (1983) : The gustatory system in teleost fish. *in* "Fish Neurobiology" vol.1 (ed by. R. G. Northcutt and R. E. Davis), 285-309, the University of Michigan Press, Ann Arbor.

船越健悟 (2002) : 自律神経系, 魚類のニューロサイエンス－魚類神経科学研究の最前線－ (植松一眞・岡　良隆・伊藤博信編), 恒星社厚生閣, pp.263-273.

Hayama,T. and J. Caprio (1989) : Lobule structure and somatotopic organization of the medullary facial lobe in the channel catfish *Ictalurus punctatus. J. Comp. Neurol.* **285**, 9-17.

Ikenaga, T., M. Yoshida and K. Uematsu (2002) : Efferent connections of the cerebellum of the goldfish, *Carrasius auratus. Brain Behav. Evol.* **60**, 36-51.

大飼哲夫・内田恵太郎 (1965) : 魚類, 脊椎動物発生学 (久米又三編), 培風館, pp.99-122.

伊藤博信 (2000) : 硬骨魚類の大脳新皮質, 比較生理生化学, **17**, 32-39.

Ito, H. and H. Venegas (1983) : Cytoarchitecture and ultrastructure of nucleus prethalamicus, with special reference to degenerating afferents from optic tectum and telencephalon, in a teleost (*Holocentrus ascensionis*). *J. Comp. Neurol.* **221**, 401-415.

伊藤博信・吉本正美 (1991) : 神経系, 魚類生理学 (板澤靖男・羽生　功編), 恒星社厚生閣, pp.363-402.

川崎雅司 (1989) : 電気魚のニューロエソロジー－混信回避行動の神経機構－, 科学, **59**, 437-445.

川崎雅司 (1995) : 電気魚の比較生理学－脳内で伝達されるコピー信号－, 遺伝, **49**(7), 21-27.

清原貞夫 (2002) : 魚類の味覚－その多様性と共通性からみる進化－, 魚類のニューロサイエンス－魚類神経科学研究の最前線－ (植松一眞・岡　良隆・伊藤博信編), 恒星社厚生閣, pp.58-76.

倉谷　滋・大隅典子 (1997) : 神経堤細胞, 東京大学出版会, pp.130.

Lee, R. K. K., R. C. Eaton and S. J. Zottoli (1993) : Segmental arrangement of reticulospinal neurons in the goldfish hindbrain. *J. Comp. Neurol.* **329**, 539-556.

Luiten, P. G. M. and J. N. C. van Der Pers (1977) : The connections of the trigeminal and facial motor nuclei in the brain of the carp (*Cyprinus carpio* L.) as revealed by anterograde and retrograde transport of HRP. *J. Comp. Neurol.* **174**, 575-590.

Maler, L., T. Finger and H. J. Karten (1974) : Differential projections of ordinary lateral line receptors and electroreceptors in the gymnotid fish, *Apteronotus* (*Sternarchus*) *albifrons. J. Comp. Neurol.* **158**, 363-382.

McCormick, C. A. (1982) : The organization of the octavolateralis area in actinopterygian fishes : a new interpretation. *J. Morph.* **171**, 159-181.

McCormick, C. A. (1983) : Organization and evolution of the octavolateralis area of fishes. in "Fish Neurobiology" vol.1 (ed by. R. G. Northcutt and R. E. Davis), 179-213, the University of Michigan Press, Ann Arbor.

McCormick, C. A. and D. V. Hernandez (1996) : Connections of octaval and lateral line nuclei of the medulla in the goldfish, including the cytoarchitecture of the secondary octaval population in goldfish and catfish. *Brain Behav. Evol.* **47**, 113-138.

Meek, J. and R. Nieuwenhuys (1998) : Holostean and teleosts, in "The Central Nervous System of Vertebrates", Vol. 2, (ed by R. Nieuwenhuys, H. J. Ten Donkelaar and C. Nicholson), pp. 759-937.

Morita, Y. and T. E. Finger (1985) : Topological and laminar organization of the vagal gustatory sysytem in the goldfish, *Carassius auratus. J. Comp. Neurol.* **238**, 187-201.

Morita, Y. and T. E. Finger (1987) : Topological representation of the sensory and motor roots of the vagus nerve in the medulla of goldfish, *Carassius auratus. J. Comp. Neurol.* **264**, 231-249.

Murakami, T., H. Ito and Y. Morita (1986) : Telencephalic afferent nuclei in the carp diencephalon, with special reference to fiber connections of the nucleus praeglomerulosus pars lateralis. *Brain Res.* 382, 97-103.

Nilson, S. (1983) : Autonomic Nerve Function in the Vertebrates. Springer-Verlag, Berlin, pp.253.

小田洋一・中山寿子（2002）：逃避運動の制御と学習を担うマウスナー細胞，魚類のニューロサイエンス－魚類神経科学研究の最前線－（植松一眞・岡　良隆・伊藤博信編），恒星社厚生閣，pp. 22-37.

Oka, Y., M. Satou and K. Ueda (1986) : Ascending pathways from the spinal cord in the him salmon (landlocked red salmon, *Oncorhynchus nerka*). *J. Comp. Neurol.* 254, 104-112.

岡　良隆（2002）：神経修飾物質としてのペプチド GnRH とその放出，魚類のニューロサイエンス－魚類神経科学研究の最前線－（植松一眞・岡　良隆・伊藤博信編），恒星社厚生閣，pp. 160-177.

Puzdrowski, R. L. (1988) : Afferent projections of the trigeminal nerve in the goldfish, *Carassius auratus. J. Morph.* 198, 131-147.

Riddle, D. R. and B. Oakley (1991) : Evaluation of projection patterns in the primary olfactory system of rainbow trout. *J. Neurosci.* 11, 3752-3762.

Satou, M., I. Fujita, M. Ichikawa, K. Yamaguchi and K. Ueda (1983) : Field potential and intracellular potential studies of the olfactory bulb in the carp : evidence for a functional separation of the olfactory bulb into lateral and medial subdivisions. *J. Comp. Physiol. A*, 52, 319-333.

Satou, M., Y. Oka, M. Kusunoki, T. Matsushima, M. Katou, I. Fujita, M. and K. Ueda (1984) : Telencephalic and preoptic areas integrate sexual behavior in hime salmon (landlocked red salmon, *Oncorhynchus nerca*) : results of electrical brain stimulation experiments. *Physiol. Behav.* 33, 441-447.

Somiya, H., M. Yoshimoto, and H. Ito (1992) : Cytoarchitecture and fibre connections of the EdingerWestphal nucleus in the filefish. Phil. Trans. R. Soc. Lond. Series B337, 73-81.

Striedter, G. F. (1992) : Phylogenetic changes in the connections of the lateral preglomerular nucleus in ostariophysan teleosts : a pluralistic view of brain evolution. *Brain Behav. Evol.* 39, 329-357.

菅原美子（1997）：電気感覚系の比較生物学 III. 電気感覚の脳内機構と行動．比較生理生化学．14，193-209.

菅原美子（2002）：弱電気魚の電気感覚，魚類のニューロサイエンス－魚類神経科学研究の最前線－（植松一眞・岡　良隆・伊藤博信編），恒星社厚生閣，pp. 137-159.

時実利彦（1976）：脳と神経系，岩波書店，pp. 518.

Torres, B., A. M. Pastor, B. Cabrera, C. Salas and J. M. Delgado-Garcí (1992) Afferents to the oculomotor nucleus in the goldfish (*Carassius auratus*) as revealed by retrograde labeling with horseradish peroxidase. *J. Comp. Neurol.* 324, 449-461.

藤　義博・高畑雅一（2000）：脳と行動の生物学，講談社，pp.158.

Toyoda, J. and K. Uematsu (1994) : Brain morphogenesis in the red sea bream *Pagrus major* (teleostei). *Brain Behav. Evol.*, 44, 324-337.

Uchiyama, H., S. Matsutani and H. Ito (1988) : Pretectum and accessory optic system in the file fish *Navodon modestus* (Balistidae, Teleostei) with special reference to visual projections to the cerebellum and oculomotor nuclei. *Brain Behav. Evol.* 31, 170-180.

Uematsu, K. (1994) : Urinogenital organs. in "Comparative Physiology and Evolution of the Autonomic Nervous System." (ed. by S. Nilsson and S. Holmgren) , Harwood Academic Publishers, pp. 311-329.

植松一眞（2002）：魚類遊泳運動の中枢神経機構，魚類のニューロサイエンス－魚類神経科学研究の最前線－（植松一眞・岡　良隆・伊藤博信編），恒星社厚生閣，pp. 9-21.

Westerfield, M., J. V. McMurray and J. S. Eisen (1986) : Identified motoneurons and their innervation of axial muscles in the zebrafish. *J. Neurosci.*, 6, 2267-2277

Wullimann, M. F. (1998) : The central nervous system in "The Physiology of Fishes (2nd ed.)", ed by D. H. Evans, CRC Press, Boca Raton, pp. 245-282.

Wullimann, M. F. and D. L. Meyer (1993) : Possible multiple evolution of indirect telencephalocerebellar pathways in teleosts: studies in *Carassius auratus* and *Pantodon buchholzi. Cell Tissue Res.* 274, 447-455.

Wullimann, M. F. and G. Roth (1994) : Descending telencephalic information reaches longitudinal torus and cerebellum via the dorsal preglomerular nucleus in the teleost fish, *Pantodon buchholzi* : a case of neural preaptation? *Brain Behav. Evol.* 44, 338-352.

山本直之・伊藤博信（2002）：硬骨魚類の視覚神経路，魚類のニューロサイエンス－魚類神経科学研究の最前線－（植松一眞・岡　良隆・伊藤博信編），恒星社厚生閣，pp.122-136.

Yoshimoto, M., J. S. Albert, N. Sawai, M. Shimizu, N. Yamamoto and H. Ito (1998) : Telencephalic ascending gustatory system in a cichlid fish, *Oreochromis* (*Tilapia*) *niloticus. J. Comp. Neurol.* 392, 209-226.

吉田将之（2002）：魚類の情動性と学習，魚類のニューロサイエンス－魚類神経科学研究の最前線－（植松一眞・岡　良隆・伊藤博信編），恒星社厚生閣，pp. 196-210.

吉本正美・伊藤博信（2002）：終脳（端脳）の構造と機能，魚類のニューロサイエンス－魚類神経科学研究の最前線－（植松一眞・岡　良隆・伊藤博信編），恒星社厚生閣，pp. 178-195.

Young, J. Z. (1931) : On the autonomic nervous system of the teleostean fish *Uranoscopus scaber. Quart. J. Micro. Sci.* 74, 492-535.

제 3 장 호흡 및 순환

§1. 어류의 호흡

동물이 외계의 공기와 물로부터 분자상 산소(O_2)를 체내로 받아들이고, 체내로부터 외계로 이산화탄소(CO_2)를 방출하는 현상, 즉 가스교환(gas exchange)을 외호흡(external respiration)이라 하고, 이때 공기와 물을 호흡매질(respiratory medium)이라 한다. 또한 세포 또는 조직이 O_2를 받아들이고, CO_2를 방출하는 현상을 세포호흡(cellular respiration) 또는 내호흡(internal respiration)이라 한다. 이때 방출되는 CO_2는 생명현상을 유지하는데 필요한 에너지인 아데노신 3인산(ATP)을 만드는 과정에서 생성된다. 또한 섭취된 O_2는 ATP를 생성하는 최종과정에서 발생하는 환원형 사이토크롬 옥시다제를 산화형으로 전환하는데 사용된다.

어류 호흡의 특징은 공기를 호흡매질로 하는 호흡, 즉 공기호흡(air-breathing)을 하는 몇 종을 제외하고 대부분의 어류가 물을 매질로 하는 수호흡(water-breathing)을 행한다. 호흡매질로서 물과 공기를 비교하면 물의 O_2 용량은 공기의 약 1/30로 작고 수중의 O_2 확산속도는 공기 중의 약 1/8,000로 매우 느리기 때문에 산소부족에 빠지기 쉽다. 또한 물의 밀도는 공기의 약 800배, 점성도 공기의 약 60배로 크기 때문에 호흡매질인 물을 호흡기(respiratory organ)로 보내는 환수(ventilation)에는 많은 에너지를 필요로 한다. 더욱이 환수량에 따라 호흡기의 표면을 통해서 어체 내외의 물과 이온이 이동하기 때문에 이것이 삼투적 스트레스가 된다. 이와 같이 수호흡은 공기호흡 보다도 불리한 점이 많다. 그러나 수호흡에는 호흡기 표면으로부터 수분증발의 위험이 없고, 물의 부력에 의해 섬세한 호흡기의 구조가 유지된다는 이점도 있다.

§2. 호흡기

어류 호흡기의 상피는 얇고, 돌기 또는 주름에 의해 넓은 표면적을 갖고 있으며, 혈액을 원활하게 공급할 수 있도록 잘 발달된 모세혈관상(capillary bed)을 갖추고 있다. 어류의 주된 호흡기는 아가미(gill), 부레(swim bladder), 체표(skin), 소화관(alimentary canal) 등이 있다.

2-1 아가미

자어기에 인두(pharynx) 부분이 좌우로 몇 쌍 돌출하고, 이 공간에 체표(體表)가 함입해서 돌출부분과 서로 합쳐지고, 인두가 외계와 통하는 개구부인 아가미열(gill cleft)이 생긴다. 거기에 아가미열과 아가미열사이의 벽면에 가느다란 주름이 발달하여 이것이 아가미변(gill filament)으로 되며, 비로소 아가미가 형성된다. 원구류(圓口類, cyclostome)는 각 아가미열의 중간이 주머니모양으로 부풀어진 아가미낭(gill pouch)으로 되어 있다. 판새류(板鰓類, cyclostome)는 각 아가미열과 아가미열 사이에 아가미 격막(gill septum)이 벽이 되어 피부에 접하고 있지만(그림 3-1A), 경골어류는 아가미 격막이 퇴화되어 아가미열과 아가미열 사이의 벽이 없어져 각 아가미열은 하나의 외부 아가미공(外鰓孔)으로 되어 있다(그림 3-1B). 아가미변의 양면에는 많은 주름이 돌출하여, 이들이 2차 아가미변(secondary gill lamella)이 된다(그림 3-1E). 2차 아가미변은 벽주세포(pillar cell)와 이것을 덮고 있는 피개세포(pavement cell)로 되어 있다. 벽주세포는 망목상으로 잘 발달한 모세혈관으로 되어 있으며, 피개세포의 상피가 이 세포를 덮고 있다. 이 2차 아가미변에서 가스교환이 행해진다. 2차아가미변의 상피조직에는 피개세포 외에 염류세포(chloride cell)와 점액세포(mucous cell)도 있다. 염류세포는 염류의 출입을 조절하며, 미토콘드리아가 풍부한 세포이다(제11장 삼투압조절 · 회유 참조) 또한 점액세포는 당단백질의 점액을 분비하여 2차아가미 상피의 표면에 얇은 막을 만들어, 2차 아가미 상피에 접해서 가스교환을 하는 물과 함께 점막층(mucous layer)과 경계층(boundary layer)을 형성한다.

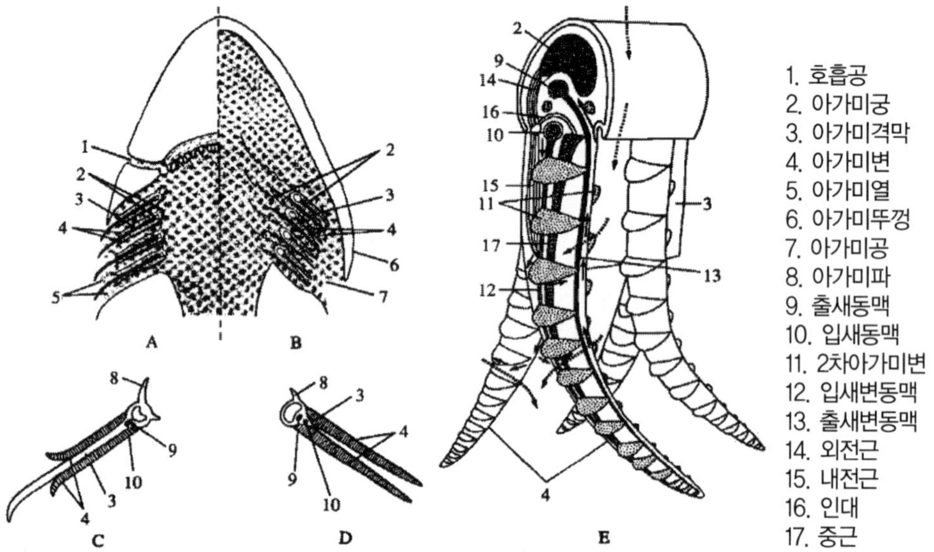

그림 3-1 어류 아가미의 단면 모식도
A : 판새류 B : 경골어류 C : 판새류의 아가미 D : 경골어류의 아가미 (Bond, 1996) E : 경골어류의 아가미 구조와 물과 혈액의 흐름(岩井, 1985)
실선 화살표시는 혈류를, 파선 화살표시는 물의 흐름을 나타낸다.

2-2 부레

원구류와 연골어류는 부레를 갖고 있지 않다. 대부분의 경골어류는 소화관이 팽출(膨出)되어 생긴 부레를 소화관의 등 쪽(背部)에 갖고 있다. 부레는 원래 호흡을 위해 발달한 것이라고 말해지고 있지만, 현존의 경골어류는 호흡보다도 주로 부력을 조절하거나, 소리를 내거나, 청각보조 등에 이용되고 있다. 그러나 Lepisosteus, Amia, Arapaima, Megalops 등의 어류는 공기호흡이 가능한 부레를 갖고 있다.

부레가 공기호흡에 더욱 적응하여 그 내벽이 마치 폐포(alveolus)와 같이 혈관이 풍부한 구조를 갖게 되면, 이 같은 부레는 폐(lung)라고 부른다. 폐어류가 여기에 해당하며 아프리카에 Protopterus, 남미에 Lepidosiren, 호주에 Neoceratodus가 서식하고 있다. 폐로 호흡하는 어류도 공기호흡에 산소섭취를 전적으로 의존하고 있는 것은 아니고, 그 공기 의존도는 어종에 따라 다양하다. Protopterus는 90% 전후이지만 Lepidosiren은 36%이다(板澤, 1991a).

2-3 피부

부화된 자어는 아가미가 발달해서 기능하기까지는 체표면의 피부를 통해서 산소를 섭취한다. 즉 피부호흡(cutaneous respiration)을 중요한 가스교환의 수단으로 한다. 또한 많은 종류의 어류들은 성어가 되어도 아가미호흡 외에 피부호흡을 행할 수 있다. 피부호흡에 의해 섭취하는 O_2의 양은 어종에 따라 다르지만 필요로 하는 전체 O_2 양의 약 5-30%이다. 특히 활동을 하지 않거나 저수온 상태에서 대사가 활발하지 않을 때에는 피부호흡에 의한 O_2의 섭취비율이 커진다. 그 비율은 뱀장어는 약 12%, 말뚝망둥어는 약 40%로, 이들 어종들은 피부호흡이 특히 중요한 호흡수단이 된다(Bond, 1996). 또한 특히 물 밖으로 나와 공기 중에 있을 때에는 피부호흡은 보다 큰 역할을 한다.

2-4 소화관

전기뱀장어는 구강과 인두의 내벽에서, 구로우오 *Dallia*는 식도 내벽에서, 미꾸라지는 장관 내벽에서 각각 공기호흡을 한다. 호흡을 행하는 각 내벽들은 모세혈관이 풍부한 커다란 표면적을 갖고 있어, 가스교환에 적합한 구조로 되어 있다.

§3. 아가미에 의한 가스교환

어류의 호흡기관 가운데 가장 중요한 기관은 아가미이다. 여기에서는 아가미의 가스교환 구조에 대해 상세하게 설명한다.

3-1 아가미 환수

아가미 표면에 계속해서 새로운 물을 공급하는 것을 환수(換水)라 부른다. 경골어류의 환수는 구강의 가압펌프(buccal force pump)와 아가미강의 흡입펌프(opercular suction pump)의 2중 펌프 운동에 의해 행해진다. 즉 아가미펌프가 일으키는 수류(水流)에 의해 환수가 행해지는 것이다. 환수가 행해질 때 이것에 응해서 아가미궁(gill arch)에 있는 외전근(外輾筋, abductor muscle)이 리드미컬하게 수축해 아가미의 커튼을 만들고, 2차 아가미변과 2차 아가미변 사이를 물이 관류될 수 있도록 수류의 방향을 조절 한다.

환수량은 1회 환수량(stroke volume of ventilation)과 호흡수(respiratory frequency, f_R)의 곱에 의해 결정된다. 따라서 어류가 환수량을 조절하는 경우, 1회 환수량 및 호흡수를 조절하며, 또한 그 양쪽을 변화시키기도 한다. 잉어는 주로 호흡수의 증가에 의해, 방어는 1회 환수량의 증가에 의해 환수량을 증대시킨다(板澤, 1991). 그러나 호흡수의 증가보다도 1회 환수량을 증가시키는 것이 어류의 일반적 환수량 증대법이다. 통상 상태의 호흡수는 아가미가 충분히 발달되어 있지 않은 자어(larva)는 10 f_R/min 정도, 아가미가 발달한 치어(juvenile) 및 성어는 30-70 f_R/min 정도 이다. 또한 통상 상태의 환수량은 치어에서 성어까지 100-400ml/kg min 정도이다(Johansen, 1982). 이처럼 환수를 행하는 데에는 전술한 바와 같이 물의 점성 때문에 많은 에너지를 필요로 한다. 통상 상태에서는 섭취된 전체 O_2량의 약 10%는 환수를 위해 소비되어 진다. 환수량이 3배로 되면 소비되는 O_2량은 70%에 달한다(Milson, 1989). 참고로 사람의 안정된 상태에서 환기에 소비되는 O_2량은 섭취한 전체 O_2량의 약 2% 정도이다.

3-2 람 환수(ram ventilation)

유영속도가 20-60 cm/sec에 달하면 어류는 아가미펌프에 의한 호흡운동을 멈추고, 입을 벌린 채로 유영한다(Stefensen, 1985). 이와 같은 어류는 유영운동에 의해 구강 및 아가미강 내를 환수한다. 이와 같은 환수를 람 환수(전진운동에 의한 환수, ram ventilation)라 한다. 람 환수를 행하기 위해서는 구강내압과 아가미강 내압의 압력차가 2 kPa (1 kPa = 7.5mmHg) 이상이 될 수 있는 유영속도가 필요하다고 한다. 그러나 가다랑어는 80 Pa에서 람 환수를 하며, 이때의 람 환수에 의한 압력차는 아가미펌프에서 발생하는 압력차인 50-100 Pa과 비슷하다. 또한 이 람 환수를 위해 요구되는 에너지는 전체 에너지의 9%이하라 한다. 아가미펌프에 요구되는 에너지가 전체 에너지의 10% 이상이라고 하는 수치와 비교하면 람 환수에 요구되는 에너지는 적어, 환수 에너지가 절약되는 것이 된다(Bone 등, 1995).

3-3 환수량의 조절

공기호흡을 하는 척추동물들은 O_2 농도보다도 CO_2 농도가 환기 조절에 중요한 요인이다. 그러나 수호흡(水呼吸)을 하는 어류들은 CO_2 농도보다 O_2 농도가 중요한 환수량의 조절요인이다. 고농도의 O_2를 포함하는 물속에 있는 어류는 혈액내 이산화탄소 분압(PCO_2)이 극도로 높아질 때까지는 환수량을 감소시킨 채로 있다고 한다. 이 같이 환기 또는 환수량 조절의 차이는 전술한 바와 같이 호흡매질의 O_2 및 CO_2에 대한 성질의 차이에 기인한다. 즉, 공기 중과 비교하면 수중에서는 O_2농도가 변화기 쉽고, 게다가 CO_2는 O_2 보다도 물에 녹기 쉽기 때문에 어체내로부터 배출되기 쉬운 성질에 기인한다.

경골어류의 아가미 및 판새류의 아가미강에는, 환경수중의 산소분압(PO_2)에 반응하는 화학수용기(chemoreceptor)가 있다는 것이 전기생리학적 실험 결과로부터 추정되고 있다. 그러나 화학수용기의 위치, 형태 등의 보다 구체적인 내용에 대해서는 알려져 있지 않다(Randall, 1990). 또한 체내 정맥혈 중의 PO_2에 반응하는 화학수용기도 경골어류와 판새류에 존재하는 것이 알려져 있다. 판새류에서는 PCO_2의 화학수용기도 환수량의 미세한 조절에 어떠한 역할을 하고 있을 가능성이 있다(Perry and Wood, 1989). 이들 체내 및 체외의 PO_2 및 PCO_2에 반응하는 화학수용기의 정보는 아가미 뚜껑 운동의 중추인 연수(延髓)에 피드백(feedback)되어 아가미 뚜껑 운동의 리듬 및 크기를 조절하고 있다고 생각된다.

3-4 아가미에서의 가스 확산

아가미에서의 가스교환은 전술한 바와 같이 2차 아가미변에서 가스의 확산 (gas diffusion)에 의해 일어난다. 2차 아가미변 내부의 혈액이 흐르는 방향과 2차 아가미변 표면의 물이 흐르는 방향은 역방향으로 되어 있어 수류와 혈류는 대향류(對向流, count current)시스템을 형성한다(그림 3-1E). 대향류시스템에 의해 가스교환을 하는 2차 아가미변 전면에 걸쳐, 상피세포를 사이에 두고 물과 혈액사이에 가스분압차가 유지되기 때문에, 확산에 의한 가스교환이 매우 효율 좋게 일어난다(그림 3-2). 이 2차 아가미변에서의 대향류시스템은 어류 특유의 기구이다.

가스교환은 2차 아가미변의 상피를 통해 행해지기 때문에 상피의 두께와 총표면적은 가스교환의 효율을 좌우한다. 2차 아가미변 상피의 총면적 즉 아가미 면적(gill area)과 어체중사이에는 아가미면적(mm2) = a x 어체중 (g)b의 관계가 있다. 여기에서 b의 수치는 0.5에서 1.0사이에 있고, 보통 0.8이다(Hughes, 1984). 체중 0.33-2.25g의 잉어는 b=0.794, a=846이라 한다(板澤 · 及川, 1987). 어종간의 상피의 두께는 약 10배, 아가미 면적은 약 13배의 차이가 있다. 활발하게 유영하는 어류일수록 2차 아가미변의 상피는 얇고, 아가미 면적은 큰 경향이 있다(板澤, 1991b).

가스교환을 행하는 혈액은 엄밀히 말하면 모든 2차 아가미변에 항상 흐르고 있는 것은 아니고, 또한 개개의 2차 아가미변의 모세혈관망 전체에 걸쳐서 균일하게 흐르고 있는 것도 아니다. 게다가 가스교환을 행하는 물도 저항이 비교적 적은 2차 아가미변의 기부(基部) 부근이 흐르기 쉽기 때문에 실제로 가스교환에 동원되는 2차 아가미변의 수와 면적은 어류의 활동상태에 따라서 변화한다. 안정시의 무지개송어에서 실제로 기능하고 있는 아가미 면적은 전표면적의 60%에 지나지 않는다(Hughes, 1984).

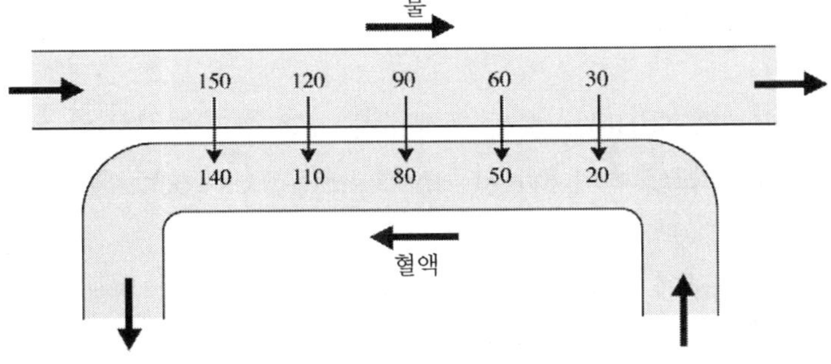

그림 3-2 어류 2차아가미변에서의 대향류의 모식도
수자는 물 및 혈액의 PO_2를 나타낸다. 2차아가미변에 들어가는 혈액의 PO_2는 낮기 때문에 O_2는 물로부터 혈액으로 확산에 의해 이동한다. 2차아가미변을 나오는 혈액의 PO_2는 2차아가미변에 들어온 물의 높은 PO_2에 가까운 수치까지 대향류에 의해 상승할 수 있다(Schmidt-Nielsen, 1997).

확산에 의한 가스교환의 장벽으로 되어 있는 아가미를 흐르는 물로부터 2 차아가미변내의 적혈구까지의 거리를 정확하게 구하는 것은 어렵다. 2차 아가미변 상피세포의 두께가 회유성의 경골어류는 0.5㎛, 판새류 및 활동성이 낮은 경골어류는 2.5-11㎛, 2차 아가미변내 혈액 층의 두께가 9-12㎛, 2차 아가미변을 덮고 있는 점액층의 두께가 1-3㎛가 될 것이라고 생각되지 때문에 경계층의 물 층을 제외한 거리는 모두 6-20㎛ 일 것이다(Gilmour, 1998).

O_2와 CO_2의 가스가 상피를 통과할 때에는 상피의 두께뿐 아니라 어종에 따른 상피의 투과성의 차이를 고려하지 않으면 안 되지만, 단위면적을 단위시간에 투과하는 O_2 및 CO_2의 양, 즉 Krogh의 투과계수(permeation coefficient K)는 어류의 2차 아가미변 상피에서는 측정되어 있지 않다. O_2의 경우, 2차아가미변상피의 투과계수는 물에 대한 투과계수의 1/3 정도일 것이라고 추정되어 있을 뿐이다.

3-5 아가미의 산소이용율

구강내 물이 아가미표면을 통과할 때 구강 내 물에 포함된 용존산소가 아가미에 섭취되는 비율을 퍼센트로 나타낸 것을 산소이용율(percent utilization of oxygen)이라 한다. 구강수와 아가미강수의 O_2농도 또는 PO_2의 차로 계산한다. 산소이용율은 잉어가 74±10%, 방어가 78±8%, 참돔이 73±5%이다(板澤 · 及川, 1987).

산소이용율은 환수량이 증가하면 저하하는 경향이 있다. 2차아가미변 사이를 물이 통과할 때 충분한 가스교환을 행하기 어렵기 때문이다.

§4. 혈액에 의한 가스운반

조직의 대사에 필요한 O_2를 호흡기로부터 조직으로 운반, 반대로 조직의 대사에 의해 생산된 CO_2를 호흡기로 운반하는 것은 혈액이다. 이 가스운반에 중요한 역할을 하는 것이 적혈구(red blood cell)에 포함된 호흡색소(respiratory pigment)인 헤모글로빈(hemoglobin)이다. O_2는 어류의 혈장에 물리적으로 용해되기 어렵기 때문에 헤모글로빈이 존재함으로써 혈액의 산소운반능력은 약 20배로 증대된다.

어류혈액의 헤모글로빈 농도(Hb)는 혈액 100ml 중 그램 수로 표시하며, 원구류와 판새류의 약 3g/100ml로부터 소우다가쯔오속의 Frigate mackerel Auxis rochei의 17.8-21.2g/100ml까지로 어종에 따라 다양하다.

단위용적 100ml당 적혈구에 포함되는 헤모글로빈의 농도인 평균적혈구 헤모글로빈 농도(mean corpuscular hemoglobin concentration, MCHC)는 어종 간에 큰 차이는 없고 약 25g/100ml 전후이지만, 혈액에서 적혈구가 차지하는 비율인 헤마토크리트치(hematocrit value, Hct)는 어종 간에 큰 차이가 있다. 이 수치는 대략 15-40%의 범위에 있다. 헤마토크리트치로부터 헤모글로빈 농도와 산소운반능력을 간접적으로 알 수가 있다. 일반적으로 활발한 어종이 활발하지 않은 어종보다 헤마토크리트치가 높은 경향이 있다(Perry and McDonald, 1993). 어류는 질식(hypoxia) 상태 또는 아주 빠르게 유영할 때와 같이 긴급하게 혈액의 산소운반능력을 증대시켜야 되는 경우 비장(spleen)에 축적된 적혈구를 혈중으로 방출하여 헤마토크리트치를 높여 대응하는 기능이 있다(Yamamoto 등, 1980).

4-1 헤모글로빈

헤모글로빈은 2개의 α와 2개의 β, 모두 4개의 폴리펩타이드쇄를 갖는 4량체(tetramer)로 되어 있다. 각각의 펩타이드쇄는 2가의 Fe을 중심으로 하는 헴(heme)의 부분과 단백질인 글로빈(globin) 부분으로 되어 있다. O_2와 가역적으로 결합하는 것은 헴의 부분이고, 헤모글로빈(oxyhemoglobin) 1분자에는 헴부분이 4개 있기 때문에 4개의 O_2가 결합할 수 있다. O_2와 결합한 헤모글로빈을 산소헤모글로빈(oxyhemoglobin)이라 하고 선홍색을 띠기 때문에 O_2를 포함한 동맥혈의 색은 선홍색으로 된다. O_2를 방출한 헤모글로빈을 디옥시헤모글로빈(deoxyhemoglobin)이라 하고 암적색이기 때문에 O_2가 적은 정맥혈은 암적색이 된다.

O_2가 결합해도 헴의 Fe의 원자가는 3가로 되지 않기 때문에 Fe은 산화되지 않는다. 이와 같은 산소결합을 산소화 (oxygenation)라고 한다. Fe이 산화되어서 3가로 된 헤모글로빈은 메트헤모글로빈(methemoglobin)이라 하고, O_2와 결합할 수 없다. H^+와 CO_2는 헴이 아니고 글로빈부분의 특정 아미노산잔기에 결합한다.

4-2 혈액의 산소운반

단위용량 100ml의 혈중에 포함된 전체 O_2량(ml)을 산소함량(oxygen content)이라 하고, ml/100ml 단위로 표시한다. 어류의 혈장에 물리적으로 용해되는 O_2는 산소함량의 5%이하로 적지만, 이 물리적으로 용해된 O_2가 혈장의 PO_2를 구성해 이 PO_2와 조직의 PO_2와의 압력차에 의한 확산에 의해 조직으로 O_2가 이동한다. 동맥혈 및 정맥혈의 PO_2는 무지개송어는 133.2 torr(1 torr=1mmHg) 및 31.9 torr, 잉어는 23.2 torr 및 9.0 torr, 넙치는 34.9 torr 및 13.4 torr, 유럽뱀장어는 49.1 torr 및 10.8 torr이다(Perry and McDonald, 1993).

혈액의 산소운반은 헤모글로빈이 주체가 된다. 그래서 혈액에 포함된 O_2량은 헤모글로빈과 결합되어 있는 O_2량으로 계산하는 경우가 많다.

단위용량 100ml의 혈액에 포함되어 있는 산소화 가능한 헤모글로빈이 모두 산소화될때 헤모글로빈과 결합하고 있는 전체 O_2량(ml)을 산소용량(oxygen capacity)이라 하고 혈액이

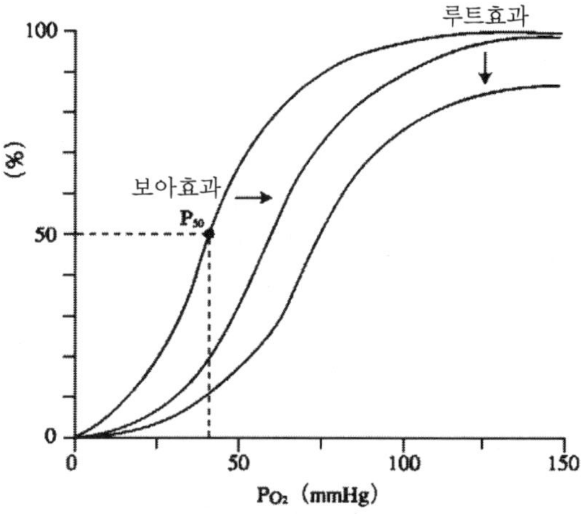

그림 3-3 경골어류 헤모글로빈의 산소친화곡선 모식도

산소를 운반하는 능력을 나타낸다. 단위는 ml/100ml이다. 또한 혈중 산소화 가능한 전체 헤모글로빈 가운데 산소화되어 있는 헤모글로빈의 비율을 퍼센트로 나타낸 것을 산소포화도(oxygen saturation)라 한다.

혈장에 물리적으로 용해되어 있는 O_2에 기인하는 PO_2와 헤모글로빈의 산소포화도의 관계를 나타내는 곡선을, 헤모글로빈의 O_2 친화성에 시점을 둘 경우 산소친화곡선(oxygen equilibrium curve)이라 하고, 역으로 헤모글로빈의 O_2 방출에 시점을 둘 경우는 산소해리곡선(oxygen dissociation curve)이라 한다(그림 3-3). 원구류와 같이 단량체(monomer)의 헤모글로빈을 갖는 어류의 혈액은 쌍곡선의 산소친화곡선을 나타내지만, 4량체의 헤모글로빈을 갖는 어류의 혈액은 시그모이드(sigmoid)상의 곡선이 된다. 산소친화곡선이 시그모이드상인 것은, 동일 헤모글로빈이 아가미에서는 높은 O_2 친화성을 나타내어 O_2와 결합하고, 한편 조직에서는 낮은 O_2 친화성을 나타내서 O_2를 방출한다고 한다. 이처럼 상반되는 역할을 행하는 것이 가능하다.

이 헤모글로빈의 O_2 친화성의 특성은 알로스테릭 효과(allosteric effect)에 의한다. 즉, 헤모글로빈 1개의 헴에 O_2가 결합하면 헤모글로빈의 입체구조가 크게 변화해서 다른 헴이 O_2와 결합하기 쉽게 되기 때문에 친화성이 높아지고, 반대로 O_2가 헴으로부터 방출되면 다른 헴이 O_2와 결합하기 어려운 입체구조로 헤모글로빈이 변화해 친화성이 저하한다는 구조이다. 헤모글로빈의 O_2 친화성은 P_{50}으로 나타낸다. 산소포화도가 50%가 되는 PO_2를 P_{50}이라 하고(그림 3-3), 이 수치가 작을수록 O_2 친화성이 높다는 것을 나타낸다.

혈액의 PCO_2의 증가, pH의 저하 및 온도상승에 의해 산소친화곡선이 오른쪽으로 이동해 P_{50}이 높아지는 현상 즉, O_2 친화성이 저하하는 현상을 보아효과(Bohr effect)라 한다(그림 3-3). 이 현상은 H^+가 헤모글로빈과 결합하는 것에 의해 발생하는 알로스테릭 효과에 의한 것이다. 보아효과는 PCO_2가 높은 조직에서는 헤모글로빈의 O_2 친화성을 저하시켜 헤모글로빈의 O_2 방출을 용이하게 하고, 아가미에서는 CO_2 배출에 의해 H^+이 헤모글로빈으로부터 떨어지기 때문에 헤모글로빈의 O_2 결합이 촉진되는 작용에 의해 가스교환의 능률을 높인다.

혈액의 PO_2가 높아지고, 헤모글로빈의 산소포화도가 높아지면 혈액에 포함된 CO_2가 저하되는 현상을 할덴효과(Haldane effect)라 하고, Bohr 효과와 상반되는 관계가 된다. 조직에서 O_2를 방출한 헤모글로빈은 CO_2를 받아들이기 쉬운 상태로 되기 때문에 할덴효과는 조직으로부터의 CO_2 운반에 도움이 된다.

적혈구내의 pH가 계속 저하되면 PO_2를 O_2만으로 100기압까지 올려도 혈액의 산소포화도가 100%가 되지 않는다. 즉, 산소용량의 감소가 일어난다. 이 현성을 루트효과(Root effect)라 하고, 보아효과의 극단적인 경우라고 생각된다(그림 3-3). 루트효과는 부레의 기망(奇網, rete mirabile) 및 맥락막(脈絡膜)의 혈관망(choroide rete)에서 산성으로 된 혈액의 헤모글로빈으로부터 O_2를 방출시켜 부레 및 눈의 초자체액(硝子體液, vitreous humour)에 매우 높은 압력의 O_2를 공급하는 중요한 역할을 한다.

심한 운동이나 질식에 의해 혈액이 산성혈증(acidosis)이 되면, 혈장에 증가된 H^+는 적혈구내로 들어와 적혈구내의 pH를 저하시켜 보아효과 더 나아가 루트효과를 일으킬 것이다. 경골어류 중에서도 특히 연어과 어류는 산성혈증의 영향을 가급적 적게 하는 장치를 갖고 있다고 한다. 이 장치에 대한 구조는 대략 다음과 같다고 생각되어 진다. 혈액이 산성이 되면 이것이 계기가 되어 두신(頭腎)의 크롬친화세포(chromaffin cell)로부터 혈중으로 카테콜아민(catecholamines)이 방출된다. 이 카테콜아민이 적혈구세포막 표면에 있는 β 아드레날린 수용체(β-adrenoceptor)에 결합하면 이 β 아드레날린 수용체는 적혈구세포내의 사이클릭 AMP(cyclic AMP : cAMP)의 생산을 촉진한다. cAMP는 세포막에 있는 Na^+/H^+ 펌프를 활성화시켜 혈장으로부터 적혈구내로 침투해 들어 온 H^+를 적혈구 밖으로 품어내어 적혈구내의 pH 저하를 방지한다고 하는 구조이다.

CO_2와 H^+이외에, 알로스테릭 효과에 의해 헤모글로빈의 O_2 친화성 저하를 가져오는 물질에 뉴클레오시드 3인산(nucleoside triphosphates : NTPs)이 있다. 어류의 유핵적혈구(nucleated red blood cell)에서는 아데노신 3인산(ATP)과 구아노신 3인산(GTP)이 NTPs 의 주체이고, 이 물질들의 적혈구내 농도가 높아지면 헤모글로빈의 O_2 친화성이 저하한다. 연어과 어류와 판새류는 ATP가, 잉어, 뱀장어, 금붕어는 GTP가 주된 NTPs이다. ATP와 GTP가 함께 존재하는 경우는 GTP가 ATP 보다도 O_2 친화성을 저하시키는 효과가 크다고 한다.

경골어류의 성어 중에는 기능이 다른 여러 성분의 헤모글로빈을 갖고 있는 개체가 있다. O_2 친화성이 낮고, NPTs 및 pH에 대한 감수성이 높은 헤모글로빈(anodal hemoglobin)과 O_2 친화성이 높고, NPTs 및 pH에 대한 감수성이 낮은 헤모글로빈(cathodal hemoglobin)이 있다(Gilmour, 1998).

4-3 혈액의 이산화탄소 운반

호기적 해당 작용(aerobic glycolysis)에 의해 생산된 CO_2는 조직으로부터 혈장으로 확산에 의해 이동하며, 물리적으로 혈장에 용해된 CO_2는 PCO_2를 구성한다. 어류 정맥혈의 PCO_2는 사람 정맥혈의 PCO_2 (46 torr)와 비교하면 현저하게 낮은데, 잉어의 경우 4.2 torr 정도이다(板澤, 1991c).

경골어류의 경우, 혈장의 CO_2는 적혈구내로 들어가 탄산탈수효소(carbonic anhydrase :CA)의 촉매작용에 의해 탄산수소이온(HCO_3^-)으로 된다. 이 HCO_3^-는 적혈구로부터 혈장으로 나오고, 대신 혈장내의 Cl^-이 적혈구내로 들어간다. 이것을 염소이동(chloride shift)이라고 한다. 혈장내 CO_2의 약 90-95%가 HCO_3^-이 되어 혈장 및 적혈구에 의해 아가미로 운반된다. 아가미에서는 혈장내 HCO_3^-는 Cl^-과 교체되어 다시 적혈구내로 들어가고, CA에 의해 CO_2로 전환된다. 이 CO_2는 확산에 의해 혈장으로 이동하여 마침내 아가미로부터 체외로 배출된다(그림 3-4). 경골어류의 아가미 상피세포에는 혈장내 HCO_3^-에 작용하는 CA가 존재하지 않고, 또한 혈장에도 CA가 존재하지 않기 때문에 적혈구가 CA의 작용을 하는 유일한 부위가 된다.

판새류는 경골어류와 달리 CA가 혈장, 적혈구 및 아가미 상피세포에 모두 존재하기 때문에 혈장내 HCO_3^- 가운데 많은 양의 HCO_3^-는 적혈구내로 들어가지 않고, 혈장내에서 CO_2로 전환되어 아가미로부터 배출된다(Randall 등, 2002).

4-4 혈액의 산염기 평형

대부분의 어류 혈액의 정상적인 pH는 7.7에서 8.0의 범위에서 일정하게 유지되고 있다. 혈액의 pH가 이 범위에서 벗어나면 체내 대사에 중대한 장애가 발생해 어류는 생존할 수 없게 된다. 그러나 실제로 서식환경의 pH가 크게 변동하거나 심한 운동 및 질식에 의해 체내에 산이 증가해도 어류의 혈액 pH는 거의 변동하지 않는 경우가 많다. 왜냐하면 혈액에는 pH의 변동을 억제하는 완충작용(buffer action)이 있기 때문이다. 이 완충효과에 의해 혈액의 pH를 일정하게 유지하려는 작용을 혈액의 산염기평형(acid-base balance)이라 한다. 완충작용은 약산과 그 공역염기(共役鹽基)에 의한 완충계에 의한다. 어류 혈액의 완충계에는 탄산(H_2CO_3)과 중탄산나트륨($NaHCO_3$)으로부터 되는 중탄산완충계(bicarbonate buffer system)와 비중탄산완충계(non bicarbonate buffer system)로 되어 있다. 비중탄산완충계로는 헤모글로빈 및 혈장 단백질인 단백질 완충계, 인산 완충계, 암모니아 완충계 등이 있다. 특히 중탄산완충계는 육상동물과 마찬가지로 어류에 있어서도 중요한 역할을 하고 있다.

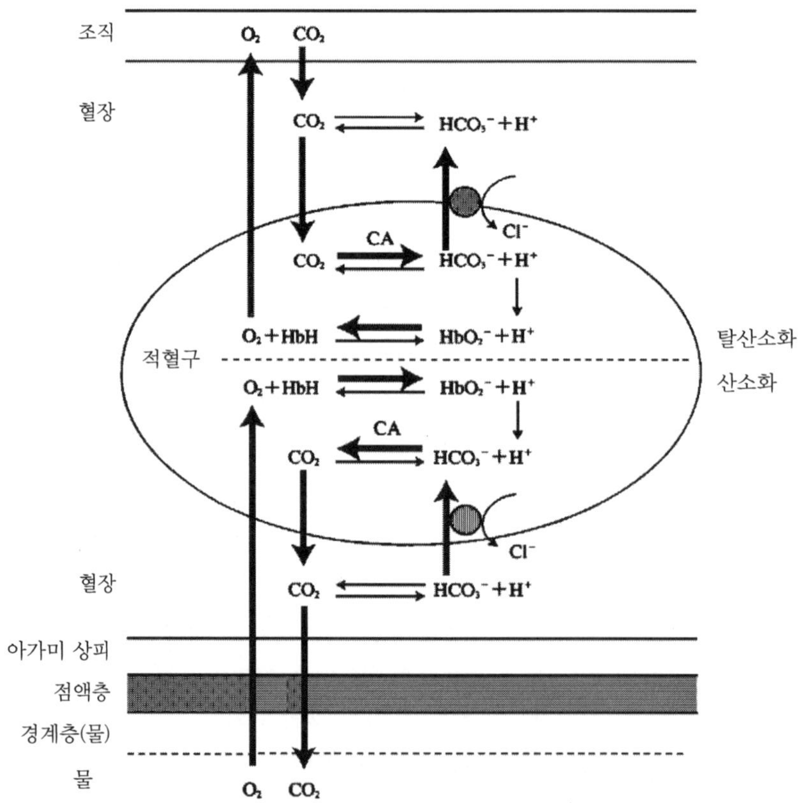

그림 3-4 경골어류의 가스교환 모식도
CA : 탄산탈수소효소, Hb : 헤모글로빈 (Gilmour, 1998)

§5. 산소 소비량

어류가 호흡에 의해 호흡매질로부터 섭취하는 O_2량을 산소소비량(oxygen consumption), 산소섭취량(oxygen uptake) 또는 대사량(metaboloci rate)이라 한다. 어류를 산소가 충분히 있는 수중에 가능하면 안정한 상태로 둘 때의 산소소비량을 안정대사량(resting metabolism)이라 한다. 또한 어류가 심한 유영운동을 하고 있어 산소소비가 가장 많을 때의 산소소비량을 활동대사량(active metabolism)이라 한다. 안정대사량과 활동대사량의 중간치를 통상 상태의 산소소비량이라고 하는 의미로 평상대사량(routine metabolism)이라 한다. 산소소비량은 어류양식시의 수조내 사육가능 밀도를 산정하거나, 대사 량으로부터 필요한 섭이 량을 계산할 때 가장 중요한 지표가 된다.

산소소비량, 특히 안정시의 산소소비량의 측정에는 세심한 주의가 필요하다. 측정시의 어류의 상태(크기, 섭이, 영양, 성성숙, 성, 유영, 개체수 등)와 환경조건(수온, 용존산소, 용존 탄산가스, 염분농도, 수질, 빛, 소리 등), 게다가 측정하기 까지 어류가 어떤 생활환경에 있었는지 등 가능한 한 상세하게 기록해 둘 필요가 있다. 해수어의 안정시의 산소소비량을 표 3-1에 나타냈다.

표 3-1 안정상태의 해산경골어류의 산소소비량 (山元, 1990)

	체중(g)	산소소비량 (ml / min·fish)		체중(g)	산소소비량 (ml / min·fish)
쏠종개	0.33±0.05	0.00226±0.0007	용치 놀래기	66.1±13.4	0.102±0.020
노랑씬벵이	86.8±25.2	0.167±0.075	문절 망둑	4.30±0.97	0.0115±0.0036
도도바리	96.3±20.0	0.128±0.027	쌍동가리	20.93±2.42	0.0435±0.0080
줄도화돔	8.29±0.52	0.0243±0.0024	쏨뱅이	8.49±2.29	0.0168±0.0048
방어	32.7±2.3	0.261±0.080	동갈양태	3.80±0.74	0.0109±0.0026
	68.1±3.9	0.413±0.109		20.60±6.90	0.0335±0.0131
	97.2±13.6	0.453±0.082	쥐치	35.87±11.68	0.0959±0.0283
전갱이	10.2±1.0	0.0455±0.082		83.65±19.47	0.217±0.071
벵에돔	2.58±0.31	0.0160±0.0022	그물코 쥐치	2.00±0.01	0.00924±0.00068
	35.87±5.86	0.127±0.045	자주복	18.70±5.22	0.0692±0.0223
참돔	174.7±17.8	0.367±0.063	복섬	0.84±0.42	0.0079±0.00537
	222.3±16.8	0.467±0.072		15.19±5.63	0.0740±0.0187

(수온 26.2±0.8℃)

5-1 성장과 산소소비량

어류의 체중(g)과 안정시의 산소소비량(μl/min) 과의 사이에는 산소소비량 = a x (체중)^{b}이라고 하는 관계가 있고, b의 수치는 0.8 전후가 되는 경우가 많다. 체중 0.0019-620g의 잉어는 b=0.832, a=3.70이었다(板澤, 1991a). 한편 단위체중당 산소소비량을 보면 어체가 작을수록 수치가 커진다. 이 현상을 Itazawa and Okawa (1983)는 자치어와 같이 작은 어류들은 생명 유지에 직접 필요한 산소소비량이 많은 장기가 체중에 비해 차지하는 비율이 높고, 성장함에 따라 직접적 중요성도 낮아지고, 산소소비량이 비교적 적은 조직이 체중에 비해 차지하는 비율이 높게 되기 때문이라고 설명하고 있다.

5-2 운동과 산소소비량

유영운동이 활발하게 되면 산소소비량은 증가한다. 최고 속도로 유영중인 무지개송어는 산소소비량이 평상대사량의 7.7배에 달하고, 동맥혈과 정맥혈의 산소함량의 차는 2.5배로 증가한다고 한다. 에너지를 얻기 위해 해당 작용이, 심한 유영운동에 의해 호기적대사로부터 혐기적대사(anaerobic metabolism)로 바뀌면 유산이 체내에 축적된다. 운동 후에 축적된 유산을 처리하기 위해 필요한 O_2량을 산소부채(oxygen debt)라고 한다. 심한 운동 시에는 아드레날린(adrenaline)과 노르아드레날린(noradrenalin)이 혈중으로 방출된다. 이들 아드레날린 및 노르아드레날린은 혐기적대사에 의해 산성화되고 있는 혈장 내에서, 적혈구내의 pH가 산성이 되지 않도록 작용하여 적혈구의 산소운반능력이 저하되는 것을 막는다.

활어수송시 어류가 심하게 흔들리거나, 어망으로 고기 잡는 시간이 많이 걸리는 등 어류를 피로하게 하면 어류는 산소부채가 많아진다. 이 산소부채를 해소하지 않으면 혈액이 산성이 된다. 즉 산성혈증이 되어 어류는 폐사해 버린다.

5-3 환경수의 낮은 용존산소와 산소소비량

수중 용존산소는 mmol/l, ml/l, mg/l, ppm 등으로 표시한다. 특히 ml/l의 경우는 O_2의 ml는 0℃, 1기압의 표준상태에서 체적으로 환산하여 나타낸다. 또한 O_2의 포화농도를 100으로서 표시하는 산소포화도(%)도 수산양식의 현장에서 많이 이용되고 있다.

어류의 산소소비량은 환경수중의 용존산소가 어떤 농도로 저하하기 까지는 용존산소농도의 저하와 관계없이 정상 시와 같은 수치를 유지 한다. 게다가 용존산소의 농도가 저하하면 산소소비량은 서서히 저하한다. 이 산소소비량의 저하는 어류가 산소부족증(hypoxia) 상태인 것을 나타낸다. 환경수의 용존산소농도 저하에 의한 산소부족증을 환경성 산소부족증(environmental hypoxia)이라 한다. 이것이 진행되면 어류는 질식 상태에 빠져 폐사한다.

어류가 정상으로 서식하기 위해서는 환경수의 용존산소 농도가 어류의 산소소비량의 저하를 일으키는 농도 이상 유지되어야 한다. 야마모또(山元, 1988, 1990)등은 여러 종의 담수 및 해산어를 이용한 실험에서 어종에 따라 다소 차이는 있지만 용존산소 농도가 약 2ml/l 이하로 되면 어류는 산소부족증에 빠지게 된다고 했다. 산소부족증의 경우도 혈액에 카테콜아민이 방출되어 적혈구내의 pH 저하를 막아 적혈구의 산소운반능력을 유지하도록 하는 기구가 존재한다.

§6. 부레

해수의 밀도는 약 1.026이고, 아가미를 제거한 어체의 밀도는 1.06-1.09가 되기 때문에 어류는 수중에 정지하면 가라 앉아 버린다. 그 때문에 어류는 부레, 지방층, 유영에 의한 양력(揚力) 등에 의해 부력조절을 행하고 있다. 원구류와 연골어류는 갖고 있지 않지만 경골어류의 대부분은 부력조절 기관으로써 부레를 갖고 있다. 부레는 소화관이 팽출(彭出)되어 형성되는데, 배기(胚期) 또는 자어기(子魚期)까지는 기관(氣管, pneumatic duct)에 의해 소화관과 연결되어 있다. 발생초기에 기관이 없어져 소화관과의 연결이 없어진 부레를 닫힌 부레(閉鰾, 無氣管鰾, physoclistous gas bladder)라고 하고, 성어가 되어도 기관이 있는 부레를 열린 부레(開鰾, 有氣管鰾, physostomous gsa bladder)라 한다. 닫힌 부레를 갖고 있는 어류를 닫힌 부레어(physoclistous fish)라고 하고, 농어, 참돔, 줄벤자리, 대구, 동갈민어, 쥐치 등이 있다. 한편 열린 부레를 갖고 있는 어류를 열린 부레어(physostomous fish)라 하고, 잉어, 뱀장어, 메기, 무지개송어, 정어리 등이 있다. 부레는 내층(mucosa), 중층(submucoua), 외층(tunica exterma)의 3층으로 되는 얇은 막으로 되어 있지만, 가스가 새기 어려운 성질을 갖고 있다. 이 가스가 부레를 통과하기 어려운 성질은 중층에 포함되어 있는 구아닌에 의한 것이라고 생각되어 지고 있다. 한편 이 얇은 막은 탄력성이 풍부하여 부레내의 가스 압이 주위보다 높을 때에는 곧 팽창해 버린다.

수압은 수심 10m 마다 1기압 증가한다. 수면에 있던 어류가 10m 잠수하면 부레가 받는 수압은 1기압에서 2기압으로 증가한다. 부레의 용적은 1/2이 되고, 어체의 밀도는 증가하기 때문에 부레에 가스를 보내 부레 용적을 회복시키지 않으면 어류는 계속 가라앉게 된다. 부레내의 가스의 종류는 대부분의 어종은 O_2이지만, CO_2 또는 N_2인 경우도 있다. 부레를 갖고 있는 경골어류의 대부분은 200m 이하에 분포한다고 한다. 수심 200m에서는 부레가 받는 수압은 21기압에 이른다. 부레 가스는 환경 수에 용존 하고 있는 가스로부터 섭취한다. 물은 거의 비압축성이기 때문에 깊이 200m의 환경수의 PO_2는 약 0.228기압이고, 이때 부레의 PO_2는 21기압의 고압이 되어 있다. 이와 같이 어류는 고압상태의 부레내로 O_2를 들여보내는 교묘한 구조를 갖고 있고, 반대로 O_2를 부레내로부터 끄집어내는 구조를 갖고 있다.

6-1 가스의 보급

혈액으로부터 부레내로 가스를 들여보내는 것을 가스분비(gas secretion)이라 하고, 가스분비를 행하는 부레의 내벽 부분을 가스선(gas gland)이라고 한다. 가스선에 근접해서 모세동맥과 모세정맥 사이가 약 1.5㎛로, 밀접한 다수의 동맥 및 정맥의 모세관 끼리 서로 얽혀 형성된 기망(奇網)이 있다. 기망내의 모세동맥과 모세정맥에서는 동맥혈과 정맥혈이 서로 마주 보고 흐르는 대향류

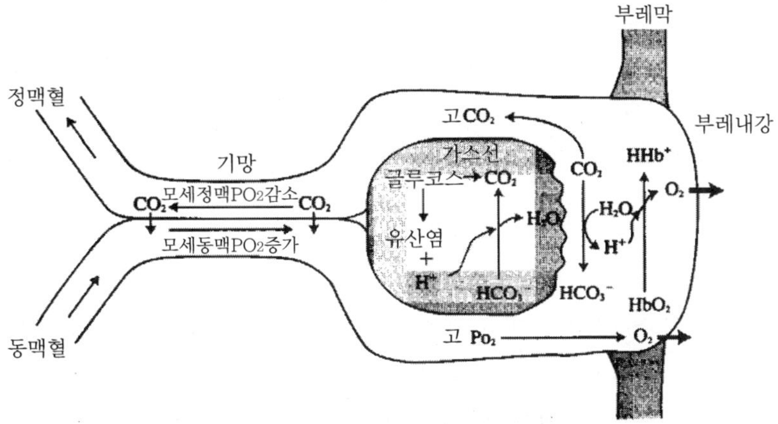

그림 3-5 부레의 가스보급 (Randall 등, 2002)

(對向流)가 형성되어 있다. 유럽 뱀장어의 기망에는 약 88,000개의 모세정맥과 약 116,000개의 모세동맥이 있고, 기망 1 cm^2 당 확산면적은 약 1,650 cm^2가 된다고 한다. 혈액은 기망의 모세동맥을 흘러 가스선에 이르고 마침내 모세정맥을 지나 보다 더 두꺼운 정맥을 통해서 기망 밖으로 나온다(板澤, 1991d).

기망내의 모세동맥에 유입되기 직전의 혈액의 경우, 혈중 O_2는 거의 적혈구내의 헤모글로빈에 의해 운반되기 때문에 혈장 내에 물리적으로 용해되어 PO_2를 발생시키는 O_2는 혈액의 산소함량의 약 5% 밖에 되지 않는다. 그러나 모세동맥내 혈액이 가스선을 향해 흐름에 따라 CO_2가 모세동맥내로 유입되어 혈액의 pH가 저하한다. 혈액의 pH가 현저하게 저하되면 루트효과에 의해 헤모글로빈으로부터 O_2가 혈장으로 방출되어 혈액의 PO_2는 상승한다. 즉 기망내의 모세동맥의 혈액은 PO_2를 상승시키면서 가스선을 향해 흐른다.

가스선 세포에는 미토콘드리아가 거의 없기 때문에 크렙스회로(TCA cycle)의 활성은 무시할 정도이다. 그 때문에 가스선에 O_2가 충분하게 존재해도, 가스선 세포에서의 해당 작용에서는 포도당으로부터 H^+와 유산염(乳酸鹽)을 발생시킨다. 또한 O_2를 이용하지 않고 포도당의 탄산원자를 완전히 산화시켜 CO_2로 만드는 펜토오스 인산회로(pentose phosphate cycle)가 가스선 세포에서는 활발하게 작용한다. H+, 유산염 및 CO_2의 생성에 의해 가스선의 pH는 저하하기 때문에 루트효과가 일어나고, 더욱이 이온 농도의 상승에 따라 염석(salting out)이라고 부르는 O_2의 용해도의 감소도 일어난다(그림 3-5).

루트효과와 염석은 가스선의 PO_2를 부레의 PO_2보다도 상승시켜 O_2는 혈액으로부터 부레내로 확산에 의해 이동한다. 특히 루트효과가 얼마나 강력한가는 전술한 바와 같이 100기압의 순수한 O_2를 작용시켜도 루트효과가 일어나는 것으로부터 알 수 있다. 또한 부레내의 가스가 고농도의 CO_2 및 N_2인 경우가 있지만 이것은 염석에 의한 것이라고 생각되어 진다.

가스선을 나와 모세정맥으로 들어가려고 하는 혈액은 가스선에서 생성된 CO_2를 적혈구내 및 혈장 내에 고농도로 포함하고 있다. 이 CO_2는 모세정맥과 평행하게 달리고 있는 모세동맥에 전술한 바와 같이 대향류에 의해 확산 이동한다. 모세정맥의 혈액내 CO_2 감소에 따라 정맥혈의 헤모글로빈은 O_2와의 결합능력을 회복하기 때문에 PO_2가 저하한다.

기망의 모세관 벽은 O_2는 투과하기 어렵지만, CO_2는 투과하기 매우 쉬운 것이 판명되었다(그림 3-5). 이전에는 모세정맥의 O_2가 대향류에 의해 모세동맥으로 이동한다고 생각되었지만 이동하는 것은 O_2가 아니고 CO_2이고, O_2 이동설의 근거로 되어 있던 모세정맥내의 PO_2 저하는 혈장에 물리적으로 용해되어 있던 O_2가 모세정맥의 헤모글로빈에 재결합하는 것에 의해 일어나는 것이다(Randall 등, 2002).

6-2 가스의 배출

어류가 얇은 곳으로 이동하면 어체에 대한 수압이 저하하기 때문에 부레는 팽창되어 어체의 밀도는 작아지고 어류는 한없이 떠오른다. 부력을 중성으로 하기 위해서는 부레의 가스를 배출해 부레용적을 작게 하지 않으면 안 된다. 열린 부레어의 경우는 가스를 기관으로부터 식도를 통해 체외로 배출한다. 닫힌 부레어의 경우는 부레에 있는 난원체(oval body) 또는 난원선(oval gland)이라고 불리는 가스 흡수를 행하는 조직에서 부레내의 가스는 혈액으로 흡수되어 아가미로부터 가스 분압 차에 의한 확산에 의해 환경수로 배출된다. 난원체로부터 가스 누출을 막기 위해서 어종에 따라 다양한 기구가 갖추어져 있다(板澤, 1991d).

§7. 순환

순환계(circulatory system)의 역할은 체내조직에 필요한 다양한 물질들을 혈류에 의해 체내 여러 곳에 운반하는 것이다. 순환계는 심장혈관계(cardiovascular system)라고도 불려, 혈액, 심장(heart), 혈관(vessel) 그리고 혈액의 순환을 조절하는 시스템(control system)으로 구성된다. 어류의 순환계는 폐쇄순환계(closed circulatory system)이다.

7-1 심장

어류의 심장은 정맥동(靜脈洞, sinus venosus), 심방(atrium), 심실(ventricle) 그리고 원구류 및 판새류는 심장구(心臟球, conus arteriosus), 경골어류는 동맥구(動脈球, bulbus arteriosus)의 4개의 방으로 되어 있다(그림 3-6-I · J). 이들 4개의 방은 직렬로 연결되어 위심강(圍心腔, pericardial cavity)내에 들어 있다. 심장으로 돌아온 정맥혈은 정맥동에 집합하여 심방, 심실, 심장구 또는 동맥구로 심장의 펌프작용에 의해 보내진다. 각각의 방 사이에는 혈액의 역류를 막기 위해 변(弁, valve)이 있다. 심장구 또는 동맥구로부터 나온 정맥혈은 복부대동맥(ventral aorta)을 통해 즉시 아가미로 보내지기 때문에 어류의 심장은 아가미 심장(branchial heart)이라고도 부른다.

정맥동은 주로 결합조직(connective tissue)으로 되어있으나 약간의 심근층(心筋層, myocardium)을 갖고 있는 얇은 막으로 된 방이다. 심근층이 결여된 경우도 있다. 전신을 돌아온 정맥혈이 정맥동으로 모여 든다. 정맥동의 주된 역할은 심장박동의 개시와 심장박동의 페이스(pace) 조절을 하는 것이다. 정맥동과 심방과의 경계 부근에는 박동원 세포(pacemaker cell)가 결절상(結節狀)으로 모여서 생긴 박동원 조직이 있고, 이 조직의 전기적 흥분에 의해 심장박동의 개시와 심장박동의 페이스 조절이 행해진다. 이와 같이 심근 자신이 심장박동의 자동성을 갖는 심장을 근원성 심장(myogenic heart)이라 한다.

심방은 심근의 스펀지층(spongy layer)의 얇은 벽으로 되어 있어 수축이 가능하다. 심방의 주된 역할은 정맥동으로부터 혈액을 수축력에 의해 심실로 보내는 것이다.

심실의 역할은 강력한 수축력으로 혈액을 전신으로 보내는 것이다. 강력한 수축력을 발휘하기 위해 심실의 벽 내측이 스펀지층, 외측이 치밀층(compact layer)인 2종류의 두꺼운 심근층으로 되어 있다. 그러나 어종에 따라 치밀층을 갖지 않기도 한다. 치밀층이 발달해 있는 어종일수록 활발한 운동을 한다. 또한 심실의 형태도 운동성과 관계가 있고 심실의 형태가 둥근 어종은 일반적으로 운동성이 없으며, 삼각추(三角錐)에 가까운 어종이 대체로 운동성이 풍부하다.

심장구 및 동맥구의 역할은 심실로부터 나가는 혈액의 흐름을 조정하여 섬세한 아가미 혈관에 과대한 혈압이 작용하지 않도록 하는 것이다. 심장구 및 동맥구의 벽은 강한 탄력성을 갖고 있어 심실로부터 혈액이 들어오면 팽창하여 혈액의 일부를 저류시켜 다량의 혈액이 한꺼번에 아가미 혈관에 흘러 들어가는 것을 방지하며, 심실이 이완되어 혈액이 보내오지 않으면, 심장구의 경우는 탄력성과 자신의 수축력으로, 동맥구의 경우는 탄력성에 의해 저류해 있던 혈액을 아가미로 내보내 혈류를 유지한다. 심장구는 여러 개의 변(弁)이 있고 수축성을 갖고 있지만, 동맥구는 변을 갖고 있지 않으며 수축성도 없다(그림 3-6-I · J).

1) 심근 어류의 심근(心筋, cardiocyte)은 포유류의 그것과 마찬가지로 횡문근(striated muscle)으로 되어 있다. 그러나 어류의 심근세포의 크기는 1-12.5㎛로 포유류의 심근세포의 크기 10-25㎛와 비교하면 작고, 근소포체(sarcoplasmic reticulum)가 적고 T관(T-tube)이 없다. 심근의 수축에 필요한 Ca^{2+}은 근소포체로부터 방출되는데 여기서 방출된 Ca^{2+}은 심근수축을 위해 충분한 양이 아니어서 근섬유초(筋纖維鞘, sarcolemma)를 통해서 심근 외부로부터 Ca^{2+}이 공급되어야 한다. 심방과 심실의 심근에는 나트륨이뇨 펩타이드(natriuretic peptides :NPs)를 포함하는 과립이 있다.

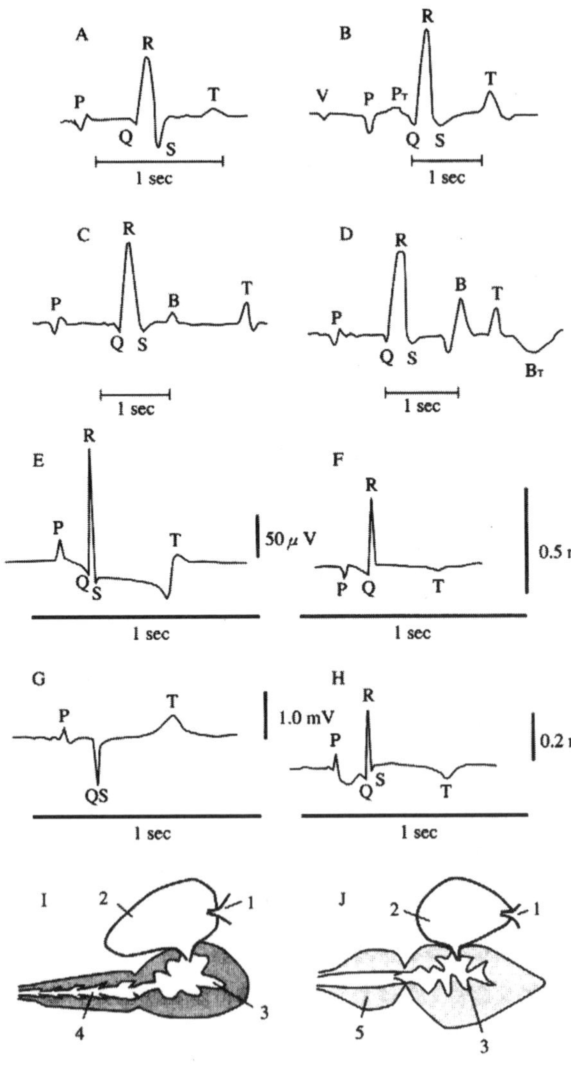

그림 3-6 어류심전도와 어류심장의 횡단 모식도
A: 메기 B: 먹장어 C: 돔발상어 D: 상어 E: 참돔 F: 정어리 G: 무지개송어 H: 은어 I. 판새류 J. 경골어
1. 정동맥 2. 심방 3. 심실 4. 심장구 5. 동맥구

2) 심장의 신경지배 원구류인 꾀장어(hagfish)의 심장은 신경지배(innervation)를 받지 않지만, 심장조직에는 카테콜아민이 있어, 이 카테콜아민이 심근 수축력의 변화인 변력성(變力性, inotropy)과 심장박동의 페이스인 변시성(變時性, chronotropy)을 조절한다. 척추동물의 심장은 혈액내에 아세틸콜린 농도가 높아지면 콜린 작동성신경(cholinergic nerve)에 의해 억제적인 신경지배를 받지만, 칠성장어(lamprey)의 심장은 콜린 작동성

신경에 의해 촉진적인 신경지배를 받는다. 판새류와 경골어류의 심장은 미주신경(vagal nerve)의 콜린 작동성신경에 의해 억제적인 지배를 받고 있다. 미주신경에 내포되어 있는 콜린작동성의 원심성 신경섬유(efferent nerve fiber)는 정맥동과 심방의 경계부분인 동방부(sinoatrial region)에 밀집하여 분포하고, 심방과 심실의 경계부분인 방실부분(atrioventricular region)과 심실에도 분포하고 있지만 동방부와 비교하면 분포 밀도는 낮다. 이 신경섬유는 무스카린성 수용체에 작용하여 심장의 작용을 억제한다.

원구류, 판새류 및 폐어류를 제외하고 많은 경골어류는 동방부, 방실부에 교감신경계인 아드레날린 작동성섬유가 밀집하여 분포하고 있다. 또한 심실의 치밀층, 관상혈관(coronary vessel), 동맥구 등에도 이 섬유가 분포되어 있다(Olson, 1998).

3) 관상순환 심장에 영양과 산소를 보급하는 관상동맥(冠狀動脈, coronary artery)은 모든 판새류와 많은 경골어류의 심장에 존재한다. 활발하게 유영하는 어종의 심장에는 대체로 관상동맥이 있다. 관상동맥에는, 아가미에서 가스 교환을 행한 혈액이 출새동맥(出鰓動脈)을 거쳐 심장을 순환하는 것과 배대동맥(背大動脈)을 거쳐 심장을 순환하는 것이 있다.

4) 심장주기와 심전도 정맥동에서 심방으로 보내진 혈액이 심방의 수축에 의해 심실을 채우고, 심실의 강력한 수축에 의해 체순환으로 보내질 때까지 심방과 심실의 이완 및 수축의 활동기를 심장주기(cardiac cycle)라 한다. 골격근(skeletal muscle)의 수축은 통상 강축(强縮, tetanus)이지만, 심근의 수축은 단수축(單收縮, twitch)이다.

심방, 심실 등의 심근의 수축 및 이완에 따른 전위변화를 기록한 것이 심전도(electrocardiogram :ECG)이다 (그림 3-6-A-H). 어류의 심전도 파형(波形)은 사람을 비롯해 포유류의 심전도 파형에 유사하기 때문에 파형의 명명법은 사람의 것을 차용하고 있다. 심방근의 탈분극에 의한 흥분파형을 P파(P wave), 심실근의 탈분극에 의한 흥분파형을 QRS군 (QRS complex), 심실근의 재분극에 의한 파형을 T파(T wave)라고 부른다. 그 외에 원구류는 P파와 T파 사이에 정맥동의 수축에 의한 V파, 판새류는 QRS군과 T파 사이에 심장구의 수축에 의한 B파가 나타난다. QRS군의 R로부터 다음의 QRS군의 R까지를 RR간격이라 하고 심장박동의 주기를 나타낸다. P파의 시작부터 P파의 끝까지를 P파의 폭이라 부르고, 심방에 흥분이 전달되는 시간을 나타낸다.

P파의 시작부터 QRS군의 시작까지를 PQ간격(PQ interval) 또는 PR 간격(PR interval)이라 하고, 심방의 흥분이 시작되어 이 흥분이 심실에 도착하기까지의 시간, 즉 흥분의 방실 전도시간을 나타낸다. Q파의 시작부터 S파가 끝나기까지를 QRS간격(QRS interval)이라 부르고, 심실에 흥분이 전달되는 시간을 말한다. S파의 끝부터 T파의 시작까지의 부분을 ST부분(ST segment)라고 부르고, 심실 전체가 흥분하고 있는 시기에 해당한다. 심실에 상해(傷害)가 있는 경우에는 이 ST부분이 상승 또는 하강하여 이상 심전도 파형으로 된다. Q파의 시작부터 T파의 끝나기까지를 QT간격(QT interval)이라 부르고 이 간격은 심실의 전기적 수축시간을 나타낸다. 어류의 ECG의 시간적 요소의 수치를 표 3-2에 나타냈다.

표 3-2 어류심전도의 시간적 여러요소 (難波, 1996)

어류 체중(g)	P	PQ	QRS	QT
은어 75.1±14.23	0.063±0.003	0.160±0.007	0.058±0.002	0.415±0.015
무지개송어 328±52.9	0.060±0.018	0.14±0.021	0.08±0.011	0.40±0.115
잉어 805±112	0.05±0.010	0.10±0.019	0.08±0.014	0.42±0.070
틸라피아 212±93.5	0.05±0.011	0.25±0.040	0.10±0.022	0.79±0.112
참돔 122±28.5	0.03±0.003	0.07±0.026	0.03±0.004	0.31±0.021
전갱이 359±65.3	0.03±0.004	0.12±0.020	0.05±0.013	0.38±0.30
사람	<0.11	0.12~0.20	0.06~0.10	0.36~0.44

평균치±SD (초)

5) 심장 박출량 심장 박출량(cardiac output)은 심장이 1분간에 박출하는 혈액의 양을 말한다. 심장이 1회 박동으로 내 보내는 혈액의 양을 1회 박출량(stroke volume)이라 한다. 따라서 1회 박출양과 1분간의 심장박동수(heart rate)와의 곱이 심장 박출량이 된다. 심장 박출량은 활발한 어종일수록 크고, 꾀장어(8.7ml/min kg)와 가다랭이(132ml/min kg)에서는 약 15배의 차이가 있다(Farrell, 1933). 어류의 심장 박출량은 보통속도로 유영하고 있을 때에는 안정시의 47%에서 200%까지 증가하지만, 돌진속도로 유영하고 있을 때는 역으로 감소한다. 그 대신 급격한 유영운동으로부터 회복 시에는 심장 박출량은 현저하게 증가한다. 호기적 상태에서 운동하고 있는 척추동물에서는 심장 박출량이 증가한다. 어류 이외의 척추동물은 1회 박출량의 증가보다도 주로 심장박동수의 증가에 의해 심장 박출량을 증가시키지만, 반대로 어류는 주로 1회 박출량을 증가시켜 심장 박출량을 증가시킨다. 그러나 가다랭이와 같이 심장박동수의 증가에 의해 운동중의 심장 박출량을 증가시키는 어종도 있다. 수온의 변화는 심장 박출량에 커다란 영향을 미친다. 즉, 수온이 상승하면 심장 박출량은 증가한다.

6) 1회 박출량 1회 박출량은 어류가 어떠한 활동상태에 있는가에 따라 다르다. 안정상태 또는 통상의 활동상태에 있는 어류의 1회 박출량은 뱀장어는 0.33ml/kg, 무지개송어는 0.46ml/kg, 가다랭이는 1.20ml/kg 정도이다. 이들의 1회 박출량은 활동상태에 따라 안정시의 약 2배에서 3배까지 증가한다(Farrell, 1933).

1회 박출량은 복부대동맥 혈압(ventral aortic pressure), 심실확장종기용량(心室擴張終期容量, ventricular end diastolic volume), 및 심근의 수축성(myocardial contractility)의 3가지 요소에 의해 결정된다.

복부대동맥 혈압은 심실부근에 있는 실구변(室球弁, ventriculobulbar valve)에 작용하여 심실로부터 혈액의 박출을 저지한다. 그러나 이 혈압은 통상의 2배 이상이 되지 않으면 1회 박출량에 어떠한 영향도 미치지 않는다.

심실확장종기용적은 박출되기 직전까지 심실내에 채워지는 혈액량에 의해 결정되고, 더욱이 수축되기 전에 늘어나는 심실근의 길이는 이 용적에 의해 결정된다. 어느 범위 내라면 심근은 수축되기 전에 늘어나는 길이가 길수록 흥분하면 더욱 힘차게 수축한다. 이 현상을 발견자의 이름을 따서 스탈링의 심장법칙(Starling law of the heart)이라 한다. 이 현상은 심근섬유의 길이가 길수록 수축 시에 필요한 Ca^{2+}이 보다 많은 심근섬유에 공급되기 때문이라고 설명하고 있다(Olson, 1998).

심실확장종기용적을 결정하는 것은 심실에 혈액을 보내는 심방의 이완기 혈액 충만량이다. 심방의 이완기의 정맥혈은 정맥동으로부터 뒤에서 눌리어 진다. 말하자면 배후로부터 힘(vis-a-tergo)과 앞에서 끄는 힘(vis-a-fronte)에 의해 심방내로 채워진다. 배후로부터의 힘은 심실의 수축력에 의해 정맥동으로 돌아온 정맥혈의 에너지에 의해 발생해 뱀장어와 같이 정맥동의 수축력이 그것에 더해지는 경우가 있다. 앞에서 끄는 힘은 견고한 위심실내에서 심실이 수축하면 심방이 팽창되어 심방내는 음압이 되는 것에 의해 발생해 정맥동의 혈액이 심방내로 빨려들어 가게끔 작용하는 힘이다. 원구류 및 많은 어종의 심방에서는 배후로부터 힘이 작용하여, 판새류 및 활발한 어종의 심방에서는 배후로부터의 힘과 앞에서 끄는 힘이 같이 작용한다.

7) 심근의 수축성 심근의 수축성은 이미 앞에서 언급한 스탈링의 심장법칙에 의해 결정되지만, 이 수축성은 다른 여러 요인에 의해서도 영향을 받는다. 수축력을 강하게 하는 정(正)의 변력작용(變力作用, positive inotropic action)은 세포외 액의 Ca^{2+} 농도의 증가, 온도상승, β 아르기닌 바소프레신, 아데노신, 히스타민, 프로스타사이클린 등의 내분비물질에 의해 일어난다. 수축력을 약하게 하는 부(負)의 변력작용(negative inotropic action)은 세포외 액의 Ca^{2+} 농도의 저하, 질식, 콜린작동성신경의 자극, 산성혈증 등에 의해 발생한다(Olson, 1998).

8) 심장박동수 어류의 심장박동수는 이미 언급한 것처럼 박동원세포의 박동(pace)에 의해 결정된다. 심장이 본래 갖고 있는 페이스(intrinsic pace)는 여러 요인에 의해 영향을 받는다. 온도변화는 박동원에 가장 큰 영향을 미친다. 즉 온도가 상승하면 심장박동수는 증가하고 저하하면 감소한다. 또한 내인성의 페이스는 부교감신경(미주신경)에 의한 억제작용(負의 變時性, negative chronotropy)과 교감신경에 의한 촉진작용(正의 變時性, positive chronotropy)을 받고 있다. 박동원세포는 억제작용의 세기와 촉진작용의 세기의 밸런스에 의해 심장박동수를 결정한다. 일반적으로 경골어류는 정도의 차이는 있지만 미주신경에 의한 억제가 강하게 작용하기 때문에 안정시의 심장박동수는 내인성의 페이스에 의한 심장박동수보다도 낮을 때가 많다. 또한 동일 개체에서도 억제작용과 촉진작용의 밸런스는 환경으로부터의 자극에 의해 변화해 심장박동수의 증감을 가져온다. 어류를 공중에 노출시키거나 저산소 상태에 두면 억제작용이 강하게 되고 박동수는 감소하여 서맥(徐脈, bradycardia)으로 된다. 또한 어류에 강한 음과 진동 및 빛 자극을 가하면 강한

억제작용에 의해 순간적으로 박동수는 감소한다. 심장박동수가 증가해서 빈맥(頻脈, tachycardia)으로 되는 것은 미주신경 저해제인 아트로핀(atropine)을 작용시킨 경우, 마취상태, 강한 빛 자극을 장시간 받은 경우, 급격한 실혈(失血, hemorrhage)의 경우 등이다. 이들의 빈맥은 촉진작용이 강하게 된 것보다도 억제작용이 약해졌기 때문에 일어나는 경우가 많다(難波, 1996).

7-2 혈액순환

어류의 심장을 나온 혈액은 호흡기인 아가미를 통해(아가미순환 : gill circulation), 즉시 배대동맥(背大動脈, dorsal aorta)으로부터 체순환(systemic circulation)에 들어간다. 따라서 가물치 및 폐어(肺魚)와 같이 공기호흡을 하는 일부의 어종을 제외하고, 포유류의 폐순환(pulmonary circulation)과 같이 호흡을 위한 제2의 순환계를 갖고 있지 않는 것이 특징이다.

1) 아가미순환 심장으로부터 나온 혈액은 복부대동맥(ventral aorta)과 입새동맥(入鰓動脈, afferent branchial artery)을 통해 아가미에 이른다. 아가미에 도달한 정맥혈은 각각의 아가미변에 존재하는 입새변동맥(入鰓弁動脈, afferent filamental artery)에 들어가, 아가미변 양면에 무수히 존재하는 2차 아가미변의 입2차 아가미변소동맥(入2次鰓弁小動脈, afferent lamellar arteriole)을 통해 2차 아가미변의 모세혈관망으로 들어온다. 2차 아가미변의 모세혈관에서 가스교환을 끝낸 혈액은 동맥이 되어 출2차 아가미변소동맥(出2次鰓弁小動脈, efferent almellar arteriole)을 거쳐 2차 아가미변을 나와 출새변동맥(出鰓弁動脈, efferent filamental artery)으로 들어가 출새동맥(出鰓動脈, efferent branchial artery)을 거쳐 배대동맥(背大動脈)에 이르러 체순환에 들어간다. 이 순환계를 동맥-동맥계(arterio-arterial circuit)라 한다.

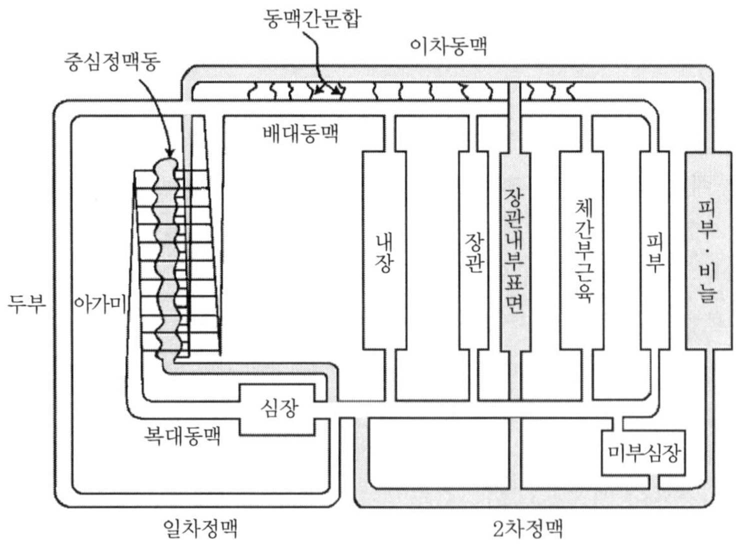

그림 3-7 어류 순환계의 모식도 (Vogel, 1985)

어류의 경우 이전에는 림프계(lymphatic system)라 불러 왔으나, 현재는 후술하는 것처럼 2차순환계(secondary circulation)라 부르는 순환계의 일부인 중심정맥동(central venous sinus)을 통하는 계(系)가 있다. 중심정맥동은 각 아가미변의 중심부에 아가미변의 선단부로부터 기부(基部)까지 폭넓게 뻗어 있어 출새변동맥 또는 입새변동맥과 동정맥문합(動靜脈吻合, arterio-venous anastomosis)에서 끊겨있다. 이 동정맥문합을 거쳐 헬액은 중심정맥동으로 들어가 마침내 아가미 정맥을 통해 심장으로 돌아온다(石松, 1991).

아가미의 혈류 조절은 출새변동맥 기부의 괄약근을 자극하는 자율신경계의 콜린작동성 섬유, 이 섬유의 작용을 저지하는 아드레날린 작동성섬유 및 극도의 스트레스를 받았을때 크롬 친화세포로부터 방출되는 카테콜아민의 작용에 의해 행해진다. 카테콜아민은 동맥-동맥계에서는 주로 β아드레날린 수용체에 작용해서 혈관을 확장시키고, 동맥-정맥계에서는 α 아드레날린 수용체에 작용하여 혈관을 수축시킨다(Olson, 1998).

2) 체순환 좌우의 출새동맥은 배대동맥에 합류하고, 두부에는 배대동맥이 좌우로 분지한 경동맥(頸動脈, carotid artery)으로부터 많은 동맥이 뻗어 나간다. 배대동맥은 척주(脊柱)의 배쪽 아래에 위치해 척주를 따라서 후방으로 뻗어 있다. 배대동맥에서 내장동맥(coeliac artery), 신동맥(腎動脈, renal artery) 등 내장의 모든 기관으로 많은 동맥이 분지되어 있다. 미부까지 뻗어 있는 배동맥(背動脈)의 부분을 특히 미동맥(尾動脈, caudal artery)이라 부른다. 동맥은 더 작은 동맥으로 계속 분지하여 모세혈관으로 되어 정맥의 모세혈관과 연결된다. 정맥의 소혈관은 집합과 합류를 반복하여 점차 큰 정맥으로 된다. 그러나 미정맥(caudal vein)은 신장에서, 위, 장, 비장 등의 내장으로부터의 정맥은 각각 다시 모세혈관으로 분지하여, 신문맥(腎門脈, renal portal vein) 및 간문맥(肝門脈, hepatic portal vein)을 형성한다. 최종적으로 두부로부터의 정맥혈은 좌우의 전주정맥(前主靜脈, anterior cardinal vein)을, 내장 및 몸의 후부로부터의 정맥혈은 좌우의 후주정맥(後主靜脈, posterior cardinal vein)을, 게다가 좌우의 큐비어관(duct of Cuvier)을 통해 정맥동으로 집합한다.

어류 정맥은 포유류의 정맥과 같은 중력에 대항하기 위한 혈관벽의 변(parietal valve)이 없고, 가는 정맥에서 굵은 정맥으로 합류하는 입구에 변(ostial valve)가 있다. 어류는 정맥혈의 흐름을 돕기 위한 보조기구를 갖고 있는데, 상어류와 같이 정맥동을 갖고 있는 미부정맥이 꼬리 운동시의 근육 수축에 의해 정맥혈 흐름을 보조하는 미부펌프(caudal pump)가 작용한다(Satchell, 1991).

3) 2차순환계 Vogel(1985)은 어류의 림프계라고 불리고 있던 것은 동맥과 모세혈관에 의해 연결되어 있기 때문에 림프계는 아니고, 이것을 2차순환계라고 불러 종래의 순환계를 1차순환계(primary circulation)라고 부를 것을 제창했다(그림 3-7). 그 후 2차순환계의 존재는 경골어류만이 아니고 판새류 및 원구류에서도 확인되어 왔지만 그 작용에 대해서는 확실하지 않다.

2차순환계는 1차순환계와 평행하게 달리고 있는 부분이 있고 1차순환계 동맥과 2차순환계 동맥의 문합상혈관(吻合狀血管, anastomotic vessel)에 의한 연결은 출새변동맥 (또는 입새동맥), 배대동맥, 체절동맥(segmental artery)에 존재한다(그림 3-7). 문합상동맥(anastomotic artery)의 입구는 좁고 또한 그 주위에는 무지개송어와 틸라피아의 경우 미세 융모가 존재하기 때문에 좀처럼 적혈구는 통과할 수 없다. 그 때문에 2차순환계의 혈액의 헤마토크리트치는 수 % 이하로 극히 낮다(Satchell, 1991).

2차순환계의 동맥은 분지해서 미세혈관(microvessel)으로 되고 그 분포는 피부와 비늘의 표면, 구강점막, 체강상피, 아가미변 등에 한정되어 있다. 미세혈관은 합류해서 2차순환계의 정맥으로 되고, 정맥은 1차순환계의 정맥과 심장 가까이에서 합류한다(그림 3-7).

2차 순환계의 전혈장량은 1차순환계의 그것의 약 2배 정도이다. 2차순환계의 기능은 아직 알려져 있지 않지만 미세혈관의 분포 및 혈장량 등으로부터 삼투압조절과 이온교환의 기능을 하고 있는 것으로 추측되고 있다.

4) 혈액량 어류 체내에 존재하는 혈액의 총량을 전혈액량(total blood volume)이라 한다. 전혈액량은 지표로 되는 물질을 체내에 주입해 체내의 혈액에 의해 그 물질이 희석되는 정도로부터 구할 수 있다. 원구류인 꾀장어는 아마 척추동물에서는 가장 전혈량이 많은 200ml/kg이나 되고 판새류는 80ml/kg 이하, 경골어류는 60ml/kg 정도이다(Olson, 1998).

혈관내에 존재하는 혈액량은 혈관의 탄성에 의해 정압(靜壓, static pressure)을 발생시키기 때문에 전혈액량이 많을수록 혈관내 정압은 높아진다. 이 정압은 심방의 박출에 의한 혈액을 뒤로부터 누르는 힘(vis-a-tergo)과 심장의 흡입에 의한 혈액을 앞에서 끄는 힘(vis-a-fronte)과는 다르고, 심장이 정지하고 있어도 작용하는 제3의 압력이라고 불리어져 정맥혈이 심장으로 돌아오는 원동력이 되고, 심실의 혈액 충만과 심장박출량에 커다란 영향을 미친다.

5) 혈압과 혈류 혈액이 혈관벽에 미치는 압력을 혈압(blood pressure)이라 한다. 혈압은 심장박동에 의해 변화한다. 즉 심실이 수축했을 때의 혈압을 수축기압(systolic pressure)라고 하고, 최고의 혈압이 된다. 또한 심실이 이완했을 때의 혈압을 이완기압(diastolic pressure)라고 하고 최저의 혈압이 된다. 어류의 경우 심장을 나온 혈액은 복부대동맥을 거쳐 아가미의 모세혈관망을 통과한다. 이때 혈류는 몸 전체의 혈류저항의 약 30%의 저항을 받기 때문에 혈압은 급격히 저하한다. 아가미의 모세혈관망은 활발하게 운동하는 어종일수록 잘 발달해 있기 때문에 이들 어종에서는 아가미 혈류저항은 더욱 커지게 된다. 안정상태에 있는 무지개송어의 복부대동맥의 수축기압은 40mmHg이고, 이완기압은 32mmHg이다. 또한 배대동맥의 수축기압은 29mmHg이고, 이완기압은 25mmHg이다(Stevens and Randall, 1967). 혈압을 감지하는 압수용기(baroreceptor)는 포유동물에서는 그 구조 및 기능이 밝혀져 있다. 경동맥동(carotid sinus)고 대동맥궁(aortic arch)에 존재하는 압수용기는 체순환 혈압의 이상한 상승을 감지하여 심장박동수를 감소시키고, 동맥혈관을 팽창시켜 체순환 혈압을 저하시킨다. 어류에서는 이와 같은 압수용기의 존재가 아직 확인되어 있지 않다.

아가미 혈관을 제외하고 체순환의 혈관은 콜린작동성신경의 직접적인 지배를 받고 있지 않은 것

같다. 혈관에 대한 아드레날린성 자극은 아드레날린 작동성신경과 두신의 크롬친화세포로부터 방출되는 카테콜아민에 의한다. 원구류 및 판새류의 아가미 혈관을 제외하고 대부분 어류의 체순환 혈관은 아드레날린 작동성신경의 지배를 받고 있어 많은 경골어류에서는 크롬친화세포로부터 카테콜아민에 의한 작용보다도 α 아드레날린 작동성신경에 의한 혈관수축작용의 쪽이 강하다. 순환 혈액중의 카테콜아민 농도는 통상 10nM이하이고 이 농도에서는 혈관계에 어떤 작용도 미치지 않는다. 그러나 극도의 스트레스를 받으면 그 농도는 증가한다(Randall and Perry, 1992).

비아드레날린성 및 비콜린성 등의 신경전달물질이 혈관계에 존재하는 것이 면역조직학적으로 확인된 바 있지만, 구체적 작용에 대해서는 알 수 없다.

그 이외 어류혈관계에 작용하는 물질로서는 레닌-안기오텐신계 (renin-angiotensin system)와 나트륨이뇨펩타이드다.

혈장량 및 동맥혈압이 급격히 감소하면 신장의 방사구체장치(juxtaglomerular apparatus)로부터 단백질 분해효소인 레닌이 혈중에 방출된다. 레닌은 안기오텐시노겐(angiotensinogen)을 분해하여 안기오텐신 I을 형성한다. 이것은 전이효소에 의해 안기오텐신 II로 바뀐다. 안기오텐신 II는 매우 강한 혈관 수축성을 갖고, 신장의 혈류량을 감소시켜 사구체 여과량을 감소시킨다. 또한 안기오텐신 II는 알도스테론의 분비를 촉진하고, 알도스테론은 신장에서 Na+ 재흡수를 증대시킨다. 이와 같은 작용에 의해 혈압과 혈장량을 정상화하는 것이 포유류의 레닌-안기오텐신계이다. 안기오텐신 II가 경골어류 및 판새류에 존재해 혈압을 상승시키는 작용이 있는 것은 증명되어 있지만, 작용기서는 포유류와는 다르고 또한 어종에 의해서도 다르다. 예를 들면 안기오텐신 II를 주입하면 무지개송어에서는 고혈압과 반사적인 서맥과 심장박출량의 감소가 일어나지만, 뱀장어에서는 체순환계의 저항은 변화지 않고 심장박출량의 증가에 의한 고혈압이 일어난다. 또한 판새류의 안기오텐신 II에 대한 반응은 경골어류에서의 반응에 비해 빠르지 않다고 한다(Olson, 1998).

나트륨이뇨펩타이드는 어류에서도 심방, 뇌, 심실 등으로부터 그 존재가 확인되고 있다. 이들의 NPs는 소정맥의 탄력성을 늘리고 긴장을 이완시키며 아가미의 혈관저항을 감소한다. 이외에도 어류의 혈관에 작용하는 호르몬으로서, 혈관을 수축시키는 아르기닌바소토신(arginine vasotosin), 혈압을 저하시키는 브래드키닌(bradykinin), 미부하수체(urophysis)로부터 방출되어 혈관을 수축시키는 우로테신 II (urotensin II)가 있지만, 상세한 작용기서는 알려지지 않았다.

文 献

Bond, C. E. (1996) : Circulation, Respiration, and the Gas bladder. In : Biology of Fishes 2nd edition. Saunders College Publishing, Fort Worth, pp.369-394.

Bone, Q, N. B. Marshall and J. H. S. Blaxter (1995) : Gas exchange and the circulatory system. In : Biology of Fishes 2nd edition. Backie Academic & Professional. Glasgow, pp.96-125.

Farrell, A. P. (1993) : Cardiovascular System. In : Evans DH (ed) The Physiology of Fishes. CRC Press, Ann Arbor, pp.219-250.

Feder, M. E. and W.W.Burggren (1985) : Skin breathing in vertebrates, *Sci. Am.* 253 (5), 126-142.

Gilmour, K. M. (1998) : Gas Exchange. In : Evans DH (ed) The Physiology of Fishes 2nd. CRC Press, Florida, pp. 101-127.

Hughes, G. M. (1984) : General anatomy of the gills. In : Hoar WS and Randall DJ (eds) Fish Physiology Vol. XA. Academic Press, London, pp. 1-72.

Johansen, K. (1982) : Respiratory gas exchange of vertebrate gills. In : Houlihan DF, Rankin JC and Shuttleworth TJ (eds) *Gills*, Vol. 16, Society for Experimental Biology Seminar. Cambridge University Press, Cambridge, pp. 99-128.

難波憲二 (1996) : 魚類の心電図, 魚の行動生理学と漁法 (有元貫文・難波憲二編), 恒星社厚生閣, pp. 74-85.

Milson, W. K. (1989) : Mechanisms of ventilation in lower vertebrates : adaptation to respiratory and non-respiratory constraints, *Can. J. Zool.*, 67, 2943-2955.

Olson, K. R. (1998) : The Cardiovascular System. In: Evans DH (ed) The Physiology of Fishes. 2nd edition CRC Press, Florida, pp. 129-154.

Perry, S. F. and G. McDonald (1993) : Gas Exchange. In : Evans DH (ed) The Physiology of Fishes. CRC Press, Ann Arbor, pp. 251-278.

Perry, S. F. and C. M. Wood (1989) : Control and coordination of gas transfer in fishes, *Can. J. Zool.*, 67, 2961-2970.

Randall, D. J. (1990) : Control and co-ordination of gas exchange in water breathers. In : Boutilier RG (ed) Advances in Comparative and Environmental Physiology. Springer-Verlag, Berlin, pp. 253-378.

Randall, D., W. Burggren and K. French (2002) : Gas Exchange and Acid-Base Balance. In : Eckert Anir
Physiology 5th edition. New York, pp. 525-578.

Randall, D. J. and S. F. Perry (1992) : Catecholamines. In : Hoar WS, Randall DJ and Farrell AP (eds) Fish Physiology, Vol. XII, Part B. Academic Press, pp. 255-290.

Satchell, G. H. (1991) : Physiology and Form of Fish Circulation. Cambridge University Press, Cambridge,

石松　惇 (1991) : 血液と循環, 魚類生理学 (板沢靖男・羽生　功編) 恒星社厚生閣, pp. 35-65.

板沢靖男 (1991a) : 呼吸, 魚類生理学 (板沢靖男・羽生　功編), 恒星社厚生閣, pp. 1-34.

板沢靖男 (1991b) : 呼吸, 魚類生理学概論 (田村　保編), 恒星社厚生閣, pp. 1-33.

板沢靖男 (1991c) : 血液, 魚類生理学概論 (田村　保編), 恒星社厚生閣, pp. 34-62.

板沢靖男 (1991d) : 鰾, 魚類生理学 (板沢靖男・羽生　功編) 恒星社厚生閣, pp. 151-165.

Itazawa, Y. and S. Oikawa (1983) : Metabolic rates in excised tissues of carp. *Experientia*, 39, 160-161.

板沢靖男・及川　信 (1987a) : 呼吸器官, 魚類解剖学 (落合明編), 緑書房, pp. 115-134.

岩井　保 (1985) : 鰓呼吸, 水産脊椎動物 II　魚類, 恒星社厚生閣, pp. 120-129.

岩井　保 (1991) : 血液循環, 魚学概論, 恒星社厚生閣, pp. 90-97.

pp. 10-139.

Schmidt-Nielsen, K. (1997) : Respiration. In : Animal Physiology 5th edition, Cambridge University Press, Cambridge, pp. 5-64.

Steffensen, J. F. (1985) : The transition between branchial pumping and ram ventilation in fishes : energetic consequences and dependence on water oxygen tension, *J. Exp. Biol.*, 114, 141-150.

Stevens, E. D. and D. J. Randall (1967) : Changes of gas concentrations in blood and water during moderate swimming activity in rainbow trout. *J. Exp. Biol.*, 46, 307-315.

Vogel, W. O. P. (1985) : Systemic vascular anastomoses, primary and secondary vessels in fish, and the phylogeny of lymphatics. In : Johansen K and Burggren WW (eds) Cardiovascular Shunts, Alfred Benzon Symp.21. Munksgaard, Copenhagen, pp. 143-159.

山元憲一・平野　修・原　洋一・三代健造 (1988) : 淡水産魚類 11 種の低酸素下における鼻上げおよび窒息死, 水産増殖, 36 (1), 49-52.

山元憲一・廣中孝始・山下秀幸・綿石慶太 (1990) : 低酸素下におけるブリ, クラカケトラギス, カサゴ, ネズミゴチ, トラフグの酸素消費量の変化, 水産増殖, 38 (1), 35-39.

Yamamoto, K., Y. Itazawa and H. Kobayashi (1980) : Supply of erythrocytes into the circulating blood from the spleen of exercised fish, *Comp. Biochem. Physiol.*, 65A, 5-114.

山元憲一・島　隆夫・山下秀幸・綿石慶太 (1990) : 海産硬骨魚類 36 種の安静状態での酸素消費量と体重の関係, 水産増殖, 38 (1), 41-45.

제 4 장 감 각

동물의 중추신경계에는 빛, 색, 맛, 냄새 등의 여러 가지 정보가 감각기관(sense organ)을 자극하여 수용된다. 눈과 귀, 코로 된 감각기관의 감각세포(sensory cell) (受容細胞, receptor cell)는 외부로부터 오는 여러 가지 형태의 자극 에네르기를 신경계의 공통언어인 신호(신경 인펄스)로 교환하는 역할을 한다. 감각기관에 따라서 수용되는 정보는 다르다. 이것을 종(種, modallity)이 다르다고 한다. 예를 들면, 눈과 송과체는 빛을 수용할 수 있으나, 소리와 냄새는 수용되지 않는다. 이와 같이 각 감각기관에 적합한 자극을 적자극(適刺戟, adequate stimulus)이라고 한다. 같은 감각기관이 받는 자극에 있어서도, 빛의 파장에 의해 빨강이나 파랑이라고 하는 감각의 차이가 일어나는 것을 감각기관의 성질(quality)이 다르다고 한다.

자극의 강도는 정량화 될 수 있지만, 그것을 받아서 생기는 감각의 크기는 정량화하기 어렵다. 그러나, Weber는 이것을 정량화 하는 것을 시도했다. 어느 강도의 자극(R)을 주어, 계속해서 자극강도를 증가했을 때, 최초의 자극과 구별 가능한 최소의 자극증가량을 식별역치(識別閾値) (△R)라고 하면, 어떤 범위 안에서 △R/R＝일정하다고 하는 관계가 성립한다. 이것을 Weber의 법칙이라고 한다. Fechner는 R의 자극에 대한 감각을 E, R＋△R에 대한 감각을 E＋△E라고 하면, Weber의 법칙으로부터 △E＝k△R/R이 유도되어, 더욱이 적분하면 E=KlogR로 되는 것을 제시하였다. 이것이 Weber · Fechner의 법칙이고, 감각의 강도는 어느 범위 내에서 된다. 자극강도의 대수에 비례한다고 하는 것을 의미한다.

감각세포가 자극을 수용하면 세포막 전위의 변동으로 변환된다. 이것을 수용기 전위(receptor potential)라고 한다. 수용기 전위는 대부분의 경우 탈분극성의 변위이지만, 시세포만은 과분극성이다. 자극을 수용하는 세포, 즉 감각세포에는 3종류가 있다. 중추에 활동전위를 전달하는 자신의 긴 축색을 가지는 제1차 감각세포, 축색을 가지지 않고, 다른 구심성 뉴런을 통해서 활동전위를 전달하는 제2차 감각세포, 그리고 척수근방의 척수 신경절에 세포체가 있고 그 말초측의 자유신경종말에 의해 피부감각이 생기는 감각신경세포이다. 즉, 제2차 감각세포는 수용기 전위만을 발생하여, 활동 전위의 발생과 전도는 시냅스 되어 있는 구심성 뉴런이 한다.

§1. 화학적 감각

섭이행동, 적절한 서식장소의 인지, 포식자로부터의 회피, 동종 내에서의 커뮤니케이션등의 생물의 기본적인 생명활동, 즉 생물의 개체로서 생존과 종으로서의 존속을 위해 외부환경에 존재하는 화학물질은 생물에 있어서 중요한 정보원이 된다. 그 화학물질의 존재를 감지하기 위해 원생생물에서 척추동물에 이르는 모든 동물이 화학감각(chemical sense)를 발달시켜왔다. 어류 역시 상당히 발달한 2개의 화학감각기, 즉 후각기와 미각기를 가지고 있다. 보통, 후각기는 원격 수용기, 미각기는 접촉수용기로서 알려져 있으나, 이것은 육상생물의 후각은 공기 중을 떠도는 휘발성 물질을, 미각은 타액에 녹아있는 수용성 물질을 인지하기 때문이다. 한편, 어류의 경우는 공기와는 다른 물이라고 하는 매체 중에서 생활하기 때문에, 후각도 미각도 수용성의 물질을 인지하는 것이 된다. 이러한 의미에서 어류의 경우는, 후각과 미각의 구별이 모호한 것으로 생각되며, 사실상 아미노산은 어류에 있어서는 냄새의 물질이기도 하고 맛의 물질이기도 하다. 그러나 어류는, 육상동물과 같이 분화한 후각기와 미각기를 가지고 있으나, 두 감각기관의 화학물질에 대한 감수성은 다르다. 또한 중추로의 투사부위(정보처리부위)도 각각 다르기 때문에 어류에 있어서도 후각과 미각은 독립한 감각으로 여겨진다.

1-1 후 각 (嗅 覺)

1) 후각기의 구조 경골어의 경우, 코(鼻)는 상측의 구순(口脣)과 눈 사이에 정중선을 사이에 두고 좌우 한 쌍이 위치한다. 비강(鼻腔)에는 전후 한 쌍의 비공(鼻孔)이 있고 전비공(前鼻孔)과 후비공(後鼻孔)의 사이에 있는 경계는 저항판과 같이 비강 상부에 돌출해 있어서, 어류의 전진운동에 의해 생기는 비강으로 물이 들어가는것을 더욱 효율적으로 할 수 있도록 되어 있다 (그림 4-1). 어류에 따라서는 호흡운동과 함께 비강의 수축작용(정어리, 쏠종개, 볼락)과 비강내 섬모운동(뱀장어)을 함으로써 비강내 환수를 하는 것도 있다(原, 1970). 비강 안에는 다수의 후판(嗅板, olfactory lamellae)이 주름모양으로 모여 후방(嗅房, olfactory rosette)을 형성하고 있고, 이 때문에 후방의 표면적은 현저히 넓다. 후판은 후상피로 덮여져 있고, 감각상피와 비감각상피로 구별된다. 후판의 배열양식과 후판 상에서의 감각상피와 비감각상피의 분포양식은 어종에 따라 현저

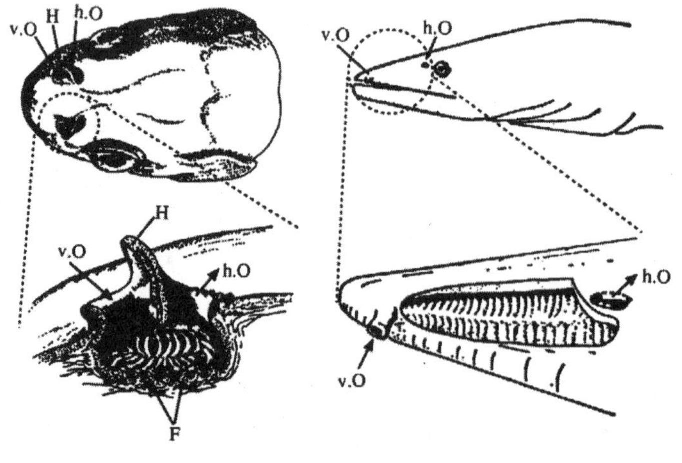

그림 4-1 피라미(좌)와 뱀장어 (우)의 코의 위치와 비강의 내부구조 (좌, von Frisch (1935) 및 von Frisch (1941)을 변형; 우, 原 (1970; Teichman (1962) 원그림)을 변형). F, 후방; H, 전후의 비공 사이의 경계; v.O., 전비공; h.O., 후비공

히 다르고, 생태와 후각기능의 발달과 연관되어 있다(上田등, 1981). 냄새물질을 감지하는 후세포(嗅細胞)는, 지지세포(支持細胞), 기저세포(基底細胞)와 함께 감각상피 중에 존재한다. 후세포의 밀도는 어종에 의해 다르지만 25,000/㎟~500,000/㎟ 라고 하는 보고가 있다(Zeiske등, 1992). 후세포는 1차 감각세포로서 그 무수축색(수초로 싸여 있지 않는 축색)은 후신경(olfactory nerve)으로 되고, 후각의 제1차 중추인 후구(olfactory bulb)에 도달한다. 후신경의 종말은 후구 안에 있는데 증폭세포 (mitral cell)와 시냅스 하고 있고, 증폭세포의 축색은 후색 (olfactory tract)의 다발로 되어 종뇌(終腦)에 이어진다. 후구의 위치는 어종에 따라 다르고, 후상피의 바로 아래에 위치하는 경우(후신경은 짧고 후색이 길고, 메기, 금붕어, 잉어등)와 종뇌의 말단 끝에 위치하는 경우(후신경은 길고 후색이 짧고, 연어과 어류, 가물치, 방어등)가 있다(그림 4-2).

2) 냄새물질에 대한 후각 응답 후상피를 냄새물질로서 자극했을 때의 응답은 후상피 전체의 전기적 변화(후전도, 嗅電圖: electroolfactgram, EOG)와 후상피 인펄스, 후신경 응답, 후구 유도 뇌파를 기록하는 것에 의해 전기생리학적으로 조사한 것(原, 1970; 小林 · 鄕, 1991)을 보면, 어류의 후각기는 아미노산, 성스테로이드 호르몬, 프로스타글란딘, 담즙등에 높은 감수성을 보인다.

Suzuki and Tucker(1971)가 메기의 일종 *Ictalurus catus*에서, Sutterlin and Sutterlin(1971)이 대서양연어 *Salmo salar*에서 아미노산이 어류의 후각에 대해 강한 냄새물질로서 작용하는 것을 조사한 후에, 아미노산 수용에 관해서도 판새류를 포함한 많은 어종에서 조사되어 있고, 많은 어류가 글루타민, 알라닌, 아르기닌에 공통으로 높은 감수성을 보이고, 그 자극역치도 10-9M~10-6M로 상당히 낮다(표 4-1). 아미노산이 어류의 먹이를 찾는 행동에 관여하는 것은 아미노산이 포함된 물에 대한 유인행동(Sutterlin, 1975; Carr등, 1976)에서 밝혀졌지만, 아미노산을 포함한 사료에 대한 섭이행동 (Hidaka등, 1978; 伊奈 · 松井, 1980)과 전기생리적 방법을 사용한 연구(Hidaka등, 1976; Goh and Tamura, 1980)에 의해 아미노산은 미각기도 역시 자극하는 것으로 밝혀져 있다. 이것은 아미노산이라는 같은 화학물질에 후각과 미각이 반응한다고 하는 의미로서, 어류의 경우, 후각과 미각의 기능적 구별이 모호하게 보인다. 그러나, 각종 아미노산

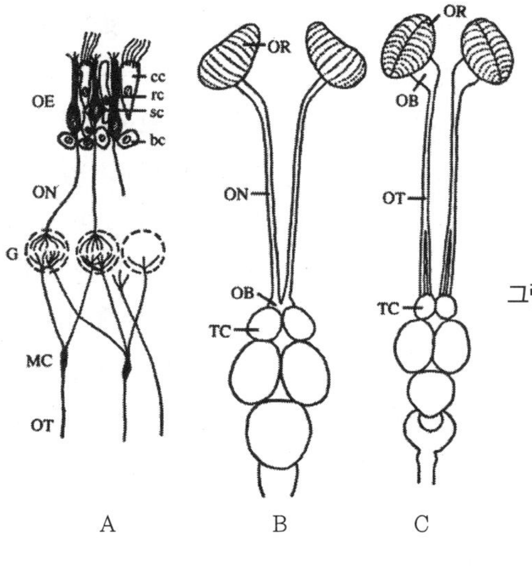

그림 4-2 A, 후상피와 후구조직의 모식도, B 와 C, 가물치 (B)와 잉어 (C)의 후각관련기관의 배열. OE, 후상피; G, 사구체; MC, 증폭세포; cc, 섬모세포; rc, 후수용세포; sc, 지지세포; bc, 기저세포; OR, 후방; OB, 후구; ON, 후신경; OT, 후색; TC, 단뇌 (田村 (1991)을 변형).

표 4-1 어류에 있어서 아미노산의 후각자극역치

어 종	학 명	자극효과가 높은 아미노산역치		연구방법
노랑가오리	***Dasyatis sabina***	L-알라닌	$10^{-6.5} \sim 10^{-8}$M	EOG
대서양연어	***Salmo salar***	L-알라닌	3.2×10^{-9}M	후각상피인펄스
무지개송어	***Onchorhychus mykiss***	L-세린	$10^{-7} \sim 10^{-8}$M	후구뇌파
	(***Salmo girdneri***)	L-글루타민산		
잉어	***Cyprinus carpio***	L-시스테인	10^{-6}M	후색인펄스
메기	***Ictalurus punctatus***	L-아르기닌	$10^{-8.8}$M	EOG
			10^{-8}M	EOG
뱀장어	***Anguilla rostrata***	L-글루타민	$10^{-7.8}$M	EOG
숭어	***Mugil cephalus***	L-글루타민	$10^{-7} \sim 10^{-8}$M	후구뇌파
참돔	***Pagrus major***	L-클루타민	10^{-7}M	후구뇌파
	(***Chrysophyrys major***)			
방어	***Seriola quinqueradiata***	L-글루타민	$10^{-6} \sim 10^{-7}$M	후구뇌파

* 小林 · 郷 (1991) 을 변형

의 후각 자극의 강도를 조사한 것에 의해 얻어진 후각 아미노산 응답 스펙타클을 어종 간에 비교해 보면, 그림 4-3에 보인 숭어와 참돔에서 보이는 것과 같이, 담수어와 해수어, 유영성 어류와 저생성 어류, 육식성 어류와 초식성 어류라고 하는 것과 같은 생태와 식성의 차이에 관계없이 어종간에 대단히 높은 유사성이 보이고 있다(Goh and Tamura, 1980; 郷 · 田村, 1981). 참돔, 무지개송어, 메기의 일종 *Ictalurus catus*, 잉어, 숭어에서 상호간에 r=0.72~0.98 (단지, 무지개송어-메기 사이는 0.59)라고 하는 상당히 높은 상관계수가 얻어졌다. 한편, 미각의 경우는 뒤에 서술하는 것과 같이 미각의 아미노산 응답 스펙트럼이 어종에 따라 크게 다르고, 오히려 그 어류 특유의 식성을 반영한 응답 스펙트럼이 얻어진다(日高, 1991). 또한, 미각기에 대한 아미노산 자극의 역치는 전반적으로 후각기의 역치보다 높다. Goh and Tamura(1980)는 참돔에 있어서 각종 아미노산에 대한 후각기 및 미각기의 응답 스펙트럼과 아미노산을 맛과 냄새가 없는 사료에 섞어서 먹일 때의 섭이활성의 강도를 비교할 때, 아미노산에 의한 섭이활동은 미각기 응답과 상관관계가 있는 것으로 보이지만, 후각기 응답은 보이지 않는 것을 보고하고 있다(그림 4-4). 한편, 냄새정보에 어종 특이성이 없는 것은, 많은 어류가 그 시점에서 아미노산 냄새정보를 공유할 수 있는 가능성이 있는데, 더욱이 그 정보는 중추로 전달되어서 처음으로 그 어종에게 의미 있는 것인가가 판단하는 것으로 여겨진다.

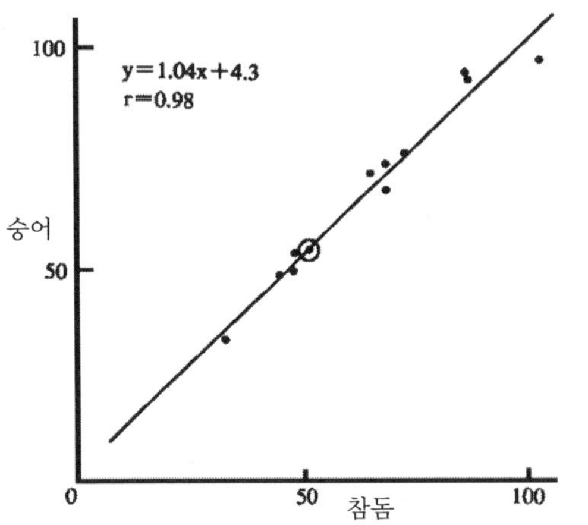

그림 4-3 참돔과 숭어의 모든 아미노산에 대한 응답의 비교. 각 점은 각각 하나의 아미노산을 나타낸다. 원으로 그려진 점은 글리신. 참돔과 숭어의 각 아미노산에 대한 응답서열은 거의 같은 것을 이 그래프로 알 수 있다. (郷 · 田村(1981)에서 인용)

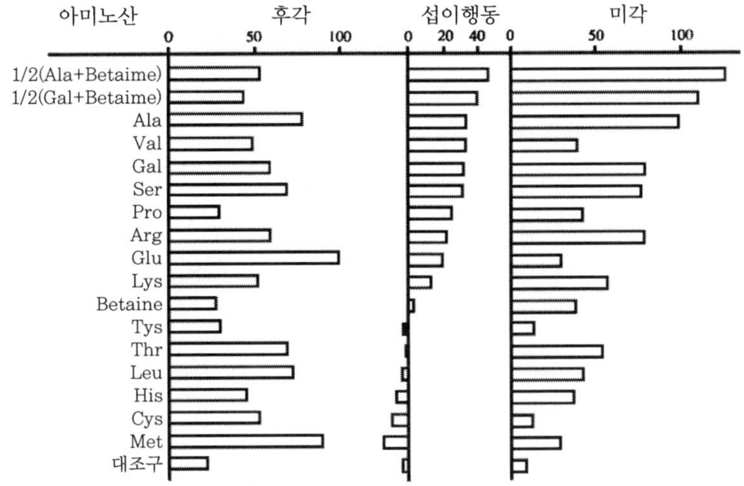

그림 4-4 참돔의 아미노산에 대한 후각, 미각 및 섭이행동에 있어서 각 응답의 비교. 후각, 미각은 전기생리학적 반응의 크기를 나타낸다. 섭이행동은 아미노산을 포함한 사료를 쪼는 행동의 강도를 나타낸다 (小林 · 鄕(1991)을 변형).

3) 후각과 페로몬 성숙한 어류로부터 방출되는 성스테로이드 호르몬과 프로스타글란딘이 페로몬으로서 기능하고 있을 가능성은 오래 전부터 지적되었지만, 실제로 그러한 호르몬들이 어류의 후각기에 대해 높은 자극효과를 가지는 것이 전기생리학적 방법을 사용하여서 밝혀진 것은 최근의 것으로, 특히 금붕어에 있어서 잘 연구되어 있다(Sorensen, 1992). 성숙한 암컷으로부터는 배란에 앞서 성성숙유도물질인 17, 20β-dihydroxy-4-pregnen-3-one, 17, 20β-dihydroxy-4-pregnen-3-one-20-sulfate, androstendion이 방출된다. 이 성스테로이드 호르몬은 수컷에 작용해서, 배정(排精)의 증대와 수컷끼리의 투쟁행동을 일으킨다. 이들 성스테로이드 호르몬을 감지하는 것에는 후각이 관여하고 있고, 전기생리학적으로 조사한 이들 물질의 자극역치는 10^{-13}~10^{-12}M로 극히 낮은 것이 보고되어 있다. 배란과정에 있어서 만들어진 프로스타글란딘(PGF2α)은, 암컷의 체내에서는 혈관을 통해 뇌에 도달해 방란행동을 유발하는 한편, 수중에도 방출되어 페로몬으로 기능하며, 수컷의 성행동을 유발한다. 이 프로스타글란딘도 수컷의 후각을 자극해 그 자극 역치는 10^{-10}M로 성스테로이드 호르몬과 같이 낮다. 암컷의 배란은 수온의 상승과 광주기에 의해 조절되는 생식선자극호르몬의 일시대량방출(surge)에 의해 유발되어, 암수는 새벽에 어두운 동안에 산란행동을 시작한다. 이와같이, 암수의 번식생리 및 번식행동에 있어서 동기(同期)는 번식의 성공에 대단히 중요하고, 이것에 후각이 깊이 관련되어있다고 말할수 있다. 후각을 절단한 금붕어는 번식행동에 실패한다는 것도 실험적으로 확인되어있다(Stacey and Kyle, 1983).

4) 후각과 모천식별 연어가 소하회유(遡河回遊)를 할 때에 모천을 식별하는 것에 후각이 큰 역할을 담당하고 있는 것은 널리 알려져 있다. 모천에 회귀해서 온 은연어를 잡아서, 정상어와 후각절단군으로 나누어 다시 하류에서 강을 거슬러 올라가게 하면 정상군은 거의 틀림없이 목적의 하천지류로 회귀하지만, 후각이 절단된 은연어의 회귀율은 현저히 낮다(Wisby and Hasler 1954). 더욱이, Hara등(1965)은, 은연어의 후각이 모천수에 대해서 특이적으로 반응하는 것을 후구뇌파

를 기록하는 것에 의해 나타내었는데, 모천수의 식별이 후각계에서 일어나고 있는 것을 신경생리학적으로 나타낸 점에서 주목할 만하다.

그 후의 연구에 의해, 후각에 의한 모천수의 식별에는 그 하천 및 하천주변의 동식물에서 유래하는 아미노산과 담즙산이 관여하고 있는 것이 시사되어 있지만, 확실히 밝혀져 있지 않다. 한편, 후각에 의한 하천수의 식별이 냄새기억에 의한 것 이라는 것은, Nevitt등(1994)에 의해 smolt화 하는 시기의 은연어의 치어에 phenethyl alcohol을 작용시키면, 성어가 되어서 phenethyl alcohol을 포함한 수로를 선택하는 것으로서 확인되어있다. 또한, Shimizu등(1993)은 각시송어의 후신경에만 특이적으로 존재하는 단백질을 발견하였고, 후각조직에 특이적으로 존재하는 단백질에서 냄새기억의 메카니즘의 해명을 위해 연구하고 있다.

1-2 미각

1) 미뢰의 분포와 구조　또 하나의 중요한 화학감각인 미각은, 미뢰(味蕾, taste bud)에 존재하는 미세포에 의해 맛 물질이 수용되므로써 생긴다. 어류의 경우, 미뢰는 구강만이 아니라, 구순(口脣), 두부체표(頭部體表), 촉수(觸鬚), 새궁(鰓弓)과 새파(鰓杷)에 분포한다. 또한, 메기의 일종 *Ictalurus natalis* (Atema, 1971)와 쏠종개(Reutter, 1992)등은, 꼬리지느러미를 포함한 체표전체에 미뢰를 가지는 것도 알려져 있다. 미뢰의 형태(그림 4-5)는 일반적으로는 서양배 모양 또는 난형으로, 높이는 30~80㎛, 넓이는 20~50㎛이지만, 동일 개체도 분포하는 장소에 따라서 그 형태는 크게 다르다. 전자현미경 관찰을 보면, 미뢰는 전자밀도가 낮은 명세포(light cell, 내부에 관상구조를 많이 가져서 t-세포라고도 불린다), 전자밀도가 높은 암세포(dark cell, 내부에 섬유를 많이 가져 f-세포라고 불림) 미뢰의 기저부 만으로 존재하는 기저세포(basal cell)등의 3종류의 세포로 이루어져 있다. 한 개의 미뢰는 그 중에서 30~100여개의 맛수용 세포를 포함하고 있다. 미각신경과 시냅스의 상태로 볼 때 미뢰 중에서 맛수용에 관여하는 것은 명세포로서, 암세포는 지지세포 라고 하는 보고가 많은 어종에서 되고 있으나, *Ictalurus*속의 메기에서는 암세포도 맛수용에

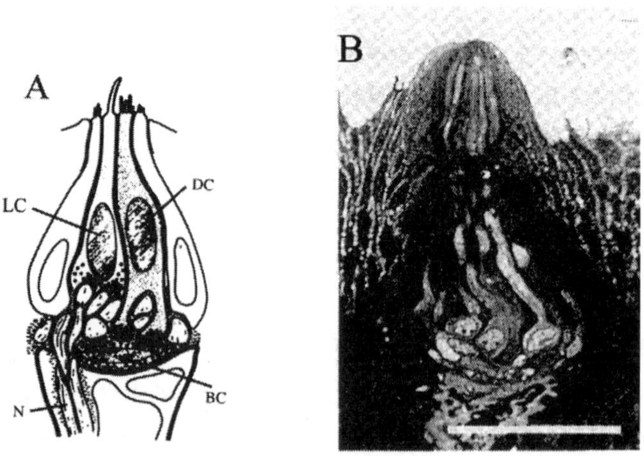

그림 4-5 어류 미뢰의 개략도(Reutter(1971)을 변형); B, 잉어의 미뢰의 광학현미경 사진. LC, 명세포(明細胞); DC, 암세포(暗細胞); BC, 기저세포(基底細胞); N, 미각신경(味覺神經). 사진 하부의 스케일은 50㎛.

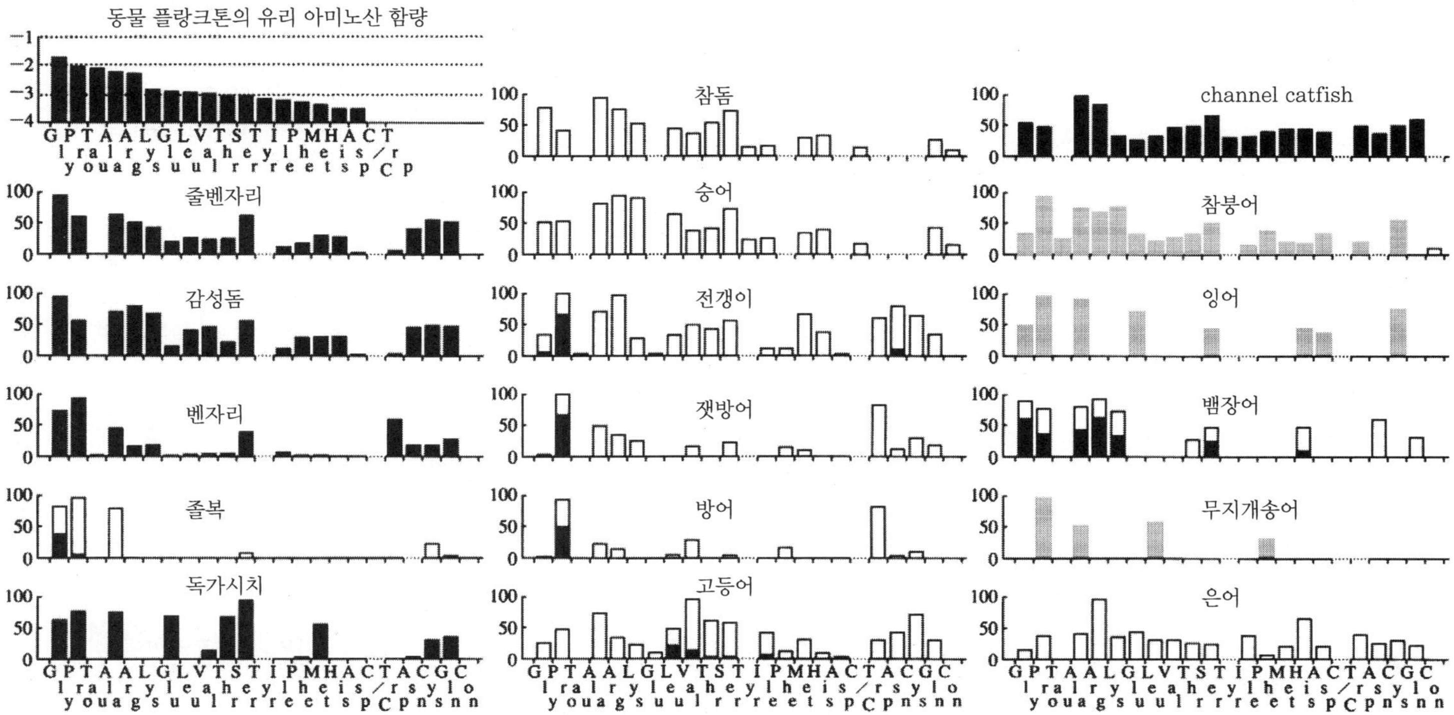

그림 4-6 경골어의 아미노산에 대한 미각신경응답(日高(1991)로부터 인용)
각 아미노산의 응답은 각 어종에 있어서 가장 큰 응답의 상대치로 나타내었음. 아미노산의 배열은 왼쪽 상단의 동물 프랑크톤의 유리 아미노산 양의 서열에 맞추어서 배열하고 있다. ■, 10^{-4}M; ▦, 10^{-3}M; □, 10^{-2}M; …, 데이터가 없는 것을 나타낸다; C/C, cystine; Con, 대조의 해수 또는 물. *, 10^{-2}M 또는 10^{-3}M보다 낮은 농도에서의 비교는 되어있지 않다. * *, cystine은 10^{-4}M만

관여하고 있다는 보고도 있다.

2) 2종류의 미각계 앞에서 서술한 것과 같이 어류의 미뢰는 구강 안 뿐만 아니라 몸체의 여러 장소에 분포하는데, 장소에 따라서 서로 다른 뇌신경에 의해 지배되고 있다. 체표, 구순 및 구강 안의 전방에 분포하는 미뢰는 안면신경(제 7 뇌신경)에 의해, 구강내 후방부터 인두에 분포하는 미뢰는, 설인신경(제 9 뇌신경), 미주신경(제 10 뇌신경)에 의해 차례로 신경지배를 받고 있다. 새궁, 새파에 있는 미뢰는 제 1새궁이 설인신경, 제 2~4새궁이 미주신경의 지배를 받고 있다. 중추에 있어서도 투사부위가 각각 달라서, 안면신경은 연수의 안면엽으로 투사되고 설인-미주신경은 연수의 미주엽으로 투사되고 있다. 메기의 일종 *Ictalurus natalis*의 섭이행동에 대한 미각중추 제거의 영향을 살펴본 실험에서, 연수의 안면엽의 감각영역을 제거하면 먹이를 발견해서 입으로 넣는 것이 되지 않고, 미주엽의 감각영역을 제거 하면 먹이를 발견해서 입으로 넣는 것은 되지만, 씹는 것이 되지 않는다(Atema, 1971). 따라서 어류는 다른 기능을 가진 2종류의 미각계를 가지고, 안면미각계는 먹이의 탐색과 구강내로 집어넣는 것에, 그리고 설인-미주미각계는 구강내로 넣은 먹이의 씹는 행동과 토해 내는 것에 관여하고 있다고 생각되어진다. 어류는 쓴맛을 내는 물질인 키니네를 포함한 먹이를 먹으면 일단 입에 넣은 후 토해내지만, 메기의 일종인 *Ictalurus punctatus*를 사용해서 전기생리학적으로 설인-미주 미각계의 키니네에 대한 역치를 조사해 보면 안면 미각계보다도 100배 낮은 것이 보고되고 있다(Kanwal and Caprio, 1983).

3) 미각기 응답 육상척추동물에서는 포유류를 중심으로 해서 전기생리학적 방법을 가지고 4가지 기본 미각 즉 단맛, 짠맛, 신맛, 쓴맛에 대한 미각 감수성의 특성이 조사되어있다. 어류에서는, 담수어인 잉어, 메기, 참붕어의 미각기가 당성분에 반응하는 것이 알려져 있고, 일반적으로 어류는 미각기의 4가지 기본 맛에 대한 감수성이 쓴맛(키니네)을 빼고는 그다지 좋지 않다. 한편, Konishi등(1966)은 그의 선구적 연구 중에서 쏠종개의 미각신경섬유 중에서 갯지렁이의 추출액과 우유에 특이적으로 반응하는 것을 발견했지만, 그 후 많은 어종을 가지고 여러 가지 맛물질에 대해 미각신경 응답을 기록하는 것이 조사되어져, 어류의 미각기는 저분자, 수용성으로서 생물의 조직 중에 고농도로 존재하는 물질, 즉, 아미노산, 저분자펩티드, 핵산관련물질, 4급 암모니움 염기, 유기산이라고 하는 즉 먹이생물의 액기스 성분에 잘 반응하는 것이 알려져 왔다. 특히 아미노산에 대한 감수성은 높은데, 예를들면 메기의 일종 *Ictalurus punctatus*의 알라닌과 아르기닌에 대한 역치는, 10^{-11}M~10^{-9}M(Caprio, 1978)였다. 이것은 후각의 감도에 필적하는 수치로서, 이 어종에서는 후각을 절단해서도 미각만으로 먹이를 찾는 행동을 하는 것이 가능하다(Bardach등, 1967). 또한, 해산어의 줄벤자리의 글리신과 알라닌에 대한 역치는 10^{-10}~10^{-9}M(Hidaka and Ishida, 1985)이다. 민물장어, 무지개송어, 잉어, 참붕어의 미각기도 이것에 필적하는 감수성을 가진다(Yoshii등, 1979; Marui등, 1983a, b, Kiyohara등, 1981). 사람과 Rat의 미각기는 자당(蔗糖)에 높은 감수성을 보였지만, 그 역치는 10^{-4}~10^{-2}M이고, 이것과 비교하면 어류의 아미노산에 대한 감수성은 현저히 높은 것으로 나타났다.

日高(1991)는 17종류 어류의 아미노산에 대한 응답 스펙트럼과 어류의 먹이생물인 동물 플랑크톤(요각류)의 액기스 중에서 아미노산 조성을 비교하면(그림 4-6), 어종간에서, (1) 조사한 농도로 비교해보면 미각자극효과가 있는 아미노산의 종류와 수는 다르다. (2) 각 아미노산의 상대적 자극효과는 다르다는 것을 보였다. 또한, 동물 프랑크톤의 액기스 중에 있는 아미노산 조성은 바다갯지렁이, 모시조개, 오징어, 크릴 등과 유사하지만, 이것과 각 어종의 아미노산 응답 스펙트럼을 비교해 볼 때, 이와 같은 무척추동물을 먹이 생물로서 좋아하는 벤자리, 줄벤자리, 감성돔, 참돔, 졸복의 미각기는 액기스중에 많이 포함된 글리신, 플로린, 알라닌, 아르기닌, 세린 등의 아미노산에 높은 감수성을 보인다. 또한 동시에 식물식성인 독가시치의 미각기는, 이 어류가 좋아하며 먹은 미역의 액기스에 많이 포함되어 있는 알라닌, 글리신, 트레오닌, 글루타민산, 세린에 현저히 응답하는 것도 보이고 있다. 이상의 결과는, 어류 미각기의 아미노산 응답 스펙트럼은 앞에 서술한 후각의 아미노산 응답 스펙트럼이 어종 간에 크게 변하지 않는 것과 대조적으로, 어종에 의해 크게 다른 것을 보이고 있고, 더욱이 이것은 어종에 따른 식성의 차이를 반영하고 있는 것으로 생각된다.

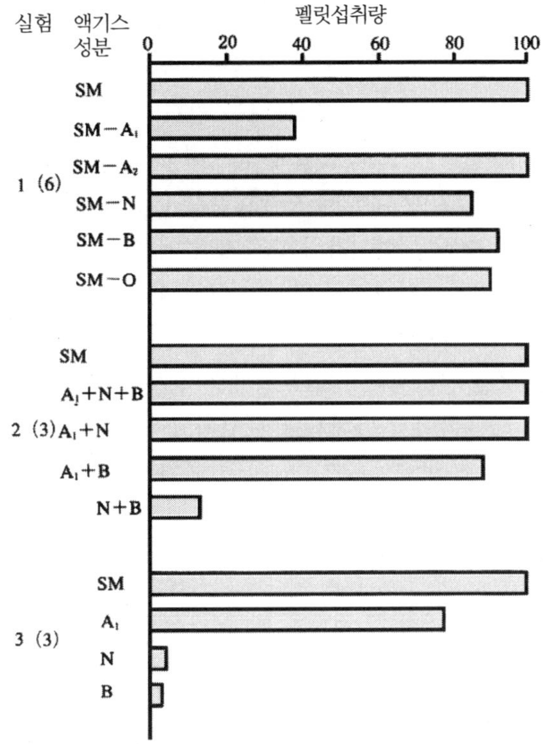

그림 4-7 오징어 근육 합성 액기스의 5가지 그룹의 구성 성분의 방어에 대한 섭절자극(攝節刺戟)효과.
20마리 1그룹의 방어 (자어)에 시료를 포함한 펠릿 100개를 투여해서, 1분이내의 섭취량을 계측했다. SM, 오징어 근육 합성 액기스; A1, 미각기에 대해서 자극효과가 있는 아미노산; A2, 미각기에 대한 자극효과가 없는 아미노산; B, 베타인(미각기에 대해서 자극효과 있다); N, 핵산관련 화합물(미각기에 대해서 자극효과 있다); O, 베타인을 제거한 유기염기(미각기에 대해서 약한 자극 효과 있다). 예를 들면, SM-A1은 SM보다 A1을 제거한 것을 나타냄. ( )안의 숫자는 각 성분조합에 사용한 어류의 그룹 수를 나타내고, 막대 그래프는 1군당 평균 섭취 개수를 나타냄. (福田등 (1989)에서 인용).

4) 섭이자극 효과와 미각기 응답 아미노산과 그 외 액기스 성분에 대한 섭이자극 효과(아미노산과 핵산관련물질 등의 액기스 성분을 포함한 먹이를 쪼아먹는 행위와 섭취)와 미각기 응답의 관계에 관해서는 민물장어, 메기, 무지개송어, 참돔, 졸복, 방어 등에서 조사되어 있다. 예를 들면 참돔에서는 발린, 알라닌, 글리신이 쪼아먹는 행동에 효과가 있지만(Fuke등, 1981), 이들의 아미노산은 미각기에 대해서도 자극효과가 높다(Goh and Tamura, 1980). 다른 연구에 있어서도 일반

적으로 섭이자극 효과에 있어서 효과가 있는 아미노산은, 미각기에 대해서도 효과가 있는 경우가 많다고 하는 결과가 얻어지고 있다. 그러나 그 반대로 반드시 일치하지 않는 경우도 있다. 예를 들면, 방어는 오징어를 좋아해서 먹지만, 오징어 근육 액기스에서 발견된 농도로 ATP를 주체로 하는 핵산관련 물질군과 4급 암모니움 염기의 베타인은, 방어의 미각기에 대해서 유효한 자극물질이지만, 이것을 단독으로 사료에 첨가해도 방어는 먹지 않는다. 한편, 이 핵산관련 물질군과 액기스 농도로 미각기에 대해서 자극효과가 있는 아미노산군을 조합해서 사료에 첨가하면 액기스를 첨가했을 때와 같은 섭이자극 효과가 얻어진다. 아미노산군 단독으로 첨가했을 때는 액기스와 같은 정도의 효과는 얻어지지 않는다(그림 4-7). 요약하면 이 경우, 미각기를 자극하는 아미노산군과 핵산관련 물질군의 협동효과가 오징어 근육 액기스의 섭이자극 효과의 발현에 중요하다고 말할 수 있다(福田등, 1989). 같은형태의 협동효과는, 졸복에 대한 모시조개 합성 액기스 중의 아미노산군과 베타인의 조합에서도 보고되고 있는 것으로부터(Ohsugi등, 1978), 먹이생물의 「맛」의 발현에는 2종류 이상의 물질의 협동효과가 중요하다고 생각되어진다.

§2. 시 각

어류의 광수용 기관은 눈과 송과체인 것이 일반적으로 알려져 있지만, 최근의 연구에 의해, 피부와 뇌도 빛을 받아들이고 있을 가능성이 시사되어있다. 어류의 눈의 기본 구조는 다른 척추동물의 눈과 같다. 따라서, 외부의 광정보를 얻기 위한 기본적 개념은 모든 척추동물과 공통이지만, 그것은 진화의 초기 단계에서 획득된 것으로 볼 수 있다. 한편, 어류는 물이라는 매체 중에 생활하고, 더구나 태양빛이 쉽게 도달하는 얕은 하천, 호수, 늪, 연안역으로부터, 발광생물이 내는 빛 이외에는 존재하지 않는 심해역까지 넓게 분포한다. 또한, 투명한 물의 식물 프랑크톤과 진흙으로 탁한 물에서 생활하며, 그 위에 일부의 어류는 육상에도 올라가는 것이 가능하다. 이런 의미에서 어류는 육상의 척추동물과는 크게 다른 변화가 많은 독특한 빛의 환경 하에서 서식하고 있다고 말할 수 있다. 사실, 어류 눈의 구조와 특성은 차이가 많고, 그것은 많은 종류의 서식환경에 대한 적응이라고 생각되어진다.

2-1 안구의 구조

그림 4-8에 어류 안구의 수직단면도를 나타내었다. 안구의 뒤쪽 반, 즉 안와(眼窩)에 접해있는 부분의 제일 바깥측에는 강막(强膜)이 있고, 그 안쪽으로 맥락막, 망막으로 이어진다. 외부환경과 접해있는 부분에는 강막에 이어진 투명한 각막이 있다. 빛은 각막, 수정체, 유리체를 통과해서, 빛 수용 세포가 있는 망막에 도달한다. 일반적인 어류 눈의 형상은 그림 4-8에 나타낸 것과 같이 반구형이지만, 심해성 어류(매퉁이과)에는 관상안(tubular eye) 또는 망원경안(望遠鏡眼) 이라고 불리는 짧은 튜-브 모양의 안구를 가지는 것도 알려져 있다(Munk, 1966).

2-2 시야와 원근조절

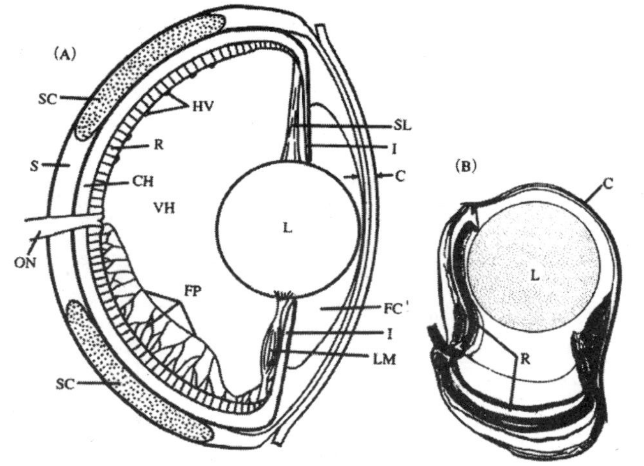

그림 4-8 경골어의 눈의 단면 모식도
(A) 통상의 경골어. 겸상돌기의 형은 어류에 따라 다르다. 겸상돌기가 발달하는 어종에서는 유리체 혈관은 없고, 잉어과와 같이 유리체 혈관이 발달하는 어종에는 겸상돌기는 없다. 이 그림은 양방향으로 기입했다(田村(1991)에서 인용). (B) 심해성 경골어(*Scopelarchus guentheri*)의 관상안(管狀眼) (Munk(1966)을 변형). C, 각막; CH, 맥락막; FC, 전방(前房); FP, 겸상돌기; HV, 유리체 혈관; I, 홍체; L, 수정체; LM, 수정체근; ON, 시신경; R, 망막; S, 강막; SC, 연골; SL, 현수인대; VH, 유리체.

어류의 수정체는 거의 구형이다. 경골어류의 경우, 축경(軸徑)과 적도면의 직경의 비는 금붕어에서 0.82, 숭어에서 0.86, 말뚝망둥어의 일종 *Periophthalmus koelreuteri*에서 0.84였다. 수정체의 거의 반은 홍체보다 전방으로 돌출해 있으므로, 어류의 단안시야(monocular visual fields)는 넓고, 수평으로 160~180˚, 수직으로 150˚이다. 단안시야가 중복되는 부분은 양안시(兩眼視, binocular vision)로 되는 부분으로, 어종에 따라 다르지만 4˚~40˚이다(Nicol, 1989). 물체를 확실히 보기 위해서는 망막상에 그 물체의 상을 맺히게 하는 것이 필요하지만, 사람의 경우, 각막(主)과 수정체(從) 둘 다 굴절기로서 기능을 한다. 콘택트렌즈에 의해 시력이 교정되는 것은 이 때문이다. 한편, 어류의 경우는 수정체만이 굴절기로서 기능 한다. 이것은 각막의 굴절률이 1.36으로서 물의 1.34에 거의 같아서, 수중에서는 굴절기로서 기능하지 않는 이유이다. 그러므로, 작은 안배(眼杯) 안에서 망막에 상이 맺히기 위해서는 어류의 수정체는 높은 굴절률을 가진 구형(球形)의 안구를 가질 필요가 있다. 또한 거의 육상척추동물이 수정체의 형태를 변화시킴으로 망막 상에 상을 맺히게 하는 것에 비해, 어류의 경우는 안구 안에서의 수정체의 위치를 변화시킴으로서 상을 맺히게 하고 있다. 이 수정체의 위치조절은 단모양체신경(短毛樣体神經)에 의해 지배되어있는 수정체근(水晶體筋)에 의해 이루어진다. 30㎝의 돌돔의 경우, 수정체근의 이완 때에는 대략 10~15㎝ 전방을 양안시하고 있고, 수축 때에는 무한원(無限遠)까지 조절이 가능하다(宗宮・丹羽, 1991).

2-3 망막

각막과 수정체가 굴절기로서 기능 한다면, 안구의 가장 안쪽에 존재하는 망막은 빛 수용기의 본체이다. 망막에는 빛 수용기 세포(시세포, photoreceptor) 이외에, 중간신경세포인 수평세포(horizontal cell), 쌍극세포(bipolar cell), 아마크린세포(amacrine cell), 신경절세포(ganglion cell)와 신경교세포인 Mullar세포가 존재하며, 이들은 통제된 배열을 하고 있다. 그 결과, 망막은 10층의 층상구조를 하고 있다(그림 4-9). 망막의 두께는 어종과 망막부위에 따라 다르지만 약 0.2~0.3㎜정도 된다. 빛은 그림 4-9에 나타낸 것과 같이 내한계막의 방향으로부터 들어온다. 광자의 에네르기는 시물질의 구조적인 변화(광이성화)를 일으켜, 여러 가지 과정을 거쳐, 최종적으로 시세포의 나트륨펌프가 닫힌다. 이 것은 세포를 과분극 상태로 두는 것이 된다. 요약하면 시세포는 밝은 곳에서 정지상태이고, 빛이 없어지는 것에 의해 흥분한다고 말할 수 있다. 이와 같이 해서 생긴 신호는, 수직적으로는 쌍극세포, 신경절세포로 시냅스를 통해 전해져 디지털신호로서 중추에 전달된다. 한편, 수평세포와 아마크린 세포는 각각 외망상층(外網狀層)과 내망상층(內網狀層)에 있어서 수평적인 전달에 관여한다. 이와 같이 다른 수용기관과는 달리, 망막은 중추와 비교되는 복잡한 신경 네트워크를 구축하는 것을 볼 때, 빛 정보의 감지기로 뿐만 아니라 아날라이자로서도 기능하고 있는 것으로 생각된다. 이 기본구조는 모든 척추동물에서 공통이지만, 어류의 경우, 그림 4-10에 나타낸 것과 같이, 그 양상은 어종에 따라 크게 다르다. 이 다양성은, 어류의 종수가 25,000종 이상으로 척추동물 중에서는 가장 많을 뿐만 아니라, 하천, 호수, 늪, 그리고 천해에서부터 심해에 이르기까지 지구상의 모든 수계에 분포하여, 그 서식장소의 빛 환경이 여러 가지로 나뉘어지는 것을 반영하고 있다고 생각되어진다. 어류의 망막에는 일반적으로 간체(桿体, rod)와 추체(錐体, cone)의 2종류의 빛 수용 세포가 존재한다. 형태적으로 간체와 추체에는 외절의 형태, 세포핵의 위치, 세포종말의 형태에 차이가 있다(그림 4-9). 간체는 빛이 약한 환경 하에서 빛의 수용에 관여하고 추체와 비교할 때 매우 감도가 좋다. 한편, 추체는 좀더 밝은 환경에서 색각(色覺)과 시정도(視精度)에 관여한다. 어류의 추체에는 형태적으로 여러 가지가 알려져 있고 단추체(單錐体, single cone), 이외에 복추체(複錐体, double cone), 쌍추체(双錐体, twin cone)가 있다. 심해성의 어류에서는 간체 만을 가지는 것이 많다(Munk,

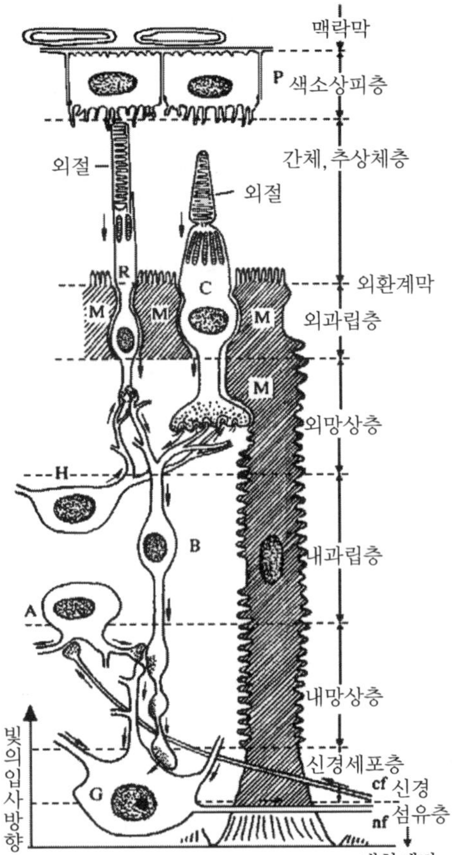

그림 4-9 척추동물의 망막구조
A, 아마크린세포; B, 쌍극세포; C, 추체; G, 신경절세포; H, 수평세포; M, 뮬-러-세포; R, 간체; Cf, 원심성신경섬유; nf, 시신경섬유. 화살표는 정보의 흐름을 나타냄 (山田(1967)을 변형).

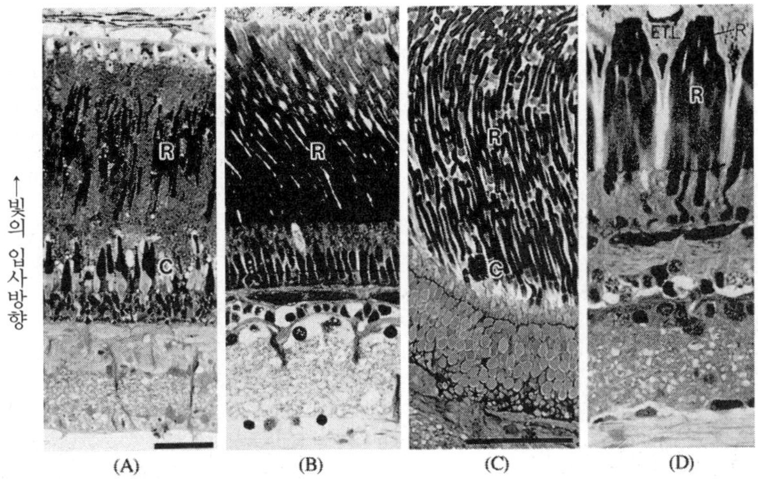

그림 4-10 경골어류의 망막구조의 다양성.
(A) 잉어; (B) 앨퉁이 *Sternoptyx diaphana* (Ali and Anctil, 1976을 변형); (C) *Hozukius embremarius*; (D) *Scopelarchus guentheri* (Ali and Anctil (1976)을 변형). C, 추체; R, 간체

1966; Locket, 1970). 그림 4-10B~D에 나타낸 것과 같이 간체가 상당히 길어진 것(그림 4-10B), 층상으로 겹쳐진 것(그림 4-10C), 다발로 그룹화 된 것(그림 4-10D)등의 얕은 하천과 해양에 서식하는 어류(그림 4-10A)에서는 보이지 않는 특수한 구조가 심해성의 어류의 망막에서는 보인다. 이것은 빛이 부족한 심해의 환경 하에서, 더욱 많은 빛 정보를 얻기 위한 고안으로 보인다. 한편, 얕은 곳에 서식하는 어류의 망막에서는 자주 추체가 규칙적으로 배열한 추체 모자이크(cone mosaic)가 관찰된다(그림 4-11). 이모자이크 패턴은 추체 만이 아니고 추체와 접속하는 수평세포에도 보이며, 망막 상에서 기하학적인 격자단위를 구성하고 있다고 생각되어진다. 매우 조직적인 사각형과 삼각형의 추체 모자이크 패턴은 더욱 높은 시각기능을 가진 어종, 즉 포식자가 되는 어류에 많이 보이고, 한편 더욱 단순한, 단지 일렬로만 된 모자이크 패턴은 무리을 지어 사는 어종에 많이 보인다(Hibbard, 1971). 추체 모자이크를 가진 어류의 시각기능이 추체 모자이크를 가지지 않는 어종과 비교했을 때 더욱 뛰어나다는 실험적 증거는 아직 얻어지지 않았으나, 영장류의 중심와(中心窩, fovea)에 있는 추체는 삼각형의 배열을 하고 있고, 번짐이 적은 상을 얻는 것에 관여하고 있다. 어류의 망막에도 영장류의 중심와에 상당하는 부분, 즉 추체와 신경절세포의 밀도가 다른 부분과 비교해서 높은 부분이 존재하며, area lateralis 또는 area temporalis로 불리고 있다.

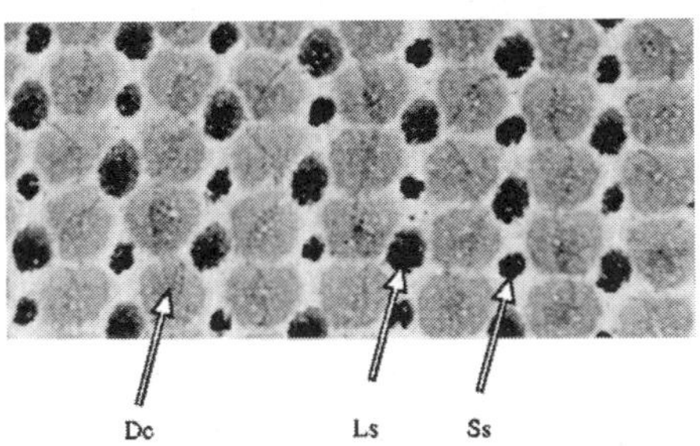

그림 4-11 은어 망막에 보이는 추체 모자이크. Dc, 복추체(複錐体); Ls, 장단추체(長單錐体); Ss, 단단추체(短單錐体).

어류의 망막에서 특징적인 것은 명암순응상태에 따라서 시세포와 색소 상피세포의 색소과립이 이동하는 망막운동현상(retinomotor phenomenon 또는 retinomotor movements)이 보이는 점이다. 이 현

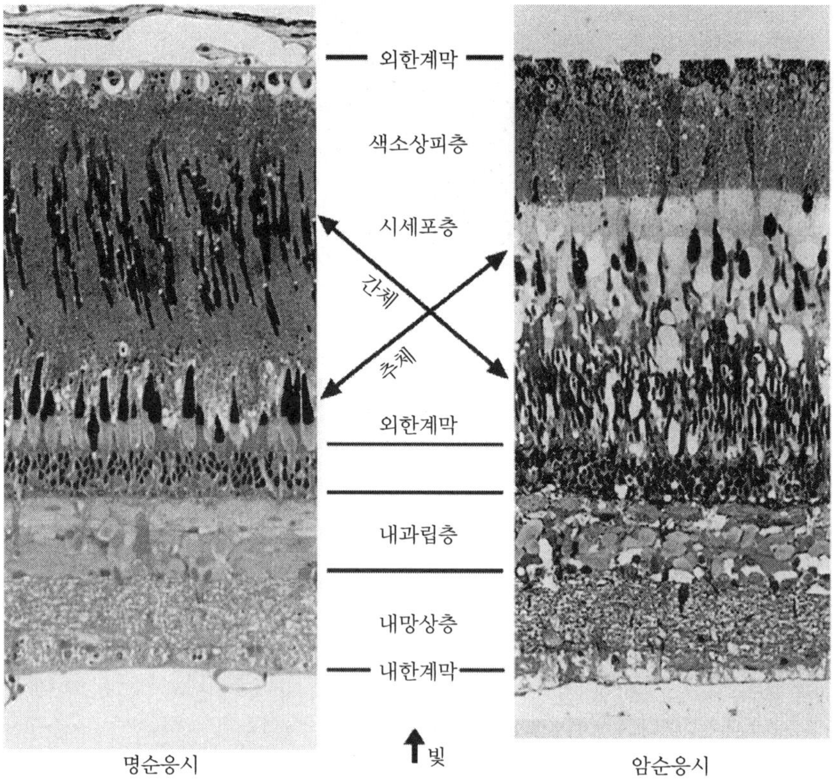

그림 4-12 명순응시 및 암순응시의 잉어 망막의 비교

상은 어류와 양서류에서 뚜렷하고, 파충류, 조류에서도 보이는 것이 있지만, 포유류에서는 거의 보이지 않는다. 명(明)순응시에는 색소상피세포 안의 색소과립은 세포돌기의 방향(외한계막측)으로 이동하여, 추체는 그 미오이드를 오그라들게 해서 외한계막측으로 기울여져 서 있다. 간체는 미오이드를 신장시켜 색소상피세포의 세포돌기의 사이로 들어간다. 한편, 암(暗)순응 때에는 추체와 간체의 위치가 반대로 되고, 색소상피세포 안의 색소는 세포 안에서 맥락막측으로 이동한다(그림 4-12). 이 현상은 추체 · 간체의 2종류의 빛수용 세포의 기능적 차이에 입각한 명환경 및 옅은 명환경에 대한 적응과 함께, 빛수용 세포 외절 및 거기에 포함된 시물질의 신생, 유지에 관여한다. 한편, 첨치과와 홍치과의 어류에서는 망막운동 현상은 발견되지 않았으나, 색소상피세포 안의 색소과립의 이동만이 아귀과 어류에서, 색소상피세포 안의 색소과립의 이동과 간체 만의 이동이 전골류, 민물장어과, 숭어과의 어류의 망막에 보인다. 또한, 심해성의 어류에는 망막운동현상은 보이지 않는다. 발생의 과정에 있어서도 망막에 단추체(單錐体)만이 존재하는 치어기에는 망막운동현상은 보이지 않고, 쌍추체(雙錐体)와 간체(桿体)가 망막에 출현해서 처음으로 망막운동현상이 보인다(Blaxter, 1970; Nicol, 1989).

어류망막의 또 하나의 특징은 색소상피세포 중에 타페텀(tapetum lucidum)으로 불리는 반사판을 가지는 것이다. 야간에, 고양이目의 동물은 약한 빛을 반사해서 잘 빛나는데, 이와같은 현상이 경골어류(특히 심해성에 많음)에도 자주 보인다. 모든 경우도 옅은 명환경에서 망막 안에 입사한 약한 빛에 반사판되어 반사시켜서 재이용 하기 위한 기능으로 옅은 명환경에 대한 적응으로 생각되어지지만, 육상동물이 망막의 외측의 맥락막에 반사판(맥락막성 타페텀)을 가지는 것에 대해, 어류의 경우는 망막의 색소상피세포 안에 반사판(망막성 타페텀)을 가진 점이 다르다. 어류의 망막 tapetum은, 반사물질의 화학적 성질에 따라, (1) 구아닌형, (2) 리피트형, (3) 멜라노이드형, (4) 프테리진형, (5)요산형, (6) 아스타키산친형이 보고되고 있지만, 구아닌형과 멜라노이드형이 일반적이다(宗宮・丹羽, 1991). 한편, 어류 중에도 새비늘치과, 미올비늘치과, 홍치과, 열동가리돔 과의 어류는, 맥락막성 tapetum(구아닌형)을 가지는 것으로, 심해의 적응에 의해 망막성 타페텀을 퇴화시킨 후에, 예를 들면, 발광기로부터의 정보를 얻을 필요성 때문에 2차 파생적으로 맥락막성 타페텀을 가진 것으로 생각되어진다.

2-4 시물질 (視物質)

빛 수용물질의 외절(外節)에는, 시물질(감광성 색소 단백질)이 포함되어 있다. 시물질은, 발색단과 옵신(당단백)으로 구성되어 있다. 발색단에는 비타민 A1의 알데히드인 11-시스레티날과 비타민 A1의 알데히드인 11-시스디히드로레티날의 2종류가 존재하며 척추동물에 공통으로 존재한다. 이들과 간체의 옵신의 조합으로 되는 간체 시물질은 각각 로돕신(rhodopsin), 폴피롭신(porphyropsin)으로 불리고 있다. 시물질의 빛 흡수 특성은 동물의 종류 또는 빛 수용세포의 종류에 의해 다르지만, 2종류의 발색단은 공통이므로 이 차이는 옵신의 차이에 의한다. 그러나, 최근 분자생물학적인 방법을 사용한 연구에서 모든 옵신은 각각 관련성이 있고, 그것은 척추동물과 무척추동물이 분화하기 이전부터 존재하는 하나의 유전자에서 일어났다는 것을 알았다(Martin등, 1986). 더욱이 로돕신 유전자는 동물의 종류가 달라도 상동성이 높지만, 추체 옵신의 유전자는 로돕신과 비교하면 상동성이 낮고, 조사한 척추동물의 추체 옵신은 4가지(적색광 감수성 옵신, 청색광 감수성 옵신, 녹색광 감수성 옵신, 자외선 감수성 옵신)로 크게 분류할 수 있다(Chiu등, 1994).

간체가 명암에 관여하여 감도를 추구한 것에 대해, 추체는 감도가 낮은 것의 색각(색각)에 관여하도록 된 이유일지도 모른다. 어류에서는 간체 시물질에 대해서 잘 연구되어 있다. 일반적으로 해산어(놀래기과 어류를 제외)의 간체 시물질은 로돕신이고, 담수어에서는 로돕신보다 그 최대 흡수파장이 장파장 측에 있는 폴피롭신을 가지는 경우가 많고(대부분은 폴피롭신 우세이지만, 로돕신도 혼재하고 있다.) 그러나, 그 흡수극대(λ max)는 어종에 따라 다르고, 또 같은 로돕신에서도, 467㎚~527㎚, 폴피롭신에서도 516㎚~535㎚의 범위를 가진다(Lythgoe, 1972; 宗宮・丹羽, 1991). 간체 시물질의 흡수극대와 어류의 서식장소와의 관계를 나타내면 그림 4-13과 같이 된다. 일반적으로 심해성의 어류의 간체 시물질의 흡수극대치는, 심해까지 도달할 수 있는 파장과 일치한다. 이것은 빛이 부족한 환경 하에서 빛에 대한 감도를 최대한도로 높여, 밝은 배경 중에서 어두운 물체를 보는 것과 같은 것으로 생각되어진다(sensitivity hypothesis). 한편, 비교적 빛이 풍부한 연안역과 담수역에 서식하는 어류의 간체 시물질의 흡수극대는 그곳에 가장 많이 존재하는 빛의 파장성분과 다르다. 이것은 비교적 밝은 물체를 그 배경 광에서 발견하기 위한 것이다(contrast hypothesis). 이상 서술한 것은, 서식하는 환경으로부터 효율적으로 필요한 정보를 얻기 위한 어류의 적응 전략으로 생각되어진다.

2-5 광감도(光感度)와 색각(色覺)

어류의 광감도의 역치에 대해서는, 전기생리학적인 방법을 사용해서 빛에 대한 망막의 전기적 응답의 기록과 조직학적 방법을 사용한 망막운동현상의 관찰, 더욱이 무리를 짓는 행동(成群行動)과 어망 등의 장애물에 대한 회유행동 등에 의해 조사되어 있다(Kobayashi, 1962; Blaxter, 1969; Glass등, 1986). 특히 명암에 대한 감도의 관점으로는, 옅은 명시(薄明視)에 기능하는 간체가 주로 관여하고 있지만 그 역치는 10^{-4}~10^{-5}lux로 되어 있다. 어류의 색각에 관여하는 연구는 20세기 초에는 주로 학습 실험에 의해 되어있지만, 빈도의 문제가 지적되었다. 나중에 Muntz and Cronly-Dillon(1966)에 의해 처음으로 빈도의 영향을 배제한 학습실험이 되어, 금붕어는 녹색과 청색, 또는 녹색과 적색을 식별할 수 있는 것이 시사되었다. 한편, 생리학적 방법에 의해서는 Marks(1965)가 현미미소분광법(顯微微小分光法)에 의해서 금붕어의 추체시세포외절(錐体視細胞外節)의 분광감도를 조사해, 또한 Tomita등(1967)이 미소전극을 사용해서 잉어의 단추체세포안의 전위를 기록하는 것에 의해(그림 4-14), 금붕어

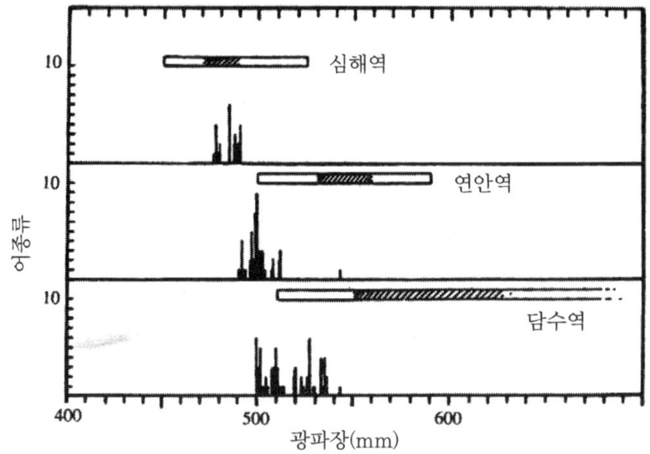

그림 4-13 심해역, 연안역 및 담수역에 서식하는 어류의 간체 시물질의 최대 흡수파장의 분포 (서식장소마다 나누어서 나타냄). 수평 막대는, 그 환경에 있어서 임의의 어류의 간체 시물질이 sensitivity hypothesis에 의한 최대 감도를 얻는 것이 되는 범위 (사선의 부분은 최적역). (Lythgoe (1980)을 변형)

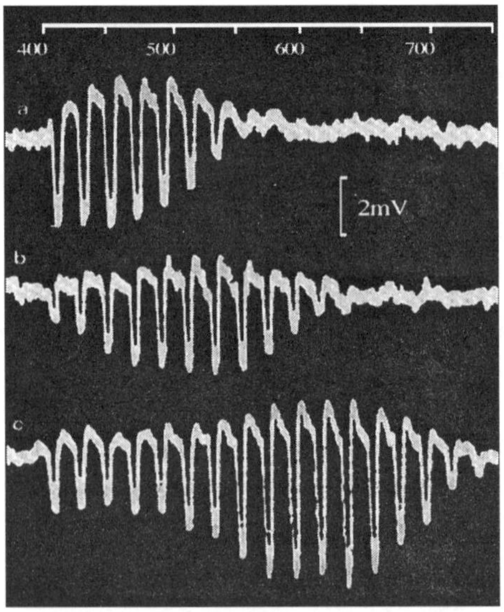

그림 4-14 잉어 단추체(單錐体)의 수용기 전위의 스펙트럼 감도 (세포내 기록). 3종류의 다른 응답이 얻어져, 각각 위에서부터 청색 (약 462㎚), 녹색 (약 529㎚), 적색 (약 611㎚)에 최대감도를 보임 (Tomita등 (1967)에서 인용).

와 잉어의 추체에는, 청색, 녹색, 적색에 최대 감도를 가진 3종류의 추체가 존재하는 것이 보였다. 색각은 적어도 최대흡수파장이 다른 2종류 이상의 추체 시물질이 존재하는 것에 의해 실현되는 것이지만, 더욱 광범위한 파장영역의 빛이 도달하는 연안역과 담수역(그림 4-13 참조)에 서식하는 어종에서는 3종류 이상의 추체시물질을 가지고 있는 편이 외부환경으로부터 더욱 많은 정보를 추출할 수 있다고 하는 의미에서 유리하다. 최근 추체 시물질 연구가 진행되어서, 금붕어와 무지개송어의 망막에는 앞에서 언급한 3종류의 추체시물질 이외에 자외역(紫外域)에 최대흡수파장을 가지는 추체 시물질 존재하는 것도 밝혀져 있다. 한편, 2종류 이상의 추체 시물질이 있으면, 그 동물은 색을 판별할 수 있다고 하는 의미가 아니고, 추체로부터 정보를 받은 수평세포에 의한 색각 정보제어, 즉 수평세포로의 정보전달과 수평세포로부터의 정보억제에 의해 처음 동물은 색을 식별할 수 있다. 결국 시세포 레벨에서는 Young-Helmholtz의 삼원색설(Young-Helmholtz, theory of color)이, 수평세포 레벨 이하에서는 Hering의 반대색설(opponent-color theory)이 어류에서도 일치한다.

2-6 송과체(松果体)에 의한 빛 수용

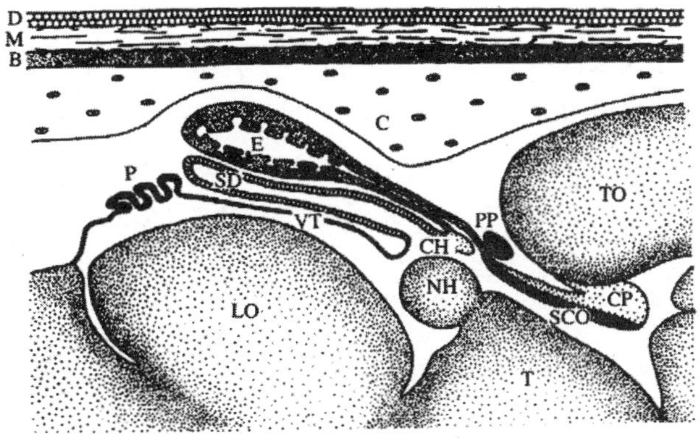

그림 4-15 무지개 송어의 간뇌 등쪽부의 송과체부근의 단면모식도.
B, 경골; C, 연골; CH, 수망교련 (手網交連); CP, 후교련 (後交連); D, 피부; E, 송과체; LO, 후엽; M, 근육; NH, 수망핵 (手網核); P, 방생체 (傍生体); PP, 방송과체 (傍松果体 ; SCO, 교련하기관 (交連下器官); SD, 배낭 (背嚢); T, 시상 (視床); TO, 시엽 (視葉); VT, 횡범 (横帆). (大村(1988)에서 인용)

송과체는 양쪽 눈과 함께 어류의 빛 수용에 관여하는 기관이라는 것이 알려져 있다. 은어와 무지개송어에서는, 양쪽 눈 사이에 피부의 색이 주위와 비교해서 옅은 부분이 보이는데, 이것은 송과체창(pineal window)이라고 불리는데, 송과체가 피부, 두개골을 투과해서 오는 빛을 더욱 효율적으로 감지 할 수 있는 것이라고 생각된다. 송과체의 빛 수용체 부위는 이 바로 아래에 위치한다. 발생학적으로는 망막과 같이 간뇌의 돌출물로써, 수망교련(手網交連)과 후교련(後交連)의 사이에서 돌출되어 있다. 선단 팽대부(낭포부, 嚢胞部)와 간뇌배벽(間腦背壁)으로 이어지는 병부(柄部)로 되어 있고, 긴 병부에 의해 선단 팽대부는 종뇌의 등쪽 즉 양측 눈 사이의 두정(頭頂)까지 이어진다(그림 4-15).

송과체가 빛 수용기능을 가지는 것은, 두 눈을 제거한 어류에서 빛에 대한 행동과 빛 자극에 대한 반응으로서 체색이 변화하는 것이 옛날부터 시사되어 있지만, 무지개송어, 은어, 동자개과 어류에서 전기생리학적으로 빛 수용기능이 증명되었다(Dodt, 1963; Hanyu등, 1969; Tabata등, 1975). 한편, 조직학적으로는, 원구류(칠성장어류), 연골어류, 경골어류에 대해서 넓게 연구되어 있고, 모든 어종에 있어서도 송과체에는, 광수용세포, 신경절세포, 지지세포가 관찰되어, 빛 수용세포는 내절과 외절로부터 되고, 외절에는 형질막의 함입에 의해 된 층판 막구조가 보이는 것, 빛 수용세포의 종말 팽대부에는 시냅스 소포와 시냅스 리본이 관찰되어, 신경절세포의 수상돌기와의 사이에 시냅스 결합이 보이는 등, 송과체의 빛 수용세포는 망막시세포와 구조가 매우 유사한 것이 밝혀져 있다. 빛 자극에 대한 송과체의 수용기 전위는 과분극성으로서, 망막시세포와 같다. 따라서, 빛 자극에 대한 수용기전위 발생의 기작은 송과체의 빛 수용세포에서와 망막의 빛 수용세포에서 양자 공통으로 보아도 좋을 것이다. 빛 수용세포의 분광감도 특성은 전기생리학적인 방법을 사용해서 무지개송어, 은어, 동자개류, *Astyanax mexicanus*, 금붕어 등에서 조사되어 있고, 흡수스펙트럼의 최대는 500㎚~530㎚에 있다고 되어있다(Hanyu등, 1969; Tabata, 1982; Ekstrӓm and Meissl, 1988; Meissl and Ekstrӓm, 1988a, b; Meissl등, 1986). 또한, 레티날과 3-디하이드로레티날, 2종류의 감광색소(感光色素) 발색단이 무지개송어의 송과체에 존재하는 것(Tabata등, 1985), 송과체의 빛 수용세포 외절은 로돕신 항체에 대해 면역활성을 나타내는 것(Vigh-Teichmann등, 1983)이 밝혀졌으나 최근, zebra fish의 송과체에 망막의 로돕신과는 거의 구조가 다른 exo-로돕신이 존재하는 것, 더욱이 연어 망막의 수평세포와 아마크린세포에서 발견된 VA옵신(vertebrate ancient opsin)이 송과체에도 존재하는 것이 밝혀졌다(Soni등, 1998; Mano등, 1999; Philp등, 2000).

송과체는 빛 수용기관인 동시에 멜라토닌을 분비하는 내분비기관이기도 하다. 게다가 어류의 송과체는 망막과 뇌와 함께 생물시계가 존재하는 부위로서도 주목되고 있다. 무지개송어, パイク*eox lucius*, 금붕어에서는 멜라토닌의 분비량은 암기(暗期)에 높고, 명기(明期)에 낮은 명암주기에 따른 리듬을 보인다고 한다(Iigo and Aida, 1995). 더욱이 계속적인 암조건에서는 멜라토닌 분비에 생물시계에 의한 제어를 받은 circadian rhythm이 관찰되는 것도 밝혀져 있다(Iigo등, 1997). 또한, 칠성장어의 행동을 명암이 있는 환경하에서 사육하면, 암기행동형이 보이지만, 양쪽 눈을 제거해도 이 행동 패턴에는 변화가 보이지 않는다. 한편, 양쪽 눈과 함께 송과체도 제거하면 명암에 대한 동조성(同調性)은 현저히 흐트러진다(森田・田畑, 1983). 즉 송과체는 빛 정보의 입력계로서의 빛 수용기능과 멜라토닌 분비라고 하는 출력계를 함께 가진 기관으로, 멜라토닌이라는 호르몬을 통해 광주기 정보를 체내로 전하는 기능을 가진다고 할 수 있다. 어류에 있어서 이와 같은 광주기 정보는 발생의 빠른 단계로부터 중요하다고 추측되고, 은어, 넙치, 무지개송어에서는 발생의 과정에서 송과체 빛 수용세포가 망막 빛 수용세포보다도 빨리 출현한다고 한다(Omura and Oguri, 1991; 1993).

§3. 물리적 감각

3-1 촉 각

어류의 섭이행동에서 알 수 있듯이, 메기류, 대구류, 노랑촉수류의 촉수(barbel)와, 대구류와 성대류의 흉기유리기조(胸鰭遊離鰭条)는 어류의 대표적인 촉각기관이다. Biedenbach(1971, 1973)는 미국산 메기 brown bullhead *Ictalurus nebulosus*에 있어서, 어류의 촉수에 기계적 수용기가 있는 것을 전기생리학적으로 처음으로 증명하였다. 이 어류의 촉수에는 그 각도에 의해 발화 빈도가 변하는 부분과 촉수의 표면이 문질러졌을 때 발화하는 부분이 있다. 이 메기는 촉수를 움직이면서 먹이를 찾고, 먹이가 촉수에 닿으면 반사적으로 정확히 덤벼든다. 성대류의 흉기유기기조(胸鰭遊離鰭条) 기부 및 노랑촉수류의 촉수연골의 주위(Ono, 1979)와, 금눈돔류의 촉수를 지지하는 새조골근(鰭条骨筋) (Ono, 1982)에는 신경종말이 있는데, 이들의 각도를 모니터하는 기계적 수용기라고 생각되어지고 있다. 모두 고유 수용기(proprioceptor)이다(고유 수용기에 대해서는 3-4항을 참조). 그러나, brown bullhead와 같이 촉수에 분포하는 구심성 섬유의 대부분이 기계수용성인 어종은 예외적이다. 많은 어류는 촉수와 휴기유리기조에 다수의 체표 미뢰를 가지고 있다. 쏠종개의 미뢰와 그 주변에서 끝나는 신경섬유는 안면신경이고, 안면엽에는 촉수 및 체표의 기계적인 자극에 응답하는 뉴런이 다수 존재한다(清原, 2002). 졸복의 구개(口蓋)를 지배하는 안면신경(Kiyohara등, 1985)과, 메기의 일종인 *Ictalurus punctus*의 안면엽에서는 기계적 및 화학적 자극에 응답하는 신경활동이 기록되어 있다 (Kanwal and Finger, 1997) (그림 4-16). 이들로부터 미뢰는 화학적 자극과 기계적 자극의 양방향으로 응답하는 복합수용기라고 할 수 있다. 또한 미각의 경우와 같이 쏠종개의 안면엽에는 촉수의 한가닥 한가닥과 체표의 위치에 대응한 체성 감각지도가 미각 감각지도와 겹쳐서 존재하는 것이 알려져 있다(清原, 2002). 상피 중에 자유신경종말로서 끝나는 섬유는 삼차신경종말이고, 안면신경과는 질이 다른 촉각정보를 뇌에 전달할 가능성이 있다고 한다(清原, 2002). 또한, 어류의 미뢰에는 미세포 이외에 멜켈촉각세포와 닮은 기저세포가 있고, 이것이 촉각에 관여할 가능성이 시사되었다(Finger, 1997).

3-2 측선 감각

여기에서 언급할 측선 감각에 관여하는 측선기와, 청각과 전정감각에 관여하는 내이(内耳)는 발생학적으로 매우 가까운 관계이고, 둘다 두부의 외배엽성 비후(폴라코드)에서 유래한다. 따라서, 양쪽의 감각세포는 서로 닮은 유모세포(hair cell)이고, 뇌이외의 신경절에 세포체가 있는 1차 구심성 뉴런의 지배를 받는다. 측선기의 기원으로 되는 플라코드는 체표에 머물러 감구(感丘)로 분화하지만, 내이의 기원으로 되는 플라코드는 체내로 함몰해서 좌우 한쌍의 낭을 형성한다(로마 · 펄슨즈, 1983). 각 낭으로부터는 내이기관과 반규관(半規管)이 분화한다. 이들의 감각계는 원래는, 청각선계(acousticolateralis system)라고 불리어 왔으나, 그 발생학적 유사성과, 내이의 원래의 기능은 평형감각이 다라고 하는 견지에서 최근에는 내이측선계라고 하는 단어가 사용되어지고 있

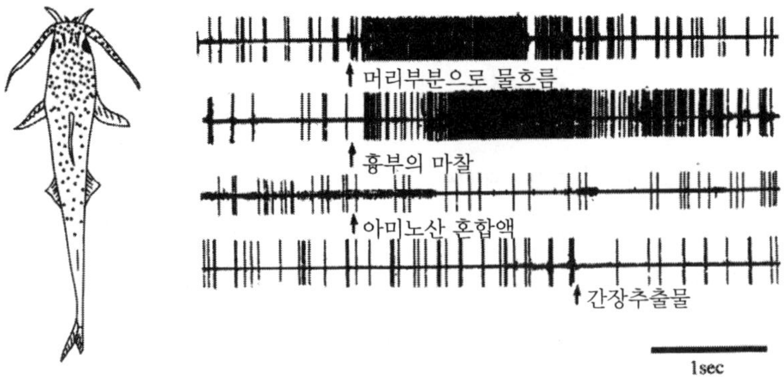

그림 4-16 Ictalurus pumctus의 뇌의 안면엽으로부터 기록한 단일 뉴런 활동. 이 뉴런은 기계적 자극에는 흥분성으로, 화학적 자극에는 억제성으로 응답한다. 왼쪽 그림은 이 그림의 수용부분을 나타낸다. (Kanwal and Finger (1997))

다(Popper and Fay, 1993). 내이와 측선계의 밀접한 관계를 나타내는 일례로서, 부레의 공명이 내이의 가스낭을 거쳐서 두부측선관을 자극한다고 하는 구조가 청어류에서 알려져 있다(Blaxter 등, 1981).

1) 측선기의 형태 어류와 양서류의 체표에는 수서동물 특유의 기계수용기로서 측선기(lateral line organ)이 분포하고 측선계를 형성한다. 측선계의 각각의 말단기를 감구(感丘)라고 하고, 이것에는 표재성의 유리감구(遊離感丘, free neuromast)와, 피하에 함몰된 관기(管器, canal organ)에 낮게 위치하는 관기감구(管器感丘, canal neuromast)의 2종류가 있다(그림 4-17). 그 이외에는 특수화한 전기수용기인 판새류의 도렌치니병과 약전어의 tuberous orgam가 있다(3-5항을 참조). 자치어의 측선기는 모두 유리감구이고, 성장에 따라 일부가 피하에 함몰하여 관기(管器)로 된다(그림 4-18B). 유리감구와 관기의 중간적인 구조를 가진 공기(孔器, pit organ)도 메

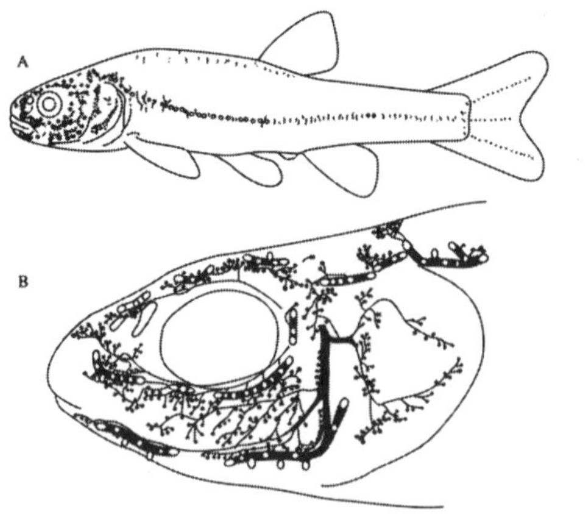

그림 4-17 잉어과 어류 *Phoxinus phoxinus*의 측선기관.
A, 전신에 있어서 관기의 개구부 (O)와 유리감구 (검은 점)의 분포. B, 두부에 있어서 (굵은 흑선)과 유리감구 (검은 점)의 분포. 흰 타원은 관기의 개구부를, 관기 가운데의 흰 원은 감구를 나타낸다. 지배신경은 주된 것만을 나타낸다. (Dijkgraaf (1962)에서 변형)

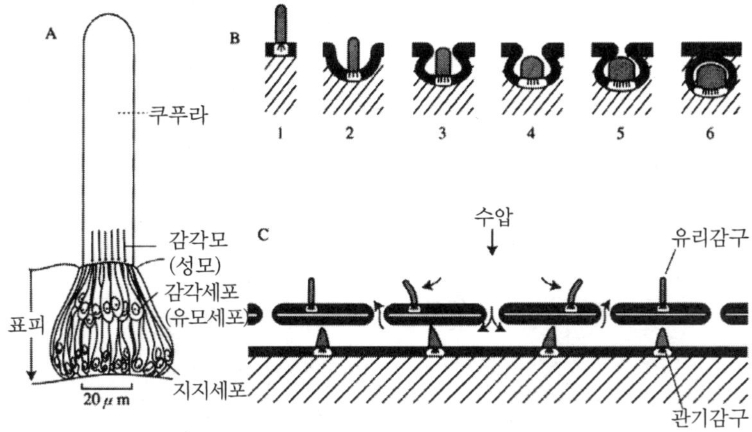

그림 4-18 통상형 측선기관의 모식도.
A, 잉어과 어류의 체표 유리감구. B, 유리감구가 관기감구로 변화하는 과정을 보인 모식도. C, 물의 변위에 의한 감구의 쿠푸라에 걸리는 압의 효과를 보인 모식도. (Dijkgraaf (1962)로부터 변형)

기, 미꾸리, 붕장어등에서 알려져 있다. 이들은 존재형태가 다를 뿐, 그 기능에는 본질적인 차이는 없다(勝木, 1973).

유리감구 · 관기 모두, 두부와 구간부(軀幹部)에 존재한다. 두부에 있는 관기는 아래의 최대 좌우 7쌍이다. 상안와관(上眼窩管, superorbital canal), 하안와관(下眼窩管, infraorbital c.), 전새개관(前鰓蓋管, preopercular c.), 악관(顎管, mandibular c.), 이관(耳管, otic c.), 후이관(後耳管, postotic c.), 측두부의 구간관(軀幹管, temporal portion of main trunk c.) (그림 4-19)두부의 측선관은 부분적으로 또는 완전하게 두부피골(頭部皮骨, dermal bone)의 아래에 함몰되어 있다. 두부의 측선관의 형태는 4종류(단순형, 퇴행형, 확장형, 분지형)으로 크게 구분할 수 있으나 기본적 구조는 잘 보존되어 있다 (Webb, 1989) (그림 4-20). 구간부측선관의 기본형은 새개(鰓蓋)의 상단으로부터 미병부(尾柄部)까지 이어지는 쭉 뻗은 하나의 관이지만, 어체의 형태와 생태의 다양화에 따라 여러 가지 형으로 분화한다(Webb, 1989) (그림 4-21). 잘 발견되는 아-치형은 등쪽으로 이동한 가슴지느러미에 의한 교란을 받지않기위해서, 측선관의 등면 또는 복부면으로의 이동은 각각의 생태를 반영한 것으로 생각되어진다.

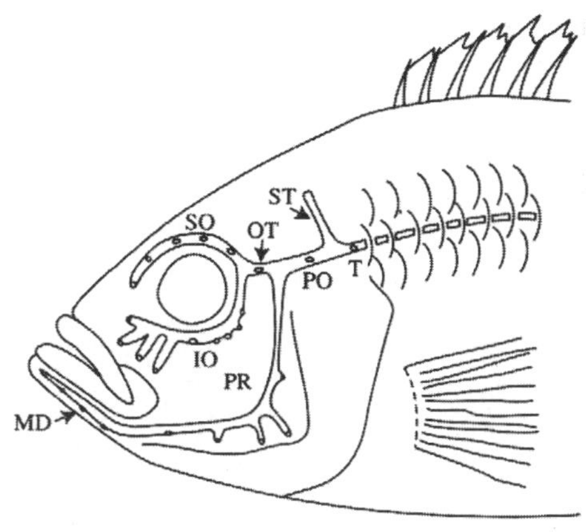

그림 4-19 진골어류의 두부관기의 모식도 (Webb (1989)를 변형). IO, 하안와관 (下眼窩管); MD, 악관 (顎管); OT, 이관 (耳管); PO, 후이관 (後耳管), PR, 전새개관 (前鰓蓋管); SO, 상안와관 (上眼窩管); ST, 상측두관 (上側頭管); T, 측두부구간관 (側頭部隅軀幹管).

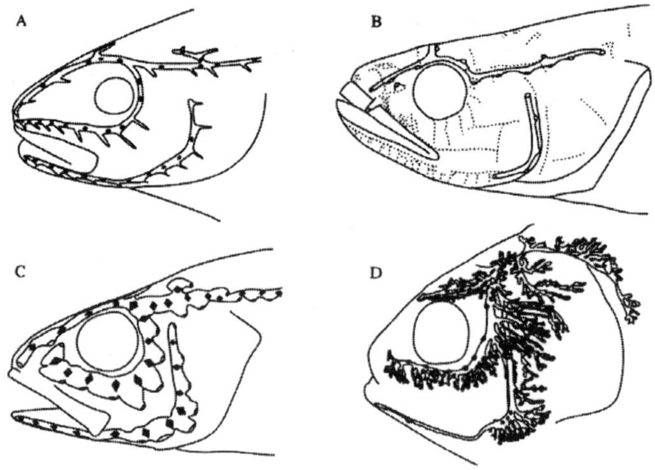

그림 4-20 진골어류의 두부관기의 예 (Webb (1989)를 변형).
관기감구를 ● 또는 ◆로서 나타냄 (B 이외). A, 대구과 (단순형); B, 문절망둑과 (퇴행형); C, 농어과 (확장형); D, 청어과 (분지형)

2) 측선기의 기능 관기감구(管器感丘)는, 관기에서 체외로 연결되는 개구부인 측선공과 측선공의 중간에 위치하고, 관기안의 내림프의 움직임을 검출한다(그림 4-18C). 체외의 물의 움직임은 측선공으로부터 관내로 전달된다. 감구는 감각세포인 유모세포와 이것을 고정하는 지지세포로부터 된다(그림 4-18A). 양세포에서는 핵의 위치가 다르고, 지지세포의 핵은 기저막에 접해 줄지어 있고, 한편, 유모세포의 핵은 상방으로 줄지어 있다. 이것이 감구와, 닮은 구조의 미뢰를 판별할 때 유용한 특징이다. 유모세포의 위쪽 끝부분에는 한 개의 긴 동모(動毛, kinocilium)과, 동모로부터 먼 만큼 짧아지는 수십 가닥의 부동모(不動毛, stereocilia)가 세포마다에 방향성을 가지고 줄지어 서고(그림 4-22), 더욱이 이들은 한천모양의 돌기인 쿠푸라(cupula)로 덮여져 있다(그림 4-18A). 쿠푸라가 체표의 물의 움직임과 관기내의 액체의 이동에 의해 기울어지는 것에 의해, 유모세포의 동모와 부동모를 움직인다(그림 4-18C). 유모세포의 기저부에는 구심성 및 원심성 시냅스가 있다(그림 4-23). 구심성 신경은 전후의 측선신경으로서 뇌에 들어간다. 한편, 억제성의 원심성 신경은 어류가 빨리 움직일 때에 활동하기 때문에, 자신의 움직임에 의해 유모세포가 흥분하지 않도록 억제하는 것으로 생각되어 진다(Roberts and Meredith, 1989).

복수의 유모세포의 수용기 전위를 세포밖에서 기록한 전위변동을 마이크로폰(microphonic potential)이라고 불린다. 이것은 고양이의 귀에 가한 음파자극과 같은 전위변화를 내이의 유모세포로부터 기록된 것에 의한다. 유모세포의 수용기 전위에는 방향특이성이 있다(그림 4-23). 즉, 동모의 방향으로 굴곡 할 때에는 유모세포는 탈분극해서 전달물질을 방출하고, 부동모의 방향으로 굴곡 하면 세포는 과분극한다. 관기의 경우, 유모세포에 있는 동모의 위치는 내림프가 유동하는 축상으로 있고, 또한 극성이 다른 유모세포가 한 쌍으로 존재하므로, 기록된 마이크로폰 전위의 주파수는 자극주파수의 2배로 된다. 유모세포가 탈분극 할 때, 이것에 시냅스하는 구심성 신경의 방전은 증가하고, 역으로 과분극하면 감소한다.

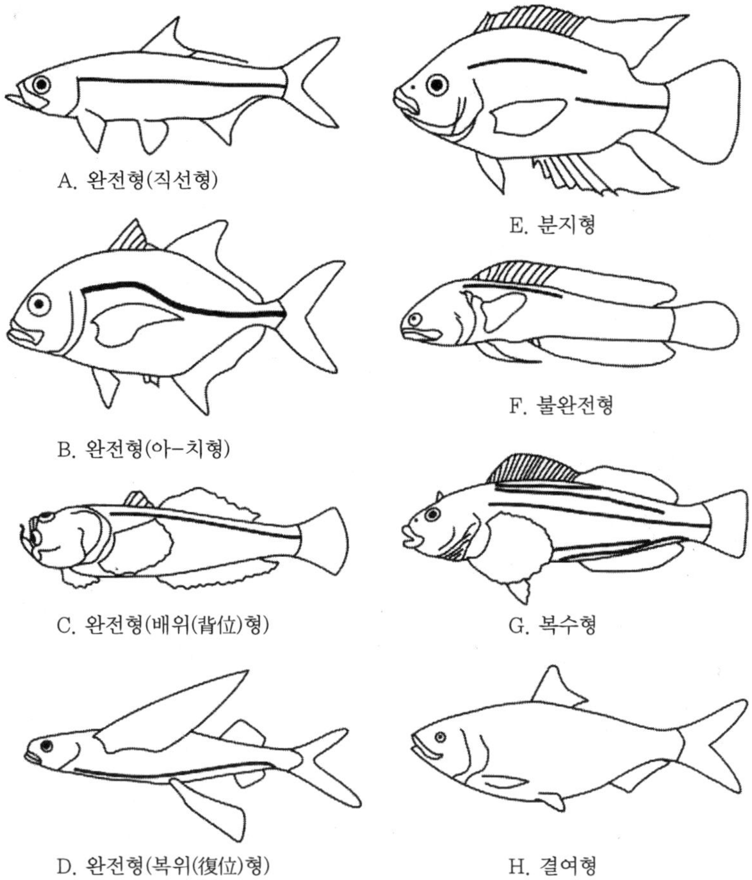

그림 4-21 대표적인 진골어의 구간부관기 (軀幹部管器) (Webb (1989)를 변형)
A, 풀잉어과; B, 전갱이과; C, 얼룩통구멍과; D, 날치과; E, 틸라피아류; F, 옥돔과; G, 쥐노래미과; H, 청어과.

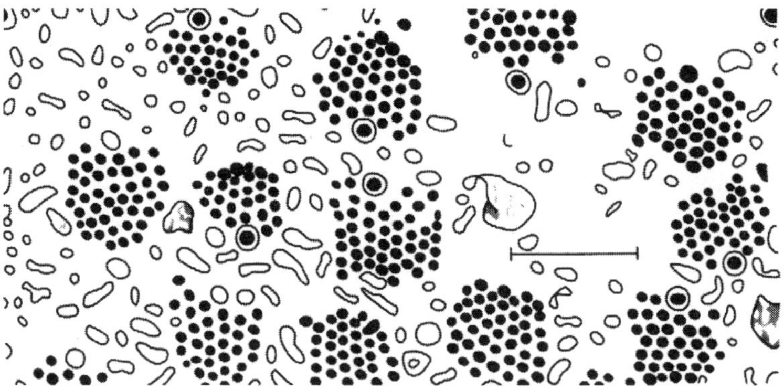

그림 4-22 붕장어과 *Conger myriaster*의 유리감구의 횡단면의 투과전자현미경상. 위쪽이 등쪽, 동모는 각 세포의 등측 또는 복측에 편재한다. 스케일은 2 ㎛. (Blaxter (1987); after Hama (1978)을 변형).

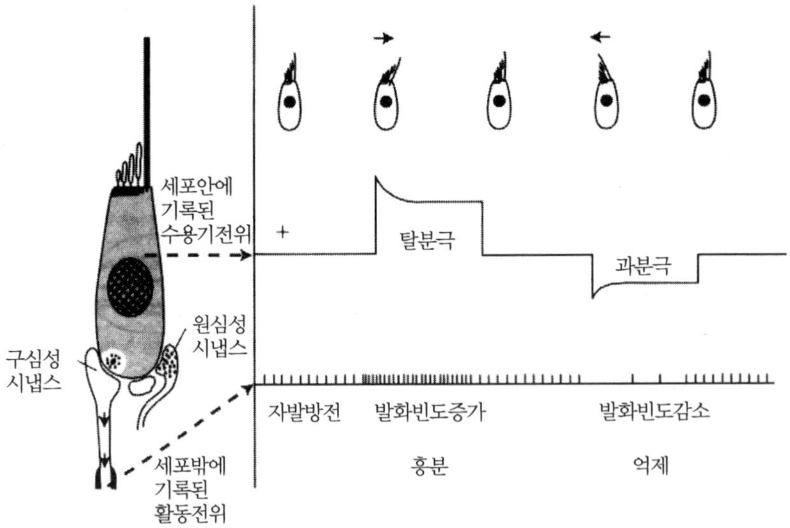

그림 4-23 왼쪽의 감구유모세포는 정부에 한 가닥의 긴 동모와 다수의 부동모를 가지고, 기저부에는 구심성 및 원심성 시냅스를 받는다. 섬모가 동모의 방향으로 기울여지면 유모세포는 탈분극해서, 전달물질을 방출한다. 그것을 받은 구심성 신경섬유는 활동전위를 발생한다. (Blaxter (1987); after Flock (1965)를 변형)

3) 측선기의 역할 음원의 위치를 바꾸어가면서 마이크로폰 전위를 기록하면, 측선기의 응답은 거리의 3승에 반비례한 것으로부터, 압력파에 의한 원거리 효과보다도 물입자의 변위에 의한 근거리 효과의 영향의 쪽이 큰 것을 알았다(Schellart and Wubbels, 1998) (3-3항을 참조). 즉 음원의 가까이에서는 측선기는 압력의 변화보다도 물의 움직임에 강하게 응답한다. 또한, 이것으로부터, 전신의 측선기가 받는 자극에는 강한 균배가 있는 것이 예상된다. 균배의 변화를 감지해서, 어류는 먹이생물등의 음원정위와, 바위등의 정지한 물체의 존재를 아는 것도 가능하다고 생각되어진다(Schellart and Wubbels, 1998). 그러면 관기의 경우, 외계의 물의 움직임에 의해 관내의 내림프는 움직일 것이다. Montgomery등(1994)은 남극 대구류에 있어서, 유리감구는 높은 고주파수에 대한 응답이 감쇠하는 로퍼스필터-형의 특성을 가지고, 관기감구는 낮은 측과 높은 측양방의 응답이 감쇠하는 벤드퍼스필터-형의 특성을 가지는 것을 보였다. 따라서 유리감구는 20㎐이하의 저주파수대를, 관기감구는 20~40㎐의 고주파수대를 분담하고있는 것으로 생각되어진다(Montgomery등, 1995). 이들은 이 사실로부터, 유영시에 어류 자신이 만든 저주파수의 잡음에 의해, 유리감구의 운동이 마스크되어도, 관기감구는 기능할 수 있다고 추측한다. 어류가 물의 흐름에 따라서 유영하는 행동, 주류성(走流性, rheotaxis)은 소하행동(遡河行動)과 색이(索餌)를 가지기 위한 상류로의 정위에 중요하다. 주류성이 발현하기위해서는, 어류는 물의 흐름의 방향을 측선기에 의해 감지하지 않으면 안된다. 이때에 유리감구의 쿠푸라를 파손해버리면, 주류성이 발현하는 유속의 역치가 상승하지만, 관기의 기능을 억제해도 주류성은 손상되지않는다(Montgomery등, 1997). 이들로부터, 체표에 노출한 유리감구는 주로 지속적인 수류의 감지에, 관기에 자리잡은 관기감구는 주로 수류의 흐트러짐과 유속의 변화를 감지하는 것이라고 말할 수 있다. 즉 관기감구는 무리를 짓는 행동과 수중의 물체의 감지에 주요한 역할을 하고 있다고 생각되어지고 있다

(Parteidge, 1981).

3-3 청각

1) 내이(內耳)의 이석기관(耳石器官) 경골어류의 내이(內耳, inner ear) (또는 미로, 迷路 labyrinth)는 3개의 반규관(半規管, semicircular canal)과 3개의 이석기관으로 되어있다(그림 4-24). 반규관에 대해서는 3-4항에 언급한다. 이석기관은 난형낭(卵形囊) (또는 통낭, 通囊,

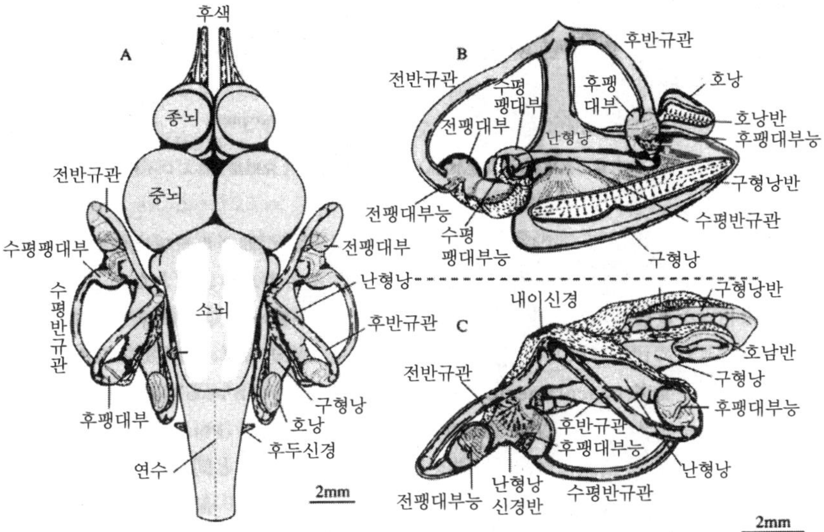

그림 4-24 대서양 대구의 내이 (內耳).
A, 등면으로부터 본 좌우내이와 뇌. B, 측면으로부터 본 좌측 내이 (이석은 제거했음). C, 등면으로부터 본 내이. (B와 C에서는, 평형반위에서의 감각세포의 배열의 극성을 작은 실선으로 나타냄.) (Dale (1976)을 변형)(1987); after Flock (1965)를 변형)

utriculus), 구형낭(球形囊) (또는 소낭, 小囊, sacculus), 호낭(壺囊, lagena)이다. 각각 역석(礫石, lapillus), 편평석(扁平石, sagitta), 성상석(星狀石, asteriscus)로 불린다. 이 가운데 난형낭이 가장 등쪽으로 있고, 그 복부측으로 구형낭과 호낭이 일렬로 위치하는 이석(耳石, otolith)을 가지고 있다. 내림프가 내강에 차있는 각 이석기관은 내벽의 일부에 감각상피 즉 평형반(平衡斑, macula)을 가지고, 그 위에 칼슘염으로 된 이석을 얹는다(그림 4-24, 4-25). 난형낭과 호낭의 이석의 형태는 진골어류 중에서 그다지 변하지 않으나, 구형낭 이석의 형태는 변이가 많고, 특히 비골표류(非骨鰾類)에서 두드러진다. 또한, 골표류(후술)와, 내이의 반규관의 사이에 작은 가스구를 가진 어류(그림 4-26)에서는, 구형낭과 호낭이 다른 그룹보다도 크다. 이전은 반기관(半器官)과 난형낭이 전정감각(前庭感覺)을, 구형낭과 호낭이 청각을 담당한다고 생각되어왔지만, 최근, 3개의 이석기관의 기능에는 상당한 중복이 있는 것이 알려졌다(Popper and Fay, 1993). 연골어류와 육상척추동물에서는 이석 대신에 이사(耳砂, otoconia)를 포함한 젤라틴질의 덩어리가 보인다. 그외에 어종에 따라 이석이 없는 평형반(macula meglecta)을 난형낭으로 가지는 것이 있다. 진골어에서 평형반의 역할은 분명하지 않지만, 상어에서는 진동을 감지한다고 하는 보고도 있다(Platt, 1983).

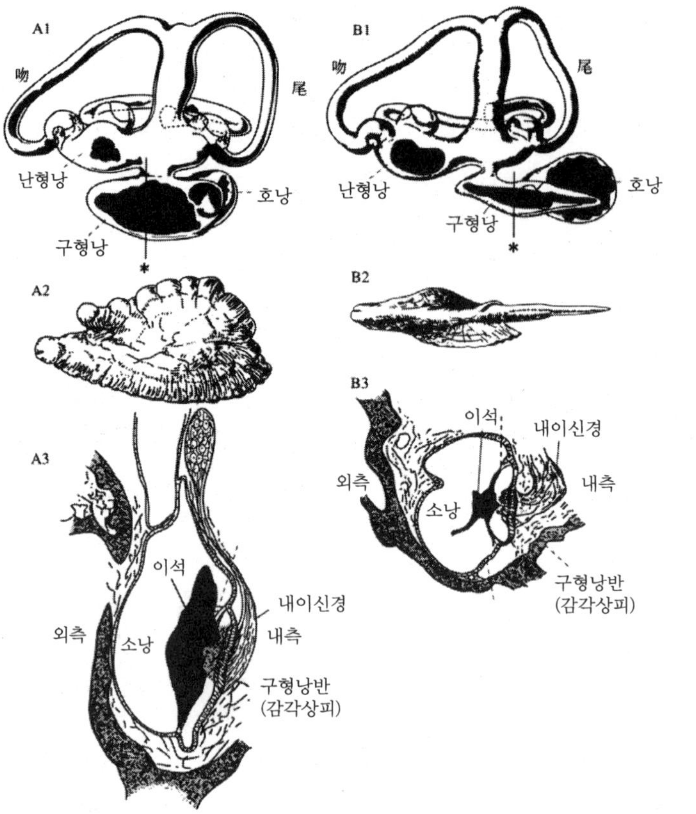

그림 4-25 브라운송어 *Salmo trutta* (A)와 잉어과 어류 *Phoxinus laevis* (B)의 이석기관. 1, 좌측 귀를 안쪽으로부터 본 그림 (짙은 색은 이석). 2, 구형낭 이석 (편평석). 3. 구형낭의 그림. 1* 에서의 단면도 (입쪽에서 봄). 골표류에 있는 잉어과 어류의 호낭은 대단히 크다. (von Frisch (1936)을 변형)

2) 구형낭(球形囊)의 평형반(平衡斑) 평형반에서는 측선기와 육상 척추동물의 귀와 같이, 1개의 긴 동모(動毛)와 수십개의 짧은 부동모(不動毛)를 가지는 유모세포가 다수 존재한다(3-2 항을 참조). 유모세포는 정단부의 섬모를 이석낭의 내강으로 향해서 줄지어 있고, 그 위에 이석이 놓여 있다. 평형반과 이석의 사이에는 젤라틴 성분의 막이 있고, 유모세포의 섬모는 그 안에 묻혀있다. 섬모의 길이는 이석낭에 따라 다르고, 또한 같은 이석낭에서도 감각상피의 바깥 가장자리에 가까울 만큼 긴 것이 알려져 있다. 금붕어의 구형낭에서는, 높은 고주파의 음에 반응하는 유모세포가 많은 부위만큼 유모세포의 섬모가 짧다(Popper and Fay, 1993).

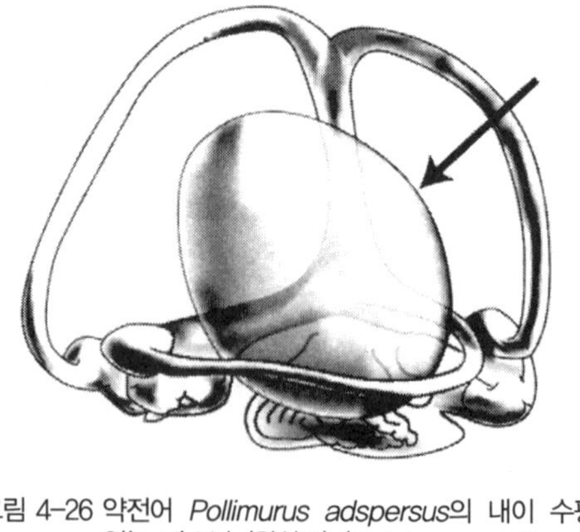

그림 4-26 약전어 *Pollimurus adspersus*의 내이 수평 반규관에 있는 가스낭 (화살표) (Fletcher and Crawford (2001)을 변형)

측선기의 유모세포와 같이 내이의 유모세포에서도 동모는 극성을 가지고 배열한다. 진골어류의 평형반에 있는 유모세포의 분포 패턴에는 큰 종간의 차이가 보인다. 모든 종에 있어서 청각에 관여한다고 생각되는 구형낭에서는 물론, 특수한 예로서 청각에 관여하는 청어의 난형낭과 골표류의 호낭에서도 다른 어종에서는 보이지 않는 유모세포의 분포 패턴의 변이가 보인다(Schellart and Wubbels, 1998). 진골어류의 구형낭 평형반에 가장 잘 보이는 유모세포의 분포패턴은 표준형, 이분형, 연직형(鉛直型)의 3가지로 되어있다(그림 4-27). 대부분의 진골어류의 분포패턴은 표준형이고, 극성(동모의 위치)이 입과 꼬리, 그리고 등과 복부의 4방향을 향한 유모세포가, 평형반의 입,꼬리, 등, 복부(吻尾背腹)의 4개의 분획으로 나뉘어져 분포한다. 이분형은 표준형의 부분 변이이다. 유모세포의 극성이 등쪽과 복부의 2방향만으로 된 연직형은, 골표류(骨鰾類) 등의 어류에서 보인다.

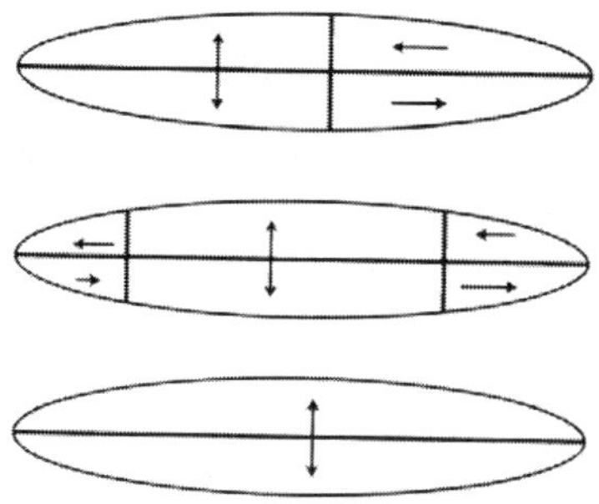

그림 4-27 진골어 구형낭의 대표적인 유모세포의 배열. 화살표는 유모세포의 극성 (동모의 방향)을 나타냄.

3) 수중음의 특성 가스구와 발음하는 어류의 부레와 같이, 수중에 있는 구체가 팽창과 수축을 반복하는 경우(monopole 音源), 근방의 물은 압축성이 낮기 때문에 밀어내거나 당긴다. 이 물의 이동은 음원으로부터 먼 만큼, 음원으로부터의 거리의 2배에 반비례해서 급격히 작아진다. 이와 같은 물입자의 이동(변위)을 음파의 근거리 효과(near field effect)라고 부른다. 한편, 물에는 다소간의 압축성이 있으므로 압력파도 생기고, 이것에 의해서도 물입자는 이동(변위, 変位)한다. 이것을 원거리 효과(far field effect)라고 부르고, 음원으로부터의 거리에 반비례해서 감소한다. 많은 어류의 가청범위(可聽範圍)인 50~1,000㎐로 계산하면, 양효과의 경계는 4.6m~0.23m에 있다(schellart and Wubbels, 1998). 또한 오래된 구체를 수중에서 진동시키면(dipole음원), 물입자의 이동은 진동방향에서 최대로 되지만, 거리의 3승에 반비례해서 감소한다.

어류의 내이성 음수용은 원거리 효과에 의한 것으로, 주로 구형낭에서 일어난다. 어류와 물의 밀도는 거의 같으므로, 어체는 물입자의 변위에 따라서 이동한다. 그러나, 림프액중에 느슨하게 매달려있는 밀도가 높은 이석은, 어체의 움직임으로부터 독립된다(Popper등, 1982). 이것에 의해, 이석과 평형반, 즉 유모세포와의 상대적 위치 관계가 변하고, 동모세포가 기우는 것에 의해, 측선기의 경우와 같이, 유모세포는 탈분극 또는 과분극한다(그림 4-28). 이것을 직접적 자극이라고 한다. 부레등의 가스낭을 가

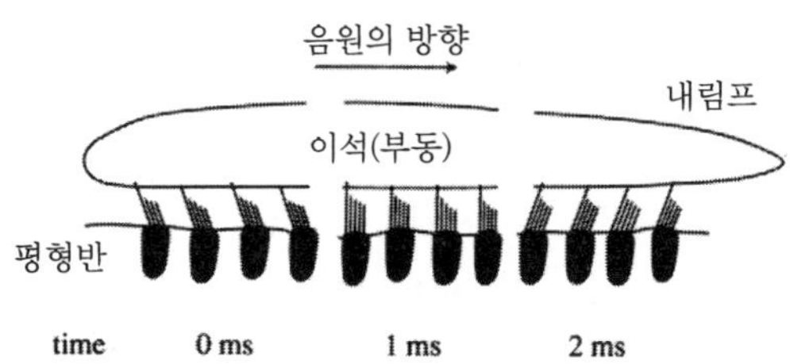

그림 4-28 250㎐의 순음을 부여했을때의 내이 유모세포의 섬모의 움직임의 시간경과. (Schellart and Wubbels (1998)을 변형)

지지 않는 어종의 유일의 청각기구이다. 부레와 가스낭을 가지는 어종에서는, 이들의 구조가 압력파를 받아서 팽창과 수축을 반복해서, 자신이 monopole음원으로 되어 내이를 자극한다. 이것을 간접적 자극이라고 한다. 골표류에서는 부레와 내이가 웨버기관(또는 소골, Weberian ossicles)에 의해 직접 연결되어 있으므로, 더욱 효과적으로 자극이 전달된다. 골표류등 청각을 증강하기위한 장치를 가진 어종을 청각 스페셜리스트라고 부른다. 골표류(otophysans, 구명 ostariophysans)에는 잉어목, 메기목, characiformes목이 포함되어있다.

4) 골표류의 청각기구 웨버기관은 척추골 전단과 내이의 사이에 좌우 4개씩 배치된 소골로부터 된다(그림 4-29). 이들은 척추골을 지점으로서 동작하고 압력파를 받은 부레의 진동은 내림프로 가득찬 2개의 관(無對洞과 橫行管)을 거쳐서 구형낭으로 전달된다. 금붕어의 구형낭내에서는, 내측벽에 위치하는 평형반에 이석이 측면으로 밀착하는 것과 함께, 이석의 날개형을 하고 있는 면이 아래쪽으로 이어져 막에 접한다. 진동에 의한 구형낭의 압력이 변화하고, 이 막이 움직이는 것에 의해 이석은 등과 복측방향으로 이동하여 평형반을 자극한다(그림 4-25A3 과 B3)(Furukawa and Ishii, 1967). 이외에, 청어과의 어종에서는, 전항에서 말한것과 같이, 부레의 전단으로부터 이어진 기늘고 긴 관이 두부측선관 및 내이에 내이로 연결된다(Blaxter, 1987). 또한, 약전어와, 공기호흡을 하는 어류에서는, 구형낭에 접하는 가스낭, 또는 가스실이 있고, 이들은 골표류의 부레와 같은 움직임을 한다고 생각되어진다(그림 4-26). 이들 어종도 청각 스페셜리스트이다.

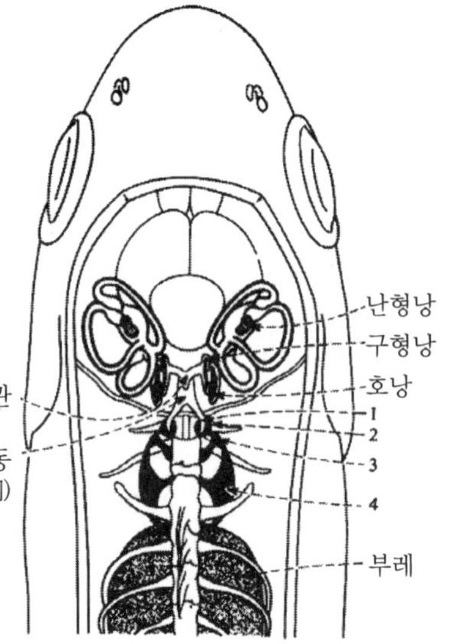

그림 4-29 잉어과 어류의 부레와 내이를 연결하는 웨버기관의 소골 (1~4의 검은 부분). (von Frisch (1936)을 변형)

5) 어류의 청각기능 수중에 있는 음원의 가까이에서는 압력파와 함께 물의 저압축성에서 기인하는 물입자의 변위(근거리효과)가 있다. 한편, 청각 즉 내이가 담당하는 원거리에 있어서 음수용을 조사할때에는, 압력파만을 발생시키는 음자극의 방법을 취하지 않으면 안된다. 예를들면, 스피커를 수조벽에 붙이면 근거리효과가 생기므로 음은 공기중의 떨어진 곳에서 들리게 해야한다.

어류의 청각능은 호흡수와 심박수의 변동을 지표로 하는 고전적인 조건과 도구적 조건을 사용해서 조사했다. 여러 가지 주파수의 음에 대한 청각역치로부터 50종류의 어류에서는 종축으로 음압을, 횡축으로 주파수를 가진 오디오그람(audiogram)을 구했다. 그러나, 그중에는 근거리효과를 배제한 것인지, 배경 노이즈가 어느정도인지 등이 불확실한 보고도 있다. 그림 4-30에 오디오그람의 예를 나타내었다(Popper and Platt, 1993). 청각 스페셜리스트인 금붕어와 Myripristis는, 그렇지 않은 어종보다도 역치(고감도치에서 60㏈ 이하)가 낮고, 또한 가청범위도 넓다(50이하

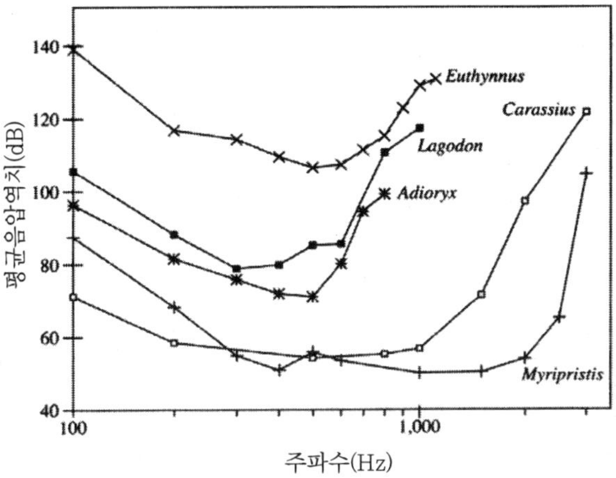

그림 4-30 진골어류의 청각역치와 가청주파수대를 나타낸 오디오그람. *Adioryx* (イットウダイ과), *Carassius* (금붕어), *Euthynnus* (점다랑어), *Lagodon* (도미과), *Myripristis* (クロオビマツカサ) (Popper and Platt (1993)을 변형)

~3,000㎐, 고감도치는 200~1,000㎐)*. 이것에 비해 비스페셜리스트의 얼게돔과의 *Adiotyx*와 도미과의 *Lagodon*은 청각력이 떨어지고, 800㎐까지가 가청범위(고감도역은 200~500㎐)로서, 역치도 고감도역에서 80㏈전후이다. 부레를 가지지 않는 고등어과의 점다랑어의 청각능은 더욱 떨어진다. 단지, 부레가 없어도 근거리효과에 의한 음수용은 될 수 있다는 것을 기억해야 한다. 일반적으로, 부드러운 저질의 늪에 서식하는, 잡식성의 어종에서 청각능이 뛰어난 것이 많다 (Schellart and Wubbels, 1998). 중간 정도의 청각능을 가진 어종은, 바다와 하천의 상류의 시끄러운 환경에 산다. 육식어의 청각능이 비교적 낮은 것은, 환경의 소음에 의해 청각이 마비되지 않도록 하기 위함이다.

자연계는, 파도와 비의 소리뿐만이 아니고, 생물이 내는 여러 가지 음으로 가득하다. 어류는 이러한 여러 가지 주파수와 강도의 음이 들어와 섞이는 소음 가운데, 필요한 음을 듣지않으면 안된다. 거기에서 소음이 어류의 청각에 미치는 영향을 조사한 연구가 있다. 금붕어에서 얻어진 많은 연구에 의하면, 어류는 여분의 주파수역이 단절되고, 특정의 음이 잘 들리도록 청각 필터를 가지고 있다(Popper and Fay, 1993). 이와 같은 구조가 모든 척추동물에 존재한다. 청각 필터를 사용한 금붕어와 대구는 다른 주파수의 음을 식별하는 것이 가능하다. 식별가능한 2개의 주파수의 차를 비교하면, 골표류에서 약 5%, 대구등의 부레를 가진 비골표류에서 약 20%이다(Schellart and Wubbels, 1998). 또 하나의 중요한 청각능에, 음원의 이동을 알기 위한 음강도의 차이의 식별이다. 이것도 역시 골표류가 약 1.5㏈로 높고, 대구에서는 5㏈이다(Schellart and Wubbels, 1998).

이미 언급한 것과 같이 어체도 물도 음향학적으로 투명하고, 또한 어류는 부레가 유일한 압수용기이므로 좌우의 내이에 도달하는 정보는 거의 같다(Popper등, 1982). 따라서, 어류의 음원의 방향을 알기 위한 기구는 육상동물과는 다르다. 고전적인 조건을 사용한 행동학적인 실험에 의해,

*dB(데시벨)은 음의 크기를 나타내는 단위이다. 표준음의 에너지를 E_0, 측정음의 에너지를 E라고 하면, dB=10 10gE/E°로 된다. 음의 에너지는 음압의 2승에 비례하므로, 음압을 P라고 한 경우,dB=20 10gP/P_0로 된다. 보통 표준음의 음압은 P_0 =1μPa이므로, 그것을 나타내기 위해서 dBre 1μPa또는 μPa로 표기한다.

어떤 종의 어류는 음원의 방향을 방위각과 앙각에 있어서 10~20°의 정확성으로 알 수가 있고(Buwalda, 1981). 그 중에는 거리의 차이도 알 수가 있는 것이 밝혀졌다(Schuijf and Hawkins, 1983) Schuijf(1981)는 이러한 연구에 기초해서, 비골표류의 구형낭에 있는 유모세포의 극성은 입과 꼬리 등과 복측의 4방향을 향해서 있으므로(상술), 물입자의 변위와, 부레를 거치는 간접적인 변위를, 양쪽 모두 각각의 벡터로서 감지하는 것이 된다는 것을 이론적으로 설명했다. 단지, 골표류의 구형낭평형반에서의 유모세포의 배치는 등쪽과 복측의 2방향이므로, 이 논리는 적용되지 않는다. 그러나, 골표류의 호낭은 다른 것보다도 대단히 크고, 유모세포가 많은 방향으로 향해서 배열되어 있을 뿐 아니라, 부레와의 관계도 구형낭보다 밀접하지 않으므로(그림 4-25), 이쪽에서는 호낭이 음원정위의 역할을 하도록 되어 있는 것은 아닌가 하고 생각되어지고 있다(Fay, 1981). 최근, Fay and Edds-Walton(2000)은, 금붕어와 Toadfish *Opsanus tau*에, 원거리 효과를 부여하는 물입자의 변이를 시뮬레이트하는 특수한 장치를 사용한 여러 가지 자극을 부여하면서 구형낭을 지배하는 청신경의 단일 섬유로부터 세포외 기록을 한 결과를 종합했다. 그것에 의하면, 금붕어에는 전방에 한정된 앙각으로부터 오는 음에만 반응하는 유모세포밖에 없는 것에 대해, toadfish는 전방뿐 만이 아니라 후방으로의 음에도 반응하며, 또한 반응하는 앙각도 압도적으로

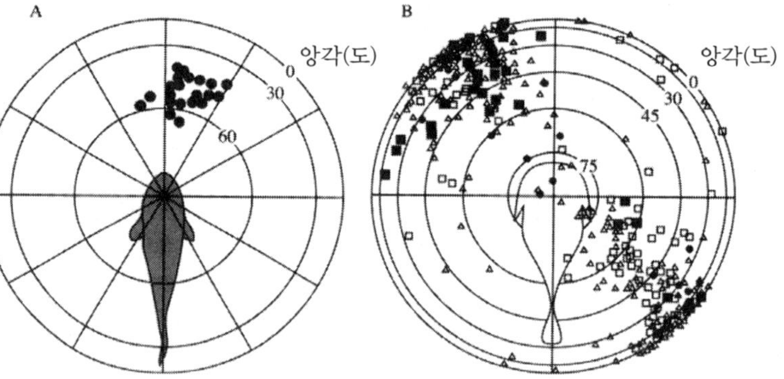

그림 4-31 금붕어 (A)와 toadfish (B)의 구형낭 유모세포의 방향특성.
중심을 북극으로 한 반구를 평면으로 나타냄. 금붕어는 우측 내이로부터, toadfish는 좌측 내이로부터 기록했다. B의 심볼은 각각 다른 계절의 실험 데이터를 나타냄. (Fay and Edds-Walton (2000)을 변형)

넓고 다양한 유모세포를 가진다(그림 4-31). 어류는 연수의 마트너세포가 개재하는 도피운동에 있어서, 음원으로부터 멀어지는 방향으로 도망갈 수 있다. 이 경우, 좌우 어느쪽의 마트너세포가 발화하는 지는 내이의 유모세포의 흥분이 좌우에서 비대칭인 것에 의해 결정된다고 생각되어진다(小田・中山, 2002). 어류의 청각능력과 청각연구법에 대한 상세한 것은 添田등(1998)을 참조하길 바란다.

3-4 평형감각

어류에도 육상척추동물과 같이 평형감각을 가지고 있고, 몸체가 기울면 반사적으로 각 지느러미를 움직여서, 원래의 상태로 되돌아 온다(그림 4-32). 또한 세 축을 중심으로 한 회전운동에 수

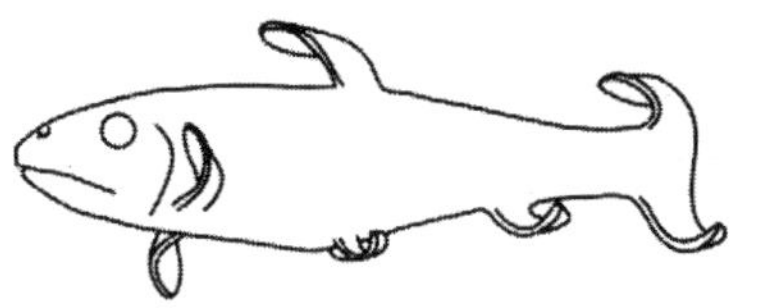

그림 4-32 어체가 오른쪽으로 기울 때 일어나는 평형반사. (Lowenstein (1936)을 변형)

반되는 각가속도(角加速度)와 직선운동 때의 직선가속도도 감지해서, 운동의 조절을 할 수 있다. 내이(미로)는 청각과 함께 평형감각에도 관여한다. 평형감각과 같이 동물자신의 움직임과 자세등을 감지하는 감각기를 자기수용기 또는 고유수용기(proprioceptor)이라고 한다. 포유류의 골격근에 있는 근방추(筋紡錘)는 자기수용기의 하나이다.

내이중에서, 중력, 수직가속도, 그리고 각가속도(角加速度)를 감지해서, 자세조절에 필요한 신호를 뇌에 보내는 구조를 전정기관(前庭器官, vestibular organ)이라고 한다. 그 감각을 전정감각이라고 한다. 전정감각에는 3개의 반규관과 이석기관이 관여한다(그림 4-24). 전 · 후 · 수평의 3개의 반규관은 서로 직교하는 3개의 평면내에 있고, 이석기관과 같이 내강은 림프액으로 채워져 있다. 대서양 대구 *Gadus morhua*에 있어서는, 전반규관의 평면은 실상면(失狀面)과 약 45도가 되고, 후반규관은 약 30도가 된다(Dale, 1976). 각 반규관의 한쪽 끝은 불룩해져서 돔형의 팽대부(ampulla)를 형성하고, 내부에는 감각상피(평형반)인 안장모양의 팽대부의 가장자리(crista ampullaris)가 관을 횡단할 수 있도록 존재한다(그림 4-24). 수평 반규관과 전반규관의 팽대부는 각각의 문단(吻端)에 있고, 후반규관의 것은 그 미단(尾端)에 있다. 각 팽대부의 가장자리의 평형반은 유모세포로 구성되어 있고, 그 위에는 상피표면으로부터 돔의 천정에 까지 달하는 커텐형의 쿠푸라를 받는다. 측선기의 감구와 이석기관의 평형반과 달리, 유모세포의 극성의 방향은 팽대부마다 일정하다.

1) 각가속도(角加速度) 각가속도의 감지는 반규관이 한다. 3개의 반규관의 평면은 서로 거의 직교하므로, 어류가 세축을 중심으로 얼마간의 회전운동을 시작하면, 모든 반규관내의 내 림프는 관성 때문에 어체의 회전으로부터 남겨진다. 한편, 내림프는 반규관안에서 회전과 반대의 방향으로 유동한다. 회전이 멈출때에는, 내림프는 회전과 같은 방향으로 유동한다. 이와같은 내림프의 유동이 팽대부 가장자리의 쿠푸라를 굴곡시켜, 유모세포에 수용기전위를 발생시킨다. 어류의 반규관 내림프가 회전에 의해 유동하는 것은 1930년대에 Dahlman과 Steinhausen등에 의해 증명되었다(Lowenstein, 1971). 또한, Lowenstein과 Sand는 1940년대 초에, 홍어의 일종인 *Raja clavata*에 있어서, 회전운동에 대한 반규관 유모세포의 응답을 팽대부로부터 뇌로 향하는 구심성 신경섬유로부터 기록했다(Platt, 1971). 그것에 의하면, 반규관 평면위에서, 어떤 방향으로 회전시키면 신경의 발화빈도가 정지할 때(자발방전)보다 증가하고, 급히 회전을 멈추면 정지할 때 보다 감소한다. 역방향으로 회전시키면, 발화빈도는 정지때보다도 감소하고, 회전을 멈추면 증가한다. 증감의 비율은 각가속도에 비례한다. 또한, 수평 반규관의 경우 발화빈도는 내림프가 팽대부에 흘러들어오는 방향의 회전에서 증가하고, 역회전에서 감소하는 것에 대해서 전 · 후의 반규관에서는 내림프가 팽대부로 흘러들어오는 방향에서 억제, 역회전에서 촉진된다. 나중에, Lowenstein의 그룹은 이 응답의 차이는 각 팽대부에 있어서 유모세포의 배열에 의한 것이라고 밝혔다. 즉, 유모세포의 극성은 수평반규관에서는 내림프가 흘러들어오는 방향을 향해 전 · 후의 반규관에서는 흘

러나가는 방향을 향한다. 수평반규관은 거의 수평이므로 수직축을 중심으로하는 회전만이 유효하고, 전 · 후의 반규관의 평면은 체축에 대해 기울어져 있으므로 수직축 · 문미(吻尾) · 좌우의 각 축을 도는 회전에도 응답한다. 이들의 반규관의 특징은 진골어류에도 공통하는 것이다(Platt, 1983).

2) 평형감각 이석기관의 제거가 행동에 미치는 영향으로부터, 진골어의 구형낭은 청각에만, 난형낭은 평형감각에만, 호낭은 어느 쪽 하나에 또는 쌍방에 관여한다고 생각되어 왔다(Lowenstein, 1971; Platt, 1983). Dale(1976)은 대서양 대구의 이석기관을 주사전자현미경으로 조사해, 호낭 평형반에 있는 유모세포의 배열극성은 부레로부터 오는 진동의 영향을 받기 힘드는 방향을 향해 있으므로, 이것의 호낭은 중력 수용기라고 결론하였다. 이것은, 유럽산 담수 농어

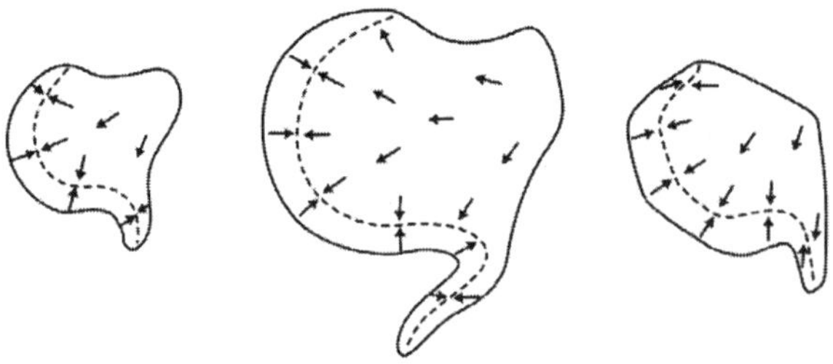

그림 4-33 진골어의 우측 난형낭 평형반에 있어서 유모세포의 배열 양식. 화살표는 유모세포의 동모의 방향. 그림의 왼쪽이 입쪽, 앞이 왼쪽몸쪽. (Platt (1983)을 변형)

Perca fuviatilis의 호낭 평형반으로부터 마이크로폰 전위를 기록하면, 연직방향의 진동에 가장 잘 응답하는 것으로도 지지된다(Sand, 1974). 금붕어 호낭의 평형반 표면의 약 반이 젤라틴 모양의 이석막(otolithic membrane)에 덮여 있는 것으로, 이 기관이 평형감각과 진동에 대한 감각의 양방을 담당하는 가능성이 시사되었다(Platt, 1983).

구형낭과 달리, 진골어의 난형낭과 호낭의 평형반에 있어서 유모세포의 극성의 패턴은 종을 넘어서 잘 닮아 있다. 즉, 난형낭에서는 평형반의 전방으로부터 측방에 걸쳐서의 폭이 좁은 전연부(前緣部)의 세포에서는 동모가 후내측(後內側)을 향해, 그 이외의 부분에서는 반대로 동모가 전외측(前外側)을 향한다(그림 4-33). 한편, 호낭에서는 동모가 등쪽을 향한 군과 복측을 향한 군이 있다(Popper, 1977). 특이한 자세를 가지는 이체류(異体類)와 메기류 *Synodontis nigriventris*에서도 같은 배열을 보인다. 예외는 난형낭이 청각에 관여한다고 생각되어지는 청어류만이 있다(3-3항을 참조) (Platt, 1983).

전정감각에 관여하는 초기의 지견의 대부분은 ガンギエイ의 일종에서 적출한 내이를 사용해서 얻어졌다(Lowenstein and Roberts, 1950). 그것에 의하면, 난형낭의 평형반은 모든 방향으로의 자세변화에 응답하고, 구심성 섬유로부터는 내이가 특정의 기울기를 가질 때만 방전빈도가 증가하는 것과, 경사와는 관계없이 기본위치로부터의 이동에 응답하는 것 등이 구별된다(Lowenstein, 1971). 그 외에, 구형낭과 호낭으로부터도 자세변화에 대응하는 응답이 기록되어어

있는 것으로부터, 판새류의 이석기관은 모두 전정감각에 관여한다고 생각되어진다.

3) 시축안정(視軸安定) 두부가 회전해도, 주시하고 있는 대상으로부터 눈을 떼지 않도록, 보상적으로 안구를 움직이는 반사를 전정-동안반사(vestibulo-ocular reflex, VOR)라고 하며, 모든 척추동물이 가지고 있다. 이 반사에는, 3개의 반규관외에도, 뇌(전정핵, 소뇌, 동안신경핵)와 동안근이 관여한다(Platt, 1983). 또한, 척추동물을 수평으로 회전시키면, 회전의 개시때와 정지때에 안구는 왕복운동을 반복한다. 이것을 안진(眼振) 또는 진탕(振盪, nystagmus)이라고 한다. 복어의 일종 *Spheroides maculatus*의 수평 반규관 팽대부로부터 나온 구심성 신경을 전기자극하는 것에 의해, 회전에 의한 안진(眼振)을 재현할 수 있는 것으로부터, 진골어에도 반규관이 관여하는 안진이라고 하는 현상이 있는 것이 시사되었다(Korn and Bennett, 1974). 어류를 앞뒤로 기울이면, 어류는 어떻게든 수평방향을 보려고 안구를 움직인다. 금붕어의 경우, 보상되는 범위는 대충 부각(俯角) 30°, 앙각 40°이고, 이 반응은 좌우의 내이를 제거하거나, 조명을 아래로 비추이는 것에 의해 없어진다(Traill and Mark, 1970). 반응의 특속성(特續性)으로 볼 때, 이 안구의 보상적 회전에는 반규관보다도 이석기관이 관여한다고 생각되어지고 있다. 이와 같이 어류의 자세는 빛의 영향도 받는다. 그 유명한 예는, von Holst에 의해 처음으로 기재된 배광반사(背光反射, dorsal light response)이다(Platt, 1983). 배광반사라는 것은, 암흑 중에서도 측면에서 어류에 조명을 비추이면, 어류는 그 방향으로 몸을 기울인다고 하는 것이다. 호낭을 제거하면 배광반사가 강해지는 것으로부터, 어류의 중력감각에는 난형낭과 함께 호낭도 관여하는 경우가 있는 것이 알려졌다.

3-5 전 기

강전어(强電魚, stronly electric fish)라고 불려지는 시끈가오리 *Torpedo marmorata*, 전기메기, *Malapterus electricus*, 전기뱀장어, *Electrophorus electricus*등의 어류가 강한 전기를 발생하는 것은 오래 전부터 알려져 있는 것으로, 발전기관을 가진 약전어(弱電魚, weakly electric fish)뿐만아니라 보통의 어류도 미약한 전기를 발생하는 것이 밝혀진 것은 극히 최근의 것이다(Lissman and Machin, 1958; Murray, 1962). 약전어, 판새류와 보통의 메기류는 전기감각을 가지고, 이 감각에서 먹이 생물과 물체의 탐지를 하기도하고, 동종내에서 교신을 한다. 이외의 척추동물에서는 유미양서류의 일부와 오리너구리가 전기감각을 가진다. 전기감각을 가진 진골어류는 아프리카의 モルミルス과(등지느러미가 있다), 남미에 서식하는 어종목(등지느러미가 없다), *Xenomystus*속(아프리카 나이프피시), 메기목의 4그룹이다. 이 가운데 앞의 2그룹은 특수한 발전기관을 가지고 있기 때문에 약전어라고 불린다. 그 외에 일부의 아프리카산 담수 메기도 약전어로 간주한다.

1) 생체전기 아가미등의 노출한 얇은 상피에 발생하는 종상피전위(終上皮電位, transepitherial potential)는, 어류만이 아닌 거의 모든 수생 생물 주위의 수중전장의 근원이 된

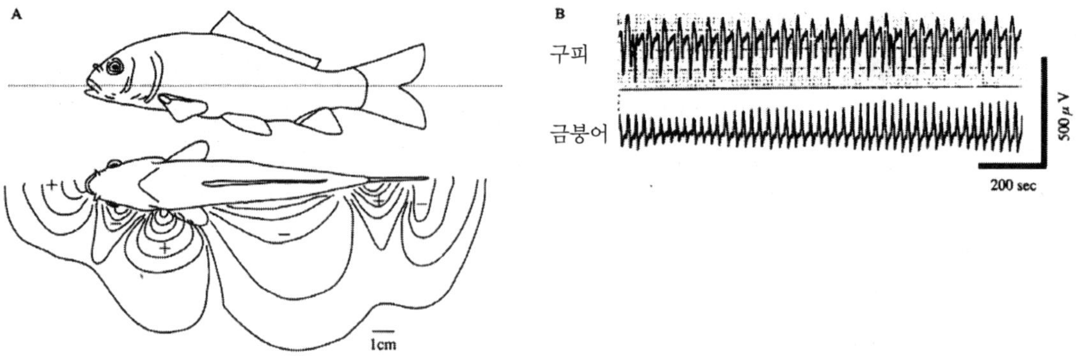

그림 4-34 A: 위 그림의 점선의 면에서 측정한 잉어주변의 전장형상 (아래). B: 담수어 2종류의 주위에 위치한 전극으로부터 도출된, 호흡운동과 같이 일어나는 전위변동 (호흡파). (淺野 · 羽生 (1987)을 변형)

다(von der Emde, 1998). 종상피전위는 양이온의 농도균배에 따른 이동과 이온의 능동수송에 의해 생기고, 환경수의 염분농도에 의해 전위의 방향이 역전한다(淺野 · 羽生, 1987). 호흡하는 어류의 주변에서는, 입과 아가미 뚜껑이 서로 개폐한 결과, 호흡과 같은 수μA~수mV의 전위변동이 관찰된다. 담수어의 경우, 전류는 입과 아가미 구멍으로부터 나오고, 그 이외의 부분으로 들어간다(그림 4-34).

이것과는 달리, 적극적으로 전기기관에 의한 고빈도의 발전(electric organ discharge, EOD)를 하는 것이 강전어와 약전어이다. EOD는 근세포와 신경세포가 변화한 특수한 발전기관이 발생한다(Bennett, 1971a를 참조). 전기기관의 방전은 해산의 시끈가오리에서 60V이하, 담수산의 전기메기에서 300V이상, 전기 뱀장어에서 500~600V인 것에 대해, 약전어에서는 높아도 10V정도, 많이는 100mV이하이다. 약전어의 어종에서는, 어느 쪽에도 싸인파와 같은 파형을 지속적으로 방전하는 종(wave-species)과, 펄스상의 방전을 단속적으로 하는 종(pulse-species)이 있다.

2) 전기수용기 전기수용기를 가진 어종에서는, 수중의 전류를 감지하기 위한 체표의 측선기관이 분화한 전기수용기(electroreceptors)를 가진다. 그 때문에 이것을 특수형 측선기라고도 한다. 토상의 측선기와의 차이는 체내 심부에 위치하는 것과, 쿠푸라가 없는 것이다. 따라서 전기수

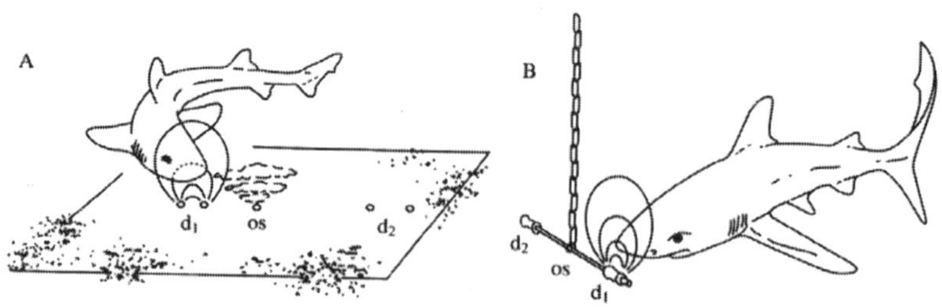

그림 4-35 먹이생물을 전기적으로 모방한 전극을 공격하는 상어.
d1, 전류를 흘리고 있는 전극; d2, 전류를 흘리지 않는 대조; OS, 냄새원. (Kalmijn (1982)로부터 그림)

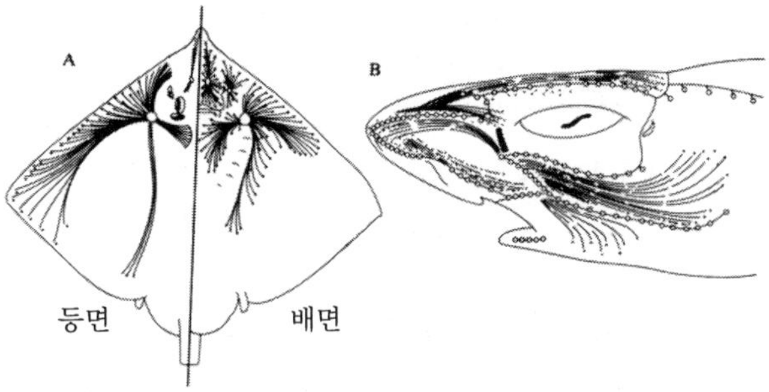

그림 4-36 A: 홍어류에 있어서 로렌치니병의 분포 (Murray (1962)를 변형). B: 범상어류에 어서 로렌치니병의 분포 (Dijkgraff and Kalmijn (1963)을 변형). 로렌치니병의 개구부를 검은 전으로 표시. 그것에 이어진 가는 선은 관상부. B의 흰 동그라미는 통상형 측선기관의 개구부.

용기는 측선계에 이어진 전신에 분포한다. 측선기관의 유모세포와 같이, 전기수용세포에는 구심성 신경섬유가 시냅스하지만, 원심성 섬유와의 시냅스는 없다(von der Emde, 1998). 전기수용기는 병모양형 (ampullary receptor organ)과 결절형(tuberous r. o.)으로 크게 구분된다.

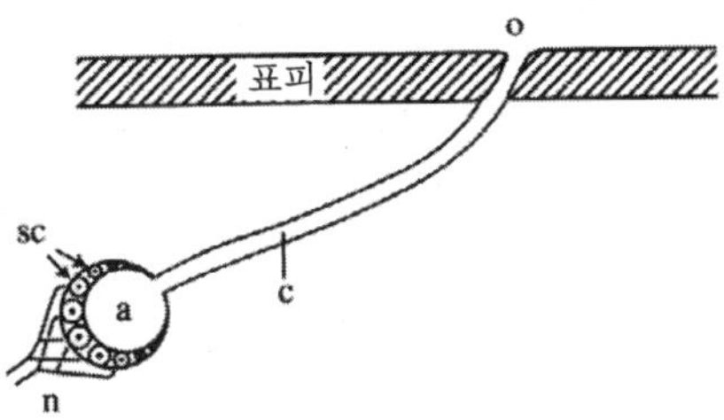

그림 4-37 하나의 로렌치니병 기관의 모식도. (Szabo (1974)로부터 작도) (a, 병모양부; c, 관상부; n, 구심성 신경; o, 개구부; sc, 감각세포)

병모양형 수용기로서 판새류의 로렌치니(Lorenzini) 병(瓶), 쏠종개의 병모양기관, 메기류의 소공기(小孔器), 약전어의 몰미로마스트(mormyromasts)등이 알려져 있다. 상어는 후각이 아닌 로렌치니병의 전기감각에 의해 저질중에 묻혀 있는 먹이생물이 발하는 생체전기를 감지하는 것이 되고, 또한 먹이생물을 흉내낸 10nV/㎝이하의 전위균배의 전장을 30㎝ 이상 떨어진 곳으로부터 발견해서 공격한다(그림 4-35) (Kalmijn, 1982). 해산어의 병모양 기관은 수백의 감각세포를 포함한 병모양부분과, 이것에서 체표까지 이어지는 가늘고 긴 관상부분으로 되어있다(그림 4-36). 병모양부와 관상부의 내강은 해수와 거의 같은 전기저항의 젤리상의 물질로 채워져 있다. 피부와 병모양 기관의 내벽의 전기저항은 대단히 높으므로, 젤리형의 물질은 전기 케이블과 같이 체내의 전장분포를 그대로 감각세포로 전한다(von der Emde, 1998). 판새류의 로렌치니병 관상부는 두부 또는 몸통의 앞부분의 등과 복부에 방사상으로 분포해서 개공한다. 이 때문에 좌우 및 등과 복측의 비대칭의 전장을 측정하는 것에 의해, 자극원의 방향검출이 가능하다고 한다(菅原, 2002). 한편, 병모양 부분은 여러개의 집단을 이루고 있고, 결합조직의 캅셀에 둘러싸여있다(그림 4-37). 전기수용세포의 적자극(適刺戟)은 세포체를 가로지르는 전위균배이다. 세포외(해수)가 세포내에 비교해서 상대적으로 마이너스의 전위가 되면, 세포는 탈분극 즉 수용기전위를 발생해서, 기저부의 시냅스로서 전달물질을 방출한다. 이것을 받은 구심성 신경섬유에서는 활동전위의 발생빈도가 증가한다(菅原, 2002). 구심성 신경섬유는 자극이 없어도 늘 활동전위를 발생한다. 역으로, 세포밖이 정상으로 되면 전기수용세포는 과분극하고, 전달물질의 방출은 감소하고, 나아가서는 구심성 신경섬유

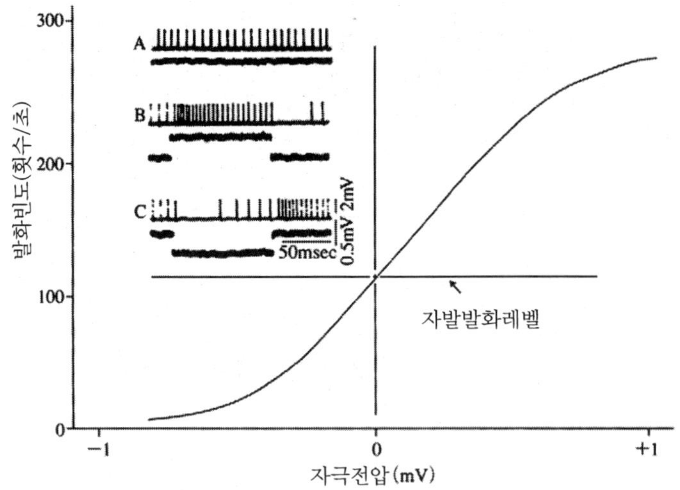

그림 4-38 약전어 Gymnotus의 병모양형 수용기의 입력 (자극전압)과 출력 (발화빈도)의 관계.
A: 입력이 없을 때의 자발발화. B: 세포 밖이 정상일 때의 흥분 (탈분극). C: 세포 밖이 낮을 때의 억제 (과분극). (Bennett (1970)으로부터 그림)

의 발화빈도도 감소한다. 가장 감도가 높은 주파수대는 1~8Hz 이다. 병모양형 수용기를 가진 진골어는 거의 담수어이고, 전기저항이 높은 생식 환경을 반영한 수용기의 관상부는 판새류에 비교해서 대단히 짧고(100㎛ 이하), 감도도 약 100㎶/㎝로 낮다(von der Emde, 1998). 판새류와 반대로, 수용세포는 세포밖이 상대적으로 바른 때에 탈분극하고, 마이너스 때에는 과분극한다(그림 4-38). 또한, 하나의 수용기는 1~20개의 수용세포로 된다. 지적주파수대(至適周波數帶)는 판새류보다도 높고, 메기류에서는 6~125Hz, 약전어에서는 50Hz이하이다. 흥미 깊은 것은 해산의 메기인 쏠종개의 수용기는 긴 관상부를 가진다. 수렴진화의 하나의 예로 생각되어진다. 메기는 전기감각에 의해서 작은 어류를 목표정위해서 포식할 수 있다(淺野 · 羽生, 1987).

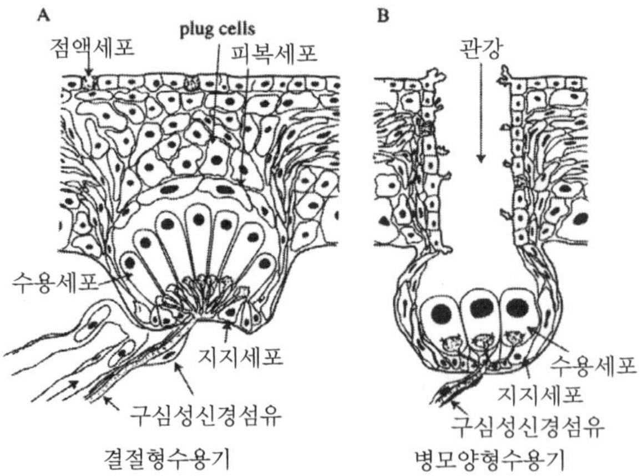

그림 4-39 약전어 *Eigenmannia*의 전기수용기의 모식도.
A: 결절형 수용기. B: 병모양형 수용기. (von der Emde (1998)에서 그림)

표4-2 약전어결절형전기수용기의 명칭

		위상검출형수용기	진폭검출형수용기
디무노티목	펄스방전종	M 型 (puse marker units)	B 型 (burst duration coders)
	웨이브방전종	T 型 (timing coders)	P 型 (probability coders)
몰미리과	펄스방전종	크로렌	몰미로마스트
	웨이브방전종	S형	O형

von der Emde (1998) 에서발췌

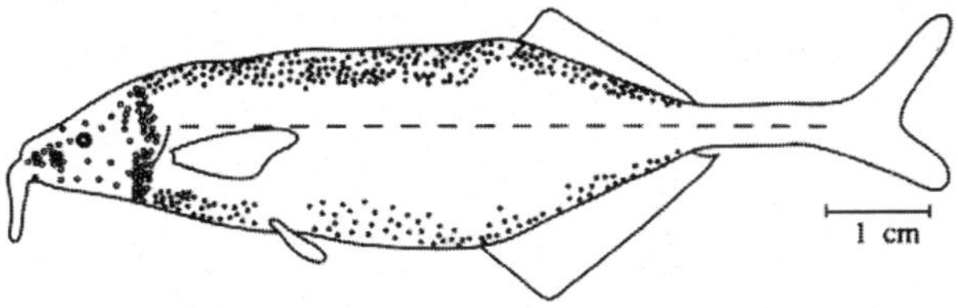

그림 4-40 약전어 *Gnathonemus*의 크노렌 기관 (○)과 몰미로마스트 (●)의 분포 (Szabo (1974)에서 그림)

결절형 수용기는 EOD를 하는 약전어의 어종에 있고, 자기와 다른 어류가 발하는 EOD를 감지한다. 병모양형 수용기보다도 높은 50~2,000㎐대를 담당하고, EOD의 위상(位相)에 동기(同期)해서 응답하는 위상검출형과, EOD의 진폭(강도)에 응해서 스파이크 발생의 잠시(潛時)와 빈도가 변하는 진폭 검출형이 있다(菅原, 2002). 결절형 수용기는 전기수용세포가 있는 기저부와, 여기서부터 체표의 개구부까지의 관상부로 된다(그림 4-39). 병모양형 수용기와는 달리, 관상부에는 세포(plug cells)가 천천히 막힌다. 이들의 수용기형은 약전어의 그룹마다 이름이 틀린다(von der Emde, 1998) (표 4-2). 위상검출형 수용기는 웨이브형과 펄스형의 신호를 묻지않고, 보통 하나의 EOD신호에 1회만 구심성 신경섬유로 활동전위를 일으킨다. 한편, 진폭검출형 수용기는 수용하는 EOD신호의 진폭이 큰마큼 구심성 신경섬유의 발화 빈도가 높다. 대부분의 약전어는 이들 2종류의 수용기를 사용하여 전기적 정위와 전기적 교신을 하지만(「제 2장 신경계」를 참조), 몰미르스과 어류만은 감도가 200㎶/㎝와 상당히 높은 크노렌기관(Knollenorgan)을 전기적 교신으로 사용한다.

잘 연구되어있는 몰미르스과의 결절형 수용기에는, 두부에 많이 분포하는 크노렌기관과, 체간부에 병모양기관과 혼재해서 분포하는 몰미로마스트가 있다(그림 4-40). 몰미로마스트는 외실과 내실로 되어 있고, 각각에 따로 수용세포가 부속한다(그림 4-41). 몰미로마스트수용기는 자극이 강한만큼, 활동전위가 발생하기까지의 잠기가 짧아지고, 활동전위의

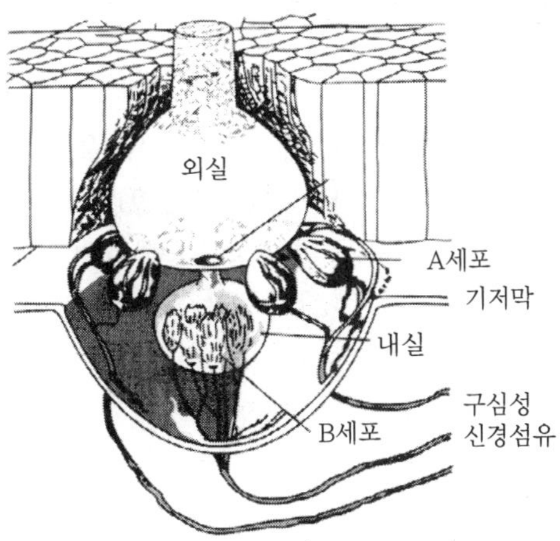

그림 4-41 약전어 *Gnathonemus*의 몰미로마스트 분포 수용기의 모식도. (von der Emde (1998)에서 그림)

수도 증가한다(菅原, 2002).

3-6 자 기 (磁 氣)

철새는 멀리 떨어진 월동지와 산란지의 사이를 건너고, 연어 · 송어류, 뱀자어등의 어류는 바다와 육지 사이를 회유하여 산란장소에 도달한다. 이러한 지구규모의 이동에, 동물은 사람에 없는 감각, 자기감각을 사용하고 있다는 하는 설이 있다. 지자기의 변화를 감지하는 기구에는, 자기 감각기에서 직접 지자기를 탐지하는 방법과, 상술한 전기 감각기로서 도체가 지자기의 가운데를 흐를 때 생기는 전류를 탐지하는 방법이 있다고 알려져 있다(Randall등, 2001).

1) 지자기(地磁氣)의 직접 감지 분홍연어와 황다랭이가 암흑중에서도 지자기에 의한 방위를 탐지할 수 있는 것이 행동학적 실험에 의해 증명되어(Quinn등, 1981; Walker, 1984), 분홍연어의 사골(篩骨, 비강의 천장을 형성하는 신경두개의 하나)로부터 고리형으로 이어진 미소한 자철강(磁鐵鋼, magnetite)의 결정이 발견된 것이 있어도(Mann and Sparks, 1988), 여기까지는 어떤 동물에 있어서도 자기수용기는 발견되지 않았다. 최근, Walker등(1997)은 무지개송어에 있어서, 안와의 등측부를 주행하는 삼차신경의 한가닥으로부터 자기자극(자계의 방향과 크기의 변화)에 응답하는 활동전위를 기록하는 것에 성공했다. 더욱이, 이들은 주자성 세균(magnetotactic bacteria)을 사용한다고 하는 교묘한 방법에 의해 무지개송어의 후상피의 기저막 근방에 자철광 결정을 포함한 세포를 발견하여 삼차신경 가지에 지용성의 신경 tracer를 주입하는 것에 의해, 같은 신경이 후상피 기저막 근방에 종말하는 것을 확인하였다. 나중에 같은 그룹은, 원자간력 현미경과 자계력 현미경을 사용하여, 무지개 송어의 후상피에 있는 세포에 전장 약 1㎛에 이르는 자철광 결정(磁鐵鑛 結晶)이 늘어서 있는 것이 존재하는 것을 증명하고, 이것이야말로 동물의 자기감각세포라고 결론지었다(Diebel등, 2000)

2) 지자기(地磁氣)의 간접 감지 맥스웰의 법칙에 따라, 지구 자장 가운데를 만안(湾岸)류와 같은 큰 도체가 흐르면, 20㎞에서 1V의 전위차(0.5㎷/㎝)가 발생하는 것으로 대략 계산되어있다(Randall등, 2001). 이 수치는 전기감각이 있는 해산어의 감각역치보다도 100~1000배 크므로, 탐지하는 것이 가능하다(Kalmijn, 1982). Randall등(2001)은 뱀장어류도 전기감각에 의해 지자기의 변화를 감지해서 해양을 회유한다고 생각하고 있다.

3-7 온 도

변온동물인 어류의 서식에 적합한 수온(적온, Optimum temperature)은 종마다 다르고, 어류가 적온을 찾아서 이동하는 것은 잘 알려진 사실이다(Holland등, 1992; Schurmann and Christiansen, 1994; Claireaux등, 1995). 이것을 행동적 체온조절(behavioral thermoregulation)이라고 한다. 적온을 선택하기 위해서 어류는 환경수의 온도변화를 변별할 수 없으면 안된다. 고전적인 조건을 사용한 행동실험에 의해 많은 어종이 0.03°~0.05℃라고 하는 적

표 4-3 어류의 온도변화에 대한 감각능력 (Murraym(1971)인용)

種	(℃)
Zoarces viviparus	+0.03
Blennius pholis	〃
Cottus bubalis (둑중개속)	〃
Liparis montagui	〃
Gadus merlangus (대구속)	〃
Ictalurus natalis (메기류)	+0.05
Carassius auratus (금붕어)	〃
Gobius flavescens	〃
Cottus scorpius (둑중개속)	〃
Cyclopterus lumpus	〃
Pleuronectes platessa	〃
Gadus callarias (대구속)	〃
Gadus virens (대구속)	+0.06
Carassius auratus (금붕어)	+0.1
Salmo gairdneri (무지개송어)	+0.1, −0.1
Ictalurus natalis (메기)	−0.5
Ameiurus nebulosus (메기)	<+1, <−1
Phoxinus laevis (잉어과)	〃

은 온도변화를 감지할 수 있는 것이 가능하다(Murray, 1971) (표 4-3).

어류의 체표에 있는 온도 수용기로서, 오래전에는 측선기관이 생각되어졌으나, 척수를 절단하면 온도 감각이 손상을 받는 것으로부터, 지금은 척수에서 나온 신경의 종말이라고 하는 생각이 일반적이다(Murray, 1971). 그러나, 그 후로는 체표의 온도 수용기에 관여하는 연구는 보이지 않는다.

척추동물의 시상(視床)의 앞쪽 부위인 시색전역(視索前域)/ 시상하부(視床下部)의 앞쪽 부위(PO/AH역)에 온도감수뉴런(thermosensitive neurons)이 존재하는 것이 어류로부터 포유류에 이르는 넓은 동물군에 있어서 알려져있다(Vasilenko, 1994를 참조). 어류 뇌의 온도 감수성(warm-sensitive)뉴런은 *Salvelinus fontinalis*에서 처음으로 발견되었다(Greer and Gardner, 1970). 그 이후, Nelson and Prosser(1981)은 *Lepomis cyanellus*에 있어서 뇌내 온도를 국소적으로 상승 또는 하강시키는 것에 의해, PO/AH역에서 몇 개의 타입의 온도감수성 뉴런을 발견하였다. 그것에 의하면 조사한 276개의 뉴런 가운데, 온도가 상승하면 발화빈도가 증가하는 온도 감수성이 27개, 온도가 하강하면 빈도가 감소하는 냉감수성(cold-sensitive)이 6개 있다(그림 4-42). 이들 이외는 온도변화에 감수성이 없었다. 더욱이 온도 감수성 뉴런은, 지수함수적으로 증가하는 타입, 직선적으로 증가하는 타입, 그 어느쪽도 아닌 타입등 3종류로 나뉜다(그림 4-42). 이들 온도 감수성 뉴런은 PO/AH역에 넓게 분포하지만, 특히 지수함수적은 정중부보다도 많이 분포하는 경향이 있다. 행동적 체온조절을 하는 일반적인 어종만이 아니고, 정어리류와 같이 체온을 해수온도 보다도 높이 유지하는 것이 되는 어종(Holland등, 1992)에서도, PO/AH역은 뇌내 온도의 정보와, 전신으로부터 모인 체온의 온도 정보를 통합하는 장소로 생각되어진다(Nelson and Prosser, 1981).

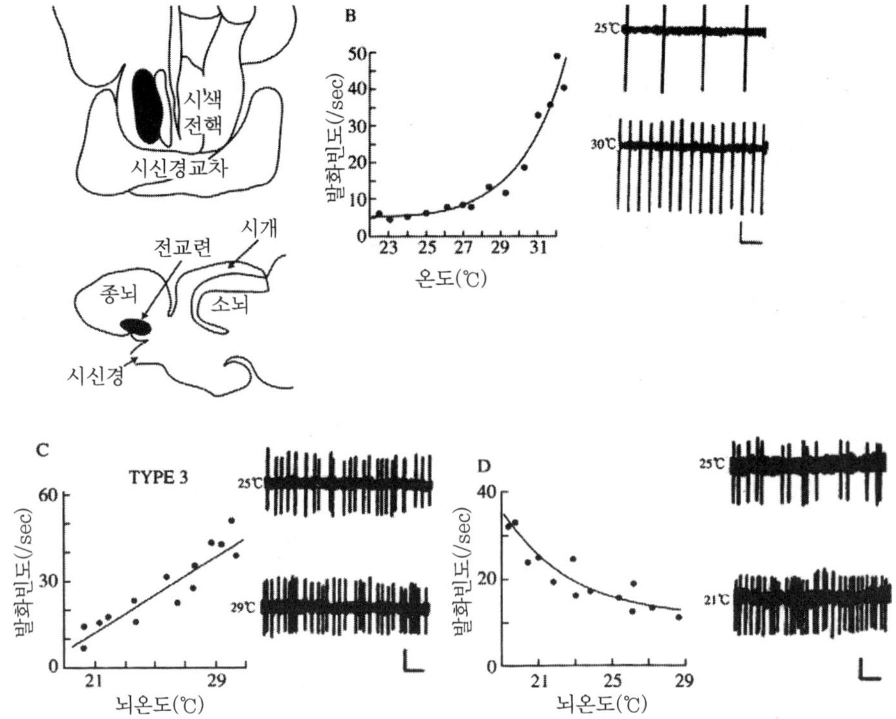

그림 4-42 Lepomis cyanellus시상하부에 있는 온도감수성뉴런의 분포역과 신경응답.
A : 종뇌미측부의 횡단면(상)과 화살표부분의 단명(하). 색이 짙은 부분이 분포역.
B : 온감수성 뉴런(지수관수형)의 발화양식. C : 온감수성 뉴런(직선형)의 발화양식.
D : 냉감수성 뉴런의 발화양식(Nelson and Prosser(1981))

3-8 근내 자기수용기

*Torpedo nobiliana*와 홍어류 *Raja clavata*의 가슴지느러미 근육(Bone and Chubb, 1975), 두툽상어류 *Scyliorhinus canicula*의 체측근(Bone and Chubb, 1976), 미국산 *Esox niger*과 *E. americanus*의 체측근(Ono, 1982), 잉어(Luiten, 1979)와 산천어(Maeda등, 1983)의 폐악근(閉顎筋)에는 신장 수용기라고 생각되어지는 신경종말이 발견되고 있다. 그러나, 모두 조직학적인 관찰이고, 생리학적으로는 증명되어 있지않다. 또한 근육에는 없지만, *Amia calva*의 폐표면에는 미주신경에 지배되는 신장수용기가 있고, 폐가 팽창하면 발화빈도가 증가하고, 수축하면 빈도가 감소한다(Milsom and Jones, 1985).

文　献

Ali, M. A. and M. Anctil (1976) : Retinas of fishes, Springer-Verlag, Berlin and New York, pp.25-42.

浅野昌充・羽生　功 (1987)：魚の行動と生体電気，回遊魚の生物学（森沢正昭，会田勝美，平野哲也編），学会出版センター，pp.181-195.

Atema, J. (1971) : Structures and functions of the sense of taste in the catfish, *Ictalurus natalis*, *Brain Behav. Evol.*, 4, 273-294.

Bardach, J. E., J. H. Todd and R. Crickmer (1967) : Orientation by taste in fish of the genus *Ictalurus*. *Science*, **155**, 1276-1278.

Bennett, M. V. L. (1970) : Comparative physiology : electric organs. *Annu. Rev. Physiol.* **32**, 471-528.

Bennett, M. V. L. (1971a) : Electric organs. *in* "Fish Physiology (vol.5) Sensory Systems and Electric Organs" (ed. by W. S. Hoar and D. J. Randall), Academic Press, New York, pp. 347-491.

Bennett, M. V. L. (1971b) : Electroreception. *in* "Fish Physiology (vol.5) Sensory Systems and Electric Organs", (ed. by W. S. Hoar and D. J. Randall), Academic Press, New York, pp. 493-574.

Biedenbach, M. A. (1971) : Functional properties of barbel mechanoreceptors in catfish. *Brain Res.* **27**, 360-364.

Biedenbach, M. A. (1973) : Functional properties and projection areas of cutaneous receptors in catfish. *J. Comp. Physiol.* (London). **180**, 592-606.

Blaxter, J. H. S. (1969) : Visual thresholds and spectral sensitivity of flatfish larvae. *J. Exp. Biol.*, **51**, 21-230.

Blaxter, J. H. S. (1970) : 2 Light, 2.3 Animals, 232 Fishes. in Marine ecology, Vol.1, Pt. 1, (O. Kinne ed.), Wiley-Interscience, London, pp.213-320.

Blaxter, J. H. S. (1987) : Structure and development of the lateral line. *Biomed. Rev.* **62**, 471-514.

Blaxter, J. H. S., E. J. Denton and J. A. B. Gray (1981) : Acousticilateralis systems in clupeid fishes. *in* "Hearing and Sound Communication in Fishes.", ed. by W. N. Tavolga, A. N. Popper and R. R. Fay, Springer, New York, pp.39-59.

Bone, Q. and A. D. Chubb (1975) : The structure of stretch receptor endings in the fin muscles of rays. *J. mar. biol. Ass. U. K.* **55**, 939-943.

Bone, Q. and A.D. Chubb (1976) : On the structure of corpuscular proprioceptive endings in sharks. *J. mar. biol. Ass. U. K.* **56**, 925-928.

Buwalda, R. J. A. (1981) : Segregation of directional and nondirectional acoustic information in the cod. *in* "Hearing and Sound Communication in Fishes.", (ed. by W. N. Tavolga, A. N. Popper and R. R. Fay), Springer, New York, pp.139-171.

Caprio, J. (1978) : Olfaction and taste in the channel catfish: An electrophysiological study of the responses to amino acids and derivatives. *J. Comp. Physiol.*, **123**, 357-371.

Carr, W. E. S., A. R. Gondeck and R. L. Delanoy (1976) : Chemical stimulation of feeding behavior in the pinfish, *Lagodon rhomboides* : A new approach to an old problem. *Comp. Biochem. Physiol.*, **54A**, 161-166.

Chiu, M. I., D. I. Zack, Y. Wand and J. Nathans (1994) : Murine and bovine blue cone pigment genes : cloning and characterization of two new members of the family of visual pigments. *Genomics*, **21**, 440-443.

Claireaux, G., D. M. Webber, S. R. Kerr and R. G. Boutilier (1995) : Physiology and behaviour of free-swimming Atlantic cod (*Gadus morhua*) facing fluctuating temperature conditions. *J. Exp. Biol.* **198**, 49-60.

Dale, T. (1976) : The labyrinthine mechanoreceptor organs of the cod *Gadus morhua* L. (Teleostei : Gadidae). Norw. *J. Zool.* **24**, 85-128.

Diebel, C. E., R. Proksch, C. R. Green, P. Nellson and M. M. Walker (2000) : Magnetite defines a vertebrate magnetoreceptor. *Nature*, **406**, 299-302.

Dodt, E. (1963) : Photosensitivity of the pineal organ in the teleost, *Salmo irideus* (Gibbons). *Experientia*, **19**, 42-643.

Ekström, P. and H. Meissl (1988) : Intracellular staining of physiologically identified photoreceptor cells and hyperpolarizing interneurons in the teleost pineal organ. *Neurosci.*, **25**, 1061-1070.

Fay, R. R. (1981) : Coding of acaustic information in the eighth nerve. *in* "Hearing and Sound Communication in Fishes.", (ed. by W. N. Tavolga, A. N. Popper and R. R. Fay), Springer, New York, pp.189-221.

Fay, R. R. and P. L. Edds-Walton (2000) : Directional encoding by fish auditory systems. *Philos. Trans. R. Soc.* Lond. [Biol], **355**, 1281-1284.

Finger, T. E. (1997) : Evolution of taste and solitary chemoreceptor cell systems. *Brain Behav. Evol.* **50**, 234-243.

Fletcher, L. B. and J. D. Crawford (2001) : Acoustic detection by sound-producing fishes (mormyridae) : The role of gas-filled tympanic bladders. *J. Exp. Biol.*, **204**, 175-183.

Fuke, S., S. Konosu and K. Ina (1981) : Identification of feeding stimulants for red sea bream in the extract of marine worm, *Perinereis brevicirrus*. *Nippon Suisan Gakkaishi*, **47**, 1631-1635.

福田一弥・神原　淳・曾嘈・日高磐夫 (1989)：ブリ若魚に対するスルメイカ筋肉エキスの摂餌刺激効果．日水誌，

55, 791-797.

Furukawa, T. and Y. Ishii (1967) : Neurophysiological studies on hearing in goldfish. *J. Neurophysiol.* 30, 1377-1407.

Glass, C. W., C. S. Wardle and W. R. Mojsiewicz (1986) : A light intensity threshord for schooling in the Atlantic mackerel, *Scomber scombrus*. *J. Fish Biol.*, 29 (Suppl. A), 71-81.

Goh, Y. and T. Tamura (1980) : Olfactory and gustatory responses to amino acids in two marine teleosts-red sea bream and mullet. *Comp. Biochem. Physiol.*, 66C. 217-224.

郷 保正・田村 保 (1981) : 魚類の化学物質に対する嗅覚応答, 魚類の化学感覚と摂餌促進物質 (日本水産学会編), 恒星社厚生閣, pp.36-47.

Goh, Y., T. Tamura and H. Kobayashi (1979) : Olfactory responses to amino acids in marine teleosts. *Comp. Biochem. Physiol.*, 62A. 863-868.

Greer, G. L. and D. R. Gardner (1970) : Temperature sensitive neurons in the brain of brook trout. *Science*, 169, 1220-1222.

Hanyu, I., H. Niwa and M. Tabata (1969) : A slow potential from the epiphysis cerebri of fishes. *Vision Res.*, 9, 621-623.

原 俊昭 (1970) : 嗅覚, 魚類生理 (川本信之編), 恒星社厚生閣, pp. 403-422.

Hara, T. J., K. Ueda and A. Gorbman (1965) : Electroencephalographic studies of homing salmon. *Science*, 149, 884-885.

Hibbard, E. (1971) : Grid patterns in the retinal organization of the cichlid fish *Astronotus ocellatus*. *Exp. Eye Res.*, 12, 175-180.

日高磐夫 (1991) : 味覚, 魚類生理学 (板沢靖男・羽生 功編), 恒星社厚生閣, pp.489-518.

Hidaka, I. and S. Yokota (1967) : Taste receptor stimulation by sweet-tasting substances in the carp. *Jpn. J. Physiol.*, 17, 652-666.

Hidaka, I. and Y. Ishida (1985) : Gustatory response in the shimaisaki (tigerfish) *Therapon oxyrhynchus*. *Nippon Suisan Gakkaishi*, 51, 387-391.

Hidaka, I., N. Nyu and S. Kiyohara (1976) : Gustatory response in the puffer-IV. Effects of mixtures of amino acids and betaine. *Bull. Fac. Fish. Mie Univ.*, 3, 17-28.

Hidaka, I., T. Ohsugi and T. Kubomatsu (1978) : Taste receptor stimulation and feeding behavior in the puffer, *Fugu pardalis*. I. Effect of single chemicals. *Chem. Sense Flavour*, 3, 341-354.

Holland, K. N., R. W. Brill, R. K. Chang, J. R. Sibert and D. A. Fournier (1992) : Physiological and behavioural thermoregulation in bigeye tuna (*Thunnus obesus*). *Nature*, 358, 410-412.

Iigo, M. and K. Aida (1995) : Effects of season, temperature, and photoperiod on plasma melatonin rhythms in the goldfish, *Carassius auratus*. *J. Pineal Res.*, 18, 62-68.

Iigo, M., M. Hara, R. Ohtani-Kaneko, K. Hirata, M. Tabata and K. Aida (1997) : Photic and circadian regulations of melatonin rhythms in fishes. *Biol. Signals*, 6, 225-232.

伊奈和夫・松井博司 (1980) : ゴカイの 1 種 (*Parinereis vancaurica*) に含まれるマダイ (*Chrysophrys major*) に対する摂餌刺激物質の検索. 農化, 54, 7-12.

Kaku, R. M., S. Tsumagiri, S. Kiyohara and S. Yamashita (1980) : Gustatory responses in the minnow, *Pseudorasbora parva*. *Physiol. Behav.*, 25, 99-105.

Kalmijn, A. J. (1971) : The electric sense of sharks and rays. *J. Exp. Biol.* 55, 371-383.

Kalmijn, A. J. (1982) : Electric and magnetic field detection in elasmobranch fishes. *Science*, 218, 916-918.

Kanwal, J. S. and J. Caprio (1983) : An electrophysiological investigation of the oro-pharyngeal (IX-X) taste system in the channel catfish, *Ictalurus punctatus*, *J. Comp. Physiol. A*, 150, 345-357.

Kanwal, J. S. and T. E. Finger (1997) : Parallel medullary gustatospinal pathways in a catfish : possible neural substrates for taste-mediated food search. *J. Neurosci.* 17, 4873-4885.

勝木保次 (1973) : 海洋動物生理 (内田清一郎編), 東京大学出版会, pp. 49-81.

清原貞夫 (2002) : 魚類の味覚ーその多様性と共通性からみる進化ー, 魚類のニューロサイエンスー魚類神経科学研究の最前線ー, (植松一眞・岡 良隆・伊藤博信編), 恒星社厚生閣, pp. 58-76.

Kiyohara, S., I. Hidaka, J. Kitoh and S. Yamashita (1985) : *J. Comp. Physiol.* A157, 705-716.

Kiyohara, S., S. Yamashita and S. Harada (1981) : High sensitivity of minnow gustatory receptors to amino acids. *Physiol. Behav.*, 26, 1103-1108.

Kobayashi, H. (1962) : A comparative study on electroretinogram in fish, with special reference to ecological aspects. *J. Shimonoseki Coll. Fish.*, 11 (3), 17-148.

小林 博・郷 保正 (1991) : 嗅覚, 魚類生理学 (板沢靖男・羽生 功編), 恒星社厚生閣, pp.471-487.

Konishi, J., M. Uchida and Y. Mori (1966) : Gustatory fibers in the sea catfish. *Jpn. J. Physiol.*, 16, 194-204.

Korn, H. and M. V. L. Bennett (1974) : Vestibular nystagmus and teleost oculomotor neurons : functions of electrotonic coupling and dendritic impulse initiation. *J. Neurophysiol.* 38, 430-451.

Lissman, H. W. and K. E. Machin (1958) : The mechanism of object location in *Gymnarchus niloticus* and similar fish. *J. Exp. Biol.* 35, 451-486.

Locket, N. A. (1970) : Deep-sea fish retinas. *Brit. Med. Bull.*, 26, 107-111.

Lowenstein, O. (1936) : The equilibrium functions of the vertebrate labyrinth. *Biol. Rev.* 11, 113-145.

Lowenstein, O. (1971) : The labyrinth. *in* "Fish Physiology (vol.5) Sensory Systems and Electric Organs" (ed. by W. S. Hoar and D. J. Randall), Academic Press, New York, pp. 207-240.

Lowenstein, O. and T. D. M. Roberts (1950) : The equilibrium function of the otolith organs of the Thornback ray (*Raja clavata*) *J. Physiol.* (London), **110**, 392-415.

Luiten, P. G. M. (1979) : Proprioceptive reflex connections of head musculature and the mesencephalic trigeminal nucleus in the carp. *J. Comp. Neurol.* **183**, 903-912.

Lythgoe, J. N. (1972) : List of vertebrate visual pigments. in Handbook of Sensory Physiology, Vol. VII/1, (H. J. A. Dartnall ed.), Springer-Verlag, Berlin, Heidelberg, New York, pp.604-624.

Lythgoe, J. N. (1980) : Vision in fishes: ecological adaptations. in Environmental physiology of fishes (M. A. Ali ed), Plenum Press, New York, pp. 431-445.

Maeda, N., S. Miyoshi and H. Toh (1983) : First observation of a muscle spindle in fish. *Nature*, **302**, 61-62.

Mann, S. and N. H. C. Sparks (1988) : Ultrastructure, morphology and organization of biogenic magnetite from sockeye salmon, *Oncorhynchus nerka*: implications for magnetoreception. *J. Exp. Biol.* **140**, 35-49.

Mano, H., D. Kojima and Y. Fukada (1999) : Exo-rhodopsin : a novel rhodopsin expressed in the zebrafish pineal gland. *Mol. Brain Res.*, **73**, 110-118.

Marks, W. B. (1965) : Visual pigments of single goldfish cones. *J. Physiol.*, **178**, 14-32.

Martin, R. L., C. Wood, W. Baehr and M. L. Applebury (1986) : Visual pigment homologies revealed by DNA hybridization. *Science*, **232**, 1266.

Marui, T., A. R. Evans, B. Zielinski and T. J. Hara (1983b) : Gustatory responses of the rainbow trout (Salmo gairdneri) palate to amino acids and derivatives. *J. Comp. Physiol.*, **153**, 423-433.

Marui, T., S. Harada and Y. Kasahara (1983a) : Gustatory specificity for amino acids in the facial taste system of the carp, *Cyprinus carpio* L. *J. Comp. Physiol.*, **153**, 299-303.

Meissl. H., T. Nakamura, and G. Thiele (1986) : Neural response mechanisms in the photoreceptive pineal organ of goldfish. *Comp. Biochem. Physiol.*, **84A**, 467-473.

Meissl, H. and P. Ekström (1988a) : Dark and light adaptation of pineal photoreceptors. *Vision Res.* **28**, 49-56.

Meissl, H. and P. Ekström (1988b) : Photoreceptor responses to light in the isolated pineal organ of the trout, *Salmo gairdneri. Neurosci.*, **26**, 1071-1076.

Milsom, W. K. and D. R. Jones (1985) : Characteristics of mechanoreceptors in the air-breathing organ of the holostean fish, *Amia calva. J. Exp. Biol.* **117**, 389-399.

Montgomery, J. C., C. F. Baker and A. G. Carton (1997) : The lateral line can mediate rheotaxis in fish. *Nature*, **389**, 960-963.

Montgomery, J., S. Coombs and J. Janssen (1994) : Form and function relationships in lateral line systems : comparative data from six species of Antarctic notothenioid fish. *Brain Behav. Evol.* **44**, 299-306.

Montgomery, J., S. Coombs and M. Halstead (1995) : Biology of the mechanosensory lateral line in fishes. *Rev. Fish Biol. Fisheries*, **5**, 399-416.

Moore, A., S. M. Freake and I. M. Thomas (1990) : Magnetic particles in the lateral line of the Atlantic salmon (*Salmo salar* L). *Phil. Trans. R. Soc. Lond.* **B329**, 11-15.

森田之大・田畑満生（1983）：ヤツメウナギの行動と松果体. 行動のリズムと学習（久保田競・堀田凱樹編），産業図書，pp.35-45.

Munk, O. (1966) : Ocular anatomy of some deep-sea teleosts. *Dana-Rep.*, **70**, 1-63.

Muntz, W. R. A. and J. R. Cronly-Dillon (1966) : Colour discrimination in goldfish. *Anim. Behav.*, **14**, 351-355.

Murray, R. W. (1962) : The response of the ampullae of Lorenzini of elasmobranchs to electric stimulation. *J. Physiol.* (London). **180**, 592-606.

Murray, R. W. (1965) : Electroreceptor mechanisms : the relation of impulse frequency to stimulus strength and responses to pulsed stimuli in the ampullae of Lorenzini of elasmobranchs. *J. Physiol.* **180**, 592-606.

Murray, R. W. (1971) : Temperature receptors. *in* "Fish Physiology (vol.5) Sensory Systems and Electric Organs" (ed. by W. S. Hoar and D. J. Randall), Academic Press, New York, pp. 121-133.

Nelson, D. O. and C. L. Prosser (1981) : Temperature-sensitive neurons in the preoptic region of sunfish. *Am. J. Physiol.* **241**, R259-263.

Nevitt, G. A., A. H. Dittman, T. P. Quinn and W. J. Moody (1994) : Evidence for a peripheral olfactory memory in imprinted salmon. *Proc. Natl. Acad. Sci. U.S.A.*, **91**, 4288-4292.

Nicol, J. A. C. (1989) : The eyes of fishes, Clarendon Press, Oxford, pp.308.

小田洋一・中山寿子（2002）：逃避運動の制御と学習を担うマウスナー細胞，魚類のニューロサイエンス－魚類神経科学研究の最前線－（植松一眞・岡　良隆・伊藤博信編），恒星社厚生閣，pp. 22-37・

Ohsugi, T., I. Hidaka and M. Ikeda (1978) : Taste receptor stimulation and feeding behaviour in the puffer, *Fugu pardalis*. I. Effects produced by mixtures of constituents of clam extracts. *Chem. Senses Flavour*, 3, 355-368.

大村百合（1988）：魚類の光感覚器官の形態と日周リズム．水産動物の日周活動（羽生　功・田畑満生編），恒星社厚生閣，pp.47-62.

Omura, Y. and M. Oguri (1991) : Photoreceptor development in the pineal organ and the eye of *Plecoglossus altivelis* and *Paralichthys olivaceus* (Teleostei). *Cell Tissue Res.*, **266**, 315-323.

Omura, Y. and M. Oguri (1993) : Early development of the pineal photoreceptors prior to the retinal differentiation in the embryonic rainbow trout, *Oncorhynchus mykiss* (Teleostei). *Arch. Histol. Cytol.*, 56, 283-291.

Ono, R. D. (1979) : Sensory nerve endings of highly mobile structures in two marine teleost fishes. *Zoomorphologie* 92, 107-114.

Ono, R. D. (1982a) : Structure of tendon organs in fishes of the genus Polymixia. With note on an unique intrinsic musculature system (Pisces : Teleostei) *Zoomorphologie* 99, 131-144.

Ono, R. D. (1982b) : Proprioceptive endings in the myotomes of the pickerel (Teleostei : Esocidae). *J. Fish Biol.* 21, 525-535.

Partridge, B.' L. (1981) : lateral line function and the internal dynamics of fish schools. *in* "Hearing and Sound Communication in Fishes.", ed. by W. N. Tavolga, A. N. Popper and R. R. Fay, Springer, New York, pp. 515-521.

Philp, A. R., J. M. Garcia-Fernandez, B. G. Soni, R. J. Lucas, J. Bellingham and Foster, R. G. (2000) : Vertebrate ancient (VA) opsin and extraretinal photoreception in the atlantic salmon (*Salmo salar*). *J. Exp. Biol.*, 203, 1925-1936.

Platt, C. (1977) : Hair cell distribution and orientation in goldfish otolith organs. *J. Comp. Neurol.* 172, 283-296.

Platt, C. (1983) : The peripheral vestibular system of fishes. *in* "Fish Neurobiology" vol.1 (ed by. R. G. Northcutt and R. E. Davis) , pp. 89-123, the University of Michigan Press, Ann Arbor.

Popper, A. N. (1977) : A scanning electron microscopic study of the sacculus and lagena in the ear of fifteen species of teleost fishes. *J. Morph.* 153, 397-418.

Popper, A. N. and R. R. Fay (1993) : Sound detection and processing by fish : critical review and major research questions. *Brain Behav. Evol.* 41, 14-38.

Popper, A. N. and C. Platt (1993) : Inner ear and lateral line. *in* "The Physiology of Fishes" (ed. by D. H. Evans), CRC Press, Boca Raton, pp. 99-136.

Popper, A. N., C. Platt and W. M. Saidel, (1982) : Acoustic functions in the fish ear. *Trends Neurosci.* 5, 276-280.

Quinn, T. P. (1981) : Magnetic field detection in sockeye sakmon. *J. Exp. Zool.* 217, 137-142.

Randall, D., W. W. Burggren and K. French (2001) : Eckert Animal Physiology : Mechanisms and Adaptations, Freeman, New York, pp. 736.

Reutter, K. (1971) : Die Geschmacksknospen des Zwergwelses Amiurus nebulosus (Lesueur). Morphologische und histochemische Untersuchungen. *Z. Zellforsch, Mikrosk. Anat.*, 120, 280-308.

Reutter, K. (1978) : Taste organ in the bullhead (Teleostei), *Adv. Anat. Embryol. Ce. Biol.*, 55, 1-98.

Reutter, K. (1992) : Structure of the peripheral gustatory organ, represented by the siluroid fish *Plotosus lineatus* (Thunberg), in Fish Chemoreception (T.J. Hara ed.), Chapman & Hall, London, pp.60-78.

Roberts, B. L. and G. E. Meredith (1989) : The efferent system. in "The Mechanosensory Lateral Line : Neurobiology and Evolution.", ed. by S. Cooms, P. Gorner and H. Muntz, Springer Verlag, New York, pp. 445-460.

ローマー, A. S.と T. S. パーソンズ (1983) : 脊椎動物のからだ : その比較解剖学, 平光礪司訳, 法政大学出版局, pp.617. (A. S. Romer and T. S. Parsons, The Vertebrate Body, 5th ed., Saunders, 1977)

Sand, O. (1974) : Directional sensitivity of microphonic potentials from the perch ear. *J. Exp. Biol.* 60, 881-899.

Schellart, N. A. M. and R. J. Wubbels (1998) : The auditory and mechanosensory lateral line sysytem. in "The Physiology of Fishes (2nd ed.) ", (ed. by D. H. Evans, CRC Press), Boca Raton, pp. 283-312.

Schuijf, A. (1981) : Models of acaustic localization. in "Hearing and Sound Communication in Fishes.", (ed. by W. N. Tavolga, A. N. Popper and R. R. Fay) , Springer, New York, pp.267-310.

Schuijf, A. and A. D. Hawkins (1983) : Acoustic distance discrimination by the cod. *Nature*, 302, 143-144.

Schurmann, H. and J. S. Christiansen (1994) : Behavioral thermoregulation and swimming activity of two Arctic teleosts (Subfamily gadinae) - the Polar cod (*Boreogadus saida*) and the navaga (*Eleginus navaga*). *J. Therm. Biol.* 19, 207-212.

Shimizu, M., H. Kudo, H.Ueda, A. Hara, K. Shimazaki and K. Yamauchi (1993) : Identification and immunological properties of an olfactory system-specific protein in kokanee salmon (*Oncorhynchus nerka*). *Zool. Sci.*, 10, 287-294.

添田秀男・畠山良己・川村軍蔵編 (1998) : 魚類の聴覚生理ー魚の音感知能力を探る, 恒星社厚生閣, pp. 402.

宗宮弘明・丹羽　宏 (1991) : 視覚, 魚類生理学 (板沢靖男・羽生　功編), 恒星社厚生閣, pp.403-441.

Soni, R. G., A. R. Philp, R. G. Foster and B. E. Knox (1998) : Novel retinal photoreceptors. *Nature*, 394, 27-28.

Sorensen, P. W. (1992) : Hormones, pheromones, and chemoreception, in Fish Chemoreception (T. J. Hara ed.), Chapman & Hall, London, pp.199-228.

Stacey, N. E. and A. L. Kyle (1983) : Effects of olfactory tract lesions on sexual and feeding behavior in the goldfish, *Physiol. Behav.*, 30, 621-628.

菅原美子 (2002) : 弱電気魚の電気感覚ーその起源から電気的交信までー, 魚類のニューロサイエンスー魚類神経科学研究の最前線ー (植松一眞・岡　良隆・伊藤博信編), 恒星社厚生閣, pp. 137-159.

Sutterlin, A. M. (1975) : Chemical attraction of some marine fish in their natural habitat. *J. Fish. Res. Bd. Can.* 32,

729-738.

Sutterlin, A. M. and N. Sutterlin (1971) : Electrical responses of the olfactory epithelium of Atlantic salmon (Salmo salar). *J. Fish. Res. Bd. Can.* **28**, 565-572.

Suzuki, N. and D. Tucker (1971) : Amino acids as olfactory stimuli in freshwater catfish, *Ictalurus catus* (Linn). *Comp. Biochem. Physiol.*, **40A**, 399-404.

Szabo, T. (1965) : Sense organs of the lateral line system in some electric fish of the Gymnotidae, Mormyridae and Gymnarchidae. *J. Morph.* **117**, 229-250.

Szabo, T. (1974) : Anatomy of the specialized lateral line organs of electroreception. in Handbook of Sensory Physiology III/3. "Electroreceptors and other specialized receptors in lower vertebrates.", (ed. by A. Fessard), Springer-Verlag, pp. 14-58.

Tabata, M. (1982) : Persistence of pineal photosensory function in blind cave fish, *Astyanax mexicanus. Comp. Biochem. Physiol.*, **73A**, 125-127.

Tabata, M., T. Suzuki and H. Niwa (1985) : Chromophores in the extraretinal photoreceptor (pineal organ) of teleost. *Brain Res.*, **338**, 173-176.

Tabata, M., T. Tamura and H. Niwa (1975) : Origin of the slow potential in the pineal organ of the rainbow trout. *Vision Res.*, **15**, 737-740.

田村 保 (1991) : 魚類生理学概論, 恒星社厚生閣, 288pp.

Tateda, H. (1964) : The taste response of the isolated barbel of the catfish. *Comp. Biochem. Physiol.*, **11**, 367-378.

Teichmann, H. (1962) : Was leister der Geruchssinn bei Fishen? *Umschau*, **62**, 588- 591.

Thommesen, G. (1982) : Specificity and dstribution of olfactory receptor cells in the olfactory mucosa of char (*Salmo alpinus* L.), *Acta Physiol., Scand.*, **115**, 47-56.

Tomita, T., A. Kaneko, M. Murakami and E. L. Pautler (1967) : Spectral response curves of single cones in the carp. *Vision Res.*, **7**, 519-531.

Traill, A. B. and R. F. Mark (1970) : Optic and static contributions to ocular counter-rotation in carp. *J. Exp. Biol.* **52**, 109-124.

上田一夫・佐藤真彦・岡 良隆 (1981) : 魚類嗅覚神経系の構造. 魚類の化学感覚と摂餌促進物質 (日本水産学会編), 恒星社厚生閣, pp.9-25.

Vasilenko, V.Y. (1994) : Thermosensitivity : an intrinsic property of hypothalamic neurons. *J. Therm. Biol.* **19**, 219-236.

Vigh-Teichmann, I., H-W. Korf, F. Nurnberger, A. Oksche, B. Vigh and R. Olsson (1983) : Opsin-immunoreactive outer segments in the pineal and parapineal organs of the lamprey (Lampetra fluviatilis), the eel (Anguilla anguilla), and the rainbow trout (*Salmo gairdneri*). *Cell Tissue Res.*, **230**, 289-307.

von der Emde, G. (1998) : Electroreception. *in* "The Physiology of Fishes (2nd ed.)", (ed. by D. H. Evans), CRC Press, Boca Raton, pp. 313-343

von Frisch, K. (1935) : Riechen und Schmecken beim Menschen und bei den Tieren. *Natur Volk*, **65**, 268-283.

von Frisch, K. (1936) : Über den Gehörsinn der *Fische. Biol. Rev.* **11**, 210-246.

von Frisch, K. (1941) : Die Bedeutung des Geruchssinnes im Leben der Fische. *Naturwiss.*, **29**, 321-333.

Walker, M. M. (1984) : Learned magnetic field discrimination in yellowfin tuna, *Thunnus albacares. J. Comp. Physiol.* **A 155**, 673-679.

Walker, M. M., C. E. Diebel, C. V. Haugh, P.M. Pankhurst and J. C. Montgomery (1997) : Structure and function of the vertebrate magnetic sense. *Nature*, **390**, 371-376.

Webb, J. F. (1989) : Gross morphology and evolution of the mechanoreceptive lateral-line system in teleost fishes. *Brain Behav. Evol.* **33**, 34-53.

Wisby, W. J. and A. D. Hasler (1954) : Effect of olfactory occulusion on migrating silver salmon (*Oncorhynchus kisutch*). *J. Fish. Res. Bd. Can.*, **11**, 472-478.

山田英智 (1967) : 網膜の微細構造, 生体の科学, **18**, 54-66.

Yoshii, K., Kamo, N., Kurihara, K. and Kobatake, Y. (1979) : Gustatory responses of eel palatine receptors to amino acids and carboxylic acids. *J. Gen. Physol.*, **74**, 301-317.

Zeiske, E., B. Theisen and H. Breucker (1992) : Structure, development, and evolutionary aspects of the peripheral olfactory system. in Fish Chemoreception (T. J. Hara ed.), Chapman & Hall, London, pp.13-39.

제 5 장 유 영

§ 1. 수중의 운동

물 속에 사는 어류의 유영운동은 육상에서 서식하는 동물의 운동양식과는 크게 다르다. 새나 짐승 등 육상의 동물들은 운동전에 우선 중력에 맞서 몸을 지면으로부터 들어올리는 것이 전제가 된다. 한편, 어류는 공기보다도 훨씬 밀도가 높은 물속에서 서식하기 때문에 큰 부력을 받게 된다. 부레의 부력조절작용이나 전진운동에 의한 미미한 양력의 발생에 의해 중력의 구속으로부터 해방되어 거의 무중력상태로 유영하는 것이 가능하다. 그 때문에 어류는 육상동물이 가지는 항중력근은 가지지 않는다. 몸통의 근육은 전진을 위한 추진력만을 발생시키면 되는 것이다. 이점이 어류의 유영운동과 육상 서식동물의 운동과 최대의 차이점이라고 할 수 있다.

어류의 유영동물은 일반적으로 몸통과 그 연장선상의 꼬리지느러미에 의해 이루어진다. 육상 서식동물의 사지에 해당하는 대칭형의 지느러미는 평형유지를 위한 보조적인 기관으로 되어 있다. 이에 비해 초기의 육상 서식동물에서는 짝을 이루는 사지는 전진을 위한 주요기관이며 꼬리는 몸의 균형을 유지하는 것에 지나지 않는다. 최초의 양서류에서 시작된 이와 같은 운동양식은 다양한 변화를 일으키면서도 육상 서식동물의 모든 진화사를 통하여 이어지고 있다. 즉 어류의 운동양식은 몸통형, 육상 서식동물에서는 부속지(附屬肢)형에 해당한다고 할 수 있다.

어류는 수중에서 쉽게 큰 부력과 양력을 얻을 수 있는 반면, 운동 시에는 큰 저항에 부딪히게 된다. 실제로 관찰된 돌고래의 유영속도를 기준으로 산출된 단위중량 당의 근출력(筋出力)은 육상 서식동물의 상식적인 값보다도 훨씬 큰 값이 되고 만다. 이것은 Gray (1936)의 패러독스라고 불리어, 수중에서 움직이는 운동이 항력을 대폭으로 경감시키기 위한 어떠한 메카니즘을 가지고 있는 것을 시사하고 있다. 이것도 육상 서식동물에서는 보여지지 않는 수중에서 운동하는 동물의 특징이라고 할 수 있다.

§2. 유영과 형태

2-1 외부형태

수중에서 운동에 적합한 형태란 어떠한 것일까? 수중에서 높은 운동능력을 발휘하는 상어나 돌고래와 백악기에 바다를 지배한 어룡(魚龍)인 Ichthyosaurus 를 비교해 보면, 그 형태가 매우 닮아있다는 것을 알 수 있다(그림5-1). 각각 어류, 포유류, 파충류와 계통적으로 크게 다른 동물군에 속해 있으면서도 모두 저항이 적은 방추형의 몸통과 그 끝에 전진운동을 위한 큰 꼬리지느러미를 가지고 있다. 또한 몸의 안정성을 유지하기 위하여 큰 등지느러미와 방향전환을 위한 한 쌍의 가슴지느러미를 가지고 있는 것도 공통점이라 할 수 있다. 포유류의 돌고래나 파충류의 어룡은 진화의 과정에서 일단 육상으로 진출하여 발달시킨 뒷다리를, 다시 수중으로 돌아와 퇴화시켜 저항의 경감을 꾀하였다. 수중의 운동 효율을 최대화한 결과, 계통적으로 크게 멀어진 3개의 동물군이 각각 놀랄 만큼 유사한 답을 제시하고 있다. 수중의 운동기능에 있어서의 수렴진화의 결과라고 할 수 있을 것이다.

수중의 운동이라고 하는 단일의 기능을 추구한 경우에는 위에서 기술한 바와 같이 수렴현상이 보이지만, 수중의 생활을 유리하게 진행시키기 위한 기능은 운동능력 이외에도 다수 존재하고, 이에 따른 어류의 몸 형태는 다양하게 분화되어 있다. 일반적으로 어류의 체형은 크게 다섯가지로 나눌 수 있다. 외양성의 상어나 가다랑어를 대표로 하는 방추형, 돔, 가자미 등의 측편형, 가오리나 아귀와 같은 종편형, 뱀장어나 바다뱀 등의 신장형 및 복어나 빨간씬벵이와 같은 단축형이다. 이와 같은 형태의 다양성은 유영 시의 운동양식에도 다양한 변화를 가져다주고 있다.

그림5-1 수중의 운동에 적응한 형태
위로부터 상어, 어룡, 돌고래. Howell (1970)에서 인용

가다랑어 · 참다랑어류나 외양성의 상어 등 큰 유영력을 가진 어류는 방추형의 체형을 가지고, 수중에서 저항이 적은 유선형을 하고 있다. 이러한 어체의 각 부위의 단면은 거의 종편의 장타원으로 되어 있다. 두부에 가까운 단면은 상부가 약간 넓고, 미부에 가까워지면서 단면은 장축과 단축의 비가 적어져 원에 가까워진다. 더욱이 미병부에서는 오히려 좌우로 돌출되어 있고, 단면은 옆으로 긴 타원으로 된다. 이것은 꼬리지느러미의 융기연(caudal keel; 이하 킬)으로 불리고, 저항을 경감하는 역할을 담당한다. 미병은 유영시에 체측근의 힘이 한점에 모여지고 고속으로 좌우 진

동을 한다. 여기서 상하로 엷고 좌우로 길게 돌출된 형태의 킬구조는, 미병부가 좌우로 진동할 때의 저항을 낮게 억제하는 동시에, 역학적으로 보강된 연결부로서 몸측 근육과 꼬리지느러미를 연결한다. 그 외에 어체의 저항을 적게 하기 위해서는 눈, 코, 입, 아가미뚜껑 등이 돌출되지 않고, 전체의 선이 부드러운 외형을 가질 필요가 있다. 가다랑어 · 참다랑어류에서는 제1등지느러미와 배지느러미는 선회, 감속 등 특별한 유영동작을 할 때 이외에는 일반적으로 안쪽으로 접어 수납하고 있고, 고속으로 유영할 때에는 양력을 얻기 위해 가슴지느러미마저도 닫아 몸쪽으로 오목하게 접는다.

몸통 축의 후단에 위치하는 꼬리지느러미는 많은 종류의 어종에서 운동양식이나 추진효율을 결정하는 중요한 유영기관이다. 원구류의 꼬리지느러미는 후연이 원형이고, 상어류의 그것은 상엽이 하엽보다 큰 부대칭을 하고 있다. 한편, 가오리류의 꼬리지느러미는 퇴화적인 형태를 가지고 있다. 경골어류의 꼬리지느러미는 그 후연의 형태에서 원형(圓型), 절(截)형, 만입(灣入)형, 이차(二叉)형 등으로 분류되지만, 많은 경우 상하상칭으로 되어 있다. 유영력이 높은 가다랑어 · 참다랑어류는 큰 초승달 모양의 강한 꼬리지느러미를 가진다. 상어류의 상하비상칭의 꼬리지느러미는 부정미(heterocercal tail)이라고 한다. 그러나 악상어 Lamna ditropis 나 청상아리 Isurus oxyrinchus 등 외양표층성의 대형 상어에서는 꼬리지느러미가 상하상칭의 초승달의 형태를 가지고 높은 유영능력을 나타낸다. 꼬리지느러미 이외의 대칭을 이루지 않는 지느러미는 등지느러미와 뒷지느러미가 있다. 이것들은 어체가 옆으로 기우는 것을 방지하는 역할을 하고, 급속한 방향전환 시에 몸의 안정을 유지한다.

한편, 대칭지느러미라 불리는 몸의 측면에 좌우 한 개씩 쌍을 이루는 가슴지느러미와 배지느러미는 방향전환 시에 브레이크나 방향키의 역할을 한다. 그 중에서도 가슴지느러미는 그 위치와 형상에 따라 다양한 역할을 가진다. 가다랑어 · 참다랑어류는 정상 유영상태에는 높은 위치에 있는 가슴지느러미를 넓게 펼쳐 양력을 얻는 데 이용된다. 몸의 측면 배부근에 가까운 낮은 위치에 거의 수평으로 위치한 상어의 가슴지느러미는 양력의 면으로서 작용하는 것뿐만이 아니라 몸의 상하의 흔들림을 방지하는 역할을 한다.

피부와 비늘도 외부형태의 일부로서 어류의 유영운동에 큰 영향을 미친다. 생물의 몸은 강체(견고하고 딱딱한 몸)가 아닌 물의 흐름 속에서 능동적 혹은 수동적으로 체표면을 변형시켜 저항을 감소시키는 역할을 가지고 있는 것으로 알려져 있다. 돌고래는 고속으로 유영할 때, 체표면에 꼬리 부분을 향해 진동시키는 파동(속도주름)의 존재가 알려져 있다. 이러한 표면구조를 active skin 이라고 한다. Kraemer (1960)는 강체모형을 돌고래의 피부를 본뜬 고무막으로 덮어 심해에서 유영시켜 저항을 측정하였다. 그 결과 실제로 저항이 적어지는 것을 관찰하였고, 유연한 체표면을 가진 생물의 저항감소기능이 시사되었다. 이것이 위에서 기술한 Gray (1936)의 패러독스의 답 중 하나이다.

2-2 내부구조

척추는 두골과 함께 어체를 지지하는 중추골격이다. 이것은 두골후단에서부터 꼬리말단까지 일렬로 정렬되어 다수의 척추골로 되어 있고, 부드러운 굴곡운동을 가능하게 한다. 또한 각각의 척추골은 그 전후단의 등쪽과 배쪽에 각각 소돌기를 가지고 있고, 인접하는 척추골 상호간의 관절을 견고하게 하고 있다. 유영력이 높은 가다랑어 · 참다랑어류, 연어류, 날치류에서는 꼬리 말단부위에 가까운 척추골의 몇 개는 유착하여 판상으로 변형되어, 꼬리지느러미를 지지하는 꼬리뼈를 구성하고 있다(松原 등, 1979).

어류의 전진운동은 주로 체측골의 신축에 기인한다(그림 5-2). 체측골은 신경극과 혈관극을 포함하여 수직격막(vertical septum)과 복강에 의해 좌우로 이분된다. 한쪽의 체측근은 척추골에 함몰되어 전후로 연결된 활모양의 근절(myomera)로 되어 있는 명료한 체절구조로 되어 있다. 어류의 체측근에서 나타나는 체절제(體節制)는 유미양서류에서도 명료하게 남아 있고, 포유류의 태아에도 어떤 시기까지는 나타난다. 어류의 경우, 체절로서 발생하는 체측근이 심한 변형을 받지 않고 성체로 되고, 지속적으로 보존된다(日比谷, 1976). 근접한 근절은 근격(myoseptum)에 의해 접속된다. 근절은 척추골에서부터 좌우측방향으로 넓혀진 건상(힘줄기둥모양)의 수평격막(horizontal septum)에 의해 등과 배 양측으로 분리되어 각각의 전굴곡부는

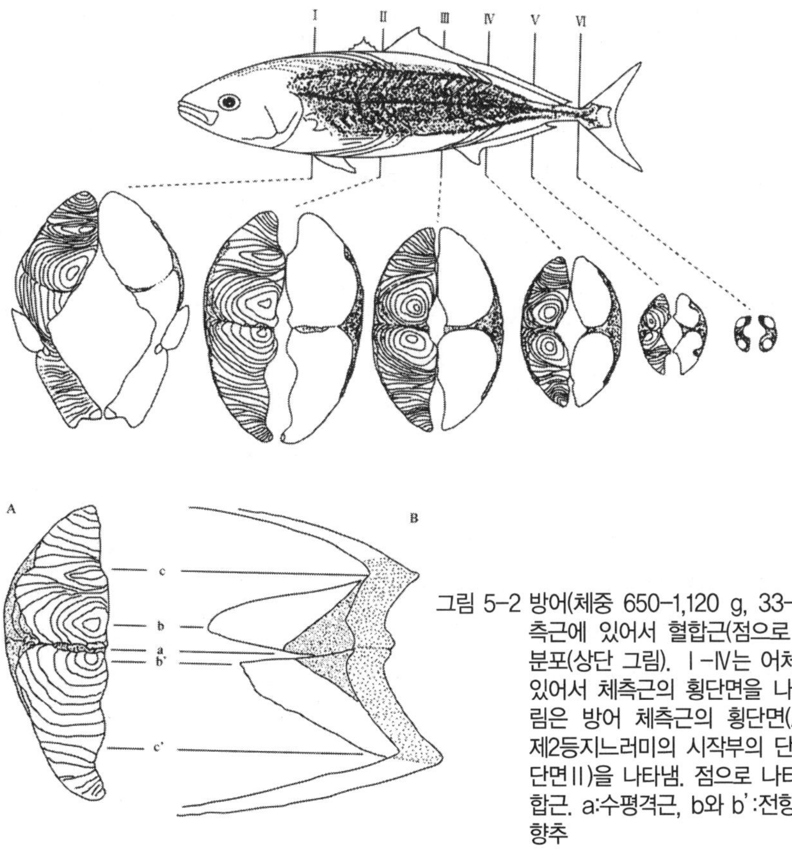

그림 5-2 방어(체중 650-1,120 g, 33-42 cm)의 체측근에 있어서 혈합근(점으로 그린 부위)의 분포(상단 그림). I -IV는 어체의 각 부위에 있어서 체측근의 횡단면을 나타냄. 하단 그림은 방어 체측근의 횡단면(A)과 근격(B). 제2등지느러미의 시작부의 단면(상단그림의 단면II)을 나타냄. 점으로 나타낸 부위는 혈합근. a:수평격근, b와 b':전향추, c와 c':후향추

전향추(anterior cone)를 형성하고 또한 후굴곡부는 후향추(posterior cone)를 형성하여 전후로 돌출되어 있다.

각근절의 중앙표층부에는 적색 또는 갈색의 혈합근(적색근; dark muscle 또는 red muscle)이 분포하고, 수평격근에 함몰된 척추골을 향해 함입한다(그림 5-2). 혈합근 이외의 체측근의 대부분은 보통근(ordinary muscle 또는 백색근 white muscle)로 불리고, 혈합근의 색체에 비교하여 적색 정도가 약하다. 이 두가지 근의 경계부분에는 색 · 형태 · 기능 모두가 양자의 중간적인 특징을 가진 중간근(pink muscle)이 분포한다. 혈합근은 많은 어종에서 체측근 중앙의 표층부에 발달하고, 심부를 향해 급격하게 적어지는 것이 일반적이지만, 그 중에서는 가다랑어 · 참다랑어류와 같이 심부에 발달한 진정혈합근(또는 심부혈합근 true dark muscle)을 가지는 것도 있다.

방어의 체측근을 몸의 축을 기준으로 수직 단면을 보면, 혈합근 면적 및 전근육 면적은 모두 제2등지느러미의 시작부위의 단면에서 최대가 되고, 그것보다 전후로 멀어질수록 작아지게 된다(그림 5-2). 그러나 단면의 총 근육면적에 점하는 혈합근의 비율은 어체의 후방일수록 커지고, 미병흡핵부에서는 56%를 넘는다. 즉, 하나의 근절 중의 혈합근의 비율은 미부로 갈수록 커지게 된다. 한편, 전혈합근이 전체 측근에 점하는 비율은 방어의 경우 중량으로 9.0%이다. 많은 어종에서 혈합근의 경우는 10%를 넘지 않는다. 더욱이 숭어 9.3, 고등어 8.4, 전갱이 6.5, 붕어 *Carassius suratus* 3.9, 청돔 *Sparus sarba* 3.2, 잉어 2.7, 무지개송어 2.5, 보리멸 *Sillago sihama* 1.2이다(塚本, 1980) 일반적으로 고등어과 *Scombridae*, 청어과 *Clupeidae*, 전갱이과 *Carangidae* 등 활동성이 높은 어류일수록 높은 수치를 나타낸다(Greer-Walker and Pull, 1975).

§3. 유영속도

3-1 유영형

방추형이나 측편형 등, 몸의 형태에 의한 분류와는 별도로 추진기관으로서 움직이는 어체의 부위와 그 가동부의 넓이에 의해 어류의 유영운동은 몇 가지의 유영형(swimming mode)으로 구분된다 (그림 5-3). 어류에서는 몸통과 꼬리지느러미를 사용하는 유영형(A-I)이 일반적으로, 꼬리지느러미이외의 지느러미를 사용하는 것(J-P)은 특수한 형태이다.

A에서 I로 가까워짐에 따라 유영 시에 파동운동을 하는 부위는 감소하고 후방으로 치우쳐져 꼬리지느러미의 진동에 의해 그 추진력을 얻게 된다. A-H까지의 뱀장어형(anguilliform)으로부터 다랑어형(thunnifrom)에 이르는 유영형은 유영 시에 어체 위에 나타나는 진행파의 파장과 체장의 비에 의해 분류되고 있다. 뱀장어형은 그 수치가 항상 1.0이하, 다랑어형은 1과 2사이이며, 양자의 사이에 전갱이형(carangiform)과 준(準)전갱이형(sub-carangiform)이 위치하고 있다.

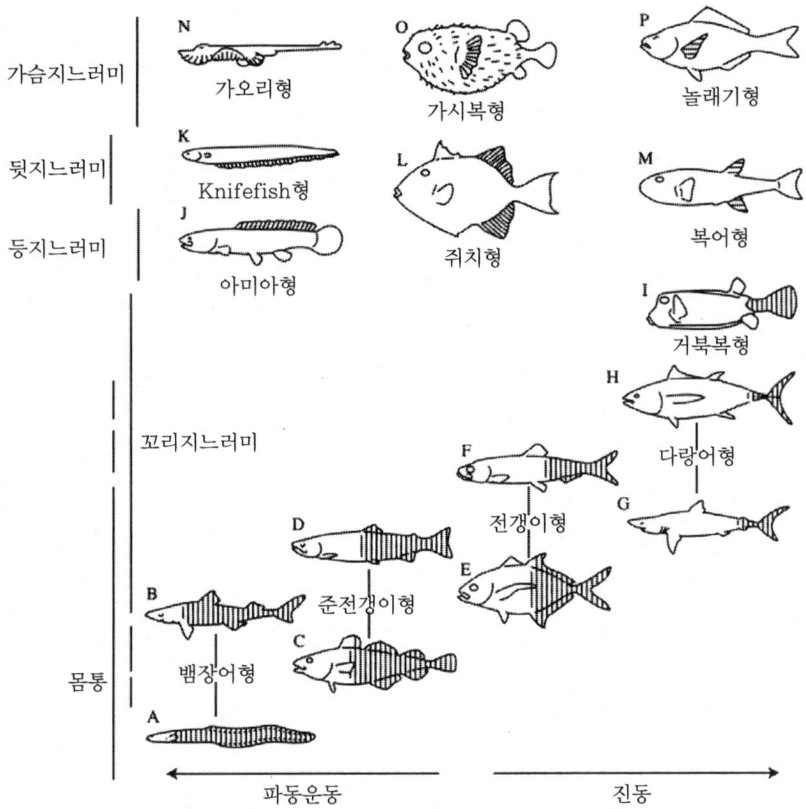

그림 5-3 어류의 유영형(Lindsey, 1978). 추진기관으로서 이용되는 어체의 부위를 종축으로 하여 그 가동부의 넓이(세로선 부위)를 횡축으로 하여 분류되어 있다.

3-2 유영속도

어류가 어느 정도 빨리 유영할 수 있을까에 대한 의문은 예로부터 있었으며 그 속도의 측정예도 많다. 유영속도의 측정은 야외에서 관찰, 실험실내에서 원형회류수조나 water터널(폐쇄식 회류수조)을 이용한 측정의 예 등 매우 다양하다. 어류의 유영속도 중에서 최대의 속도를 돌진속도(burst speed), 혹은 순간최대유영속도(maximum swimming speed)라고 한다. 돌진속도는 수초이내정도의 극히 단시간으로 유지될 수밖에 없다. 돌진속도를 측정할 때 계측시간이 조금 달라지면 돌진속도의 수치는 큰 폭으로 변화한다. 실용적 의미를 생각하면 1초-수초 간 지속하는 속도로 정의하여 측정되고 있다(Blaxter, 1967). 유영속도는 cm/s 의 단위로 나타내는 것이 일반적이지만 실험어의 체장(BL: Body Length)의 배수로 표시하는 법이 편리할 경우도 있다. 많은 어종에서 돌진속도는 10 BL/s 전후이지만, 고속유영에 적응한 고등어과의 어류에서는 20 BL/s를 넘는 수치를 취하는 경우도 있다.

어류를 water터널에 수용하여 어떤 일정한 속도를 유지시키면 어류는 같은 장소에 머물기 위하여 유속과 동일한 유영속도로 유영을 지속한다. 어떤 속도 이상으로 유영시키면 결국 피로가 누적되어 유영할 수 없게 된다. 이 때의 유영속도와 유영지속시간의 관계는 부의 상관관계를 나타내고

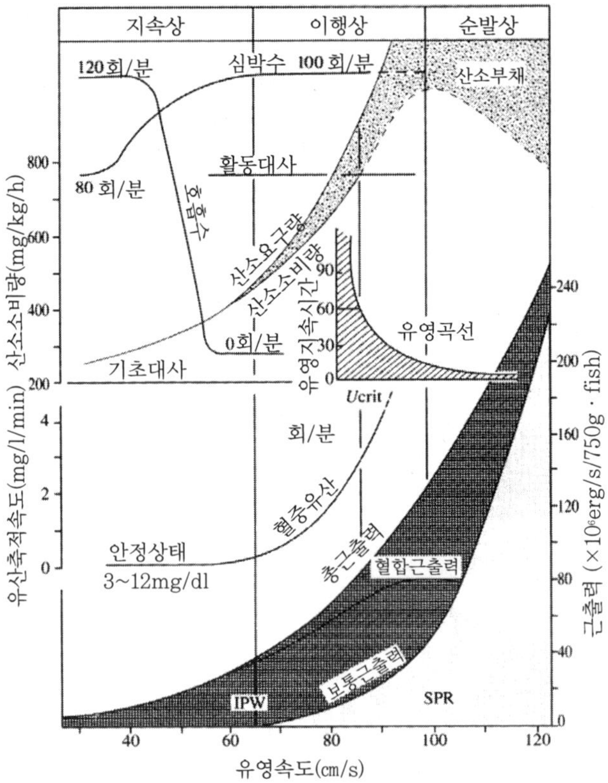

그림5-4 방어(체중 750 g)의 유영운동 시의 생리적 특성(근출력, 산소소비량, 유산축적속도, 유영지속시간, 호흡수, 심박수)와 유영속도의 관계(실험수온 15℃: Tsukamoto, 1984b).

이것을 유영곡선(swimming curve)이라고 부른다(그림 5-4). 유영곡선에 있어서 어떤 유영속도 이하가 되면 급격하게 유영지속시간이 길어진다. 그 부근의 속도에서의 물고기는 비교적 장시간(30분–수시간) 피로를 느끼지 않고 유영할 수 있다. 이러한 속도 중에서 최대의 것을 순항속도(cruising speed)라고 한다. 그 외에 유지속도(sustained speed), 내구속도(endurance speed), 임계유영속도(critical swimming speed; *U*crit) 등 유사한 용어가 몇 가지 있으나 모두 의미하는 것에는 큰 차이가 없다. 그러나 활동성이 높은 가다랑어 · 참다랑어류에서는 호흡이나 양력을 획득하기 위해 불가피한 최소유지속도(*U*min)의 개념이 있고(후술), 이것은 순항속도보다 낮다.

§4. 호흡과 순환

4-1 환수방식

고속유영에 적응한 어류의 호흡방법은 특수화 되어 있다. 이것은 일정한 각도로 입을 열고 전진운동에 의존하여 아가미를 통하여 환수를 하는 것으로 램환수(ram ventilation)라고 한다. 잉어나 넙치와 같은 저서성 어류는 입과 아가미뚜껑의 진동적 개폐운동에 의해 아가미펌프환수(branchial pump ventilation)를 한다. 이에 비해 표층에서 활발하게 유영하는 가다랑어 · 참다랑어류, 전갱이류, 청어류, 연어류 등은 램환수에 의존하여 호흡하는 경향이 크다. 그 중에서도 가다랑어 · 참다랑어류의 환수방식은 특수화되어 아가미펌프에 의한 환수능력은 없어지고 램환수에만 의존한다.

램환수시의 입열림 각도는 어류의 산소요구량에 의해 변화한다. 예를 들면, 저산소 중에서 운동하는 경우나 격렬한 운동을 동반하는 섭식행동의 뒤에는 입열림 각도가 커진다. 유영속도가 50–

80 cm/s 이상일 때 이루어지는 램환수는 구강으로 유입되는 물의 압력은 급증하고 안정시의 10-15배의 환수량이 공급되게 된다. 많은 물고기에서의 환수는 약 50-80 cm/s 의 속도에서 아가미펌프에서 램환수로 전환되게 된다. 예를 들면, 30 cm/s 에서 유영하고 있는 체장 약 36 cm의 방어는 약 100/min 의 규칙적인 아가미펌프운동을 하지만 40-50 cm/s 전후의 속도이상에서 유영하면 호흡운동은 정지하고 모두 램환수를 하게 된다(그림 5-4). 이 때 입은 10-20°의 일정한 각도를 유지한다. 육안으로 입의 개폐운동은 관찰되지 않지만, 호흡근으로부터의 근전도에서는 테일비트(tail beat; 꼬리지느러미를 치는 행동)와 동조하여 아가미펌프 환수 시의 1/3-1/2정도의 진폭을 가진 총방전(叢放電)이 나타난다. 이것은 램환수를 하고 있을 때에도 유영운동 시의 두부의 좌우 흔들림에서 유래한 아가미 저항의 변화를 보상하기위해 호흡근은 등척성 수축(isometric contraction)을 하는 것을 의미하고 있다. 이와 같이 어떠한 유영속도 이상에서의 호흡수가 급감하는 현상은 고등어(체장 약 22 cm)나 청돔(체장 약 22 cm)에 있어서도 관찰된다.

4-2 심박수

운동 시의 순환기능을 보면 일반적으로 유영속도의 증대에 동반하여 심박수가 증가한다. 방어가 30 cm/s 의 속도로 유영할 때 약 80회/min 이었던 심박수는 그 속도가 80 cm/s 로 상승하게 되면 100회/min 전후로 되고 25%의 증가가 나타난다(그림 5-4). 고등어나 청돔에서도 역시 유영속도에 따라 심박수가 증가하는 것이 나타난다. 또한 청돔의 심박수는 수온이 12℃에서 28℃로 상승하면 약 50회/min 에서 150회/min 으로 3배에 이르기까지 증가한다. 유영운동에 따라 증대하는 산소요구량은 램환수 방식으로의 전환이나 심박수의 증가에 의해 보충된다.

4-3 산소소비량

산소소비량의 측정은 에너지대사(energy metabolism)의 주요한 기준을 알려주는 좋은 수단이 된다. 산소소비량은 밀폐순환여과식의 water터널(또는 호흡측정계 respirometer)에 물고기를 넣고 일정속도로 일정시간(대부분 60분정도) 유영시켜 그 사이의 용존산소의 감소량을 측정하여 구해진다. 지금까지 특히 그 정보가 미약했던 운동시의 호흡대사에 대하여 water터널 타입의 호흡측정계를 이용하여 그 성과를 거둔 것은 케나다의 Brett이다. 체장 18 cm 의 홍연어 치어 *Oncorhynchus nerka* 의 산소소비량은 모든 유영속도에서도 수온이 상승함에 따

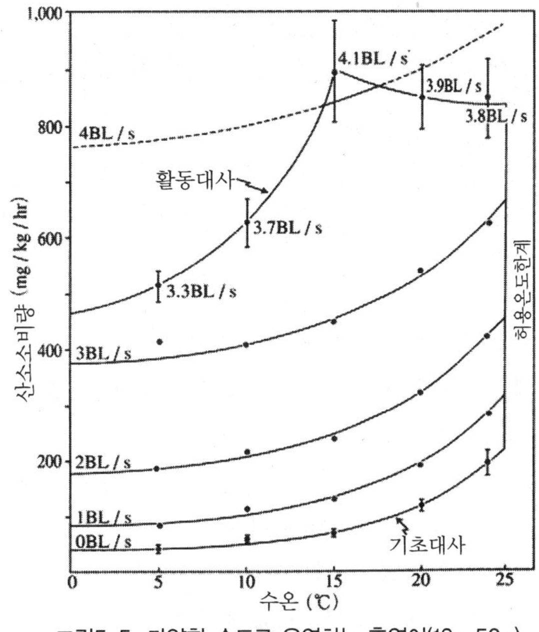

그림5-5 다양한 속도로 유영하는 홍연어(18㎝,50g)의 산소소비량과 수온의 관계(Brett,1964)

라 증대한다(Brett. 1964). 예를 들면 속도 0 BL/s 시(안정되어 있는 시기)의 산소소비량, 즉 기초대사량은 0℃에서 39 mg O_2/kg/h 이지만, 15℃이상에서 급증하고 고온한계인 25℃에서는 220 mg O_2/kg/h 가 된다. 한편, 유영속도와의 관계를 보면, 속도가 증가하면 산소소비량은 급증한다. 홍연어와 같이 잉어, 은어, 청돔(千葉, 1983), 방어(Tsukamoto and Chiba, 1981)에서도 산소소비량은 유영속도에 동반하여 지수 관계적으로 급증하는 것이 알려져 있다(그림 5-4).

순항속도로 유영하고 있을 때의 산소소비량을 활동대사량(active metabolic rate)이라고 한다. 체장 18 cm의 홍연어 유어의 순항속도는 수온에 의해 변화하며, 15℃에서 최대치 (4.1BL/S)를 나타낸다 (그림5-5), 활동대사량도 순항속도가 가장 큰 15℃에서 최대가 된다. 15℃ 이상의 수온 영역에서 활동대사량이 감소하는 것은 고온에서는 수중의 용존산소의 절대량이 감소하기 때문에 이것이 제한요인으로 되어 어류의 산소섭취량이 저하하기 때문이다. 동시에 15℃이상에서의 고온에서 순항속도가 저하하는 것은 고수온으로 증대하는 어류의 산소요구량을 실제의 산소섭취량이 밑돌기 때문으로 여겨진다. 활동대사에서 기초대사를 뺀 값은 활동여지(scope for activity)라고 부르며, 운동에 이용할 수 있는 산소량의 많고 적음을 의미한다. 이 값이 크면 활동능이 높다는 것을 나타내고, 그림 5-5의 홍연어의 예에서도 수온 15℃에서의 활동여지가 최대가 된다.

§5. 근활동

5-1 근육과 근섬유

혈합근도 보통근도 골격근이며, 많은 골격근세포로 구성된다. 골격근세포는 보통 직경 20-150 ㎛, 길이 수 cm 에서 수십 cm 의 길고 가는 형태를 하고 있고, 근섬유(muscle fiber)라고 불린다. 근섬유는 형질막, 결합조직 등 근초(筋鞘, sarcolemma), 근섬유내부에 충만되어 있는 반고체액의 근형질(sarcoplasm) 및 근수축에 관여하는 근원섬유(myofibril)의 세부분으로 나누어진다. 근원섬유는 직경1-3 ㎛ 의 원섬유로서 다수가 집합하여 근섬유를 구성하고 있다.

일반적인 특성으로서 혈합근은 보통근보다 근섬유가 가늘고 모세혈관이 조밀하게 분포한다. 또한 혈합근은 근섬유 주변의 결합조직의 양이 많다. 혈합근은 미토콘드리아를 다량으로 포함하고, 보통근보다 지질이 많고 단백질, 수분이 적다. 단백질 조성을 보면, 고등어나 정어리의 혈합근은 보통근에 비해 효소단백질, 색소단백질 등 근섬유내의 근형질단백질이 많고, 반대로 미오신, 액틴 등의 근원섬유단백질이 결핍되어 있다(Hashimoto 등,1979). 또한 혈합근에는 알칼리가용성단백질과 콜라겐이나 코넥틴 등 근섬유를 감싸고 있는 근기질 단백질이 많다. 혈합근이 일반적으로 단단한 것으로 알려진 것은 근기질 단백질이 혈합근육 중의 결합조직에 많이 분포하는 것과 잘 일치하는 내용이다(橋本 · 渡部, 1981). 색소단백질에는 적색의 미오글로빈, 헤모글로빈 및 시토크롬 C 등의 철원자를 포함하는 헴단백질이 있고, 그 함량은 근육의 색조를 결정짓는다. 이러한 헴단백질은 효소의 수송, 세포내 호흡에 관여하여 유영운동과 관련이 깊다. 미오글로빈은 근섬유의 근육질중에 분포하고, 헤모글로빈은 혈액의 적혈구에서 유래한다. 미오글로빈과 헤모글로빈의 함량은 보통근보다 혈합근에서 수배-수십배 많다(橋本, 1976). 또한 일반적으로 활발하게 유영하는 어류일수록 많은 경향이 있고, 많은 것에는 날개다랑어 *Thunnus thynnus* 나 눈다랑어 *Thunnus obesus* 와 같이 3,500 mg/생육 100 g 에 이르고, 그 수치는 돌고래와 같은 해산포유동물의 골격근의 그것과도 필적할 정도라고 알려져 있다. 또한 미토콘드리아 내에서 전자전달에 관여하는 치토크롬C는 미오글로빈, 헤모글로빈에 비교하면 그 함량은 미량이지만 이러한 것들도 보통근보다 혈합근에서 현저히 많다.

근섬유는 일반적으로 속(速)섬유(fast fiber)와 지(遲)섬유(slow fiber)의 두 종류로 구분된다. 이것은 수축속도에 따른 분류로, 단순하게 근섬유의 색에 의해 적색근섬유(red fiber)와 백색근섬유(white fiber) 및 중간근섬유(pink fiber)로 나누는 경우도 있다. 수축 속도와 근섬유의 색은 절대적으로 상응하는 것은 아니지만, 어류에서는 일반적으로 적색근섬유는 지섬유로 백색근섬유는 속섬유에 해당하는 것으로 여겨지고 있다(Bone, 1978). 어류 이외의 척추동물에서는 근육 중에 속 · 지 양근섬유가 모두 존재하지만, 어류에서는 적색근섬유는 혈합근에, 백색근섬유는 보통근에 각각 편중되어 존재하고 있다(Johnston, 1981). 또한 이러한 두 가지 근의 인접부에는 중간근섬유가 매우 적게 존재한다.

근섬유의 직경은 적색근섬유가 가장 가늘고, 다음으로 중간근섬유, 백색근섬유의 순으로 굵어진다. 예를 들면, 전장 약 7 cm 의 참돔 *Pagrus major* 의 경우는 적색근섬유, 중간근섬유 및 백색근섬유의 평균직경은 각각 17.1 ㎛, 30.9 ㎛, 42.4 ㎛ 이다(Matsuoka and Iwai, 1984). 어떠한 종에서도 백색근섬유의 두께는 수 ㎛ 에서 100 ㎛ 까지 변이가 크다. 근의 수축 속도에 관계하는 것으로 알려진 근원섬유의 ATPase 활성은 보통근에서 혈합근의 2-4배 높은 것이 날개다랑어, 명태류, 방어 등 수종의 어류에서 알려져 있다(Johnstion 등, 1972; Watabe 등, 1983). 조직화학적으로 두 가지 근섬유의 성질을 비교해 보면, 지질, 숙신산탈수소효소, NADH탈수소효소에 있어서는 적색근섬유에서 강한 염색성이 나타나지만, 백색근에서는 거의 염색되지 않는다(Johnston 등, 1975; Matsuoka and Iwai, 1984). 많은 경골어류에서는 적색, 백색 두 가지 근섬유 모두 다중신경 지배를 받고 있지만, 양자의 전기적 성질은 다르다. 적색근섬유는 활동전위를 발생시키지 않고, 비전파성의 접합부 전위에 의해 장시간의 연속적인 수축이 일어난다. 한편, 백색근 섬유는 일반적으로 전파성의 활동전위가 발생하여 수축시간은 짧다(Bone, 1978). 또한 적색근섬유의 정지전위는 백색근섬유의 그것보다 낮다.

5-2 근의 분업과 근출력

Water 터널 내에서 유영하는 미우장 36 cm의 방어에서 근전도를 유출하여 보면, 혈합근에서는 모든 유영속도에서도 1회의 테일비트에 대하여 반드시 1개의 총방전(叢放電, burst of discharge)이라고 불리는 근육의 활동전위가 기록되어 혈합근은 저속에서 고속에 이르기까지 항상 활동하고 있다는 것을 알 수 있다(Tsukamoto, 1984a). 한편 보통근의 기록에서는 61 cm/s 이하의 저속에서 총방전은 전혀 관찰되지 않지만, 69 cm/s 이상의 고속에서는 총방전이 불규칙하게 출현한다. 이것은 보통근은 저속에서는 전혀 활동하지 않지만, 중고속 영역에서는 불규칙하게 활동하고, 단발적으로 강한 테일비트를 때때로 일으키는 것을 시사하고 있다. 이와 같은 혈합 · 보통 두 가지의 근이 운동 정도에 의해 구분하여 사용할 수 있는, 소위 근의 분업은 가다랑어(Rayner and Keenan, 1967), 무지개송어(Hudson, 1973), 청어(Bone 등, 1978), 숭어, 전갱이, 고등어, 잉어, 무지개송어, 백상어 *Mustelus griseus* (이상 Tsukamoto, 1984a) 등 많은 어류에서 알려져 있다. 그러나 보리멸과 청돔에서는 분업이 이루어지지 않고, 보통근도 혈합근과 마찬가지로 극히 저속에서 활동하고 있다(Tsukamoto, 1984a). 여기서 보통근의 근전도에서 총방전이 출현하는 최소의 유영속도를 보통근 활동 개시점 Ignition Point of White muscle (IPW)이라고 한다. IPW는 종이나 개체에 있어서 차이가 나며, 크기, 생리상태, 수온 등도 이것에 영향을 미친다. 위에서 기술한 보리멸과 청돔의 경우, IPW는 0 cm/s라고 여겨진다.

어류가 유영을 할 때 어느 정도 출력(power output)을 발휘할 수 있을까, 혈합근과 보통근의 근전도를 기준으로 두 가지 근의 출력을 측정한 예를 소개하고자 한다(그림 5-4). 각 근의 총방전의 적분치에서 장력을 추정하여 이것을 산소소비량으로 보정을 하여 근의 활동량을 구할 수 있다(Tsukamoto, 1984b). 혈합근의 출력은 속도와 함께 증가하여 99 cm/s에서 최대치에 이른 후 감소하였다. 한편, 보통근 출력은 IPW 이상에서 속도와 함께 증가하여 특히 99 cm/s 이상에서 급증하였다. 더욱이, 체중 750 g 의 방어에서 60분 간격으로 8 cm/s 씩 증가하는 단계 유속을 가했을 때 순항속도는 88 cm/s 이다. 이 때의 총근출력은 86.4×105 erg/s로 추정되고, 그 중 80%를 혈합근이 나머지 20%를 보통근이 공급하고 있는 것이 된다. 그리고 750 g 의 방어는 한 쪽의 몸에 225 g 의 근육을 가지고 그 중 20 g 이 혈합근, 205 g 이 보통근으로 되어 있기 때문에, 이 때의 단위중량 당 출력은 혈합근, 보통근 각각 3.4×105 erg/s/g 과 0.1×105 erg/s/g 으로 된다. 혈합근의 값은 홍연어나 무지개송어의 유영시의 산소소비량에서 얻어진 단위 근출력의 값과 모순되지 않는다.

일반적으로 출력은 속도의 3승에 비례한다고 알려져 있다. 그림 5-4 에서도 1개체의 총근출력(total power output)은 속도의 3승의 곡선과 유사한 형상을 나타낸다. 혈합근 출력이 최대가 되는 속도, 즉 그림 중에서 99 cm/s를 근활동의 하나의 임계점으로 여겨 혈합근 활동포화점 Saturation Point of red muscle (SPR)이라고 부르기로 한다. SPR은 IPW와 동일하게 종이나 개체간에 차이를 가진다. 동일 개체에서는 IPW는 SPR을 넘지 않는다. 유영에 필요한 에너지는 IPW 이하에서는 모두 혈합근에서 유래하고 이것을 초과하면 두 가지 근이 분담한다. 그러나 SPR 이상에서는 혈합근 출력이 감소하는 데 반해 보통근 출력은 급증하기 때문에 에너지의 대부분은 보통근이 부담한다. 야외 생태에 있어서의 어류는 대부분의 시간을 IPW 이하, 또는 높아도 SPR 이하의 유영속도에 지나지 않는 것으로 여겨진다(그림 5-4의 유영곡선참조). 그들이 SPR 이상의 속도를 발휘하는 것은 긴급사태에 한정되고, 그것은 수초이내의 극히 단시간에 지나지 않는다. 혈합근의 적색근섬유는 가늘기 때문에 단위중량당 가닥수가 많다. 또한 접합부 전위에 의해 수축하기 때문에 활동전위를 발생하는 두꺼운 보통근의 백색근섬유 보다 장력의 미세조절이 가능한 것으로 판단된다. 따라서 혈합근은 저속영역에서의 미세조절에 매우 적합하다. 배에 비유하자면 어류는 고성능으로 소형의 메인엔진과 거대한 보조엔진을 보유하고 있는 것과 같다고 할 수 있겠다.

5-3 대사와 유영상

유산의 축적과 산소소비량을 지표로 근육에서 어떻게 대사가 이루어지는 가 검토하는 것이 가능하다. 방어의 혈합 · 보통의 두 가지 근에 전극을 꽂아 동시에 동맥구에 관류를 설치하여 이것을 water터널에서 유영시킨다. 다양한 운동레벨을 가하여 그 때의 근활동상태를 근전도로부터 파악하고 동시에 채혈을 통해 혈중의 유산농도를 구한다. 그 결과, 순항속도의 61 cm/s에서 3시간 유영을 지속하여도 유산농도의 평균치(3-12 mg/dℓ)가 유지되었지만, 순항속도를 넘는 77 cm/s와 92 cm/s에서는 불과 10분간의 유영운동으로 유산의 수치는 각각 20 mg/dℓ 및 45 mg/dℓ 로 급상승하는 것을 알 수 있었다(그림 5-4, Tsukamoto, 1981). 한편, 근전도에 의하면 61 cm/s 에서는 혈합근만이 활동하고, 보통근은 전혀 활동하지 않았지만, 77 cm/s 에서는 보통근의 활동이 미약하게 인정되었고, 92 cm/s가 되면 더욱 커졌다. 이것은 유산의 축적이 보통근의 활동과 밀접한 관계가 있고, 혈합근은 이것에 관여하지 않는 것을 의미한다. 혈중 유산농도는 보통근의 활동에 의해 한번 그 평형이 깨지거나, 보통근이 활동을 정지하지 않는 이상 지속적으로 증가한다. 즉 IPW는 유산축적의 임계점이라고 할 수 있다. 지금까지 조직학적 · 생화학적 관점에서 혈합근에서는 호기적 대사가 보통근에서는 혐기적 대사가 이루어지는 것으로 추측되어져 왔다. 유영 중의 어류에서 얻어진 위에서와 같은 실험결과는 여기에 대한 직접적인 증거를 제공하고 있다.

산소소비량은 유영속도와 함께 증가하지만, 속도가 커지면 유영지속시간은 급격히 감소하기 때문에(그림 5-4), 산소소비량의 측정시간을 충분히 길게 잡을 수가 없어 정확한 측정치를 구할 수 없게 된다. 이 때문에 SPR 부근의 고속 영역에서의 측정 예가 적다. 현재 편의적으로 *Ucrit* (순항속도)에 있어서의 산소소비량을 가지고 활동대사량을 취급하고 있으며 이것 이상의 속도에서 유영한 경우 산소의 부채는 증가하여도 산소소비량은 증가하지 않는 것으로 여겨지고 있다(Brett, 1964). 그러나 기초 대사량을 뺀 근활동 유래의 산소소비량은 호기적인 혈합근 활동에 대응하여 그 출력에 비례할 수밖에 없기 때문에 *Ucrit*를 넘어도 SPR까지는 지속적으로 증가하는 것으로 여겨진다(그림 5-4, Tsukamoto, 1984b). 또한 이 때, 심박수는 평균치보다 20- 25% 증가한다(Hanyu 등, 1979).

IPW 이상에서 유영할 때의 보통근의 활동에 의해 생성되는 유산은, 나중에 유영속도가 저하하였을 때, 그 때 운동에 필요한 양 이상의 여분의 산소를 섭취하여, 이것에 의해 처리된다. IPW 이상에서 운동했을 때 생성되는 유산을 산소량으로 환산하여 이 때의 산소소비량에 가산한 것이 산소요구량(oxygen requirement)이다(그림 5-4). 혈합근 출력이 근활동 유래의 산소소비량에, 보통근 출력근이 산소부채(유산축적)에 대응한다면 산소요구량은 1개체의 총근출력에 해당한다.

IPW는 이론적으로 피로하지 않고 끝없이 유영을 계속할 수 있는 속도와 느리거나 빠르거나에 관계없이 피로가 나타나 유영불능에 이르는 속도의 경계이다. 또 SPR은 유영에 필요한 근출력의 주역이 혈합근에서 보통근으로 이행하는 속도이다. IPW와 SPR은 운동생리학에 있어 중요한 임계점으로 여겨지기 때문에 그 두 점에 의하여 어류의 유영속도를 세가지 상(유영상)으로 구분하여, 저속영역으로부터 순차적으로 지속상(sustained phase), 이행상(prolonged phase) 및 순발상(burst phase)이라고 부른다(그림 5-4). 지속상에서의 어류는 혈합근만을 이용하여 움직이고, 호기적대사가 일어나기 때문에 장시간 유영을 하여도 피로하지 않다. 이 유영상은 섭식, 군영(群泳), 회유(回遊), 정위(定位) 등의 일반적인 유영행동에 주로 이용된다. 한편, 순발상에서는 유영에 필요한 에너지의 대부분이 보통근의 혐기적 대사에 의해 공급되기 때문에 큰 산소부채를 동반하고 극히 단시간 밖에 유영할 수 없다. 이 유영상은 공격, 도피, 급류에서의 역방향 유영 등의 긴급한 때에 나타난다. 또한 이행상은 이러한 두 상의 중간적인 상이지만, 보통근의 활동에 의한 유산의 축적이 일어나기 때문에 언젠가는 유영불능이 된다. 이 점에서는 지속상과는 본질적으로 다르고, 생리적으로는 오히려 순발상에 가깝다. 그러나 이러한 이행상에서는 혈합근이 지속상에서와 마찬가지로 주요한 에너지의 공급원이다. 그리고 유영지속시간이 상당히 길고, 보통근의 활동에 의한 산소부채도 상당히 적다. 이것으로 특히 어류의 생태적인 면을 고려할 때는 이 유영상은 지속상에 준하는 상으로 부는 것이 합리적이라고 할 수 있다.

유영상은 종의 생리 · 생태를 반영한다. 잉어나 붕어는 때때로 급발진하는 경우도 있지만, 가만히 정지하여 있을 때가 많다. 이러한 어류의 IPW와 SPR은 거의 같고, 이행상을 가지지 않고, 활동성이 높은 보리멸이나 청돔에서는 지속상이 없다. 또한 부레가 없는 어류나 전진운동에 의해 아가미의 환수를 하는 어류는 항상 어떠한 속도이상에서 유영을 지속하지 않으면 안 되며, 지속상은 생리적으로 특별한 의미를 가진다. 앞에서 기술한 것과 같이 이행상을 지속상에 준한 유영상으로 생각한다면, 양자의 합계, 즉 SPR의 값은 어류의 순항성능을 나타낸다. 고등어, 전갱이 등의 표층회유어에서는 그 값이 높고, 보리멸, 청돔, 쏨뱅이 등의 저서어에서는 낮다. 또한 SPR의 값(BL/s)과 모든 근육 중 혈합근이 차지하는 비율 사이에는 정의 상관관계가 나타나, 혈합근이 많은 가다랑어 · 참다랑어류나 흉상어 *Carcharhinus japonicus* 는 이것이 적은 보리멸, 청돔, 잉어, 무지개송어에 비하여 높은 SPR 값을 나타낸다. 세 가지의 유영상 중에서 지속상과 이행상이 차지하는 비율이 큰 어종은 장거리 선수로 그 비율이 적은 어류는 단거리선수로 비유할 수 있을 것이다.

§6. 체 온

어류는 변온동물로, 체온은 외계수온과 같은 것으로 일반적으로 여겨지고 있다. 그러나 가다랑어 · 참다랑어류 및 대형의 상어류 등 활동성이 높은 어류는 외계수온보다 수℃에서 10℃전후까지 높은 체온을 가진다고 알려져 있다(그림 5-6, 渡辺, 1942; Carey and Teal, 1966). 또한 날개다랑어의 체온은 외계수온이 5-10℃사이로 변화하여도, 거의 20℃전후로 유지되는 것이 텔레메트리법(원격측정법)에 의해 밝혀졌다(Carey and Lawson, 1973). 이것으로 날개다랑어를 확실한 항온동물이라고 말하기는 힘들지만, 그렇지만 단순한 변온동물의 범위에서는 상당히 벗어나 있어, 열수지에 관해 어떠한 적응적 변화를 가져와 있다고 할 수 있다. 일반적인 항온동물은 방출하는 열량을 증감시키는 것에 의하여 체온조절을 한다. 날개다랑어의 경우에는 이것과는 달리 어체의 보온성을 높여 외계의 수온변화에 대한 추종속도를 늦게 함으로서 결과적으로 "수동적"으로 항온

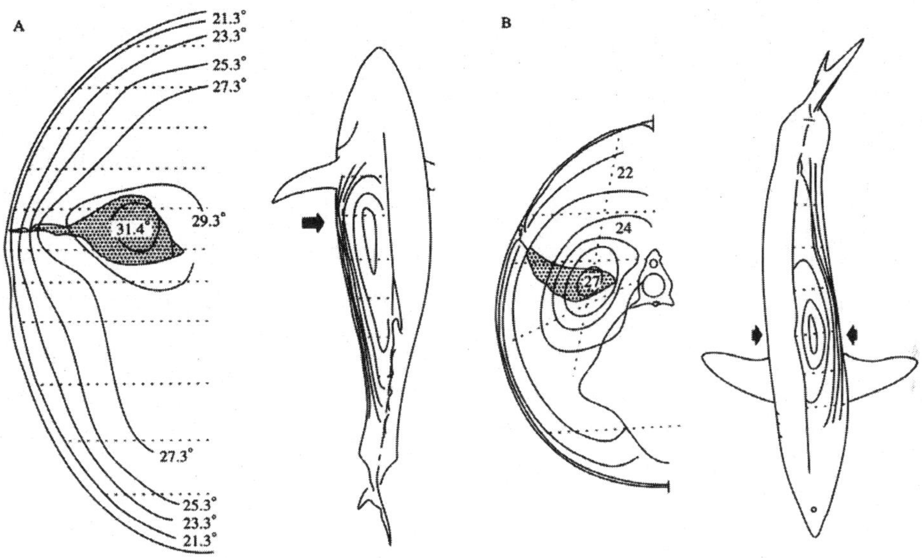

그림 5-6 어체온의 등온선도(Carey 등, 1971). 그림 가운데의 점은 침상의 사미스트온도계로 체온측정을 한 부위, 점선부는 혈합근을 나타낸다. A:날개다랑어 환경수온; 19.3℃, B:청상아리 환경수온; 21.2℃.

성이 유지하는 것으로 해석되고 있다(Stevens and Neil, 1978).

그러나 참다랑어류가 "적극적"으로 체온조절을 하고 있을 가능성을 시사하는 구조도 있다. 참다랑어류의 혈합근부에는 다수의 가는 동맥과 정맥이 빽빽하게 분포하여 기망(奇網, rete mirabile)을 형성하고 있다(Carey 등, 1971). 기망은 동맥과 정맥이 인접하여 대향류(對向流, counter current)를 형성하고 있기 때문에 효율 높은 열교환기로서 작동한다. 이러한 구조는 혈합근 이외에도 보여지고, 특히 가다랑어에서는 심장후방의 척추 밑에 후주정맥과 배대동맥으로 구성되어 있는 큰 기망의 존재가 알려져 있다(Stevens and Neil, 1978). 기망에서는 조직에서 데워진 정맥혈과 아가미에서 외계수온과 같아진 차가운 동맥혈과의 사이에서 열교환이 일어난다. 정맥혈의 열의 상당 부분은 동맥혈로 전달되기 때문에 아가미에서 빼앗긴 열손실은 최소한으로 억제되고, 열은 조직에 보존된다. 이것에 의하여 조직은 항상 외계보다 높은 온도로 유지되고, 물질대사나 신경의 흥분전달 속도는 크게 되어 활발한 생명활동이 가능하게 된다.

한편으로는 많은 어류가 표층 혈합근만을 가지는 것에 비해 가다랑어 · 참다랑어류는 심부 혈합근을 가지고 있다. 혈합근은 혈관분포가 조밀하게 이루어져 있기 때문에 이것이 몸 표면 가까이 있는 경우에는 큰 열손실의 장소가 된다. 또 순항속도 이하의 보통의 유영상태에서는 혈합근만이 활동하기 때문에 이것이 주요한 열원이 된다. 참다랑어류는 이와 같은 혈합근을 혈관분포가 적은 보통근으로 감싸 몸의 중심 가까이에 위치시키고 있어, 이것도 하나의 기망과 같은 보온에 유리한 구조라고 할 수 있을 것이다.

더욱이 고등어 혈합근의 Ca^{2+}-ATPase 활성의 적정온도는 35℃로 보통근의 32-33℃에 비교하여 높다(橋本 · 渡部, 1981). 이러한 생화학적 특성 또한 혈합근의 분포와 기능적 특성을 잘 뒷받침하고 있는 것이다. 그러나 기망이나 혈합근의 구조는 그것 자체에서는 보온의 기능만이 있고, 체온조절기능이 있는 것으로는 말하기 어렵다. 가온과 냉각의 양방향의 조절기능이 준비되어 있는 것이 필요하지만, 수중동물의 경우에는 가온의 방향, 즉 보온의 대책이 보다 중요하다. 물의 열전도도는 공기의 20배 이상이나 크고, 열용량도 5배 이상 크기 때문에 수중을 고속으로 유영하는 생물은 빠르게 다량의 열을 빼앗기기 때문이다. 가다랑어 · 참다랑어류의 기망구조와 심부 혈합근은 수중에 있어서 항온성 유지를 위한 요점에 해당하고, 그들이 이미 체온조절기구의 획득으로 첫발을 내딛고 있다는 것을 말하고 있다. 더욱이 고래류의 지느러미에도 동맥의 주위를 다수의 정맥이 평행하게 달리고 있어 상호간에 대향류를 이룬 혈관구조가 있다는 것이 알려져 있다.(大村, 1974). 이것은 가다랑어 · 참다랑어류의 기망과 동일하게 보온을 위한 열교환기라고 여겨진다. 그리고 가다랑어 · 참다랑어류와 고래류가 공통된 방추형의 체형을 가진 것은 고속으로 유영하기 위하여 적응되어 있는 것 이외에도 수중에서의 체온유지의 점에서도 유리한 것이다. 체중에 대한 체표면적의 비율이 낮아 열의 손실이 적기 때문이다.

§7. 유영의 역학

7-1 항력

유영하고 있는 어류에는 다섯 가지의 힘이 작용한다(그림 5-7). 연직방향으로 작용하는 중력(weight), 부력(buoyancy) 및 양력(hydrodynamic lift), 그리고 수평방향으로 작용하는 추력(thrust)과 항력(drag)이다. 근활동에 의해 발생한 추력과 항력이 균형을 이루었을 때 어류는 등속도 운동을 한다. 또한 추진운동의 결과 생기는 양력과 어체의 부력의 합이 어류의 수중중량과 같을 때 어류는 떠오르지도 가라앉지도 않고 일정한 수심을 유지하며 유영할 수 있다.

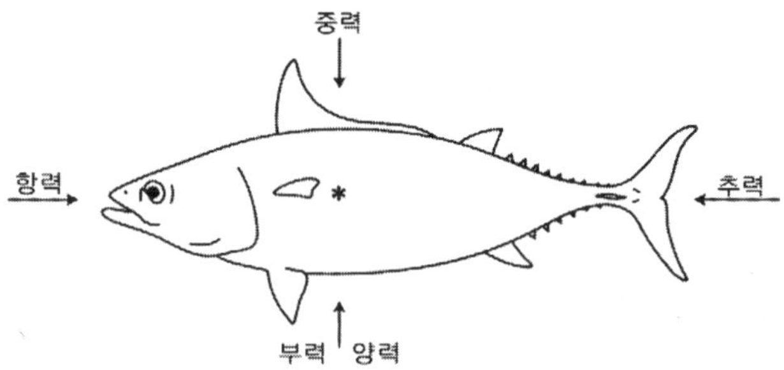

그림 5-7 등속유영운동을 하고 있는 어류에 작용하는 힘 (Magnuson, 1978). *는 중심의 위치를 나타냄.

일반적으로 항력은 마찰저항(friction drag)과 압력저항(form drag, 또는 pressure drag)으로 구분된다. 마찰저항은 물의 점성에 의해 어체의 표면과 아주 가까운 부분의 경계층(boundary layer)과의 사이에 생기는 저항이다. 한편, 어류가 전진운동 할 때, 물체에 이끌려져 작용한 물의 관성력은 어체 각 부위에 압력으로 작용한다. 각 부위의 압력을 적분한 전후방향의 성분이 압력저항이 된다. 이러한 두 가지의 저항성분 외에 살아 있는 어류가 꼬리를 진동시켜 활발하게 유영한 경우에는, 가슴지느러미나 꼬리지느러미의 양력에 기초로 둔 유도저항(induced drag)과 아가미 환수시의 아가미 저항(gill resistance)도 고려할 필요가 있다. 유영 중의 어류에 작용하는 항력은 이상의 4가지 저항의 합이 된다.

고속으로 유영하는 어류는 유선형의 어체를 가진다. 만약 동일 체적이라면 어체의 두께(Body thickness: 체고와 체폭의 평균치)가 체장의 약 22%일 때 항력은 최소가 된다(Webb, 1975). 참다랑어속 *Thunnus*, 점다랑어속 *Euthynnus*, 물치다래속 *Auxis* 의 어류는 어체의 두께는 체장의 21-23%로 거의 이상적인 체형으로 되어 있다. 줄삼치속 *Sarda* 과 고등어속 *Scomber* 의 어류에서는 그 값은 16-18%가 되어 조금 가늘고 길다. 삼치속 *Scomberomorus* 이나 꼬치삼치속 *Acanthocybium* 의 어류는 12%로 더욱 가늘고 길어 동일 체적에서의 근육량이 동일하다면 항력이 큰 점에서 불리하다.

이러한 어체의 두께와 체장의 비 외에 최대의 두께가 몸의 축 상의 어느 위치에 오는 것인가도 중요하다. 그 최대 두께의 위치는 고속유영 시에 체표의 흐름이 층류(laminar flow)에서 난류(turbulent)로 이행하는 점의 기준이 된다. 이 점이 어체의 후방에 있을수록 층류가 유지되는 범위가 커지고, 마찰저항은 적어진다. 가다랑어 · 참다랑어류에서는 최대 두께의 위치는 입술 끝에서 전장의 40-50% 정도에 위치한다(Magnuson, 1978). 가다랑어 · 참다랑어류가 순항속도로 유영할 경우, 흐름의 상태를 결정짓는 레이놀즈수(Reynolds number)는 충분히 작고, 체장의 거의 전역에서 층류가 유지된다. 그러나 돌진속도로 헤엄칠 경우는 레이놀즈수는 때때로 106을 넘어, 흐름은 난류가 된다.

항력을 감소시키는 것은 상기의 네 가지 항력성분 중의 어느 것이라도 감소시키면 된다. 마찰저항은 표층경계층에서 작고, 난류경계층에서는 크다. 한편, 압력저항은 경계층이 어체에 밀접해 있을 때 작고, 경계층이 어체에서 박리되었을 때 커진다. 여기서 압력저항은 마찰저항보다 훨씬 크게 되는 것이 있기 때문에 때때로 압력저항을 감소시키는 것이 보다 중요하게 된다. 또 층류경계층은 난류경계층보다 박리되기 쉽다. 따라서 난류경계층을 안정적으로 유지하는 편이 층류상태보다 오히려 유리한 경우가 있다. 이 때, 마찰저항은 증가하지만, 총 항력의 감소를 생각하면, 경계층 박리에 의한 압력저항의 급증을 억제하는 것이 훨씬 유리하다. 이것을 이용하여 상어류, Oilfish *Ruvettus pretiosus*, 청새치 *Tetrapturus audax* 등에서는 비늘, 특수한 피부의 구조, 상악(입술)의 소치상(小齒狀)돌기에 의해 일부러 거친 체표면을 만듦으로서 난류를 생성하고 경계층의 박리를 늦추게 한다.

7-2 추력

1)추력발생의 원리 어류 추력의 발생을 설명하는 모델은 다수 발표되어 있다(Lighthill, 1970; Wu, 1971; Webb, 1975). 일반적으로 뱀장어류나 무지개송어 등 가늘고 긴 몸을 가지고, 몸 전체의 파상운동에 의해 추력을 얻고 있는 뱀장어형이나 준(準)전갱이형의 어류에서는 "가늘고 긴 물체의 이론(slender-body theory)"이 적용된다(Lighthill, 1960). 한편 가다랑어 · 참다랑어류와 같이 주로 꼬리지느러미의 진동에 의해 추력을 얻는 전갱이형이나 다랑어형의 어류에서는 "진동날개이론(oscillatory airfoil theory)"이 이용된다(Wu, 1971). 전자에서는, 우선 물의 흐름 속에

있는 가늘고 긴 어류가 몸을 파동운동 하고 있을 때, 그 입술 끝에서 어떤 거리에 있는 단면을 임의로 정하여 이것이 물의 흐름과 수직의 횡방향으로 움직일 때의 운동량을 구한다. 그리고 이것을 체장전역에 적분하여 단위시간에 어체의 진동에 의해 이루어지는 일의 양을 구한다. 더욱이 여기에서 유체 중에 소용돌이가 되어 잃어버리는 운동 에너지를 마이너스하여 추력을 추정하고자 하는 것이다. 한편, 후자의 진동날개이론에서는 꼬리지느러미 자체를 "날개"라고 여기고, 이것이 적당한 영각(迎角)을 가지고 좌우로 진동할 때에 생기는 양력의 앞방향의 성분이 추력으로 해당된다.

지느러미의 단면을 보면, 전연(前緣, leading edge)은 둥글게 생겼기 때문에 그 부근의 유속은 크게 되고, 뾰족하게 생긴 후연(後緣, trailing edge)에서는 발생한 소용돌이 때문에 유속은 작다. 베르마이의 정리에서, 유속이 큰 전연부에서는 유속이 작은 후연보다 저압으로 되고, 양자의 압력차가 후연흡인력(leading edge suction)으로서 꼬리지느러미 단면에 앞 방향을 작용한다. 꼬리지느러미에 의한 추력은 그 전연흡인력과 꼬리지느러미의 날개 짓에 의해 발생한 양력의 추진방향의 성분의 합이 된다. 전연흡인력은 방추형의 어체 전체에 있어서도 동일하게 작용하여 두부와 미부의 유속 차이에서 전방향의 힘이 생긴다.

2) 꼬리지느러미의 형상과 운동 어류의 추진기관으로 가장 중요한 것은 꼬리지느러미로, 어체에서 분리하여 보면 그 자체가 "날개"로서 작용하는 것으로 보여 진다. 어류의 꼬리지느러미를 90°로 회전시켜 돌고래나 고래와 같이 수평으로 놓고 상하로 "날개 짓하는 것"을 생각해 보면, 기본적인 추력발생의 메카니즘이 새의 날개와 닮아 있다는 것을 알 수 있다. 꼬리지느러미의 수평단면은 어느 부분에서도 전연이 둥글고, 후연은 뾰족한 좌우상칭의 엷은 날개와 유사한 형상을 하고 있다. 이와 같은 날개형의 단면을 가진 가로로 긴 판상의 물건(날개)이 "영각(迎角)"(angle of attack:α)으로 불리는 작은 각도를 가지고 흐르는 물속에 놓여진 경우, 또는 역으로 수중을 운동하는 경우, 여기에 유체력이 작용한다. 발생하는 추력은 "날개"(꼬리지느러미)의 면적에 비례한다. 성장에 따라 꼬리지느러미의 면적은 증대하기 때문에 얻어지는 추력 또한 크게 된다.

면적만이 아니라 날개의 평면형도 그 성능에 영향을 미친다. 그 유체역학적 성질을 나타내는 지표로서 애스펙트 비(aspect ratio: 날개폭의 2승/날개 면적)가 이용된다. 글라이더와 같은 가로로 긴 날개는 애스펙트 비가 크고 고속기에서 볼 수 있는 삼각날개에서는 그 수치가 작다. 전자는 항력에 대한 양력의 비가 크고, 날개로서의 성능은 높다. 어류의 꼬리지느러미를 날개라고 생각할 경우, 테일비트의 과정에서 꼬리지느러미에 생기는 양력의 진행방향 성분이 추력으로 되기 때문에, 꼬리지느러미의 형상이 양력의 크기를 결정하는 중요한 요소가 된다. 애스펙트 비가 큰 꼬리지느러미는 긴 전연부를 가지기 때문에 작용하는 전연흡인력도 크게 된다. 또한 애스펙트 비가 크면 어체의 후부에 생긴 소용돌이의 범위가 밖으로 진동할 수 있는 지느러미 부분이 크게 되기 때문에 유리하다.

가다랑어 · 참다랑어류나 악상어에서 볼 수 있는 초승달형의 꼬리지느러미는 애스펙트 비가 크고(4.5-7.0), 효율 좋은 고속 유영을 가능하게 한다. 그 중에서도 가다랑어의 꼬리지느러미의 애스펙트 비는 가장 크고(7.2), 물치다래 *Auxis thazard* (6.5), 날개다랑어(5.5), 고등어(4.6)의 순이다(Magnuson, 1978). 돌고래, 고래류나 줄전갱이의 애스펙트 비는 대략 4-5, 전갱이, 날치, 청새리상어 *Prionace glauca* 는 3-4, 연어, 부시리 *Seriola aureovittata*, 참돔은 2-3, 숭어, 붕어, 농어에서는 1.5-2이다(東, 1986). 원형과 추형의 꼬리를 가진, 저서성의 활발하지 못한 어류에서의 그 수치는 더욱 낮게 된다. 대략적으로 활발한 어류일수록 큰 애스펙트 비를 가진다고 할 수 있다.

꼬리지느러미의 애스펙트 비는 성장과 함께 증가한다. 대서양상어는 체장 12 cm에서 그 수치가 3이지만, 25 cm가 되면 5까지 증가한다(Aleev, 1963). 체장이 커질수록 그 2승에 비례하여 체표면적이 증가하여 이것에 비례하여 마찰저항이 커진다. 더욱이 큰 어류일수록 빠르게 헤엄치고 속도의 2승에 비례하여 저항이 증가한다. 이것을 극복하기 위하여 성장과 함께 꼬리지느러미의 애스펙트 비를 크게 하여 추진효율을 높이지 않으면 안 되는 것이다.

유영력이 높은 다랑어형의 어류에서는 어체의 굴곡운동은 모두 입술 끝에서부터 어체의 60-80% 부위(미병부의 조금 앞)에 집약된다. 이때의 꼬리지느러미는 어류의 진행방향에 대하여 직각의 진동(테일비트)을 하게 된다. 유영 중의 어류 꼬리지느러미의 움직임은 위에서 보면 파상의 궤적을 그린다. 많은 어류에서 꼬리지느러미의 진폭은 체장의 5분의 1 정도로 이것은 어류의 체장에 의해서 변화하지 않는다고 알려져 있다(Hunter and Zweifel, 1971). 또한 유영속도와 테일비트 빈도(f) 사이에는 직선관계가 있다.

7-3 양력

1)양력의 조절 잉어, 정어리, 뱀장어 등은 부레를 포함한 몸 전체의 밀도가, 그 환경수의 밀도와 거의 동일한 값을 나타내어 부력과 중력이 균형을 이루고 있지만, 노랑가오리 Dasyatis akajei, Pleuronectes pallasi (가자미과의 일종), 점감펭 Scorpaena neglecta 등 저서성의 어류는 체밀도가 상대적으로 높고 가라앉기 쉽다. 또한 표층유영성의 가다랑어 · 참다랑어류도 환경수의 밀도가 1.010-1.025 g/㎤ 인 것에 비해 체밀도는 1.050-1.097 g/㎤ 로 크다(Magnuson, 1978). 그 중에서도 부레를 가지지 않은 점다랑어속, 줄삼치속, 물치다래속은 1.070-1.097 g/㎤ 로 현저히 높다. 이러한 부레를 가지지 않은 어류에서는 성장해도 체밀도는 변화하지 않지만, 부레를 가진 참다랑어속의 잿방어, 날개다랑어 Thunnus alalunga, 황다랑어는 성장과 함께 부레가 크게 되고, 체밀도는 전체적으로 감소해 간다(Magnuson, 1973; Dotson, 1977).

이러한 부의 부력(negative buoyancy)을 가진 어류가 수중에서 일정 수심을 유지하려고 하면 부레 속의 가스조절에 의한 부력 조절 이외에는 전진운동에 의해 발생하는 양력을 이용하지 않으면 안 된다. 어류가 가슴지느러미를 옆으로 길게 뻗어 유영하면 수중날개(hydrofoil)의 역할로 작용하고, 비행기의 주날개와 같이 큰 양력을 얻을 수 있을 것이라는 상상은 가능하다. 단지 이때 가슴지느러미는 양력발생에 역할을 함과 동시에 수평방향이 항력증대로 이어져 여분의 에너지를 소모한다. 가슴지느러미 외에 미병부의 킬(keel)은 단면이 세로로 납작한 형태를 하고 있기 때문에, 진행방향을 향하여 적당한 영각만 주면 전진운동에 동반되어 양력이 발생한다. 이렇게 발달한 킬구조는 가다랑어 · 참다랑어류나 great white shark *Carcharodon carcharias* 나 고래상어 *Rhincodon typus* 등의 외양성의 상어에서 볼 수 있다. 더욱이 어체 자신도 양력의 발생원으로서 기능한다. 실제로, 가다랑어 · 참다랑어류는 고속으로 유영할 때 몸을 수평상태에서 약간 일으켜 세워(영각 약 15°) 헤엄치는 것이 관찰되고 있다(Magnuson, 1970).

어류가 받는 중력은 유영속도에 의해 변화하는 것은 아니기 때문에 부레를 가지지 않는 어류에서는 중력과 평형을 유지하기 위하여 필요한 양력도 불변하게 된다. 예를 들면, 체중 1 kg, 체밀도 1.08 g/㎤ 의 물고기가, 밀도 1.025 g/㎤ 의 해수 중에 있을 경우, 밑으로 향하는 중력 9.8×105 dynes 가 작용하고, 위로 향하는 부력 9.3×105 dynes 가 작용한다. 즉, 중력의 95%가 부력으로 보충되고, 그 나머지의 5%에 불과한 5.0×104 dynes 가 양력으로 필요한 부분이다.

한편, 어류가 빠르게 헤엄을 치면 양력은 속도의 2승에 비례하여 증대하기 때문에 과도의 양력이 발생하여 떠올라 버리고 만다. 이것을 방지하기 위하여 유영속도에 동반하여 발생하는 양력을 조절하는 기구가 필요할 것이다. 그 하나는 지느러미를 펼치고 있는 시간과 접고 있는 시간의 비율을 변화시켜 양력을 조절하는 방법이다. 1.6 BL/s 의 저속에서는 항상 지느러미를 펼치고 있지만, 3.6 BL/s 이상의 속도로 유영할 때에는 지느러미를 접고 있는 시간이 많다. 또 다른 하나는 가슴지느러미의 후퇴각을 변화시키는 방법이다. 가슴지느러미를 옆으로 최대한 길게 펼친 상태에서 서서히 뒤로 젖히면, 즉 후퇴각을 크게 하면 할수록 지느러미의 면적은 작아지고, 발생하는 양력도 감소한다. 실제로, 42 cm 의 점다랑어에서는 1.3 BL/s 로 유영할 때는 후퇴각이 25° 로 작지만, 1.6 BL/s 에서는 34° 로 되고, 3.0 BL/s 까지 속도를 올리면 52° 로 증가한다(Magnuson, 1970). 이러한 속도의 증가에 따라 증가하는 양력에 해당하는 부분만을 지느러미를 접어 감소시키고 있다. 상어도 가슴지느러미에서 양력을 얻고 있지만, 가다랑어 · 참다랑어류와 같이 가슴지느러미를 자유로이 개폐하는 것이 불가능하여 이것에 의한 양력조절은 불가능하다.

2) 양력과 적응

가다랑어 · 참다랑어류는 모두 유영운동에 잘 적응한 집단이라고 할 수 있다. 그러나 그 중에서도 점다랑어속, 참다랑어속 및 꼬치삼치속의 어류는 각각 독자적인 적응적 변화를 이루고 있다. 가다랑어를 대표하는 점다랑어속의 몸 크기는 다른 것에 비해 작지만, 호흡이나 양력발생을 위해 필요한 최소유지속도(*U*min)는 3속 중에 최대이다. 황다랑어나 눈다랑어의 참다랑어속은 큰 사이즈로, 중간정도의 *U*min을 가진다. 꼬치삼치속은 매우 큰 사이즈의 어류로 *U*min은 3속 중에서 최소이지만, 돌진속도는 3속 중에서 최대이다. 애스펙트 비, 혈액의 헤모글로빈 농도 및 혈합근의 양 등의 유영에 관계하는 유체역학적 · 생리학적 특성은 모두 점다랑어속이 높고, 꼬치삼치속이 낮다. 이것으로 유영 운동에 가장 적응하여 있는 것은 점다랑어속이며, 참다랑어속, 꼬치삼치속의 순이라고 할 수 있겠다(Magnuson, 1978).

Magnuson (1978)은 성장에 따른 *U*min 값의 변화를 다양한 어종에 대하여 계산한 결과, 흥미로운 결과를 얻었다(그림 5-8). 가다랑어, 점다랑어, 고등어는 성장과 함께 *U*min의 값은 커진다.

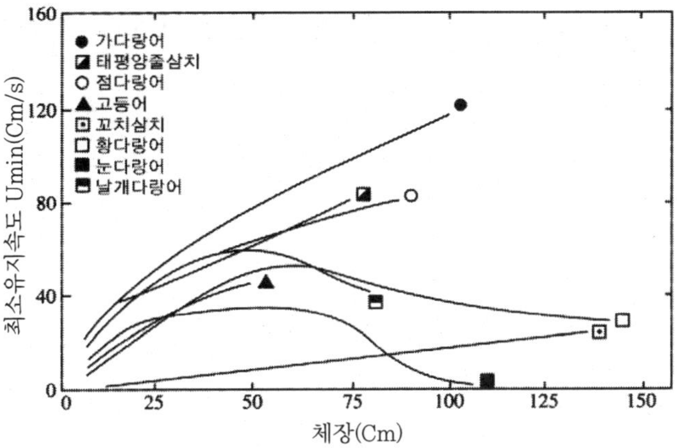

그림 5-8 가다랑어 · 참다랑어류의 최소유지속도(*U*min)의 성장에 따른 변화(Magnuson, 1978).

이러한 종은 부레를 가지지 않거나 있어도 현저하게 발달이 나쁘기 때문에, 체중 증가에 따라 증대하는 밑 방향으로 작용하는 중력에 균형을 이룬 양력을 얻기 위해 *U*min을 크게 하지 않으면 안 된다. 한편, 황다랑어, 눈다랑어, 날개다랑어에서는 체장 50 cm 전후까지는 성장과 함께 *U*min이 커지지만, 그 후에는 역으로 감소한다. 이러한 어종에서는 성장과 함께 부레가 급격한 발달을 이루어 어체밀도가 감소해지기 때문에, 어느 정도 성장하면 그 이후에는 작은 *U*min으로도 충분해지게 된다. 즉, 생명유지에 불가피한 *U*min값을 낮게 유지할 수 있으면 에너지를 절약할 수 있고, 이에 해당하는 만큼 성장하는 쪽으로 돌릴 수 있게 된다. 역으로 부레를 가지고 있지 않은 어류는 성장함에 따라 증대하는 체중을 지탱하기 위하여, 점점 빠르게 헤엄을 쳐 큰 양력을 얻지 않으면 안 된다. 그러나 빠르게 헤엄을 치는 것도 한계가 있기 때문에, 그 범위 내에서 가라앉지 않을 정도의 체중이 자연적으로 성장의 극대사이즈로 결정된 것으로 여겨진다(板澤, 1988). 이러한 어종은 양력에 의해 결정되는 *U*min에 의해 성장이 제한되고 있는 것이라 할 수 있다. 실제로, 고등어, 망치고등어 *Scomber australasicus*, 삼치 *Scomberomorus niphonius*, 줄삼치 *Sarda orientalis*, 몽치다래 *Auxis rochei*, 점다랑어, 가다랑어 등의 부레가 없거나, 발달 정도가 극히 낮은 어종은 최대 체중이 1–20 kg 정도이다. 이에 비하여 황다랑어, 눈다랑어, 날개다랑어, 꼬치삼치 *Acandthocybium solandri* 등과 같이 발달한 부레를 가진 어종은 수십에서 수백 kg 에 달한다((板澤, 1988).

이와 같은 대형어가 부레를 발달시켜 유지속도를 낮게 제어하여 극한체중을 크게 하는 것은 수중에 있어서의 운동 특성을 교묘하게 이용한 적응적 현상으로 여겨진다. 이것과 유사한 현상은 고래에서도 보여 진다. 육상동물은 중력에 저항하기 위하여 특별한 골격, 근육을 가지고 있고 이것들을 유지하는 데에 여분의 에너지를 사용한다. 큰 부력을 이용 가능한 수중생활에 적응한 고래는 성장에 할당되는 에너지의 비율을 높게 한 결과, 극한체중을 크게 할 수 있었던 것으로 여겨진다. 한편, 부레가 퇴화하는 방향으로 적응한 참다랑어속, 삼치속, 줄삼치속, 고등어속의 어류들은 항상 일정 이상의 속도로 계속하여 헤엄치지 않으면 안 되며, 또한 양력과 상반되게 생성되는 유도저항도 극복하지 않으면 안 되게 된다. 이러한 어류들을 대량의 에너지 소비방향으로 적응시킨 도태압(淘汰壓)으로 작용하게 된 것은, 먹이가 풍부한 표층에서의 운동성 향상이 있었기 때문인지도 모른다(Magnuson, 1978). 발달한 부레를 가지고 있으면 먹이를 먹거나, 적으로부터 도망을 갈 때와 같은 격심한 물속에서의 상하 이동 시에 부레가 팽만 · 수축하여 운동을 방해한다. 부레가 없는 경우는 자유롭게 재빠른 상하운동이 가능하게 된다. 이 효과는 특히 수심이 얕을수록 현저하기 때문이다. 부레가 퇴화하여 수중운동에 있어서의 이점을 포기해 버린 것처럼 보이는 어류들도 보는 관점을 바꾸어 보면 표층 부근의 환경에 잘 적응하고 있다고 여겨진다.

文 献

Aleev, Y. G. (1963) : Function and Gross Morphology in Fish. Izd. Akad.Nauk SSSR, Moscow (Transl. by Isr. Program Sci.Transl., Jeruselam, 1969 ; available as TT 67-51319, NTIS, Springfield, Virginia.) 245pp.

東 昭 (1986) : 生物・その素晴しい動き, 共立出版, 172pp.

Blaxter, J. H. S. (1967) : Swimming speeds of fish. FAO Conf. Fish Behav. Relation Fish. Tech. *Tactics, Bergen, Norway, Rev. Pap.* No.3, 1-32.

Bone, Q. (1978) : Locomotor muscle. in Fish Physiology (W. S. Hoar and D. J. Randall eds.), vol.7, Academic Press, New York, 361-424.

Bone, Q., Kiceniuk, J. and Jones, D. R. (1978) : On the role of the different fibre types in fish myotomes at intermediate swimming speeds. *Fisheriy Bulletin U.S.*, 76, 691-699.

Brett, J. R. (1964) : The respiratory metabolism and swimming performance of young sockeye salmon. *J. Fish. Res. Board Can.*, 21, 1183-1226.

Carey, F. G. and Lawson, K. D. (1973) : Temperature regulation in free-swimming bluefin tuna. *Comp. Biochem. Physiol. A*, 44, 375-392.

Carey, F. G. and Teal, J. M. (1966) : Heat conservation in tuna fish muscle. *Proc. Natl. Acad. Sci. U.S.A.*, 56, 1461-1469.

Carey, F. G., Teal, J. M., Kanwisher, J. W. and Lawson, K. D. (1971) : Warm-bodied fish. *Am. Zoologist*, 11, 137-145.

千葉健治 (1983) : 遊泳運動と酸素消費量. 月刊 海洋科学,

15, 226-231.

Dotson, R. C. (1977) : Minimum swimming speed of albacore (*Thunnus alalunga*). *Natl. Mar. Fish. Serv. Southwest Fish. Cent., La Jolla, California.*

Gray, J. (1936) : Studies in animal locomotion VI. The propulsive powers of the dolphin. *J. Exp. Biol.*, 13, 192-199.

Greer-Walker, M. and Pull, G. A. (1975) : A survey of red and white muscle in marine fish. *J. Fish Biol.*, 7, 295-300.

Hanyu, I., Tsukamoto, K., Yamamori, K., Ngan, P. V., Furukawa, K. and Hibiya, T. (1979) : Simultaneous recording of physiological information from swimming fish. *Nippon Suisan Gakkaishi*, 45, 1261-1265.

橋本周久 (1976) : 色素タンパク質, 白身の魚と赤身の魚 (日本水産学会編), 恒星社厚生閣, 28-41.

Hashimoto, K., Watabe, S., Kono, M. and Shiro, K. (1979) : Muscle protein composition of sardine and mackerel. *Nippon Suisan Gakkaishi*, 45, 1435-1441.

橋本周久・渡部終五 (1981) : 血合肉の特性. 多獲性赤身魚の有効利用 (日本水産学会編), 恒星社厚生閣, 33-44.

日比谷　京 (1976) : 筋肉組織, 白身の魚と赤身の魚 (日本水産学会編), 恒星社厚生閣, 18-27.

Howell, A.B. (1970) : Aquatic mammals, their adaptation to life in the water. Dover Publications, New York, 338pp.

Hudson, R. C. L. (1973) : On the function of the white muscles in teleosts at intermediate swimming speeds. *J. Exp. Biol.*, 58, 509-522.

Hunter, J. R. and Zweifel, J. R. (1971) : Swimming speed, tail beat frequency, tail beat amplitude, and size in jack mackerel, *Trachurus symmetricus*, and other fishes. *Fishery Bulletin U.S.*, 69, 253-266.

板沢靖男 (1988) : 遊泳の生理と生態ーマグロ類の遊泳についてー. 現代の魚類学 (上野輝弥・沖山宗雄編), 朝倉書店, 181-200.

Johnson, I. A. (1981) : Structure and function of fish muscles. in Vertebrate Locomotion (M. H. Day ed.), *Symp. Zool. Soc. Lond.*, 48, 71-113.

Johnston, I. A., Frearson, N. and Goldspink, G. (1972) : Myofibrillar ATPase activities of the white and red muscles of marine fish. *Experentia*, 28, 713-714.

Johnston,I. A., Ward, P. S. and Goldspink, G. (1975) : Studies on the swimming musculature of the rainbow trout I. Fibre types. *J. Fish Biol.*, 7, 451-458.

Kraemer, M. O. (1960) : Boundary-layer stabilization by distributed damping. *J. Amer. Soc. Nav. Engrs.*, 72, 25-33.

Lighthill, M .J. (1960) : Note on the swimming of slender fish. *J. Fluid Mech.*, 9, 305-317.

Lighthill, M. J. (1970) : Aquatic animal propulsion of high hydromechanical efficiency. *J. Fluid Mech.*, 44, 265-301.

Lindsey, C. C. (1978) : Form, function, and locomotory habits in fish. in Fish Physiology (W. S. Hoar and D. J. Randall eds.), vol.7, Academic Press, New York, 1-100.

Magnuson, J. J. (1970) : Hydrostatic equilibrium of Euthynnus affinis, a pelagic teleost without a gas bladder. Copeia, 56-85.

Magnuson, J. J. (1973) : Comparative study of adaptations for cintinuous swimming and hydrostatic equilibrium of scombroid and xiphoid fishes, *Fishery Bulletin*, 71, 337-356.

Magnuson, J. J. (1978) : Locomotion by scombrid fishes : Hydromechanics, morphology, and behavior. in Fish Physiology (W. S. Hoar and D. J. Randall eds.), vol.7, Academic Press, New York, 239-313.

松原喜代松・落合　明・岩井　保 (1979) : 新版魚類学 (上), 恒星社厚生閣, 375pp.

Matsuoka, M. and Iwai, T. (1984) : Development of the myotomal musculature in the red sea bream. *Nippon Suisan Gakkaishi*, 50, 29-35.

大村秀雄 (1974) : 鯨の生態, 共立出版, 184pp.

Rayner, M. D. and Keenan, M. J. (1967) : Role of red and white muscles in the swimming of skipjack tuna. *Nature* (London), 214, 392-393.

Stevens, E. D. and Neil, W. H. (1978) : Body temperature relations of tunas, especially skipjack. in Fish Physiology (W. S. Hoar and D. J. Randall eds.), vol.7, Academic Press, New York, 315-359.

塚本勝巳 (1980) : 魚類の遊泳に関する運動生理学的研究. 東京大学学位論文, 295pp.

Tsukamoto, K. (1981) : Direct evidence for functional and metabolic differences between dark and ordinary muscles in free-swimming yellowtail, *Seriola quinqueradiata*. *Nippon Suisan Gakkaishi*, 47, 573-575.

Tsukamoto, K. (1984a) : The role of the red and white muscles during swimming of the yellowtail. *Nippon Suisan Gakkaishi*, 50, 2025-2030.

Tsukamoto, K . (1984b) : Contribution of the red and white muscles to the power output required for swimming by the yellowtail. *Nippon Suisan Gakkaishi*, 50, 2031-2042.

Tsukamoto, K. and Chiba, K. (1981) : Oxygen consumption of yellowtail, *Seriola quinqueradiata*, in relation to swimming speed. *Nippon Suisan Gakkaishi*, 47, 673.

Watabe, S., Hashimoto, K. and Watanabe, S. (1983) : The pH-dependency of myosin ATPases from yellow-tail ordinary and dark muscles. *J. Biochem.*, 94, 1867-1875.

渡辺信夫 (1942) : カツオの魚体密度, 体温及び遊泳速度に関する一測定. 日水誌, 11, 146-148.

Webb, P. W. (1975) : Hydrodynamics and energetics of fish propulsion. *Bull. Fish. Res. Board Can.*, 190, 158pp.

Wu, T. Y. (1971) : Hydromechanics of swimming of fishes and cetaceans. *Adv. Appl. Mech.*, 11, 1-63.

제6장 내분비

§1. 내분비와 호르몬

세포의 생산물이 도관을 통하여 동물의 체표나 소화관등으로 분비되는 현상을 외분비(exocrine)라고 하며, 세포의 생산물이 도관을 경유하지 않고 직접 혈관이나 체액중으로 분비되는 현상을 내분비(endocrine)라고 한다 (그림6-1). 이러한 물질을 분비하는 세포를 샘세포 또는 분비세포라고 하며, 이들 세포로 구성된 조직을 분비샘이라고 한다. 내분비샘에서 분비되는 물질은 혈액중으로 운반되어 체내의 다른 조직에 작용하여 일정한 변화를 일으킨다. 이러한 내분비에 의해 작용하는 물질을 초기의 연구에서는 호르몬(hormone)이라고 명명하였다. 그러나 최근에는, 호르몬의 정의가 크게 변화하고 있으며, 종래의 내분비에 의한 작용물질 이외에도 특정세포가 분비하는 물질이 인접한 세포에 작용하는 경우 (곁분비, paracrine)와 세포 자기자신에 작용하는 경우 (자가분비, autocrine)도 호르몬으로서 취급되게 되었다 (그림6-2).

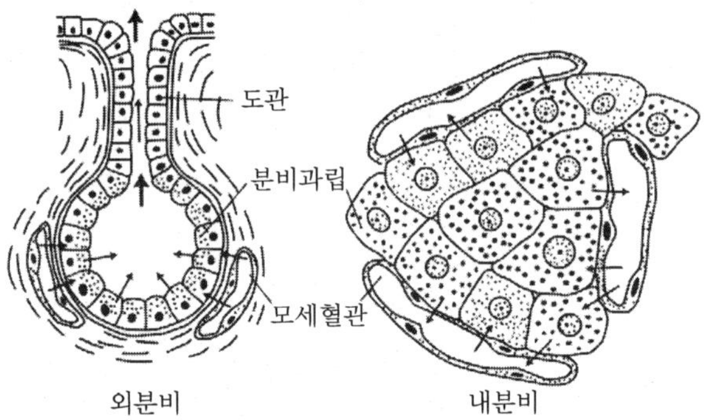

그림 6-1. 외분비샘과 내분비샘의 형태적 차이 (小栗, 1991, 黑住, 1967을개정)

신경세포 중에는 펩타이드 또는 아민을 분비하는 종류가 있으며 신경분비세포라고 한다. 신경분비세포에 의해 생산되는 펩타이드나 아민은 신경호르몬 (neurohormone)으로 불리고 (펩타이드의 경우는 신경펩타이드 (neuropeptide)로 명명된다), 호르몬으로 취급된다. 신경호르몬은 혈액 또는 세포사이에 방출되지만 신경세포가 호르몬을 분비하는 현상을 신경분비 (neurosecretion)라고 한다. 한편, 신경세포에서는 신경접합부위 (시냅스)의 간격에 아세틸콜린, 노르아드레날린등의 신경전달물질이 분비되지만 (신경전달, 시냅스분비), 이와 같은 경우는 호르몬이라고 하지 않는다.

더욱이 최근에는 세포의 분열, 발달을 촉진하는 여러 가지의 펩타이드가 동정되어 있지만, 이것들은 성장인자 (growth factor)라고 알려져 있다. 성장인자의 작용양식은, 내분비, 곁분비 및 자가분비형이 있다. 따라서, 작용양식의 측면에서는 성장인자와 호르몬의 명확한 구별은 없다. 최근의 새로운 호르몬의 정의에 따르면 생체내의 세포간 화학정보 전달물질은 모두 호르몬의 범주에 포함

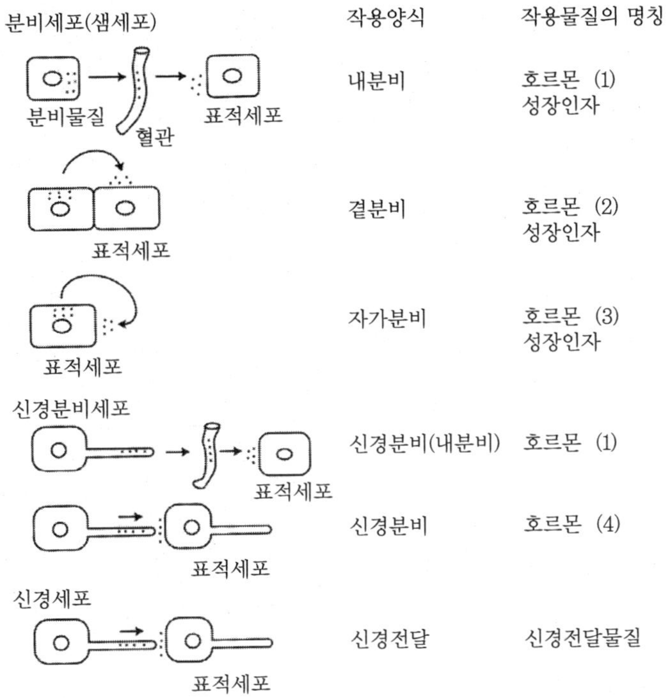

그림 6-2 호르몬의 정의 (1) 고전적인 정의의 호르몬. (2)(3)(4) 새로운 정의에 의한 호르몬. 호르몬의 (1)(2)(3)중에서 폴리펩타이드이며 표적세포의 성장, 분열을 촉진하는 것은 성장인자로서 취급된다.

되는 것도 가능하지만, 내분비학, 신경과학, 세포생물학의 연구분야에 있어서 각각 종래의 호르몬, 신경전달물질, 성장인자로서 취급되어온 물질에 대하여 현재에도 그렇게 분류되는 추세이다.

§2. 정보전달 · 생체조절계로서의 내분비계

동물은 외부환경으로부터 정보를 받아서 생체내의 환경을 적절한 상태로 유지하도록 끊임없이 조절되고 있다. 이 내부환경의 조절에는 신경계, 내분비계, 면역계가 중요하다. 이와 같은 신경계 및 내분비계는 외부환경으로부터의 자극 및 생체내의 정보를 생체내에서 적합하게 세포로부터 세포로 전달하고 생체기능을 조절한다.

신경계 정보전달의 특징으로서 신경세포내의 전기적전달과 세포간의 화학적전달에 의해 신속한 반응이 일어난다. 세포간에는 신경세포의 종말에서 신경접합부위 (시냅스) 사이에 신경전달물질이 방출되고 인접한 표적세포에 작용한다.

한편, 내분비계에 있어서는 호르몬에 의한 화학적전달이 일어난다. 호르몬 생산세포에서 호르몬이 혈액중 또는 세포사이에 방출되어, 표적세포에 도달하여 정보가 전달된다. 호르몬에 의한 정보전달은 신경계의 시냅스를 경유하는 전달에 비하면 시간이 많이 소요되지만, 신경전달에 의한 작용에 비하면 지속적인 효과를 유도한다. 또한 앞에서 설명한 바와 같이, 신경세포 중에는 호르몬을 만드는 세포 (신경분비세포)가 관찰되지만, 이와 같은 신경세포는 신경계, 내분비계의 양쪽에 속하는 세포라고 할 수 있다. 특히 신경분비세포는 신경계의 정보를 내분비계에 전달하는 중요한 역할을 담당하고 있다.

분비된 호르몬은 그 호르몬에 특이적인 수용체를 가지는 표적세포에 작용한다. 한 개의 호르몬이 여러 가지의 생리작용을 하는 것도 있지만, 이것은 한 개의 호르몬에 대한 복수의 표적세포가 생체내에 존재하고 각각의 표적세포가 다른 반응을 나타내기 때문이다.

호르몬의 작용으로서는 주로 생체내 내부환경의 조절을 하지만, 이 이외에도 형태변화, 행동양식의 조절도 담당한다. 또한 발생과정에서 조직분화나 기관형성을 유도하기도 하고 변태 등의 형태변화를 조절한다.

§3. 화학구조에 의한 호르몬의 분류

호르몬은 물질의 화학구조로부터 펩타이드 · 단백질계, 스테로이드계, 타이로신유도체계, 생체아민계 및 에이코사노이드계로 분류된다 (그림6-3).

1) 펩타이드 · 단백질계: 각종의 아미노산이 펩타이드결합에 의해 연결된 구조를 갖는다. 펩타이드사슬 아미노산의 수는 3개부터 수백개까지 호르몬의 종류에 따라 다르다. 여러 가지 펩타이드

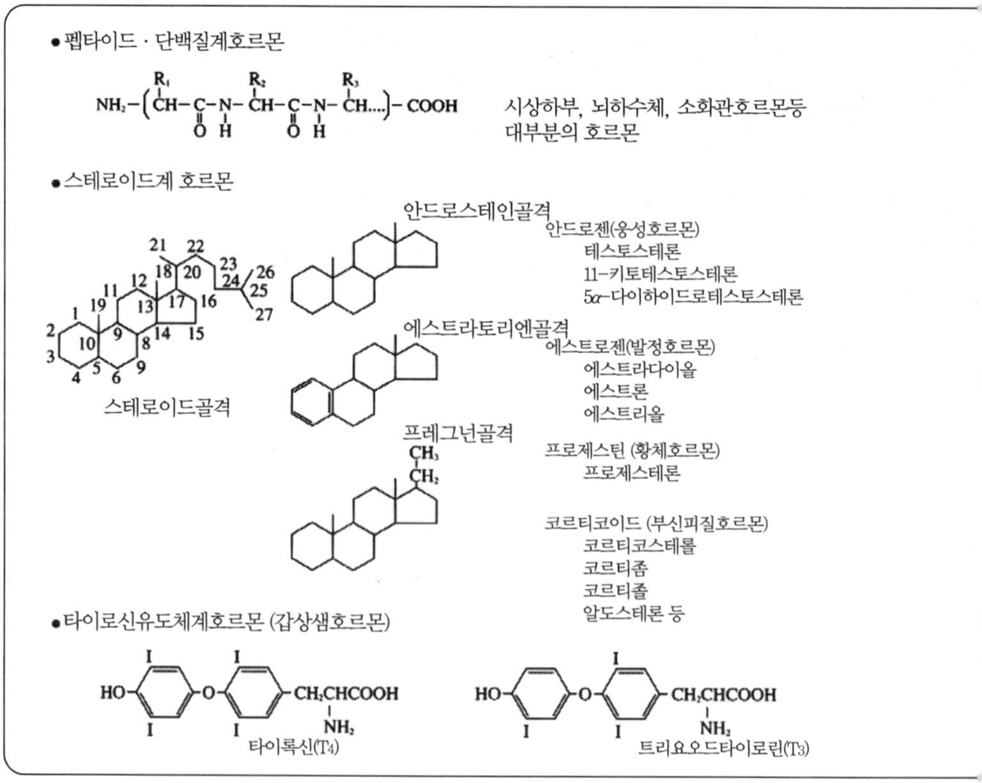

사슬로 이루어진 subunit 구조를 가지기도 하며 당사슬이 부가된 당단백질호르몬도 존재한다.

2) 스테로이드계 호르몬: 스테로이드 골격을 가진 호르몬으로서 안드로젠 (웅성호르몬), 에스트로젠 (발정호르몬), 프로제스틴 (황체호르몬) 및 코르티코이드 (부신피질호르몬)로 나뉘어 진다.

3) 타이로신유도체계 호르몬: 갑상샘호르몬에서 보여지는 화학구조로서, 아미노산 타이로신에 페놀기가 붙어서 이것들의 벤젠핵에 요오드가 도입된 형태이다.

4) 생체아민계 호르몬: 타이로신유래의 카테콜아민류 (아드레날린, 노르아드레날린, 도파민 등), 트립토판유래의 트립토아민 (세로토닌, 멜라토닌), 히스티딘 유래의 이미다졸류 (히스타민) 및 콜린류 (아세틸콜린)로 나뉘어 진다.

5) 에이코사노이드계 호르몬: 아라키돈산 등의 긴사슬 불포화지방산으로부터 만들어지는 호르몬이며, 프로스타그란딘, 트롬보키산 (thromboxane) 및 류코트린 (leukotriene) 유형으로 분류된다.

§4. 호르몬 수용체와 세포내 정보전달계

4-1 호르몬 수용체

호르몬의 표적세포는 그 호르몬의 특이적인 수용체 (receptor)를 가진다. 호르몬 수용체는 단백질분자로서 세포밖의 호르몬이 수용체와 결합하면 표적세포내에 세포내 정보전달계가 작동되어

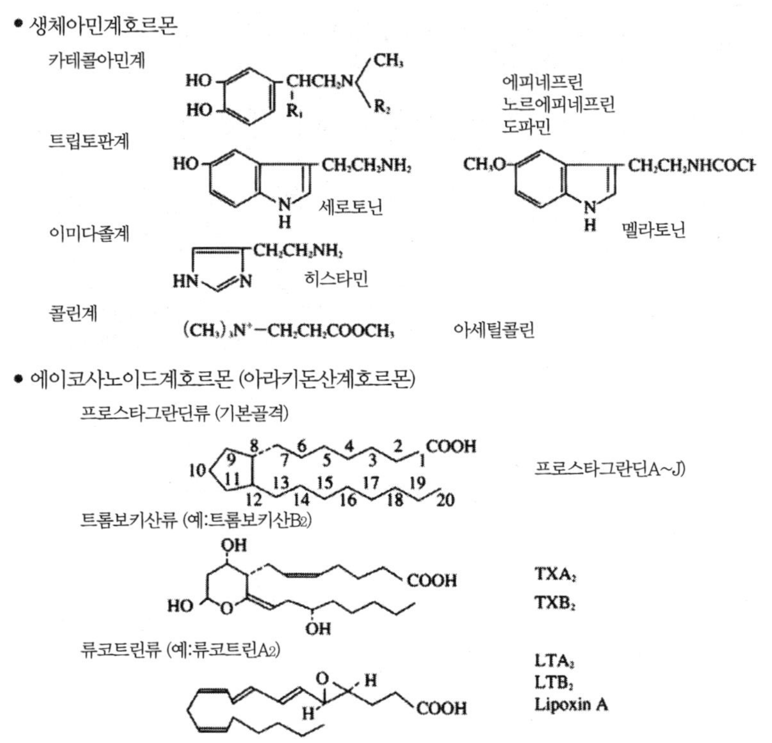

그림 6-3 화학구조에 의한 호르몬의 분류 (川島, 1995를 개정)

그 결과로 호르몬의 작용이 발현된다.

호르몬 수용체는 막수용체와 핵수용체가 존재하며, 막수용체에는 G단백질 공역수용체, 효소형 수용체, 효소 공역형수용체 등의 종류가 알려져 있다 (그림 6-4). G단백질 공역수용체는 한 개의 단백질분자이며, 아미노말단이 세포밖에 있고 카르복시말단은 세포내에 위치하며, 세포막을 7회 관통하므로 막7회관통형 수용체라고도 불리운다. 세포외의 영역이 호르몬인식영역이며, 이 영역에 호르몬이 결합하면 수용체의 입체구조가 변화하고, G단백질을 매개로 하여 세포내의 일련의 반응이 일어난다. 갑상샘자극호르몬, 생식샘자극호르몬 등의 당사슬을 가진 뇌하수체호르몬, 생식샘자극호르몬방출호르몬 등의 시상하부호르몬, 도파민, 세로토닌등의 생체아민계 호르몬의 수용체가 G단백질 공역수용체에 속한다.

효소형 수용체는 한 개의 단백질분자로서, 아미노말단이 세포외에 있으며, 세포내의 카르복시말단에는 효소활성 (타이로신키나제 활성)을 가진 영역이 있다. 호르몬이 수용체에 결합하면, 효소영역이 활성화되어 세포내의 반응이 일어난다. 인슐린 등의 수용체가 효소형 수용체에 속한다. 효소 공역형수용체는 공역하는 효소를 매개로하여 세포내 반응이 일어난다. 성장호르몬, 프로락틴 등의 뇌하수체호르몬 수용체가 여기에 속한다.

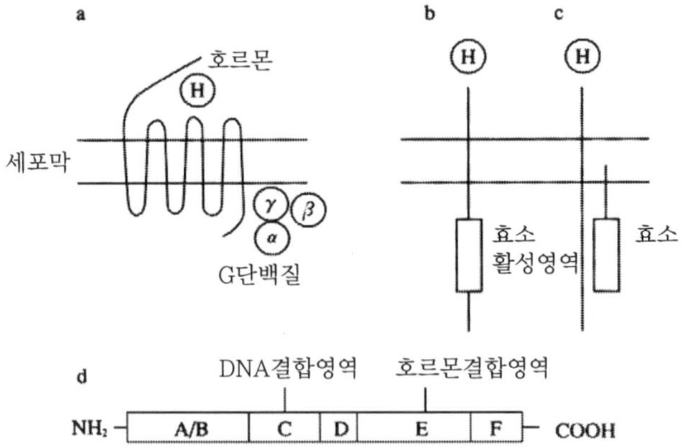

그림 6-4. 세포막, 호르몬, G단백질, 효소활성영역, 효소, DNA결합영역, 호르몬결합영역 호르몬수용체. a: G단백질공역수용체. b: 효소형수용체. c: 효소공역형수용체. d: 핵내수용체.

G단백질 공역수용체, 효소형 수용체, 효소 공역형수용체가 세포막에 존재하는데 반하여, 핵내 수용체는 세포질 및 핵에 존재한다. 따라서, 핵내 수용체를 매개로 하여 작용하는 호르몬은 세포막을 통과하여, 수용체에 결합한 다음, 핵내로 이동하여 기능을 발휘한다. 핵내 수용체도 단백질 분자이며, A부터 F까지의 기능적인 도메인 구조를 가진다. 스테로이드 호르몬 및 갑상샘호르몬의 수용체가 핵내 수용체에 속한다. 또한 호르몬은 아니지만 활성형 비타민A인 레티노인산 및 비타민D 수용체도 핵내 수용체에 포함된다.

4-2 세포내 정보전달계

호르몬이 수용체에 결합하면, 세포내 정보전달계에 전달되어 호르몬의 생리작용이 나타난다. 여기서는 G단백질 공역수용체 및 핵내 수용체를 매개로 한 세포내 정보전달계에 대하여 간략히 설명한다.

펩타이드 호르몬이 G단백질 공역수용체에 결합하면, 3량체인 G단백질을 매개로 하여 포스포리파제C, 또는 아데닐산시크라제가 활성화 된다 (그림6-5). 포스포리파제C는 포스파티딜이노시톨 4,5-2인산 (PIP2)을 기질로하여, 이노시톨-1, 4, 5- 3인산 (IP3)의 합성, 소포체로부터 Ca^{2+}방출에 의한 세포내 Ca^{2+}의 증가, 디아실글라이세롤 (DG)을 합성한다. 또 아데닐산시크라제는 아데노신3인산 (ATP)을 기질로 하여 사이클릭AMP (cAMP)를 합성한다. IP3, Ca^{2+}, DG, cAMP 등의 물질은 단백질 인산화효소 (Kinase)를 활성화하여 세포내의 단백질이 인산화되어 호르몬의 작용이 발휘된다. 이러한 호르몬에 의한 세포외 정보는 수용체를 매개로 하여 세포내로 전달되지만, 세포내의 정보전달계에서는 IP3, Ca^{2+}, DG, cAMP 등의 물질은 2차 전달자 (second messenger)로 불리워 진다. 세포내에서 어떠한 전달경로와 second messenger에 의한 호르몬의 작용이 나타나는 지는 수용체의 종류에 따라서 다르다.

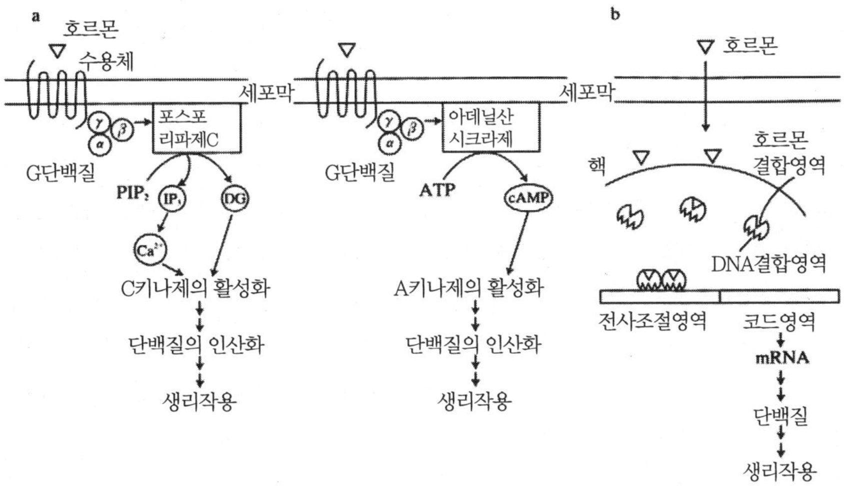

그림 6-5. 세포내 정보전달계. a: G단백질공역수용체를 통한 경로, b: 핵내수용체를 통한 경로

한편, 호르몬 수용체가 핵내 수용체인 경우, 호르몬이 수용체의 호르몬 결합영역에 결합하면 수용체 단백질의 입체구조가 변화되고, DNA 결합영역이 노출된다. 그러면 이 수용체 단백질의 DNA 결합영역이 유전자의 전사조절 영역에 결합함으로서 mRNA의 전사가 시작되고 그 후의 세포내 각종 반응에 의해 호르몬의 생리작용이 나타난다. 이러한 핵내 수용체에 결합하는 호르몬은 유전자발현을 통하여 호르몬의 작용이 발휘된다.

§5. 호르몬의 생합성과 방출

세포내 호르몬의 합성은 호르몬 화학구조별로 합성양식이 다르다. 아미노산의 폴리머인 펩타이드 호르몬은 그 호르몬 유전자에 의존적이다. 펩타이드 호르몬 유전자는 일반적인 단백질 유전자와 동일하게 복수의 엑손 및 인트론으로 구성되어 있으며, 상류에는 전사조절 영역이 존재한다. 유전자의 전사, 번역에 의해 생성된 펩타이드는 흔히 호르몬의 전구체이며 이 호르몬 전구체는 프로세싱에 의해 불필요한 부분이 제거되고 S-S 결합의 형성, 당사슬의 부가, 인산화 등 번역후 수식을 받아 비로소 활성형 호르몬이 된다. 또한 스테로이드 호르몬 등 아미노산의 골격을 가지지 않는 호르몬은 호르몬의 대사에 필요한 효소의 합성, 활성화에 의해 합성된다.

세포내에서 합성되는 친수성 호르몬은 필요에 따라서 세포외로 분비된다. 많은 펩타이드 호르몬은 합성된 후에 골지복합체에서 분비과립으로 되어 일시적으로 세포내에 저장된다. 다음으로 외부에서 자극이 오면 개구분비 (exocytosis)에 의해 세포외로 분비된다. 한편, 스테로이드 호르몬과 같은 지용성 호르몬은 분비과립을 형성하지 않고 합성과 동시에 세포외로 확산된다. 또한「분비」라고 하는 단어는 최근「방출」이라는 말과 동의어로 사용되고 있으며 합성에서부터 방출까지의 과정을 의미한다.

§6. 어류의 내분비계

어류의 내분비계는 기본적으로 다른 척추동물의 내분비계와 같지만, 내분비기관 (내분비샘)의 종류에 따라서는 어류 특유의 구조가 있으며 다른 척추동물과 다른 명칭으로 불려 지기도 한다. 그림 6-6은 어류의 내분비기관을 나타내고 있다. 뇌의 시상하부, 하수체 (뇌하수체), 송과체 (상생체), 간신샘 (포유동물에서는 부신피질), 크롬친화성 세포군 (포유류에서는 부신수질), 갑상샘, 위장, 췌장의 랑게르한스섬, 성샘 (난소와 정소), 새후샘 (포유류에서는 갑상샘 곁여포세포), 스타니우스소체 및 미부하수체이다. 또한 그림에는 없지만 레닌-안지오텐신계도 존재한다. 이 내분비기관 중에서 스타니우스소체와 미부하수체는 경골어류에만 존재하는 내분비기관이다. 또한 부갑상

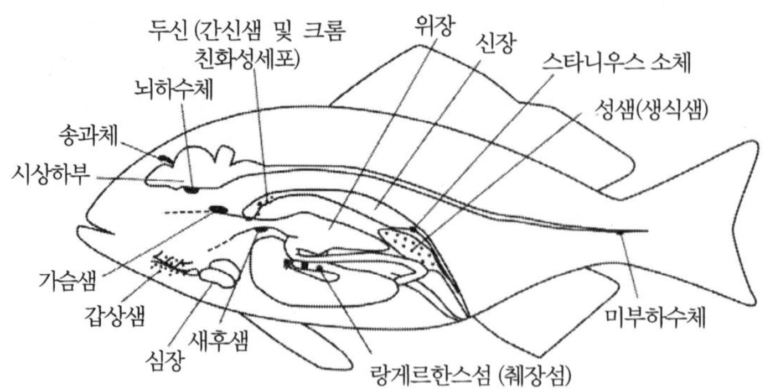

그림 6-6. 어류의 내분비계 (會田등, 1991)

샘은 양서류이상의 척추동물에 존재하며, 어류에는 존재하지 않는다. 위장에 대해서는 「제 9장 소화와 흡수」를, 성샘에 대해서는 「제 7장 생식」을 참조하기 바란다. 근래에는 분석화학의 발전에 의하여 포유류에서 동정된 호르몬이 어류에서도 존재하지만 아직 생리작용은 불확실한 종류가 많이 있다. 또한 어류에는 다양한 종의 분화가 나타나며, 특정 어종의 호르몬 생리작용이 다른 어종에서는 관찰되지 않는 경우도 있다.

§7. 시상하부 – 뇌하수체계

7-1 형태

간뇌의 일부인 시상하부 (hypothalamus)는 뇌하수체 (pituitary gland, hypophysis)의 위쪽에 위치하며 자율신경계의 중추인 동시에 뇌하수체의 기능을 조절한다.

시상하부에는 각종 신경호르몬을 분비하는 신경분비세포가 존재한다. 포유류 이외에도 많은 척추동물에서는 이들 신경분비세포는 축삭의 투사양식에 따라 크게 두 그룹으로 분류된다. 그 하나는 축삭을 정중융기쪽으로 뻗어 호르몬을 뇌하수체 문맥중으로 방출하여 뇌하수체 호르몬의 분비를 조절하는 방식이다. 다른 하나는 축삭을 신경뇌하수체로 뻗어 혈중으로 분비된 호르몬이 말초의 표적기관에 작용하는 양식이다. 어류 중에서 진골어류는 정중융기, 뇌하수체 문맥을 가지지 않고 신경분비세포의 축삭은 뇌하수체에 직접 투사되어 뇌하수체 호르몬의 분비를 조절한다 (그림 6-7).

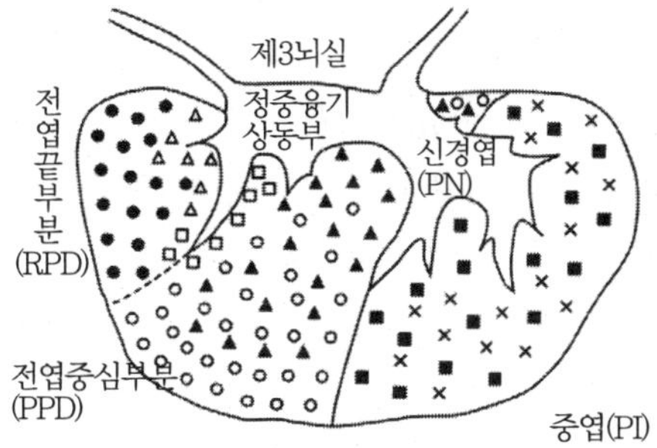

그림 6-7. 진골어류의 뇌하수체. 프로락틴생산세포, 부신피질자극호르몬생산세포, 갑상샘자극호르몬생산세포, 성장호르몬생산세포, 성샘자극호르몬생산세포 (주로 FSH는 뇌하수체주변부, LH는 중심부에 분포), 흑색소포자극호르몬생산세포, 소마토락틴생산세포, RPD: 전엽끝부분, PPD: 전엽중심부분, PI: 중엽, PN: 신경엽 (會田등, 1991)

뇌하수체는 발생학적으로 간뇌의 아래쪽에서 돌출된 원기 (깔대기, infundibulum)와 구강 뚜껑의 등쪽 상피가 함몰된 원기 (라트케주머니, Rathke' s pouch)가 연결되어 생긴 내분비기관이며, 간뇌유래의 부분을 신경뇌하수체 (neurohypophysis), 구강 뚜껑 유래의 부분을 샘뇌하수체 (adenohypophysis)라고 한다. 다만 원구동물의 샘뇌하수체 원기는 구강 뚜껑 상피의 유래가 아니고 코 하수체관의 끝에 형성되며 관에서 분리되어 샘뇌하수체가 된다.

많은 척추동물의 신경뇌하수체는 정중융기 (median eminence)와 신경엽부분 (neural lobe, pars nervosa) (또는 뒷부분, posterior lobe)으로 구별되지만, 진골어류에서는 정중융기, 뇌하수체 문맥이 존재하지 않고 샘뇌하수체로 침투한 신경분비세포의 축삭부분이 신경뇌하수체가 된다. 신경뇌하수체는 대략 앞부분과 뒷부분으로 나뉘어 지며, 분비되는 호르몬의 종류로 분류하여 앞부분은 기능적으로 정중융기에 해당하며, 뒷부분은 신경엽과 같다. 진골어류에서 뒷부분에 대해서는 신경엽이라는 명칭으로 사용되지만 앞부분에 대해서는 특정한 명칭이 없이 신경뇌하수체 앞부분 또는 정중융기 상동부 등으로 불린다.

한편, 어류의 샘뇌하수체는 전엽 (anterior lobe 또는 원위부분, pars distalis)과 중엽 (intermediate lobe 또는 중간부분, pars intermedia)으로 나뉘어 진다. 전엽은 다시 끝부분 (rostral pars distalis)과 중심부분 (proximal pars distalis)으로 구분된다 (그림 6-7). 포유류에서는 뇌하수체를 형태적으로 전엽, 중엽, 후엽 (신경엽)으로 구분한다. 어류의 뇌하수체 부위는 포유류의 뇌하수체 전엽, 중엽, 후엽에서 만들어 지는 호르몬의 종류에 각각 대응하여 분류하였기 때문에 중엽과 신경엽의 형태적인 위치는 명칭과 일치하지 않는다. 또한 어류에서 후엽이라는 이름은 사용하지 않고 신경엽 (신경부분) 이라고 칭한다.

7-2 뇌하수체 호르몬

뇌하수체에서는 여러 가지 단백질 호르몬 혹은 당단백질 호르몬이 만들어지고 혈액중으로 방출되어 말초의 표적기관에 작용한다. 성장호르몬, 프로락틴, 소마토락틴, 흑색소포자극호르몬은 표적기관에 작용하여 그곳에서 각각의 호르몬 작용을 발휘하지만 갑상샘자극호르몬, 성샘자극호르몬 (여포자극호르몬, 황체형성호르몬), 부신피질자극호르몬은 표적 내분비기관에 작용하여 그곳에서 새로운 호르몬을 생산한다. 샘뇌하수체 호르몬은 주로 시상하부 호르몬에 의한 분비조절을 받지만, 갑상샘자극호르몬, 성샘자극호르몬, 부신피질자극호르몬의 분비는 각각의 표적 내분비기관에서 만들어 지는 갑상샘호르몬, 성호르몬, 부신피질호르몬의 영향도 받는다. 이와 같이 상위의 호르몬 분비가 하위의 호르몬에 의해 조절되는 기구를 피드백기구 (feedback system) 라고 하며, 그 작용이 억제적인 경우를 음의 피드백, 촉진적인 경우를 양의 피드백이라고 한다. 통상적으로 말초에서 만들어진 호르몬이 시상하부를 경유하거나 또는 직접 뇌하수체에 작용하여 뇌하수체의 호르몬이 과잉으로 분비되지 않게 억제적으로 조절하는 경우가 많다. 그림 6-7에 각 호르몬 생산세포의 위치를 표시하였다.

1) 전엽에서 생산되는 호르몬 프로락틴 (prolactin, PRL)은 포유류에서 유즙분비를 촉진하는 호르몬으로 알려져 있지만, 어류에서는 담수적응에 중요한 호르몬이다. PRL 생산세포는 전엽 끝부분의 대부분을 차지한다. PRL의 작용기전으로는 아가미에서 Na^+ 유출의 억제 · Na^+, K^+-ATPase의 활성저하 · 물의 흡수억제, 장관에서 물과 NaCl의 흡수억제 · 점액분비의 촉진, 방광에서 물 흡수억제 · Na 유입촉진, 피부의 점액분비 증가 · 투과성의 저하 등이 알려져 있다. PRL의 분비는 프로락틴방출 펩타이드 및 도파민에 의해 각각 촉진, 억제된다. 진골어류에서는 뇌하수체를 적출하여 낮은 삼투압의 배양액에서 배양하면 PRL의 방출이 촉진되므로, PRL세포가 삼투압을 직접 감지하여 PRL을 방출하는 기구가 존재하는 것으로 추정되고 있다.

부신피질자극호르몬 (adrenocorticotropic hormone, ACTH)은 어류에서는 간신샘 (포유류의 부신피질에 해당)에 존재하고 부신피질호르몬의 분비를 촉진한다. ACTH도 PRL과 같이 전엽 끝부분에서 생산된다. ACTH와 흑색소포자극호르몬 (melanophore-stimulating hormone,

MSH)은 프로오피오멜라노코르틴 (proopiomelanocortin)이라고 불리는 공통의 전구체로부터 만들어 진다. 전엽의 ACTH 생산세포에서는 단백질 분해효소의 프로세싱에 의해 ACTH가 형성되고, 중엽의 MSH 생산세포에서는 한번 더 ACTH 프로세싱이 이루어져서 MSH가 형성된다 (그림 6-8). ACTH 분비는 시상하부의 부신피질자극호르몬 방출호르몬에 의해 촉진된다.

성장호르몬 (growth hormone, GH; somatotropin)은 척추동물에서 성장을 촉진하는 호르몬으로서 생산세포는 전엽 중심부분의 등쪽에 분포한다. 포유류에서는 연골의 발달, 간장이나 다른 기관에서 세포의 증식과 비대, 아미노산 수송이나 단백질 합성의 촉진, 지방 분해, 당 이용의 저하와 같은 작용이 알려져 있다. 어류에서도 비슷한 작용에 의해 성장이 촉진되는 것으로 추측되고 있다. 또한 GH 작용은 인슐린성 성장인자-I형 (IGF-I)에 의해 중개된다. 더욱이 연어과 어류에서는 해수 적응능력의 발달작용을 가진다 (상세하게는 「제11장 삼투압조절 · 회유」를 참조). GH 분비는 성장호르몬 방출호르몬에 의해 촉진되고, 소마토스태틴에 의해 억제된다.

갑상선자극호르몬과 성선자극호르몬 (여포자극호르몬과 황체형성호르몬)은 α사슬과 β사슬의 두 개의 subunit로 구성된 2량체로서 각각의 subunit에 당이 부가된 당단백질 호르몬이다. α사슬은 3종류의 호르몬에 공통이며 β사슬의 종류에 의해 호르몬으로서의 작용이 결정된다.

갑상샘자극호르몬 (thyroid-stimulating hormone, TSH)은 갑상샘에 작용하여 갑상샘호르몬의 분비를 촉진한다. 포유류에서 TSH의 분비는 시상하부 갑상샘자극호르몬 방출호르몬에 의해 촉진되지만, 어류에서는 이 호르몬에 의한 TSH 분비촉진 효과는 관찰되지 않고, TSH는 시상하부에 의한 분비조절, 갑상샘자극호르몬 방출호르몬의 생리작용은 불분명하다. 일반적으로 TSH 생산세포는 전엽 중심부분에 산재해 있지만, 망둥어류에서는 주엽의 끝부분과 중심부분의 경계부에 세포덩이로 존재한다.

성샘자극호르몬 (gonadotropin, GTH)은 여포자극호르몬 (follicle-stimulating hormone, FSH)과 황체형성호르몬 (luteinizing hormone, LH)이라고 하는 2종류가 있다. 종래에는 어류에서 황체형성호르몬과 유사한 GTH가 1종류만 존재한다고 생각되었으나, 1988년 Kawauchi 등의 연구그룹에 의해 연어에서 여포자극호르몬과 유사한 호르몬이 동정되어, 어류에서도 2종류의 GTH가 존재하는 것이 증명되었다. 이 호르몬들은 당초에 FSH와 유사한 것을 GTH-I, LH와 유사한 것을 GTH-II로 명명되었으나, 현재에는 다른 척추동물의 호칭에 맞추어 각각 FSH, LH로 부르고 있다. 2종류의 GTH는 협조적으로 성샘의 발달을 촉진한다 (상세한 부분은 「제 7장 생식」을 참조). GTH 중에서 LH의 분비는 시상하부의 성샘자극호르몬 방출호르몬에 의해 촉진된다. 또한 잉어과 어류에서 도파민에 의해 LH분비가 억제된다.

2) 중엽에서 생산되는 호르몬 흑색소포자극호르몬 (melanophore-stimulating hormone, MSH, 멜라닌세포자극호르몬, melanocyte-stimulating hormone)은 프로오피오멜라노코르틴을 전구체로하고 중엽에서 생산된다. 어류에서 MSH는 피부의 흑색소포 (melanophore)에 작용하여 세포질중의 검은 멜라닌과립을 확산시키고 그 결과 체색이 검게 된다. 한편, 시상하부에서 생산되는 신경호르몬의 일종인 멜라닌응집호르몬 (melanin-concentrating hormone, MCH)은

멜라닌과립을 응집시키고 체색을 밝게 한다. 송과체에서 분비되는 멜라토닌 같은 작용을 나타낸다. 이러한 호르몬들은 완만하게 체색변화를 조절하며, 경골어류는 자율신경계에 의해서 빠른 체색변화 조절이 이루어 진다.

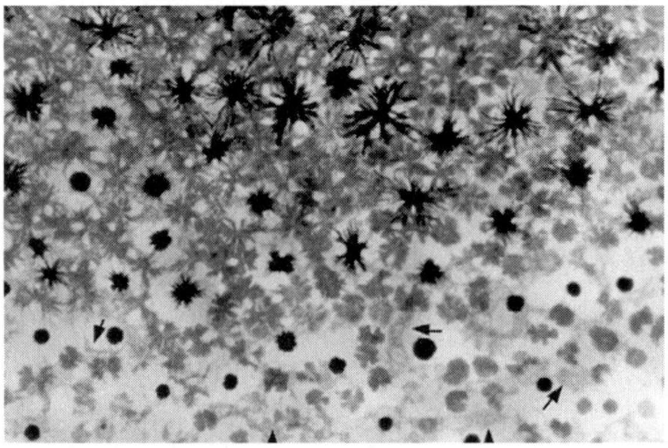

그림 6-8. 용치놀래기 체표의 색소포. 흑색소포 (흑색), 황색소포 (회색), 홍색소포 (연한 회색으로 부정형, 화살표시)가 존재한다. 그림 아래쪽의 흑색소포와 황색소포의 색소과립은 응집하여 위쪽으로 확산되어 있다. 또한 흑색소포의 주위를 황색소포가 둘러싼 모양으로 보인다. 홍색소포는 화살표시 이외에도 흑색소포의 주위에 산재하지만 흑백사진이므로 식별되지 않는다.)

색소세포 (chromatophore, 색소포)는 신경관 세포에서 분화되어 체표로 이동한 것으로, 위에서 설명한 흑색소포 이외에 적색소포 (erythrophore), 황색소포 (xanthophore), 백색소포 (leucophore), 홍색소포 (iridophore)가 있다. 적 · 황색소포는 적 · 황색의 카로티노이드 과립을 각각 가진다. 백색소포는 구아닌 과립을 가지고 이것은 빛을 난반사하므로 백색으로 보이게 된다. 홍색소포는 구아닌을 포함하는 층상의 반사소판을 가지고 있으므로 빛의 간섭이 일어나며 보는 방향에 의해서 다양한 색으로 보인다. 참돔의 체측 푸른색 반점은 주로 홍색소포에 의한 현상이다. 이러한 색소포의 분포 방식에 따라서 각각의 어종 독특한 색이나 모양이 생긴다. 참돔을 해상 가두리에서 양식하면 흑색소포가 증가하여 체색이 검게 되는 등, 체색의 기반이 되는 색소세포의 조성도 변화한다. 일반적으로 홍색소포 이외의 색소포 형태는 별 모양으로 중심에 핵이 있고, 색소과립이 세포내를 미소관에 따라 주변부와 중심부 사이를 이동한다. 세포 전체에 색소과립이 확산되면 체색이 어두워지며, 중심부로 응집하면 밝게 된다. 이러한 현상에 의해 단시간에 체색의 변화가 일어난다. 색소과립의 확산은 색소세포의 세포막에 존재하는 MSH 수용체에 MSH, 또는 β아드레날린작동성 수용체에 아드레날린이 각각 결합하여 주로 일어난다. 또한 응집은 MCH 수용체-MCH, α아드레날린작동성 수용체-노르아드레날린, 또는 멜라토닌 수용체-멜라토닌의 결합으로 반응이 일어난다 (Fujii, 2000). 이러한 내분비계 및 자율신경계의 반응은 위쪽의 빛이나 수면 바닥으로부터 반사광의 강약, 주위의 색 등이 중추신경계에 전달되고 통합된 결과에 기인한다. 체색변화 내분비계와 자율신경계의 관련성은 어종에 따라서 다르다. 그림 6-8은 용치놀래기의 체표 색소세포를 나타내고 있다.

소마토락틴 (somatolactin, SL)은 어류 특유의 뇌하수체호르몬으로, 1차구조는 GH 및 PRL과 유사하므로 GH · PRL군에 속하는 호르몬으로 추정되고 있다. GH 및 PRL 생산세포가 각각 뇌하수체의 전엽 중심부분 및 끝부분에 분포하는 것과 대조적으로 SL 생산세포는 주로 뇌하수체 중엽에 위치한다. 많은 어종에서 SL은 당단백질이므로 중엽의 SL 생산세포는 당을 염색하는 PAS 염색에 양성반응을 보인다. 그러나 연어과 어종에서는 SL이 단순한 단백질로서 그 생산세포는 PAS 음성이다. 뇌하수체 중엽에서는 SL 생산세포와 MSH 생산세포가 혼재하지만, SL세포는 중엽에

침투한 신경뇌하수체에 인접한 부위에 주로 위치한다.

SL의 생리작용은 명확하지는 않지만 무지개송어 혈액의 산염기 조절에 관여한다. 산성수에 노출되거나 운동부하가 주어진 경우 등, 혈중 중탄산이온의 농도저하를 동반하는 혈액의 산성화 시기에 SL이 분비된다. 또한 동갈민어과 어류에서 SL이 체색변화에 관여되어 있다고 지적된 바 있다.

3) 뇌하수체 호르몬의 분자진화 샘뇌하수체에서 생산되는 호르몬은 크게, 성장호르몬 (GH) · 프로락틴 (PRL) · 소마토락틴 (SL)군, 성샘자극호르몬 (GTH) · 갑상샘자극호르몬 (TSH)군 및 프로오피오멜라노코르틴 관련 호르몬군으로 나뉘어 진다. 근년에는 뇌하수체 호르몬의 아미노산배열 및 cDNA 염기배열이 밝혀지고, GH, PRL 및 SL간에 구조상의 유사성이 관찰되므로, 이들 호르몬은 공통의 선조유전자를 가지고 중복에 의해 생긴 것으로 추정되고 있다. 다만 SL은 어류 이외에서 동정되어 있지 않고 어류 특유의 분자진화의 결과 생긴 호르몬으로 추측된다. 또한 GH, PRL에 대해서 척추동물간에 어느 정도 구조상의 유사성이 보이며, 척추동물의 진화과정에서도 기본구조가 유지되어 있지만, 호르몬의 기능은 반드시 일치하지는 않는다. 특히 PRL은 척추동물에서 다양한 생리작용을 보이지만 진화의 과정에서 생리작용이 확대 · 분화된 것으로 판단된다. 성샘자극호르몬, 갑상샘자극호르몬군은 α사슬과 β사슬의 2종류 subunit로 구성된 당단백질 호르몬으로, 공통의 선조분자로부터 3종류의 여포자극호르몬, 황체형성호르몬 및 갑상샘자극호르몬이 생긴 것으로 추정되고 있다.

한편, 프로오피오멜라노코르틴 관련 호르몬은, 프로오피오멜라노코르틴이라고 불리는 공통의

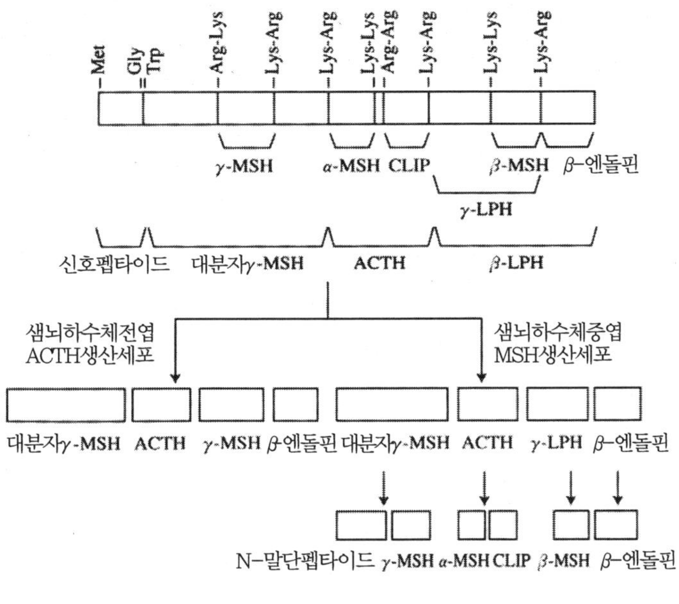

그림 6-9. 뇌하수체의 ACTH 및 MSH의 생산과정. 여기서는 소의 프로오피오멜라노코르틴의 구조와 뇌하수체의 ACTH생산세포와 MSH생산세포의 각종펩타이드 생산과정을 나타내고 있다. 연어는 γ-MSH형의 구조구분은 존재하지 않는다 (會田등, 1991)〉

전구체가 프로세싱에 의하여 생긴 호르몬이며, ACTH, MSH, 리포트로핀, 엔돌핀 등의 호르몬이 알려져 있다. 이들 호르몬은 프로오피오멜라노코르틴의 프로세싱이 뇌하수체의 부위에 따라 다르기 때문에 다른 호르몬이 형성된다 (그림 6-9).

7-3. 신경뇌하수체 호르몬

1) 시상하부 호르몬 주로 시상하부의 신경분비세포에서 생성되며, 축삭에 의해 신경뇌하수체를 경유하여 뇌하수체에 운반되는 신경호르몬 (펩타이드 호르몬)중에서, 샘뇌하수체 호르몬 생산세포에 작용하여 호르몬의 분비조절을 돕는 물질은 시상하부호르몬으로 칭하며, 성샘자극호르몬 방출호르몬, 갑상샘자극호르몬 방출호르몬, 부신피질자극호르몬 방출인자, 성장호르몬 방출호르몬, 소마토스태틴, 프로락틴 방출펩타이드 등이 알려져 있다.

성샘자극호르몬 방출호르몬 (gonadotropin-releasing hormone, GnRH)은 아미노산 10개로 구성된 펩타이드이며, 어류에서 황체형성호르몬 (LH)의 분비를 촉진하는 것으로 알려져 있지만, 여포자극호르몬 (FSH)의 분비조절 작용은 분명하지 않다 (「제7장 생식」을 참조). 금붕어에서 GnRH는 LH이외에 성장호르몬의 방출작용을 가진 것으로 알려져 있다.

어류의 GnRH는 뇌내에서 시상하부이외에 후각망울, 중뇌피개에서 생산된다. 그러나 이들 GnRH는 직접 LH, FSH의 분비에는 관여하지 않으며 아직 생리기능은 불명확하다.

갑상샘자극호르몬 방출호르몬 (thyrotropin-releasing hormone, TRH)은 아미노산 3개로 구성된 펩타이드 호르몬이며, 포유류에서 뇌하수체의 갑상샘자극호르몬 (TSH) 방출을 촉진한다. 어류에서도 뇌내에서 생산되는 것은 확인되었지만, TSH의 방출작용은 관찰되지 않고, 이 펩타이드의 어류에 대한 생리활성은 불분명하다.

성장호르몬 방출호르몬 (growth hormone-releasing hormone, GHRH)은 뇌하수체의 성장호르몬 (GH) 분비를 촉진하며, 소마토스태틴 (somatostatin)은 GH의 분비를 억제한다. 잉어의 GHRH는 아미노산 45 잔기로 구성되며, 소마토스태틴은 14잔기이다. 소마토스태틴은 뇌 이외에 비장, 장 등에서 생산되며, 위장호르몬이나 소화효소의 분비조절을 억제한다. 뇌 이외의 부위에서는 아미노말단에 아미노산 몇 잔기가 더 첨가된 소마토스태틴의 변이체도 동정되어 있다.

부신피질자극호르몬 방출호르몬 (corticotropin-releasing hormone, CRH)은 아미노산 41잔기로 된 펩타이드이며, 뇌하수체에서 부신피질자극호르몬의 방출을 촉진하는 호르몬이며, 프로락틴 방출펩타이드 (prolactin-releasing peptide)는 프로락틴의 방출을 촉진하는 20 아미노산 잔기로 구성된 펩타이드이다.

2) 신경엽 호르몬 신경뇌하수체 호르몬 중에서 신경엽에서 방출되는 호르몬은 신경엽 호르몬이라고 하며, 바소프레신계 호르몬과 자궁수축호르몬계 호르몬으로 나뉘어 진다. 양쪽 모두 9개의 아미노산으로 구성된 펩타이드이며, 아미노산의 변이에 따라 명칭이 다르다 (그림6-10).

바소프레신계 호르몬은, 포유류에서는 주로 아르기닌 바소프레신 (arginine vasopressin, AVP)이며, 원구류에서 조류까지는 아르기닌 바소토신 (arginine vasotosin, AVT)이다. AVP는 포유류에서 혈관의 평활근 수축에 의한 혈압상승 작용, 신장의 세뇨관에서 물과 Na^+의 재흡수를 촉진하는 항이뇨 작용등이 알려져 있다. AVT는 어류에서 혈관의 평활근 수축에 의한 혈압상승 작용, 산란 및 태생어가 분만할 때 생식수관의 수축등이 보고되어 있다. 또한 AVT는 많은 진골어류에서 사구체 여과량을 증가시켜 이뇨적으로 작용하므로 낮은 삼투압 환경에 적응하는 기능이 추측된다.

자궁수축호르몬계 호르몬은 포유류, 연골어류의 전두류에서 옥시토신 (oxytocin, OT), 폐어를 제외한 경골어류에서는 이소토신 (isotocin), 폐어에서는 메소토신 (mesotocin), 연골어류의 판새류에서 글루미토신 (glumitocin), 발리토신 (valitocin), 아스팔토신 (aspartocin)이 알려져 있다. 원구류에서 자궁수축호르몬계 호르몬은 확인되어 있지 않다. 포유류에서 OT는 분만시의 자궁수축작용, 수유시의 유즙사출 작용이 알려져 있다. 어류에서 자궁수축호르몬계 호르몬의 작용으로서는 뱀장어의 아가미 혈관의 수축, 금붕어의 아가미에서 Na^+ 흡수를 촉진시킨다는 보고가 있지만, 어류에서 공통적인 작용은 명확하지 않다.

3) 기타 신경펩타이드 및 아민류 시상하부에서는 많은 신경펩타이드가 분비되지만 어류에서는 생리작용이 밝혀진 것은 많지 않다. 멜라닌응집호르몬 (melanin-concentrating hormone, MCH)은 Kawauchi 등 (1983)에 의하여 연어에서 최초로 동정된 아미노산 17잔기로 된 펩타이드이다 (그림 6-10). 그 이후에 원구류, 양서류, 포유류의 뇌에서도 존재하는 것이 판명되었다. 어류에서는 흑색소포에 작용하여 멜라닌과립을 응집시켜 체색을 밝게 한다. 한편, 양서류에서는 어류와 반대로 멜라닌과립의 확산이 일어나며, 체색이 검게 된다. 포유류에서는 뇌에 작용하여 식욕촉진효과를 보인다고 알려 지고 있다.

뉴로펩타이드 Y (neuropeptide Y, NPY)는 금붕어에서 LH 및 GH의 방출 촉진작용을 갖고 있

호르몬명	구 조
아르기닌 · 바소프레신	Cys-Tyr-Phe-Gln-Asn-Cys-Pro-Arg-Gly-NH_2
아르기닌 · 바소토신	Cys-Tyr-Ile-Gln-Asn-Cys-Pro-Arg-Gly-NH_2
옥시토신	Cys-Tyr-Ile-Gln-Asn-Cys-Pro-Leu-Gly-NH_2
이소토신	Cys-Tyr-Ile-Ser-Asn-Cys-Pro-Ile-Gly-NH_2
메소토신	Cys-Tyr-Ile-Gln-Asn-Cys-Pro-Ile-Gly-NH_2
글루미토신	Cys-Tyr-Ile-Ser-Asn-Cys-Pro-Gln-Gly-NH_2
바리토신	Cys-Tyr-Ile-Gln-Asn-Cys-Pro-Val-Gly-NH_2
아스팔토신	Cys-Tyr-Ile-Asn-Asn-Cys-Pro-Leu-Gly-NH_2
연어MCH	Asp-Thr-Met-Cys-Met-Val-Gly-Arg-Val-Tyr-Arg-Pro-Cys-Trp-Glu-Val

그림 6-10. 신경엽호르몬 및 멜라닌응집호르몬의 아미노산 배열

다. B형나트륨이뇨펩타이드 (B-type natriuretic peptide, BNP)는 심방성 이뇨펩타이드와 유사한 펩타이드로 뇌 및 심장에서 생산되지만 어류 뇌에서 BNP의 생리작용은 불명확하다.

이 이외에도 시상하부에서는 엔돌핀, 엔케팔린등의 진통펩타이드류, P물질성 펩타이드 등의 펩타이드가 동정되어 있다.

또한 시상하부에는 펩타이드 이외에 도파민, 노르아드레날린, 아드레날린, 세로토닌등의 아민류가 생산되어 뇌하수체호르몬의 분비조절을 돕는다고 알려져 있다 (그림6-3). 도파민은 포유류, 어류에서 프로락틴의 방출억제 작용을 갖고 있다. 또한 잉어과 어류에서는 LH의 방출억제 작용이 알려져 있다. 잉어과 어류에서는 GnRH 투여에 의해 LH의 분비가 촉진되지만, 도파민의 길항제를 투여하여 도파민의 작용을 억제하면 GnRH의 효과가 증대되고 다량의 LH가 방출된다고 알려져 있다.

§8. 송과체

송과체 (pineal gland)는 원구류부터 포유류까지 대부분의 척추동물에 존재하며, 발생과정에서 간뇌의 등쪽 벽에서 돌출되어 생긴 작은 주머니형의 기관이다 (그림 2-2 참조). 어류의 송과체는 광수용세포, 신경 (절) 세포, 지지세포로 구성된다. 광수용세포는 망막의 막대세포와 기본적으로 같은 형태를 나타내며, 내강과 접한 부분에서 기저부로 향하여 외절, 내절, 세포체, 기저돌기로 나뉜다. 외절은 층상구조를 하며, 여기에 존재하는 감광색소가 빛 에너지를 흡수한다. 광수용세포는 신경세포와 시냅스를 형성한다. 신경세포에서는 송과체 줄기를 따라 구심성 신경이 뇌에 도달한다. 빛 분자가 감광색소에 흡수되면 광수용세포는 과분극되고, 빛이 차단되면 탈분극된다. 또한 구심성 신경섬유에 전극을 두어 신경정보를 기록하면, 송과체에 빛을 조사할 경우는 신경 임펄스의 빈도가 낮으며, 빛을 차단하면 그 빈도가 급증한다. 따라서, 암기가 되면 광수용세포의 활동이 높아 진다고 판단된다. 송과체에 의한 빛 수용에 관해서는 「제2장 신경계, §1. 중추신경계, 2)시각」을 참조하기 바란다.

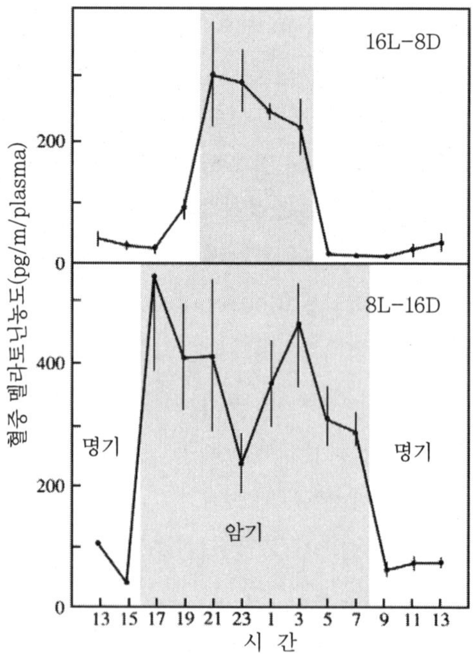

그림 6-11. 장일 및 단일조건하에서 잉어의 혈중 멜라토닌농도 일주변화 (會田등, 1999)

모든 척추동물의 송과체는 멜라토닌 (melatonin)이라는 인돌화합물 (그림 6-3)에 속하는 송과체 호르몬을 분비한다. 다른 척추동물과 같이 어류에서도 멜라토닌의 혈중농도 또는 송과체내 함량은 야간에 높고 낮 시간대에 낮은 변화를 나타낸다. 그림 6-11은 장일 및 단일 조건하에서 잉어의 혈중 멜라토닌농도 변화를 표시하고 있다. 최근, 어류의 안구 내에도 멜라토닌이 존재하며, 송과체와 동등한 일주변화를 보이는 것이 관찰되었다. 다만, 혈중 멜라토닌의 일주기 리듬은 송과체를 제거하면 소실되고 안구를 적출하면 소실되지 않는다.

멜라토닌은 트립토판으로부터 세로토닌 (serotonin, 그림 6-3)을 거친 다음 합성된다. 세로토닌으로부터 멜라토닌이 되는 과정에는 아릴알킬아민 N-아세틸기 전이효소 (arylalkylamine N-acetyltransferase, AANAT)의 활성이 명기에 낮고 암기에 높기 때문에, 이 효소가 세로토닌을 멜라토닌으로 변화시키는 핵심적인 효소로 생각되어 지고 있다. 어류의 송과체를 어두운 조건으로 배양하면, 송과체는 계속 옮기기 전의 광주기에 의존하는 분비리듬을 보이기 때문에 이 리듬은 생물시계에 의해 작동되는 일주기성 리듬에 의한 것으로 판단된다. 어류에서 멜라토닌의 생리작용은 명확하지 않지만, 혈중 멜라토닌양이 일주 변화를 나타냄으로서 멜라토닌은 명암리듬을 체내의 각 기관에 전달하는 것으로 추측된다.

§9. 갑상선

사람의 바세도씨병은 갑상샘 기능의 항진증이며, 출생 전후에 갑상샘기능의 저하에 의해서 신체 및 정신적 발달장애를 가져오는 크레틴병이 보고된 것은 19세기 중엽이었다. 갑상샘(thyroid gland)에 요오드가 모이는 것을 발견하게 된 것은 1896년, 양의 갑상샘을 올챙이에 투입하면 변태가 촉진되는 것을 알게 된 것은 1912년 이었다. 1927년에는 갑상샘 호르몬의 구조가 결정되었다.

9-1 형태

갑상샘은 인두 내배엽 상부가 함몰되어 형성된 내분비 기관이다. 그 형태가 사람에서는 방패(thyreos)와 유사하여 갑상샘이라고 명명되었다. 갑상샘은 여포가 모여 생긴 기관으로 포유류에서는 좌우에 방패모양의 갑상샘엽이 중간의 갑상샘 좁은부분에서 연결된 형태를 하고 있다. 많은 경골어류에서 여포는 인두 아래쪽의 복부 대정맥과 이것에 분지된 입새동맥을 따라 결합조직중에 흩어져 존재하지만 입새동맥의 분지점에 여포의 밀도가 높다 (그림 6-6). 어류에서는 갑상샘을 둘러싸는 피막이 없지만, 참다랑어, 고등어, 가다랑어 등 농어과 어류에서는 제1, 2 입새동맥의 분지점에 여포가 모여 있고 피막에 싸인 치밀한 조직괴를 형성하고 있다. 칠성장어는 암모시테스 유생기에 요오드를 흡수하여 요오드화 단백질을 생산하는 세포를 가진 외분비 기관, 인두아래쪽샘(subpharyngeal gland; 내주 (endostyle)라고도 함)이 존재하며 이것이 변태시에 내분비샘인 갑상샘으로 바뀌기 때문에, 내주는 갑상샘의 조상형으로 추정되고 있다. 갑상샘여포에서 여포세포는 단층으로 나열되어 있다. 여포내강에는 콜로이드성의 물질 (주로 타이로글로불린)이 저장되어 있다. 여포세포가 두껍게 되어, 콜로이드물질이 감소하여 여포내강이 좁아지고, 콜리이드 주변부에 공포상의 구조가 보일 때는 기능이 항진된 상태이고, 반대의 경우에는 활성이 낮을 때이다.

9-2 호르몬의 생산 · 분비

갑상샘호르몬 (thyroid hormone)에는 타이로닌에 3개의 요오드가 결합된 트라이요오드타이로닌 (triiodothyronine, T3)과 4개의 요오드가 결합된 타이록신 (thyroxine; tetraiodothyronine, T4)의 두 종류가 있다 (그림 6-3). 전구체는 아미노산의 일종인 타이로신에 1개의 요오드가 붙은 모노요오드타이로신 (monoiodothyrosine, MIT), 2개의 요오드가 결합된 다이요오드타이로신 (diiodothyrosine, DIT)이다. 그림 6-12는 갑상샘호르몬의 생산과정을 나타내고 있다. 여포세포는 타이로글로불린이라는 약 5,500개의 아미노산으로 된 분자량 약 66만의 당단백질을 합성한다. 이 타이로글로불린 분자중의 타이로신에 요오드가 결합되어 MIT 및 DIT를 만든다. 타이로글로불린 2분자간에 MIT와 DIT 또는 DIT와 DIT가 축합되어 분자 중에서 T3 및 T4를 가진 타이로글로불린이 형성된다. 타이로글로불린의 요오드화는 여포세포의 미세돌기 부근의 내강에서 이루어 진다. 타이로글로불린은 여포내강으로 개구분비에 의해 방출되어 축적된다. 여포는 필요에 응하여 이것을 재흡수하여 가수분해하며, MIT, DIT, T3 및 T4를 생산한다. 이 중에서 T3 및 T4가 갑상샘호르몬으로서 혈중에 방출된다.

갑상샘의 활동은 갑상샘자극호르몬 (TSH)에 의해 조절된다. TSH는 여포세포에 작용하여 무기요오드의 흡수와 내강으로부터 타이로글로불린을 포함하는 콜로이드방울의 흡수를 촉진한다. 콜로이드방울은 용해소체와 융합되어 타이로글로불린은 융해소체내의 가수분해효소에 의해 분해되고 T3와 T4가 혈중에 분비된다. 따라서, TSH를 투여하면 혈중 갑상샘호르몬 농도가 급상승한다. 혈중 갑상샘호르몬 농도는 통상 수 ng/ml 정도이며 T4가 높은 경우가 많고, 변화도 크다. T4는 표적기관에 도달한 다음 T3로 변환되어 작용한다. 갑상샘호르몬은 세포내에 들어와서 수용체와 결합한 다음 유전자발현을 조절함으로서 생리기능을 제어하는 호르몬이다.

9-3 생리작용

갑상샘호르몬은 조직분화 · 성장의 촉진과 기초대사량의 증가에 관여하고 있다고 추정되고 있다. 그러나, 어류에서 기초대사와의 관계는 명확하지 않다. 포유류에서 갑상샘호르몬이 출생 후 결손될 경우, 성장과 중추신경계의 발달이 불가역적으로 손상을 입는다. 사람에서는 출생 전후부터 갑상샘 기능저하에 의해서 크레틴증 (신체 및 지능의 발달지연)이 생긴다. 갑상샘호르몬은 새의 깃털갈이 및 날개의 성장에도 관여한다. 또 갑상샘을 제거한 올챙이에서는 뒷다리가 약간 성장하지만 변태를 완료할 수 없다.

최근, 갑상샘호르몬이 넙치 자어의 변태를 유도하는 것으로 판명되었다. 즉, T3 또는 T4를 자어의 사육수중에 첨가하면 대조군보다 눈의 이동이나 등지느러미 앞쪽에 위치하는 신장기조의 퇴행이 빨리 진행되는 변태현상이 유도되어 착저하지만, 갑상샘호르몬의 생산을 저해하는 티오우레아를 사육수에 첨가하면 변태가 억제되어 착저가 늦어지는 현상이 관찰된다. 그 이후의 연구 결과,

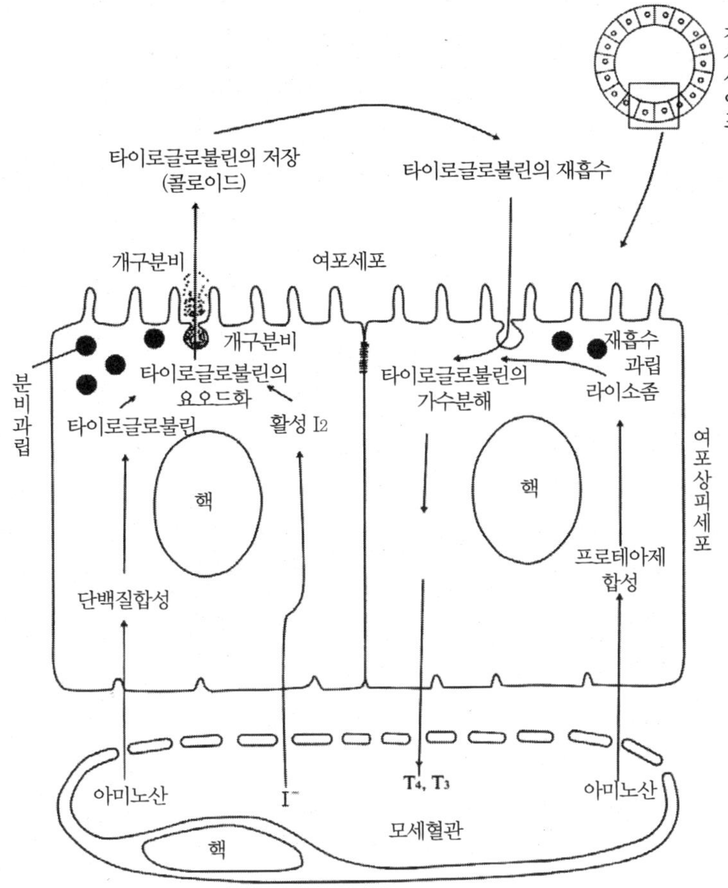

그림 6-12. 갑상샘호르몬의 생산과 분비

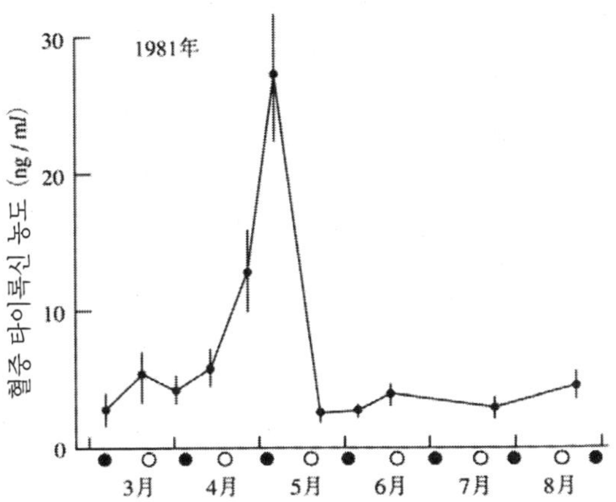

그림 6-13 산천어의 은화에 따른 혈중 타이록신 농도의 변화, ●초승달, ○보름달 (山内,高橋, 1987)

갑상샘호르몬은 어류의 초기발달 (자어부터 치어기까지의 발달)을 제어하는 호르몬으로 추정되고 있다. 상세한 내용은「제8장 변태」를 참조하기 바란다.

연어과 어류에서 바다로 내려가는 회유 (강해회유)가 시작되기 전에 체색이 은색으로 변함과 동시에 해수적응 능력이 발달하는 은화 (smoltification)라고 하는 일종의 변태현상이 일어난다. 피부에 구아닌색소가 침착되어 체색이 은색으로 변하는 것은 갑상샘호르몬에 의한 현상이며, 또한 해수적응능력의 발달은 성장호르몬이나 코르티졸에 의해 유도된다. 은화는 많은 연어과 어류에서 4–5월중에, 산천어의 아종인 아마고는 가을에서 겨울까지 특정 계절에 생기기 때문에, 환경조건의 변화에 내분비계가 반응하여 유도되는 것으로 생각된다. 은화현상과 함께 혈중 갑상샘호르몬 농도가 점차 증가하여, 4-5월 초승달이 뜨는 시간대에 T4의 일과성 대량분비가 일어난다고 보고 되어 있다 (그림 6-13). 은화가 절정에 달하면 비가 내린 후에 일제히 강을 내려오는 행동이 시작되며, 이러한 개체에서는 혈중 T4 농도가 높다. 양식산 은어 치어를 방류하면, 방류후 소상한 개체가 그렇지 않은 개체보다 혈중 T4 농도가 높다. 또한, 해수 적응능의 발달에 대해서는「제11장 삼투압조절 · 회유」를 참조하기 바란다.

§10. 스타니우스소체

10-1 스타니우스소체의 형태

스타니우스소체 (Stannius corpuscles)는 진골어류와 전골어류 특유의 내분비기관이며 신장 또는 그 주위에 흩어져 있다 (그림 6-14). 어종에 따라 그 숫자는 크게 차이가 나며, 전골어류인 아미아 (Amia calva)에서 수 백개, 진골어류에서는 수가 적어 연어과는 10개 전후, 금붕어나 뱀장어는 보통 2개이다. 각 소체는 결합조직으로 구획되어진 소엽 (lobule)으로 구성되며, 소엽에는 실질세포가 방사상으로 배열되어 있다 (그림 6-15). 스타니우스소체의 실질세포에는 PAS 염색 양성과 음성인 2종류의 세포가 존재하고, 그 미세구조로부터 구분 가능하다. 제1형의 세포는 실질세포의 대부분을 차지하고, 그 세포질에는 대형의 분비과립이 다수 관찰되며 또한 조면소포체나 골지장치가 발달해 있다. 제2형의 세포는 1형에 비해 적고, 불규칙적인 형태를 보인다. 분비과립은 소형이고 그 수도 적으며 조면소포체 및 골지장치의 발달도 나쁘다. 이러한 두 가지 형의 분비세포는 많은 어종에서 관찰된다.

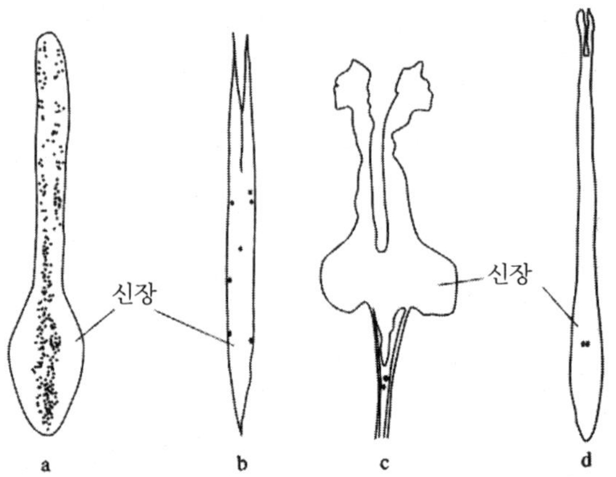

그림 6-14 스타니우스소체의 분포.
그림중의 점이 스타니우스소체, a: 아미아, b:무지개송어, c:금붕어, d:뱀장어 (會田등, 1991)

10-2 스타니우스소체의 호르몬

Fontaine (1964)은 유럽뱀장어의 스타니우스소체를 제거하면 혈중 칼슘농도가 상승하고, 스타니우스소체의 추출물을 투여하면 회복하는 것을 발견하고, 최초로 스타니우스소체가 칼슘조절에 관여된다는 것을 보고하였다. 그 이후, Pang등 (1974)은 망상어, 대구의 스타니우스소체 추출물 중에 칼슘 저하작용이 있음을 알았고, 이 칼슘 저하인자를 하이포칼신 (hypocalcin)이라고 명명하였다. 한편, Ma와 Copp (1978)는 은연어의 스타니우스소체에서 당단백질을 정제하고, 이것을 텔레오칼신 (teleocalcin)이라고 명명하였다. 그 후에 스타니우스소체의 칼슘 저하 인자에 관한 연구가 진행되어, 은연어, 무지개송어, 연어에서 분자량 39-54 kDa의 당단백질이 정제되었다. 이 당단백질은 아미노산 배열의 유사성이 높고, 종간의 변이는 있지만 동일한 물질로 판단되었다. 이러한 상황에서, 현재는 스타니우스소체에서 생산되는 칼슘저하 인자를 스타니오칼신 (stanniocalcin)이라고 부르고 있다.

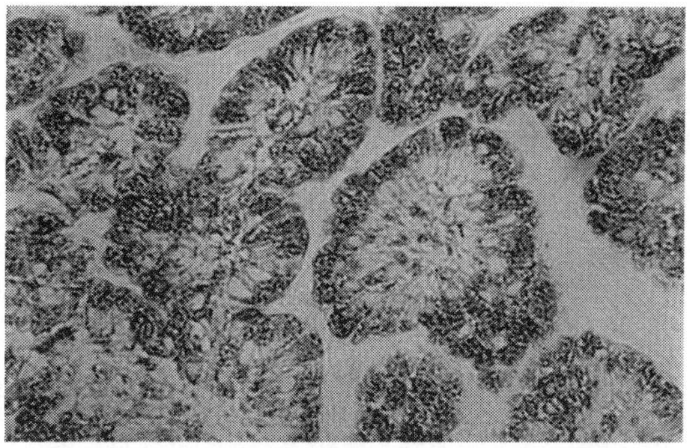

그림 6-15. 스타니오칼신 항체를 사용하여 염색한 뱀장어의 스타니우스소체

앞에서 설명한 바와 같이, 스타니우스소체에는 두 가지 형의 분비세포가 있으며, 분비과립은 스타니오칼신에 대한 항체에 반응을 보이므로, 양쪽 모두 스타니오칼신을 생산하고 분비하는 세포로 추정된다.

10-3 생리작용

스타니우스소체를 제거하면 혈중 칼슘농도가 상승하는 것은, 뱀장어, 금붕어, 가시고기, 무지개송어 등에서 알려져 있지만, 스타니우스소체 제거에 의한 혈중 칼슘농도 상승효과는 환경수중의 칼슘농도에 의존한다. 스타니우스소체를 제거한 뱀장어를 탈이온수에서 사육하면 혈중 칼슘농도는 상승하지 않는다. 또 칼슘을 다량으로 포함하는 해수에서 사육한 망상어에서, 스타니우스소체의 제거는 혈중 칼슘의 상승을 유도하지만 칼슘함량이 낮은 담수, 또는 칼슘결핍 인공해수에서는 칼슘의 상승이 관찰되지 않는다.

이상의 관찰결과는, 스타니우스소체의 작용이 환경수로부터 칼슘의 흡수를 억제하는 것을 의미한다. 실제로 스타니우스소체의 추출물 또는 스타니오칼신을 어체에 투여하여도 혈중 칼슘농도가 저하되지 않는 경우가 많고, 그 작용의 본질이 혈중 칼슘농도의 저하라고 하기 보다는 오히려 혈중 칼슘농도의 과도한 상승을 억제하는 점에 있다고 판단된다.

어류는 아가미에 분포하는 염류세포로부터 환경수중의 칼슘을 직접 흡수할 수 있다. 스타니우스소체를 제거한 뱀장어에서는 아가미의 칼슘 ATPase 활성이 높아지지만, 스타니오칼신은 그 효소 활성을 억제한다. 따라서, 스타니오칼신의 작용기전의 하나로서 아가미의 염류세포에 존재하는 칼슘 ATPase 활성을 억제하여 칼슘의 흡수를 억제하는 것이 생각되어 진다. 또한 스타니오칼신은 장에서 칼슘의 흡수를 억제한다는 보고도 있다.

§11. 새후선

11-1 형태

포유류에서 칼시토닌 (calcitonin)은 갑상샘의 곁여포세포 (C 세포)로부터 분비되지만 어류, 양서류, 파충류 및 조류에서는 독립된 내분비샘인 새후샘 (ultimobranchial gland)에서 생산 · 분비된다. 새후샘은 새낭에서 유래하는 아가미성 기관의 하나로서 식도 아래쪽의 위심강과 복막강의 경계를 이루는 격막중에 있다. 뱀장어, 무지개송어의 새후샘은 좌우 1쌍의 기관이지만, 잉어는 좌우가 융합되어 있다. 새후샘 조직은 어종에 따라 다르며, 여포구조, 세포덩어리, 세포삭 등의 형태를 보인다 (그림 6-16).

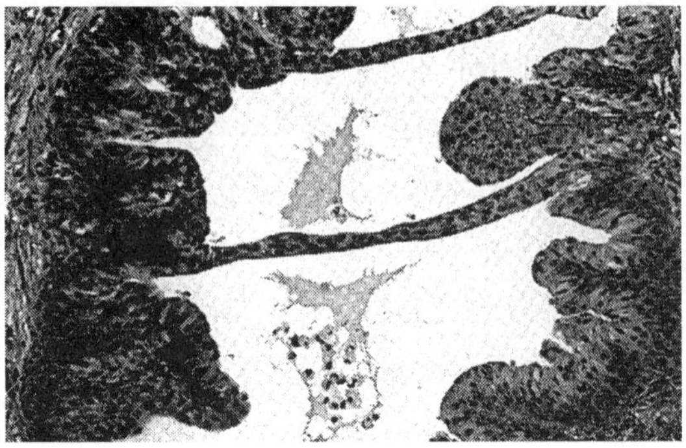

그림 6-16. 〈무지개송어의 새후샘〉

11-2 칼시토닌

현재까지 여러 동물종에서 칼시토닌이 분리되고 그 구조가 밝혀져 있지만, 모두 아미노산 32개의 펩타이드로, 1번과 7번째의 아미노산이 S-S 결합을 하고 있고, 카르복시말단이 프롤린아미드로 되어 있다.

일반적으로 고등동물의 호르몬은 하등한 동물에서 효과가 높고, 하등동물의 호르몬은 고등동물에서 효과가 낮다고 알려져 있다. 그러나 칼시토닌의 경우, 어류의 칼시토닌이 포유류에서 대단히 높은 혈중칼슘 저하작용을 나타낸다. 따라서 어류의 칼시토닌은 의약품으로서 폭넓게 이용되고 있다. 포유류에 대해서 강한 활성을 보이는 이유로서는, 어류의 칼시토닌이 보다 안정하여 혈중에서 분해속도가 늦고, 수용체와의 결합력이 강한 점 등을 지적할 수 있다.

11-3 칼시토닌의 생리작용

포유류에서 칼시토닌은 골조직으로부터 칼슘의 용출을 억제하고 뼈로의 흡수를 촉진한다. 또한 장에서 칼슘의 흡수를 억제한다. 그 결과, 칼시토닌은 혈중 칼슘농도를 저하시키는 방향으로 작용하여, 혈중 칼슘을 상승시키는 부갑상샘호르몬과 길항적으로 혈중 칼슘농도를 조절한다. 그러나, 어류에서는 일찍이 칼시토닌의 구조결정이 이루어졌지만 생리작용은 불명확한 점이 많다. 당연히 포유류에서 알려진 혈중 칼슘농도 저하작용이 어류에서도 추측되어 실제로 많은 연구가 실시되었지만, 칼슘조절에 관한 일관된 결과가 없는 실정이다. 어류의 경우, 칼시토닌과는 별도로 스타니우스소체에서 분비되는 혈중 칼슘저하 인자, 스타니오칼신이 존재하므로, 칼시토닌이 칼슘 조절 이외의 기능을 가지고 있다고 해도 이상하지 않다. 한편, 칼시토닌이 어류의 생식에 관여되어 있다고 주장하는 연구자도 있다.

§12. 간신선과 크롬친화세포군

12-1 간신선과 크롬친화세포군의 분포

어류의 간신샘 (interrenal gland)과 크롬친화세포 (chromaffin cells)군은, 포유류의 부신 (adrenal gland)과 서로 같은 조직이다. 간신샘은 중배엽 유래의 스테로이드 생산세포로 구성되며, 부신피질에 해당한다. 반면, 크롬친화세포군은 부신수질 (adrenal medulla)에 상당하며, 외배엽성이고 교감신경계에 유래한다. 포유류의 부신과는 달리, 경골어류의 간신샘과 크롬친화세포군은 모두 두신 (head kidney)에 매몰되어 있다. 간신샘은 두신내의 주정맥 혹은 분지정맥 부근에 세포집단을 형성하고 있다. 크롬친화세포는 어종에 따라 다르지만, 주정맥벽 주위나 간신조직중에 산재한다 (그림 6-17). 크롬친화세포라는 명칭은, 중크롬산칼륨등의 크롬을 포함하는 고정액에 갈색으로 염색되기 때문에 붙여진 이름이다. 연골어류의 간신샘은 좌우에 분리된 신장 사이에 존재한다. 크롬친화세포는 작은 세포집단을 형성하고, 척추를 따라 좌우에 사슬형태로 배열되며, 교감신경절의 분포와 대응하고 있다.

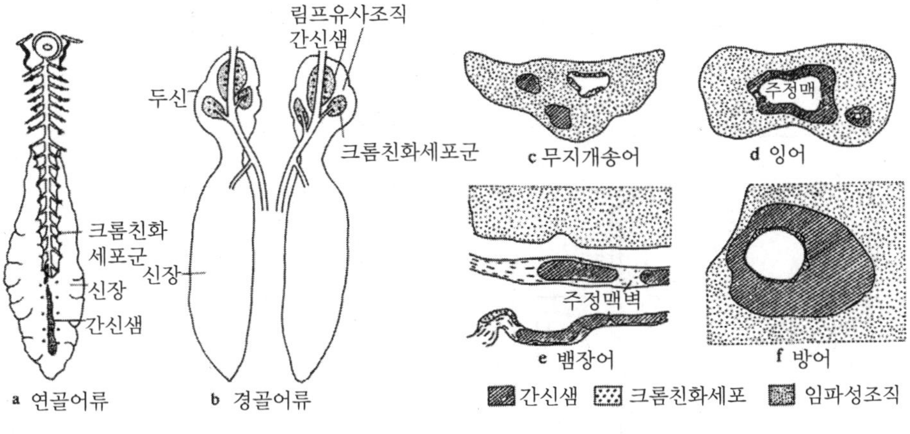

6-17. 어류의 간신샘과 크롬친화세포군의 분포 (會田등, 1991)

12-2 간신샘의 호르몬과 생리작용

포유류의 부신피질이나 어류의 간신샘에서 생산 · 분비되는 스테로이드호르몬은 코르티코이드 (corticoids)라고 불린다. 경골어류에서 생산되는 주된 코르티코이드로서 코르티졸 (cortisol)이 있으며 이 이외에도 코르티코스테론 (corticosterone), 코르티존 (cortisone), 11-데옥시코르티코스테론 (11-deoxy corticosterone) 등이 검출된다. 홍연어, 청어, 금붕어 등에서 알도스테론 (aldosterone)의 존재가 알려져 있다. 또한 연골어류에서, 1α-하이드록시코르티코스테론 (1α-hydroxy corticosterone)이 주된 코르티코이드이다 (그림 6-18).

포유류의 코르티코이드는 코르티졸과 코르티존 등 당대사에 관여된 당질코르티코이드

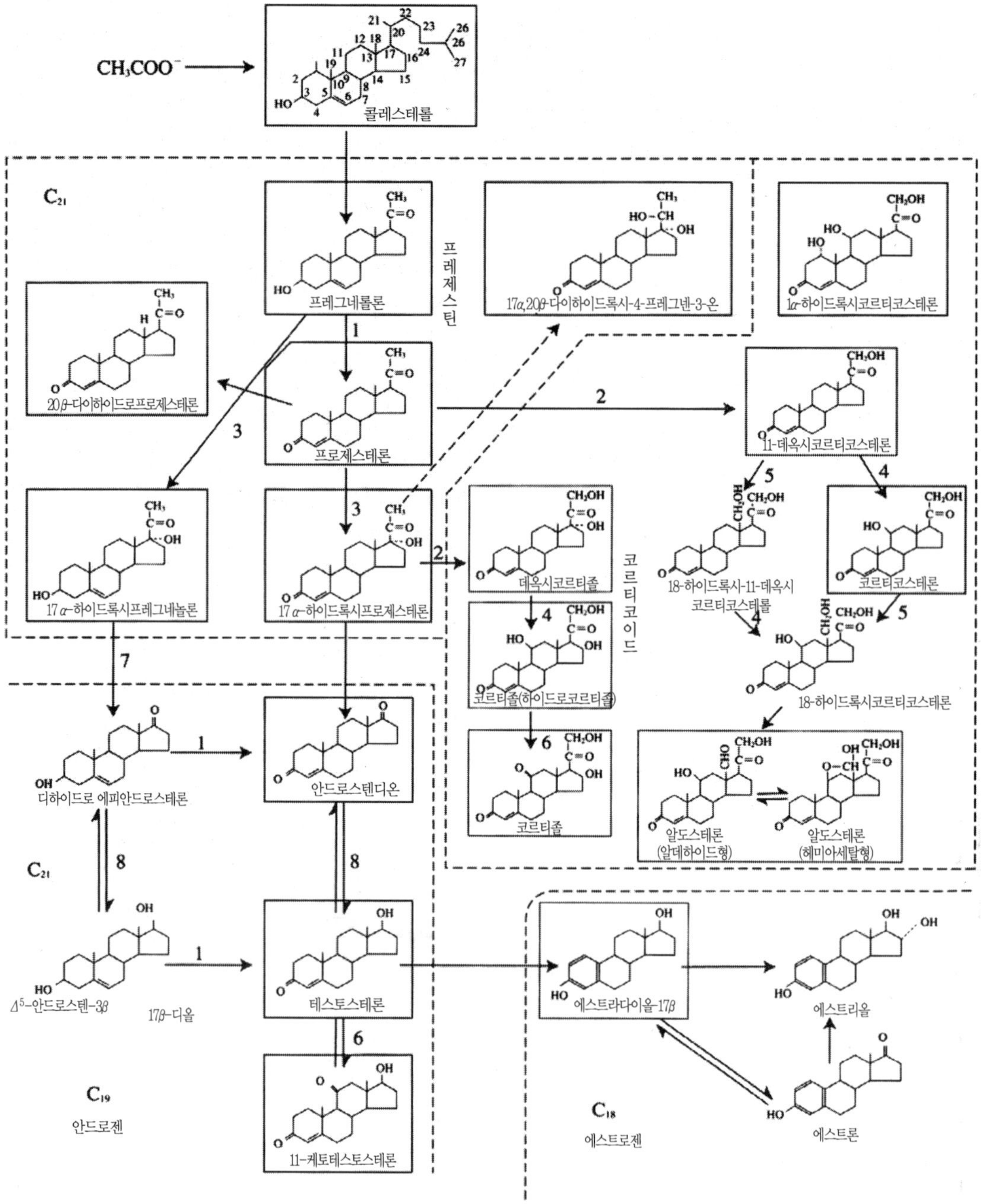

그림그림 6-18. 어류의 스테로이드호르몬 생합성경로 및 코르티코이드. 1: 3β수산기탈수소효소, 2: 21-수산화효소, 3: 17α-수산화효소, 4:11β-수산화효소, 5:18-수산화효소, 6:11β-수산기탈수소효소, 7:C17-20-측쇄절단효소, 8: 17β-수산기탈수소효소 (會田등, 1991의 개정)

(glucocorticoids)와, 알도스테론이나 데옥시코르티코스테론등의 전해질대사에 관여된 광질코르티코이드 (mineral corticoids)로 나뉘어 진다. 그러나, 기능에 따른 코르티코이드의 분류를 어류에 적용시키는 것은 다소 무리가 있으며 예를 들면 코르티졸은 어류에서 당대사와 전해질대사 양

쪽에 관련되어 있다.

코르티졸은 포유류의 경우와 같이 어류에서도 당신생을 촉진하여 혈당량을 증가시킨다. 어류에 스트레스를 주면 뇌하수체에서 분비되는 ACTH의 작용에 의해 간신샘에서 코르티졸이 분비되고, 그 결과 당신생이 촉진된다. 산란을 하기 위해 소상하는 연어는 절식상태이지만, 몸의 지방이나 단백질을 분해함으로서 에너지를 보충한다. 이러한 과정동안에 간신샘 기능이 항진되어 혈중 코르티졸 농도가 증가하지만, 코르티졸의 작용에 의하여 단백질을 분해해서 생기는 아미노산으로부터 당이 생성된다.

한편, 코르티졸은 어류의 전해질 · 삼투압조절에서도 중요한 역할을 하며, 광질코르티졸의 측면도 있다. 코르티코이드는 특히 어류의 해수적응에 관여하고, 아가미에 작용하여 해수형 염류세포의 분화를 촉진함과 동시에, Na^+, K^+-ATPase 활성을 높이며, 염류세포에서 이온의 배출을 촉진한다. 또 코르티졸은 장에서 이온 및 물의 흡수를 증가시킨다.

12-3 크롬친화세포의 호르몬과 생리작용

크롬친화세포에서 아드레날린 (adrenaline, 또 다른 명칭으로 에피네프린 epinephrine)과 노르아드레날린 (noradrenaline, 다른 명칭은 노르에피네프린 norepinephrine)이 생산 · 분비되며, 카테콜기를 가지는 아민이므로 카테콜아민 (catecholamine)이라고 총칭된다 (그림 6-3). 크롬친화세포는 교감신경계에 유래하기 때문에, 그곳에서 분비되는 아드레날린과 노르아드레날린은 교감신경의 지배를 받는 기관에 작용하여, 교감신경을 자극한 때와 같은 효과를 발휘한다. 어류에 카테콜아민을 투여하면 심박수의 증가, 심수축력의 증가, 혈압의 상승, 혈관수축, 아가미 혈관의 확장, 오줌 양의 증가, 환수증가, 혈당 상승, 흑색소포의 멜라닌과립의 응축 등이 생긴다. 크롬친화세포에서 카테콜아민의 분비는 신경계에 의해 조절된다.

§13. 레닌-안지오텐신계

레닌 (renin)은 신장의 사구체곁세포 (juxtaglomerular cell)에서 분비되는 효소로서, 혈중의 당단백질인 안지오텐시노젠 (angiotensinogen)에 작용하여 안지오텐신 I (angiotensin I)을 생성한다. 안지오텐신 I (아미노산 10잔기)은 혈액중에 존재하는 전환효소에 의해 카르복시 말단이 절단되고, 활성형의 안지오텐신 II (아미노산 8잔기)로 된다. 안지오텐신 II는 안지오텐시나제에 의해 가수분해되고 활성이 사라진다. 또 안지오텐신 II의 아미노말단의 아스파라진산이 소실된 형태가 안지오텐신 III이다. 이러한 일련의 물질흐름을 레닌-안지오텐신계 (renin - angiotensin system) 라고 칭한다.

13-1 사구체곁세포

레닌을 생산하는 사구체곁세포는 신장의 사구체로 들어오는 세동맥의 사구체에 가까운 동맥벽에 존재하지만, 이것은 혈관중막의 평활근세포가 특수화한 것이다 (그림 6-19). 레닌은 보비염색에 잘 염색되는 과립으로서, 사구체곁세포 내에서 관찰된다. 포유류에서는, 입수·출수 세동맥이 사구체와 근접한 부위에 원위곱슬세관이 회귀하고, 그 주위의 세포가 비대하여 치밀판 (macula densa)을 형성한다. 또 동맥, 치밀판, 사구체에 둘러싸인 부위에 사구체밖혈관막 (extraglomerular mesangium)이라고 불리는 세포덩어리가 존재하고, 사구체곁세포, 치밀판과 함께 사구체곁복합체 (juxta-glomerular apparatus)를 형성한다. 그러나 어류에서는 치밀판과 사구체밖혈관막은 없으며, 사구체곁복합체는 비교적 단순한 구조를 보인다.

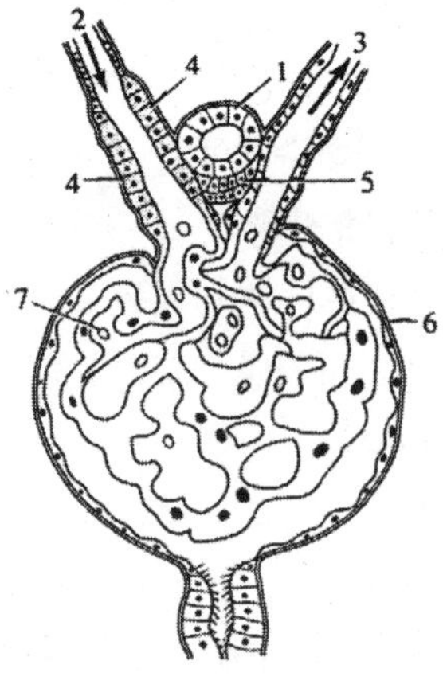

그림 6-19 포유류의 사구체와 사구체곁복합체 (小林, 1975)
1:치밀판 원위곱슬세관벽의 일부가 비대해져서 생김, 2: 입수세동맥, 3: 출수세동맥, 4: 사구체곁세포, 5: 사구체밖혈관막, 6: 사구체, 7: 혈구

13-2 레닌과 안지오텐신

레닌은 분자량 약 50,000의 당단백질인 프레프로레닌 (pre-pro-renin)으로 합성된 후, 분자량 약 40,000의 활성형 레닌으로 된다. 레닌은 사구체곁세포에 과립으로 저장되지만 필요에 따라서 혈중으로 분비된다.

한편, 안지오텐시노젠은 분자량 58,000 - 61,000의 당단백질로서, 주로 간장에서 만들어져서 혈중으로 분비된다. 레닌 및 전환효소의 작용에 의해 안지오텐시노젠으로부터 안지오텐신 I을 경유하여 활성형의 안지오텐신 II가 만들어진다. 안지오텐신 II는 세동맥을 수축시켜 혈압상승을 유도하고, 또 중추신경에 작용하여 음수를 촉진한다. 신장에서의 작용은 포유류와 어류는 크게 달라서, 포유류는 이뇨작용을 나타내는 안지오텐신 II가 어류에서는 항이뇨작용을 갖는다. 이것은 안지오텐신 II가 포유류에서는 출수세동맥을, 어류에서는 입수세동맥을 수축하기 때문으로 추정된다.

§14. 위췌장내분비계

동물은 진화과정에서 외계의 환경변화를 수용하고, 체내로 전달하기 위하여 신경계와 내분비계를 발달시켜왔다. 소화관도 그 정보전달계의 하나로서, 섭취한 음식물은 일종의 외계정보로 생각되어진다. 소화관의 내면을 덮고 있는 상피세포는 그 정보에 대하여 반응하고, 액성정보로서 호르몬을 분비한다. 이 호르몬은 소화액이나 소화효소의 분비를 조절한다. 소화관호르몬을 분비하는 세포는 자극에 직접 반응하는 점과 집합된 형태의 내분비샘을 형성하지 않는 점이 아직 원시적인 형태를 유지하고 있다고 할 수 있다. 반면, 췌장은 소화관상피가 팽창되어 생긴 기관으로 소화효소를 분비하는 외분비샘과 췌장섬호르몬을 분비하는 내분비샘으로 분류된다. 이와 같이 소화관과 췌장은 발생상의 관련성, 더욱이 양 기관으로부터 공통적으로 분비되는 호르몬이 존재하므로 위췌장내분비계 (gastro-entero-pancreatic endocrine system)로 취급하고 있다. 또, 소화관호르몬에 대해서는 「제9장 소화와 흡수」를 참조하기 바란다. 따라서, 본 장에서는 췌장섬호르몬에 대해서만 기술하고 있다.

14-1 췌장섬의 내분비세포와 호르몬

췌장의 내분비샘은 외분비샘내에 섬모양의 세포소집단 (췌장섬)으로 존재하고 있으므로 발견자의 이름을 따서 랑게르한스섬이라고도 부른다. 랑게르한스섬은 발생시에 췌장의 외분비성조직의 도관 또는 소관상피로부터 돌기가 나와서 생긴 다음에 관과의 연결이 소실되고 외분비성 조직중에 매몰된 것이다. 경골어류의 가다랑어, 참다랑어, 방어, 대구, 잉어 등의 랑게르한스섬은 외분비조직중에 세포덩이 이외에도, 담낭의 등쪽 또는 목부분에 독립된 하얀색의 소체로서 존재한다. 이 소체는 블락만소체라고도 불린다.

경골어류의 랑게르한스섬은 포유류와 같이 A, B, D, PP 세포의 4종이 알려져 있다. A세포는 글루카곤을, B세포는 인슐린을, D세포는 소마토스태틴을, PP세포는 pancreatic polypeptide를 분비한다. 연골어류의 랑게르한스섬은 외분비샘의 도관을 따라 산재하는 기관으로, A, B, D세포가 알려져 있다. 먹장어류와 칠성장어 유생의 랑게르한스섬은 소화관 상피에서 분리되어 장관주위의 결합조직중에 존재한다. 칠성장어 성어에서 B세포와 D세포는 전장과 후장의 이행부 결합조직중의 랑게르한스섬에, A세포와 PP세포는 장관상피중에 개방형 분비세포로 존재하고 있다. 원시적인 척추동물 창고기의 인슐린 함유세포는 중장상피중에 개방형분비세포로서 존재한다.

14-2 글루카곤과 인슐린

글루카곤은 아미노산 29잔기로 된 펩타이드 호르몬이고, 저혈당 또는 절식에 의해 혈당치가 저하되었을 때 분비되고, 주로 간장에 작용하여 글리코겐을 당으로 전환시켜 혈중으로 방출한다. 혈당치가 상승하면 글루카곤의 분비는 억제된다. 또한 지방조직에 작용하여 중성지방을 분해하여 지방산과 글리세롤을 생성한다. 혈중 유리지방산의 증가는 글루카곤의 분비를 억제하고, 감소는 분비를 촉진한다. 또한 장관에도 글루카곤이나 유사한 펩타이드가 존재한다. 장관의 글루카곤 작용은 아직 충분히 해석되어 있지 않다.

1955년 소의 인슐린 1차구조가 밝혀지고 그 후에 다수의 동물에서 인슐린의 1차구조가 해명되었다. 그림 6-20에 어류의 인슐린을 중심으로 아미노산 배열을 나타내었다. 인슐린은 21 아미노산 잔기로 된 A사슬과 30 아미노산 잔기로 된 B사슬이 다이슬파이드 결합에 의해 결합되어 있다. 그러나 어류에서는 B사슬의 크기가 어종에 따라 약간 다르다. 인슐린과 구조가 유사한 인슐린형성장인자 (insulin-like growth factor), 릴랙신 (relaxin), 신경성장인자 (nerve growth factor)가 존재한다. 더욱이, 인슐린 유사물질은 무척추동물의 소화관계, 섬모충 및 대장균등에도 존재하므

인슐린A사슬	1 5 10 15 20
Lamprey	GIVEQCCHRKCSIYDMENYCN
Hagfish	GIVEQCCHKRCSIYNLQNYCN
Elephantfish	GIVEQCCHNTCSLVNLEGYCN
Ratfish	GIVEQCCHNTCSLANLEGYCN
Torpedo	GIVEHCCHNTCSLFDLEGYCN
돔발상어	GIVEHCCHNTCSLYDLEGYCNQ
은연어	GIVEQCCHKPCNIFDLQNYCN
연어	GIVEQCCHRPCNIFDLQNYCN
잉어	GIVEQCCHKPCSIFELQNYCN
대구	GIVDQCCHRPCDIFDLQNYCN
아귀	GIVEQCCHRPCNIFDLQNYCN
가다랑어	GIHEQCCHKPCDIFQLENYCN
참다랑어	GIVEQCCHKPCNIFDLQNYCN
toadfish Ⅰ	GIVEQCCHRPCDIFDLQSYCN
toadfish Ⅱ	GIVEQCCHKPCDKFDLQSYCN
돼지	GIVEQCCTSICSLYQLENYCN
사람	GIVEQCCTSICSLYQLENYCN

인슐린B사슬	1 5 10 15 20 25 30
Lamprey	SALTGAGGTHLCGSHLVEALYVVCGDRGFFYTPSKT
Hagfish	RTTGHLCGKDLVHALYIACGVRGFFYDPTKM
Elephantfish	VPTQRLCGSHLVDALYFVCGERGFFYSPKQI
Ratfish	VPTQRLCGSHLVDALYFVCGERGFFYSPKIRELEPL?
Torpedo	LPSQHLCGSHLVEALYFVCGPKGFYYLPKA
돔발상어	LPSQHLCGSHLVEALYFVCGPKGFYYLPBGV
은연어	AAAQHLCGSHLVDALYLVCGEKGFFYNPK
연어	AAAQHLCGSHLVDALYLVCGEKGFFYTPK
잉어	NAGAPQHLCGSHLVEALYLVCGPTGFFYNPK
대구	MAPPQHLCGSHLVDALYLVCGDRGFFYNPK
아귀	VAPAQHLCGSHLVDALYLVCGDRGFFYNPK
가다랑어	AANPHLCGSHLVEALYLVCGERGFFYQPK
참다랑어	VAPPQHLCGSHLVDALYLVCGDRGFFYNPK
toadfish Ⅰ	MAPPQHLCGSHLVDALYLVCGDRGFFYNPK
toadfish Ⅱ	MAPPQHLCGSHLVDALYLVCGDRGFFYNS
돼지	FVNQHLCGSHLVEALYLVCGERGFFYTPKT
사람	FVNQHLCGSHLVEALYLVCGERGFFYTPKT

그림 6-20. 인슐린의 아미노산배열

로 인슐린은 진화의 초기에 출현한 물질로 추정되고 있다. 인슐린 분비는 혈당치가 상승하면 촉진되고, 저하되면 억제된다. 인슐린은 간장, 근육, 지방조직에 작용한다. 간장에서는 글리코겐 합성효소의 활성화, 단백질 및 지방산의 합성촉진, 당이용의 촉진, 당신생의 억제를 담당하며, 근육에서는 글리코겐 합성효소의 활성화, 당이나 아미노산 막투과성의 촉진, 단백질 합성촉진과 단백질 분해억제를 유도한다. 또한 지방조직에서는 지방산 합성을 촉진하고, 글루코스의 막투과성 촉진 등의 작용을 한다.

§15. 심장의 내분비계

1981년 de Bold등에 의해 쥐 심방중에 나트륨이뇨인자가 존재하는 것이 밝혀진 이후에 여러 동물 종에서 이 인자의 분리 · 구조결정이 이루어 졌다. 이 물질은 심방의 심근세포에서 생산 · 분비되는 펩타이드로, 심방성나트륨이뇨펩타이드 (ANP, atrial natriuretic peptide)라고 불린다. 어류에서도 구조해석이 진행되어, 뱀장어 등에서 1차구조가 밝혀졌다. 그 이후, ANP와 1차구조가 유사한 펩타이드가 계속 발견되어, 뇌에서 BNP (B-type natriuretic peptide) 및 CNP (C-type natriuretic peptide), 심실에서 VNP (ventricular natriuretic peptide) 등이 분리되었다.

이들 ANP관련 펩타이드는 이온의 대사 및 혈압조절에 관여되는 호르몬으로 생각되어 진다. 일반적으로 ANP를 투여하면 급속한 이뇨현상이 일어나고, 물, 나트륨, 칼륨, 칼슘, 인등은 뇨로서 배출이 증가한다. 또한 ANP는 혈관을 확장하고, 혈압을 저하시키는 작용을 보인다. 어류가 담수, 또는 해수의 다른 염분농도의 환경에 적응하기 위해 체액 삼투압이 중요한데, ANP관련 펩타이드는 어류의 삼투압조절에 직간접적으로 관련된 호르몬으로 추정된다.

§16. 미부신경분비계

경골어류의 척추 말단 부근에 대형의 신경분비 세포가 존재하고, 미부하수체 (urophysis)라고 불리는 팽창부가 존재한다 (그림 6-21). 미부하수체는 대형신경분비세포의 분비물질의 저장·방출기관이며 경골어류에서는 신경분비세포와 미부하수체를 합쳐서 미부신경분비계 (caudal neurosecretory system)이라고 한다.

연골어류에서도 척추 끝부분에 대형의 신경분비세포가 존재하고 미부신경분비계는 존재하지만, 세포체는 흩어져 있고 미부하수체를 형성하지는 않는다. 원구류에서는 미부신경분비계가 존재하지 않는다. 경골어류에서도 실고기과와 개복치과의 어류에서는 미부신경분비계는 존재하지 않는다고 추정되고 있다.

미부신경분비계에서 두 종류의 펩타이드호르몬이 합성되고, 각각 우로텐신 I (urotencin, U I), 우로텐신 II (U II)로 불리운다. U I은 아미노산 41 잔기로된 펩타이드이며, 처음에는 쥐에서 혈압을 낮추는 물질로서 분리되었지만, 어류에서는 혈압상승, 이뇨, 신장의 Na^{+}배출 조절작용을 갖는다. U I은 시상하부호르몬인 부신피질자극호르몬 방출호르몬과 구조적으로 유사하며, 또한 뇌에서도 존재하고 있음이 밝혀졌다. U II는 아미노산 12 잔기로 구성된 펩타이드이며, 어류에서는 혈압상승작용, 평활근 수축작용을 한다. 다만 뱀장어에서는 미부하수체를 제거하여도 생존가능하기 때문에 미부하수체호르몬이 생리적으로 어떤 기능을 수행하고 있는지는 불분명하다.

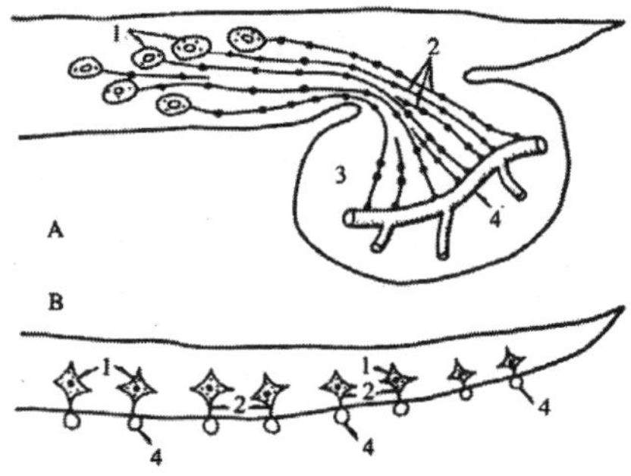

그림 6-21. 어류의 미부신경분비계 (小林, 1975)
A: 경골어류의 미부신경분비계, B: 연골어류의 미부신경분비계 (미부하수체에 해당되는 부분은 없음). 1: 신경분비세포, 2: 축삭, 3: 미부하수체, 4: 혈관.

§17. 가슴선(흉선)

가슴샘은 척추동물에서 관찰되는 조혈기관으로, 그 원기는 내배엽성의 새낭으로부터 생기고, 연골어류에서는 아가미 등쪽에 보이는 박판상의 구조가 그것이며, 경골어류에서는 새강뒷쪽의 등쪽에 덩어리모양의 기관으로서 존재한다. 발생초기에 혈액 유래의 림프줄기세포가 가슴샘 원기로 이동하여 증식하고 가슴샘 세포로 분화하며 가슴샘이 형성된다. 그 일부는 T세포로 분화하고, 순환계 또는 림프계 조직에 분포한다. T세포는 B세포와 함께 면역기능의 유지에 중요한 역할을 하고 있다. 상세하게는 「제12장 생체방어」를 참조하기 바란다.

T세포로의 분화 · 유도는 가슴샘 상피세포에서 생산되는 여러 체액성인자 (가슴샘호르몬)가 관여하고 있다고 생각되어 지며, 포유류에서는 타이모신 (thymosin), 타이모포이에틴 (thymopoietin), 혈청가슴샘인자 및 가슴샘체액성인자등이 있다. 그러나, 어류에서는 이들에 대해서 거의 알려져 있지 않다.

§18. 프로스타그란딘

프로스타그란딘 (prostaglandin, PG)은 특정 내분비기관에서 생산되는 호르몬은 아니며, 여러 조직에서 생산되고 곁분비, 내분비에 의해 작용한다 (그림 6-3). 어류에서 PG의 작용으로서, 순환계에서 혈압조절, 신장에서 뇨 생산량의 조절, 새후샘에서 칼시토닌의 분비조절, 흑색소포에서 멜라토닌과립의 확산 등이 알려져 있다. 또한 생식계에서는 암컷의 배란, 암컷의 성행동 유기, 암컷 체외에 방출된 다음 페로몬으로서의 작용이 알려져 있다.

금붕어에서는, 난황축적이 완료된 성숙 암컷에 LH를 투여하면 배란 (난포파괴)이 유도되지만, PG의 합성저해제인 인도메나신을 미리 투여해 두면 배란이 억제된다. 이 어류에 한번 더 PG (PGF2α)를 투여하면 배란이 일어난다. 또한 금붕어에서는 배란후에도 난소내에 PG가 생산되고, 뇌에 작용하여 암컷의 성행동인 방란행동을 유도한다. 더욱이 PG는 수중에서 페로몬으로서 방출되어 수컷을 자극하여 성행동을 유도하는 현상이 알려져 있다.

§19. 성장인자

동물의 세포성장 혹은 증식을 촉진하는 단백질을 성장인자 (growth factor) 또는 세포성장인자라고 한다. 성장인자의 작용양식은 내분비, 곁분비, 자가분비가 있다. 내분비형은 인슐린형성장인자, 곁분비형은 상피성장인자, 신경성장인자, 혈소판유래성장인자, 인터로이킨, 섬유아세포성장인자등이 있다. 또한 자가분비형에는 종양세포성장인자, 트랜스포메이션증식인자가 존재한다.

어류에서는 간장에서 생산되는 인슐린형성장인자-I형 (IGF-I)에 대해 가장 많이 연구되어 있다. 생리작용으로서는 연어과 어류에서 성장호르몬과 상조적으로 성장촉진, 해수 적응능력의 발달을 유도한다.

이 이외에도 척추동물의 내분비계의 상세한 내용에 대해서는, 참고서적 (小林, 1975; 會田등, 1991; 矢内原, 1994; 川島, 1995a, b; 青木등, 1997)을 참고하기 바란다. (小林牧人, 金子豊二, 會田勝美)

文　献

会田勝美, 小林牧人, 金子豊二 (1991) : 内分泌, 魚類生理学 (板沢靖男・羽生　功編), 恒星社厚生閣, pp.167-241.

青木　宙, 隆島史夫, 平野哲也編 (1997) : 魚類のDNA, 恒星社厚生閣, 1-467pp.

Chan, D. K. O., I. Chester Jones, R. N. Smith (1968) : The effect of mammalian calcitonin on the plasma levels of calcium and inorganic phosphate in the European eel (*Anguilla anguilla* L.). *Gen. Comp. Endocrinol.* 11, 243-244.

Fontaine, M. (1964) : Corpuscles de Stannius et régulation ionique (Ca, K, Na) dumilieu intérieur de l'anguille (*Anguilla anguilla* L.). *C. R. Acad. Sci.* 259, 875-878.

Fujii, R. (2000) : The regulation of motile activity in fish chromatophores. *Pigment Cell Res.* 13, 300-319.

Hirano, T. (1989) : The Corpuscles of Stannius, Vertebrate Endocrinology, Fundamentals and Biomedical Implications, Vol. III (P. K. T. Pang and M. P. Schreibman eds.), Academic Press, p.139-169.

Kaneko, T., S. Harvey, L.W. Kline, P.K.T. Pang (1989) : *Fish Physiol. Biochem.* 7, 337-342.

川島誠一郎 (1995a) : 動物のホルモン, 裳華房, 1-192pp.

川島誠一郎編著 (1995b) : 内分泌学, 朝倉書店, 1-159pp.

小林英司 (1975) : 内分泌現象, 裳華房, 1-379pp.

Pang, P. K. T., R. K. Pang, W. H. Sawyer (1974) : Environmental calcium and the sensitivity of killifish (*Fundulus heteroclitus*) in bioassays for the hypocalcemic responses to Stannius corpuscles from killifish and cod (*Gadus morhua*). *Endocrinology*, 94, 548-555.

Takei, Y. (2000) : Structural and functional evolution of the natriuretic peptide system in vertebrates. *Int. Rev. Cytol.* 194, 1-66.

山内皓平・高橋裕哉 (1987) : 回遊行動とホルモン, 回遊魚の生物学 (森沢正昭・会田勝美・平野哲也編), 学会出版センター, p.156-171.

矢内原　昇編 (1994) : 内分泌生理化学, 南江堂, 1-339pp.

제 7 장 생　　식

생물에는 성장, 대사, 생식, 생체방어로 이루어진 생물특유 현상이 보이지만, 그중에서도 생식은 자기의 자손을 보다 효율적으로 유지 (자기재생산 [自己再生産])한다는 의미에 있어서 가장 중요한 생명활동이다. 생식방법 (生殖方法)은 생물에 따라 여러 가지 있지만, 어떤 방법에 있어서도 생물개체가 지닌 유전자는 새롭게 만들어 지는 개체로 전달되어 그 결과로 새롭게 만들어지는 개체(子)는 원래의 개체 (親; 부모)와 매우 유사한 형질을 나타내게 된다 (桑村, 2001).

본 장에서는 어류의 생식양식 (生殖樣式)에 관해서 개설하고, 다음으로 생식선의 형태에 관해서 논하고, 또한 생식선 발달의 내분비조절 및 수산증양식에 있어서 인위적 제어에 관해서 설명한다. 본 장에 있어서 어류로 지칭한 것은 경골어류 (硬骨魚類)의 진골어류 (眞骨魚類)를 말한다.

§1. 어류의 성 (性)과 생식양식 (生殖樣式)

1-1 생식양식 (生殖樣式)

어류는 수계 (水界)에 적응하여 그 생활양식 및 생식양식은 다른 척추동물에 비해서 다양하다. 그림 7-1에는 식물계도 포함한 자연계에서 보여지는 생식양식을 나타내고 있다. 척추동물에서는 기본적으로 유성생식 (有性生殖; sexual reproduction)만이 존재하지만, 무성생식 (無性生殖; asexual reproduction)은 존재하지 않는다. 특히 포유류에서는 유성생식, 양성생식 또 자웅이체 (雌雄異体) 라는 양식밖에 존재하지 않는다. 한편 어류에서는 다양한 생식양식이 존재한다.

★ 무성생식 (無性生殖)
☆포자, 분열, 출아, 영양생식

★ 유성생식 (有性生殖)
☆접합
☆양성생식 － ＊자웅이체
＊자웅동체 － 인접적자웅동체
(성전환)
· 웅성선숙
· 자성선숙
· 양방향성전환
동시적자웅동체

☆단성생식 － 단위발생
웅성발생
＊자성발생

그림 7-1 자연계에서 보여지는 생식양식
＊는 어류에서 보여지는 생식양식

유성생식 (배우자의 접합에 의한 생식)에는, 동형배우자 (同型配偶子)의 합체 (合体)에 의한 접합과 이형배우자 (異型配偶子)의 합체에 의한 양성생식 (兩性生殖; bisexual reproduction)이 존재하지만, 대부분 척추동물의 경우 난과 정자 2종류의 이형배우자의 수정에 의해서 자손를 만드는 양성생식을 수행한다. 양성생식에는 난소, 정소를 제각기 별도의 개체를 가진 자웅이체 (雌雄異体; gonochorism)와 동일 개체내에 난소, 정소를 가진 자웅동체

(雌雄同体; hermaphroditism)가 존재한다. 척추동물의 대부분은 자웅이체이지만 어류에서는 자웅동체도 다수 존재한다 (中園・桑村, 1987; 中園, 1991). 자웅동체라 말하는 것은 같은 몸에 난소, 정소가 발달한다는 의미로, 반드시 같은 시기에 난소, 정소가 발달한다는 의미는 아니다. 인접적자웅동체 (隣接的雌雄同 体; sequential hermaphroditism)라는 것은 동일 개체에서 난소 혹은 정소가 시간적으로 교대로 발달하는 양식으로, 이른바 성전환 (性轉換; sex change)이다. 성전환에 있어서는 대부분의 경우, 한 어종에서는 한 방향만의 성전환이 보여진다. 처음에 수컷에서 나중에 암컷으로 되는 성전환을 웅성선숙 (雄性先熟; protandry), 그 역의 경우을 자성선숙 (雌性先熟; protogyny)이라고 부른다. 또 망둥어과 어류인 *Paragobiodon echinocephalus* 처럼, 자웅양방의 어류가 제각기 성전환을 수행하는 것도 있다. 이와 같이 동일 어종내에서 수컷에서 암컷으로, 암컷에서 수컷으로의 양방향으로 성전환이 일어나는 양식을 양방향성전환 (兩方向性轉換; both-ways sex change, 2-way sex change)이라고 한다 (大西등, 2000). 한편, 어류에서는 난소와 정소가 동일 개체에서 동시에 발달하기도 하는데, 이를 동시적자웅동체 (同時的雌雄同体; synchronous hermaphroditism, simultaneous hermaphroditism) 라고 말한다. 이 경우 망그로브 Killifish (*Rivulus marmoratus*) 처럼 자가수정을 하는 type과, 바리과 *Serranus subligarius* 처럼, 2개체가 교대로 난과 정자를 방출해서 자신의 난을 수정시키는 type이 존재한다.

단성생식 (單性生殖; unisexual reproduction)은 유성생식중 한쪽 性의 배우자 유래의 유전자에서 자손이 생기는 생식양식이다. 단성생식에는 단위발생, 웅성발생 및 자성발생의 3 종류의 양식이 알려져 있다. 단위발생 (單爲發生; parthenogenesis)는 완전히 한쪽 性만이 번식이 가능한 양식으로, 척추동물에서는 파충류에서 보여지며, 암컷의 난이 정자의 수정없이 발생해서 자손이 생긴다. 웅성발생 (雄性發生; androgenesis), 자성발생 (雌性發生; gynogenesis)에서는 자웅의 배우자 수정을 필요로 하여, 여기에서는 양성생식과 마찬가지지만 수정후 제각기 암컷 혹은 수컷 유래의 유전자만으로 배발생이 진행되고, 다른 쪽 性의 배우자 유래의 유전자는 배제 (排除) 되어진다. 일본 어느 지역의 은붕어 (*Carassius auratus langsdorfii*)는 자성발생 (雌性發生)에 의해 번식하는 것이 알려져 있다. 이 경우 근친종의 수컷과 산란행동을 하여, 그 수컷의 정자를 수정에 이용할 것이라고 추측하고 있다 (長浜, 1991). 한편 어류에서는 웅성발생을 생식양식으로 수행하고 있는 종은 미확인 상태이다.

이상과 같이, 어류에서는 포유류와는 서로 다른 다양한 생식양식이 존재한다. 특히 자웅동체 어류에서는 동일 개체내에서 난소, 정소의 발달이 가능하고, 또 동일 개체가 자웅양방의 성행동을 수행하는 것이 가능하다. 포유류에서 성결정은 유전자에 의해 강하게 지배를 받으며, 한번 결정된 성은 불가역이지만, 어류에서는 이와 같은 성의 가역성 (性의 可逆性) 이 보인다.

1-2 성의 레벨

일반적으로 개체의 성이 수컷인지 암컷인지 말 할때에, 본래 생식선이 난소인지, 정소인지를 정하여 말하는 경우가 많다. 그러나 한마디로 성이라 말하더라도 생식선의 성이외에 여러 단계 (레벨)의 성이 나타난다 (그림 7-2). 포유류에서는 유전적으로 성이 결정되면, 이 유전적 성 (genetic

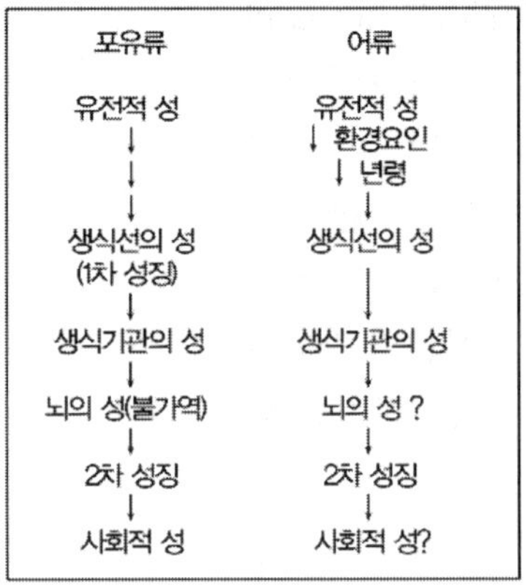

그림 7-2 포유류 및 어류의 성 레벨

sex)에 따라 각 레벨의 성이 결정된다. 즉 XX-XY형의 성결정을 하는 동물종에서는 수정시 정자의 염색체가 Y 염색체이면 개체는 유전적으로 수컷으로 되고, Y염색체 상의 정소결정유전자에 의해 생식선이 정소로써 발달하여, 생식선의 성 (gonadal sex) (1차 성징)이 결정된다. 그리고 정소에서 생산되는 웅성호르몬에 의한 생식기관의 성 (sex of reproductive organ), 뇌의 성 (brain sex), 성성숙후의 2차 성징 (secondary sexual character) 및 사회적 성 (사람으로 말하면 성의 자가의식; gender)은 웅형 (雄型)으로 된다. 또 정자의 염색체가 X 염색체이면 개체는 유전적으로 암컷으로 되어, 생식선은 난소로 된다. 난소에서는 웅성호르몬이 생성되지 않으므로, 이하의 모든 레벨의 성은 자형 (雌型)으로 된다. 포유류에서 뇌의 성은, 웅성호르몬의 유무에 의해 결정되지만, 그 시기는 출생전후의 시기라고 말한다. 그래서 개체의 성성숙후, 성행동 및 뇌하수체 생식선자극호르몬의 분비 패턴은 이 뇌의 성에 따라서 자웅으로 특이적인 패턴을 나타낸다 (山内 · 新井, 2001).

한편, 어류에 있어서도 각 레벨의 성은 나타나지만, 이것들은 반드시 유전적 성에 대응하는 것은 아니고, 어류에 따라 성적가역성이 나타난다. 송사리, 금붕어, 넙치에서는 일반적으로 유전적 성에 의해 생식선의 성이 결정 (유전적性決定, genetic sex determination) 되지만, *Odonthestes bonariensis*와 같은 파충류에서는 난의 부화시 온도의 고저에 의해서 생식선의 성이 결정된다. 이와같은 성결정을 온도의존형 성결정 (溫度依存型 性決定; temperature-dependent sex determination, 환경의존형 성결정의 한 종류)이라 말한다. *Odonthestes bonariensis*의 경우는 고수온에 의해 수컷으로 되고, 저수온에서 암컷이 된다. 또 금붕어나 넙치에 있어서도 자어기 (仔魚期)의 사육온도를 변화시키면, 생식선의 성비가 변한다는 것이 밝혀져 있다. 이와 같이 일반적으로는 유전적인 성결정에 따르고, 온도의 영향도 받는 형을 온도감수성형 성결정 (溫度感受性型 性決定; temperature-sensitive sex determination)이라 말한다. 금붕어 및 넙치에서는 고수온에 의해 유전적 암컷이 수컷화 하는 것이 밝혀졌다. 다만 넙치에서는 온도처리를 해도 유전적 수컷이 암컷으로 되는 것은 아니라는 것이 확인되었다 (Kitano et al., 2001)

또 대부분의 성전환 어류는 사회적 환경 혹은 년령에 의해서 성 (생식선, 행동, 2차 성징)이 변한다. 이러한 성전환 어류에 유전적 성이 존재하는지 어떤지는 밝혀지지 않았지만, 성결정으로의 관여는 약하다고 생각되어 진다. 또 유전적 성을 가진 어종에 있어서도, 부화후 어느 시기에 웅성호르몬 혹은 자성호르몬을 외부에서 투여하면 유전적 성에 관계없이 생식선은 제각기 정소, 난소로 되며, 성성숙후에도 정상적인 배우자형성이 이루어진다. 이 성호르몬에 의한 성조작은 수산 증양식에 있어서 양식어의 성제어기술 (性制御技術)로써 활용되고 있다 (鈴木, 1991; 會田, 1996).

어류에서는 생식선 및 생식수관 (生殖輸管)이외에 자웅에서 현저히 서로 다른 형태를 나타내는 생식기를 가진 어종은 적다. 체내수정을 하는 어류에서는 수컷에 교미기가 있지만, 이와같은 암수 차이가 어떻게 유도되는지 분명하지 않다. 2차 성징은 포유류, 어류 모두 생식선에서 만들어지는 성호르몬 작용에 의해 성성숙한 개체로 발달한다. 어류에서는 체색이나 체형의 변화가 관찰된다.

포유류에서는 성성숙후, 성호르몬 작용에 의해 뇌가 활성화되어, 뇌의 성에 따라서 암수에 특이적인 성행동이 발현한다. 또 이 뇌의 성은 불가역 (不可逆)이어서, 한번 결정하면 변하지 않는다. 따라서 포유류에서는 한 개체의 동물이 그 생활사에 있어서도 자웅양방의 성행동을 하는 것은 거의없다. 또 성성숙한 수컷에 암컷의 성호르몬을, 또 암컷에 수컷의 성호르몬을 투여하면 암수컷이 반대의 성행동을 야기하는 것은 없다. 한편 어류에서는 성전환 어류에서 보여지는 것처럼 동일개체가 자웅양방의 성행동을 하는 것이 나타난다. 또 성전환을 하지 않는 어류에 있어서도 호르몬 투여에 의해서 자웅양방의 성행동의 유도가 가능한 어종도 존재한다 (小林, 2002). 금붕어, 구피 (*Poecilia reticulata*)에서는 수컷의 성호르몬 투여에 의해 암컷에 웅형의 성행동이 야기된다. 또 금붕어에서는 prostaglandin 투여에 의해 수컷에서 자형의 성행동이 야기된다. 다만 어느 경우이든, 생식선의 성은 본래 그대로이기 때문에, 반대 성의 배우자 (정자, 알) 방출은 일어나지 않는다. 이와 같은 사실에서, 어류의 뇌는 발생과정에 암 · 수컷 중 어느쪽이든 한쪽으로 결정되기 보다는 잠재적으로 자웅양성으로 된다고 생각되어진다. 그러나 어류 뇌의 성 실체가 어떠한 것인지는 밝혀지지 않았다.

1-3 생식주기 (生殖周期)

대부분의 어류에서는 주기적으로 산란을 하며, 그 생식주기 (生殖周期; reproductive cycle, 性周期)는 크게 3개의 그룹으로 나뉜다 (그림 7-3). 제 1그룹은 산란기가 년중 1회로, 이 산란기간중에 암컷이 1회만 배란 · 산란을 하는 것으로, 연어과 어류, 자주복, 문치가자미, 사백어등이 이 그룹에 속한다. 다음 그룹은 1년에 1회의 산란기간중에 암컷이 반복해서 배란 · 산란을 하는 것으로, 참돔, 청보리멸, 송사리, 금붕어등 대부분의 어류가 이 양식에 속한다. 이 경우의 생식주기는 산란기에서 다음 산란기까지의 생식년주기와 산란기간중의 산란주기 (배란주기)로 이루어져 구성되어 있다. 제 3그룹은 특정의 산란기를 가지지 않고 1년중 배란 · 산란을 하는 것으로, 열대에 서식하는 어류에서 관찰된다. 이 경우, 산란주기가 이 그룹의 생식주기로 된다. 제 1그룹의 어류는 1회성 산란어라 부르고, 제2, 제3 그룹의 어류는 다회성 산란어라 부른다. 이러한 주기성은 수온이나 광주기 등의 외부환경요인의 영향을 강하게 받아 이루어진다 (羽生, 1991; 廣瀨, 1991). 연어과 어류에서는 가을의 일조시간 단축에 의해 성숙이 촉진되며, 대부분의 잉어과 어류에서는 봄의 수온상승에 의해 성숙이 촉진된다. 생식선의 발

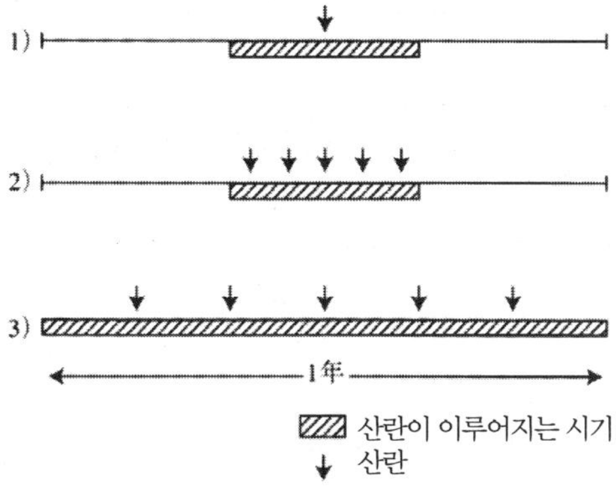

그림 7-3 어류의 생식주기
1) 일정의 산란기에 암컷이 1회만 배란 · 산란하는 것
2) 특정의 산란기에 암컷이 반복해서 배란 · 산란을 행하는 것
3) 1년중 암컷이 배란 · 산란을 행하는 것

달을 촉진, 억제하는 환경요인은 어종에 따라 다르지만 인위적인 수온, 광주기를 조절하는 것에 의해 성숙의 촉진, 억제 및 산란유도가 가능하다.

§ 2. 생식선의 구조와 발달

2-1 성분화과정

생식선 (生殖腺; gonad)의 형성은, 다른 기관형성에 비해 느리게 개시되어진다. 최초에 장간막기부 (腸間膜基部)의 양측에 체강상피 (体腔上皮)에서 유래하는 한쌍의 생식융기 (生殖隆起; genital ridge)가 장간막과 평행하게 형성된다 (그림 7-4). 그때, 시원생식세포 (始原生殖細胞; primordial germ cell)는 체강상피중에 산재하여 있지만, 그 후 생식융기로 이동한다. 곧 이어 생식융기는 간막 아래로 달려 생식선을 형성한다. 미분화 생식선 중의 생식세포 (germ cell)도 시원생식세포라고 불리는 경우도 있지만, 생식원세포 (生殖原細胞; gonial germ cell 혹은 gonocyte)

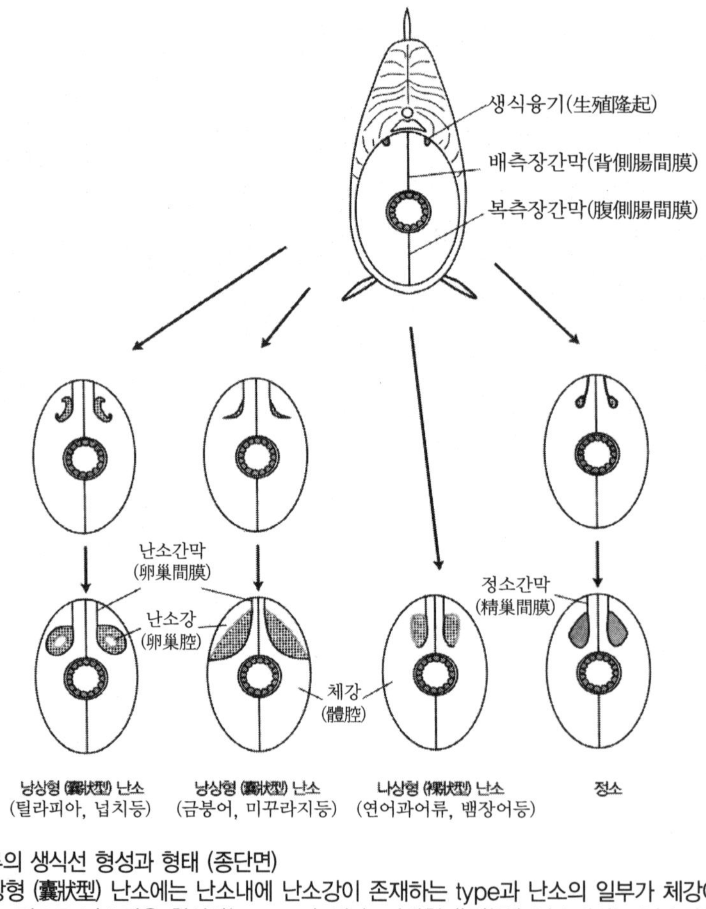

그림 7-4 어류의 생식선 형성과 형태 (종단면)
낭상형 (囊狀型) 난소에는 난소내에 난소강이 존재하는 type과 난소의 일부가 체강에 부착하는 것으로 난소강을 형성하는 type가 있다. 나상형 (裸狀型) 난소에서는 난소강은 형성되지 않는다.

라 불러 구별하는 경우도 있다. 생식원세포는 상당히 대형으로 구형의 핵 (nucleus)과 그것을 둘러싸고 있는 얇은 세포질 (cytoplasm)로 이루어져 있다. 핵내에는 헤마토시린에 진하게 염색되는 1개의 인 (仁 or 核小体; nucleolus)과 망막상 (網膜狀)으로 분포하는 염색사 (染色糸)가 존재한다. 미분화 생식선이 멀지 않아 난소 (ovary) 및 정소 (testis)로 형태적인 성분화 (性分化; sex differentiation)가 이루어지면, 생식원세포는 난소중에서는 난원세포 (卵原細胞; oogonium, 복수형은 oogonia), 정소중에서는 정원세포 (精原細胞; spermatogonium, 복수형은 spermatogonia)라고 불려진다. 그러나 양자는 형태적으로는 생식원세포와 마찬가지로, 구별하는 것은 어렵다.

일반적으로 자웅이체종에서 형태적 변화는 난소로의 분화쪽이 빠르고, 난소강 (卵巢腔; ovarian cavity) 형성을 위해 체세포 (体細胞; somatic cell)의 증식과 형태변화가 나타난다. 이 변화후에, 난원세포의 증식과 난모세포 (卵母細胞; oocyte)로의 진행이 시작됨과 더불어 난소박판 (卵巢薄板; ovigerous lamella)형성도 진행한다. 한편, 장래의 정소는 급격한 형태변화 없이 미분화 생식선의 상태가 계속된 후, 정소낭 (精小嚢; seminal lobule)과 수정관 (輸精管; vas deferens, sperm duct) 형성이 시작된다. 정원세포는 매우 완만한 증식이 이루어져, 정소는 거의 비대화하지만, 정원세포의 활발한 증식과 감수분열 (減數分裂)은 성성숙개시까지 일어나지 않는다. 그러나 zebrafish (*Danio rerio*) 등의 유시자웅동체 (幼時雌雄同体; juvenile hermaphroditism) 종에서는 모든 개체의 생식선중의 생식원세포의 대부분은 난모세포가 된다. 그 후 반수의 개체에서 난모세포의 발달과 난소의 형태형성이 진행하여 암컷으로 되고, 나머지 반수 개체에서 난모세포의 퇴행 및 소실과 정소의 형태형성이 시작하여 수컷으로 된다 (Nakamura, 1998; 小林 亨, 1998; 中村, 1999).

2-2 난소의 구조와 발달

1) 난소의 형태 일반적으로 대부분 어류의 난소는 좌우 1쌍으로, 배부체강벽 (背部体腔壁; mesoovarium)에 의해 아래로 달려있다. 좌우 난소의 크기는 거의 동등한 경우가 대부분이지만, 은어나 쥐치에서는 성숙기의 좌우 난소는 극단적으로 크기가 다르다. 또 송사리에서는 좌우의 생식선이 기관형성의 과정에서 융합하여, 1개의 난소로 된다. 난소의 형태는 어종에 따라 여러 가지지만, 낭상형 (嚢狀型; cystovarian type)과 나상형 (裸狀型; gymnovarian type)으로 크게 나뉜다. 낭상형 난소에는 난소강이 존재하고, 난소강은 난소의 후단에서 합쳐져 수란관 (輸卵管; oviduct)으로 연결된다. 따라서 성숙난은 난소강에 배란되어 수란관을 통해 생식공 (生殖孔; genital pore)에서 방출된다. 낭상형 난소에는 틸라피아 (*Oreochromis sp.*)나 넙치처럼 체강에서 독립한 채로 아래로 달려 전체가 난소피막 (卵巢皮膜; ovarian capsule)으로 둘러싸여져 난소내에 난소강이 존재하는 type과 금붕어나 미꾸라지처럼 난소의 일부가 체강에 부착하는 것으로 난소강을 형성하는 type이 있다. 한편 나상형에서는 성숙난은 직접체강에 배란되며, 연어과 어류에서는 수란관을 통하지만, 뱀장어에서는 생식공에서 직접 방출된다 (그림 7-4, 7-5).

난소의 내부는 다수의 난소박판 (卵巢薄板)으로 이루어져 있으며, 난소박판에는 다수의 난세포

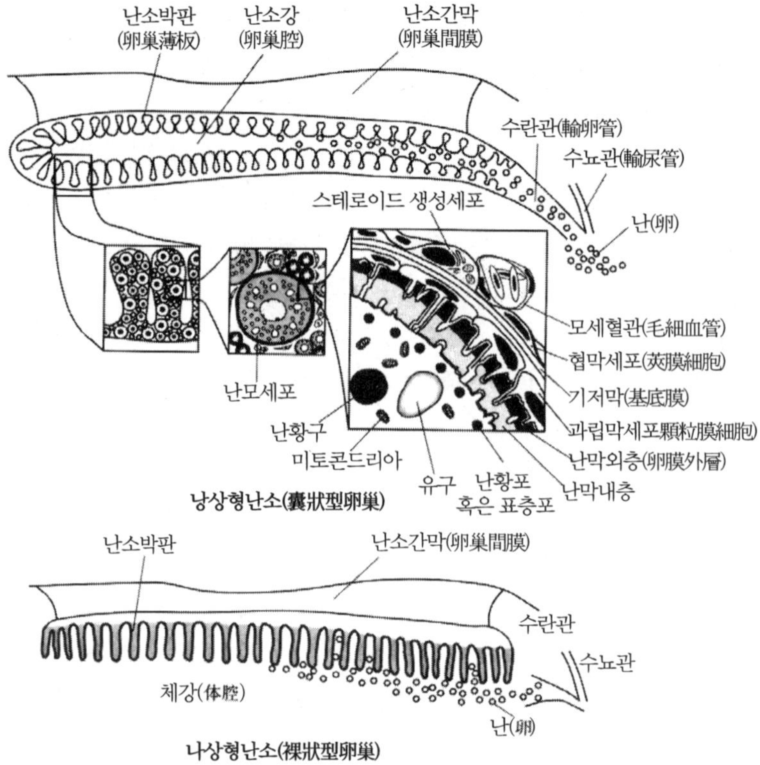

그림 7-5 어류의 난소 구조 (종단면)
난소박판에는 다수의 난여포가 존재한다. 난여포는 여포조직과 난모세포으로 구성되어, 여포 조직은 외측에서 협막세포층 (莢膜細胞層; thecal cell layer), 기저막 (basement membrane) 및 과립막세포층 (granulosa cell layer)으로 구성되어져 있다. 협막세포층에는 섬유아세포, collagen 섬유 및 모세혈관 등이 있으며, 대부분의 어종에서는 steroid 생성세포도 존재한다. 낭상형 난소에서 성숙난은 난소강에 배란되지만, 나상형 난소에서 성숙난은 체강으로 배란된다.

(卵細胞: ovarian follicle)가 존재한다. 난여포 (卵濾胞)는 여포조직과 난모세포로 구성되고, 여포 조직은 외측에서 협막세포층 (莢膜細胞層; thecal cell layer), 기저막 (基底膜; basement membrane 혹은 basal lamina) 및 과립막 세포층 (顆粒膜細胞層; granulosa cell layer)으로 구성되어져 있다. 협막세포층에는 섬유아세포 (纖維芽細胞; fibroblast), collagen 섬유 및 모세혈관 (毛細血管; capillary)등이 있고, 대다수의 어종에서는 steroid 생성세포 (special thecal cell)도 존재한다. 그러나 steroid 생성세포가 난여포와 난여포 사이의 간질에 존재하는 어종도 적지 않다. 과립막세포층은 단층의 상피세포에 의해 이루어져있고, 혈관은 존재하지 않는다 (그림 7-5) (高野, 1989; 長浜, 1991). 과립막세포층의 내측에 존재하는 난모세포의 형태적 특징에 대해서는 다음에 기술하기로 하자.

2) 난형성과정 난형성 (oogenesis) 과정은 증식기, 성장기 및 성숙기로 나뉜다 (그림 7-6). 증식기에 난원세포는 체세포 (有糸) 분열 (mitosis)에 의해 증식한다. 난원세포는 DNA 복제후, 감수(성숙)분열 (meiosis)을 개시한 단계에서 난모세포 (oocyte)라 불려진다. 따라서 이때 난모세포의

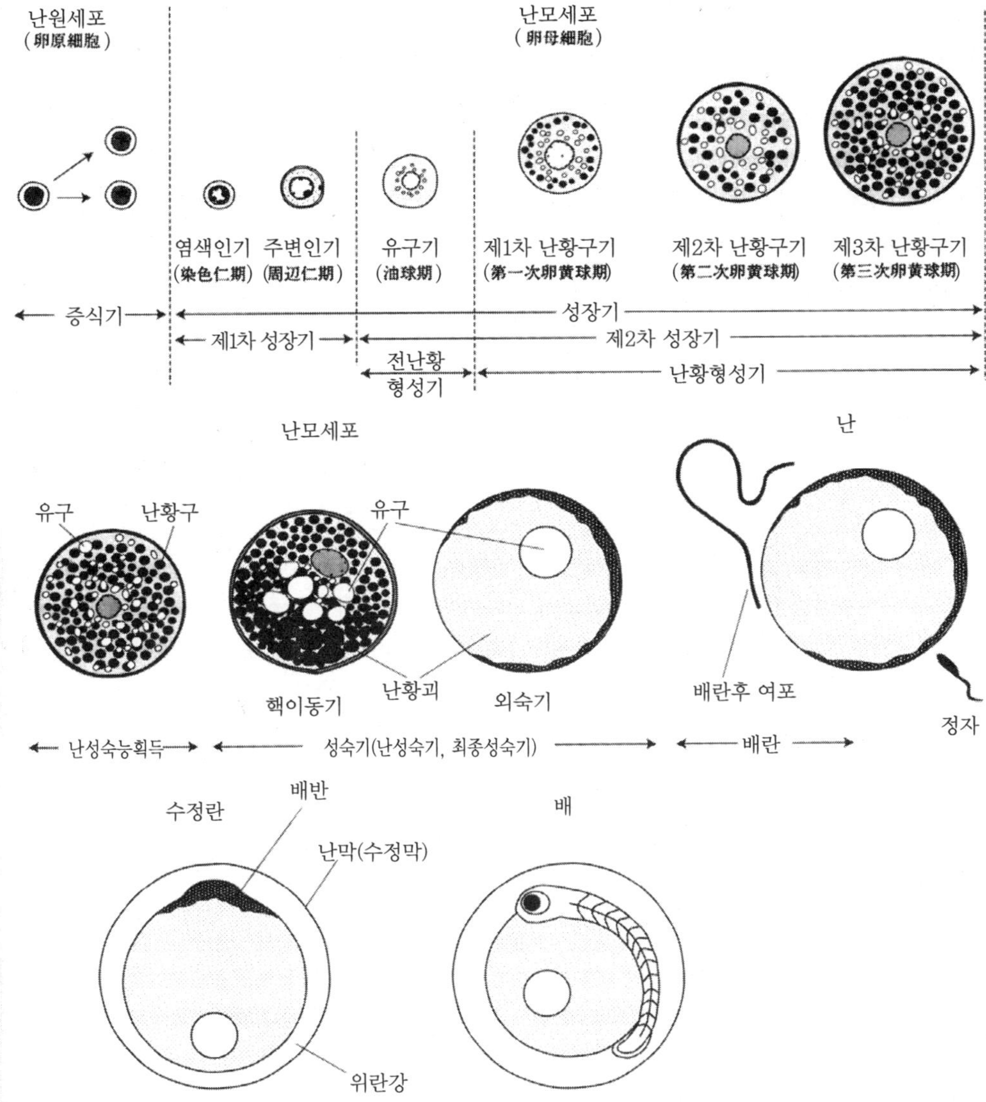

그림 7-6 어류 (참돔)의 난성숙과정
유구가 존재하지 않든지 그 출현이 느린 어종에서는 유구기 대신에 난황포기를 준비하는 어종도 있다. 성숙기는 난성숙기 혹은 최종성숙기라고 부르는 경우도 있다. 그림중의 난황포 (표층포)는 생략하였다.

핵상 (核相)은 모두 4n이다. 그러나 막 개시한 감수분열은 제 1 감수분열 전기 (first meiotic division prophase) 단계에서 정지하고, 난모세포는 성장기에 돌입한다. 일반적으로 이 성장기는 매우 장기로, 몇 개월에서 몇 년이 걸린다. 난모세포의 성장기는 제 1차 성장기 (primary growth phase)와 제 2차성장기 (secondary growth phase)로 나뉜다. 제 1차 성장기는 염색인기 (染色仁期; chromatin nucleolus stage)와 주변인기 (周辺仁期; perinucleolus stage)로 나뉘어 진다. 제 2차 성장기는 前난황형성기 (previtellogenic stage)와 난황형성기 (vitellogenic stage)로 나뉜다. 난모세포는 충분히 성장하면 성숙기 (maturation phase)에 돌입하여 난성숙과정을 걸쳐 수정 (受精) 가능한 난으로 된다. 이 난성숙은 비교적 단기간으로 , 온수어 (溫水魚)에서는 수 시간에서 1일이내, 연어과 어류와 같은 냉수어에서는 3일정도 소요된다.

제 1차 성장기의 염색인기 난모세포의 세포질은 점점 크기를 증가시키는 정도이지만, 핵내에서는 제 1감수분열 전기의 특징인 염색체의 형태 변화가 보여진다. 제 1감수분열 전기는 염색체 (혹은 염색사)의 형태에 따라 세분되어지며, 세사기 (細糸期; leptotene stage)를 걸쳐 합사기 (合糸期; zygotene stage)에 이르면 상동염색체 (相同染色体)가 쌍을 이룬 시냅토네말 구조 (synaptonemal complex)가 현미경으로 확인 가능하다. 이 synaptonemal complex는 난원세포와 난모세포를 식별할 때에 좋은 지표가 된다. 이후 후사기 (厚糸期; pachytene stage) 및 복사기 (複糸期; diplotene stage) 까지는 진행하지만, 감수분열은 이 stage에서 정지한다. 이 stage 이후의 감수분열, 즉 제 1감수분열 전기의 이동기 (移動期; diakinesis stage), 중기 (metaphase), 후기 (anaphase), 종기 (終期; telophase), 제 2감수분열 전기 (secondary meiotic division prophase) 및 중기까지의 일련의 과정은 긴 성장기를 끝내고 성숙기에 돌입하게 된다.

주변인기에 이르면, 난모세포의 세포질은 증대하기 시작해 헤마토시린에 진하게 염색되고, 핵도 거대화된다. 거대화된 핵은 난핵포 (卵核胞) 혹은 배포 (胚胞; germinal vesicle)라고 불려진다. 핵내에서는 핵막에 접해서 다수의 인이 열거되어진다. 이것은 램브라쉬 염색체 (lampbrush chromosome)라 불리며, 활발한 RNA합성이 이루어지고 있다고 생각된다. 주변인기 후기에 이르면 세포질은 더 증대되고, 헤마토시린 염색성은 엷어진다. 그리고 난모세포와 과립막세포 사이에 난막 (chorion, egg membrane)이 형성되기 시작한다.

제 2차 성장기의 前난황형성기는 난모세포의 세포질중에 난황포 (卵黃胞; yolk vesicle)가 출현하기때문에 난황포기(卵黃胞期; yolk vesicle stage)라고 불려지기도 한다. 난황포는 세포질 주변부에 산재하는 것으로 보이지만, 머지 않아 다음 stage의 난황형성기에는 난모세포의 표층에 한 층으로 나열되어, 표층포 (表層胞; cortical alveolus, 복수형은 alveoli)로 된다. 표층포는 난의 수정때 그 내용물을 세포질외로 방출하고, 위란강 (囲卵腔)을 형성한다. 어종에 따라서는 난황포의 출현을 전후로 유구 (油球; oil droplet)가 나타나기 때문에, 유구기 (油球期; oil droplet stage)를 거치는 어종도 있다. 일반적으로 유구는 핵주변의 세포질에 핵을 둘러싼 것 처럼 축적되어, 점점 세포질 전체에 산재하게 된다. 유구의 출현시기는 어종에 따라 달라 난황포의 출현전, 출현후 혹은 난황형성기에 진입해서부터등 여러 가지 이다. 축적되어진 유구의 양 (量)도 여러가지로 전혀 유구가 보이지 않는 어종도 있다.

난황형성기에 진입하면, 난모세포의 세포질 주변부에서 난황구 (卵黃球; yolk globule)가 출현하기 시작한다. 난황형성기는 난황축적의 정도에 따라 3단계로 나눠는 경우가 많다. 난황축적을 개시하여, 난황구가 세포질 주변부를 중심으로 나타나는 시기를 제 1차 난황구기 (primary yolk stage), 난황구가 핵의 주변에서 보여지게 되면 제 2차 난황구기 (secondary yolk stage), 난황축적이 거의 완료한 난성숙 (卵成熟; oocyte maturation) 직전의 시기를 제 3차 난황구기 (tertiary yolk stage) 라고 말한다. 대부분의 어종에서는 난황구는 과립상으로 존재하고, 핵은 제 3차 난황구기에 있어도 난모세포의 중심부에 위치한다. 연어과 어류처럼 난모세포가 거대한 어종에서는 난황구의 축적과 평행하게 핵은 세포질 주변으로 장시간에 걸쳐 이동한다. 또 송사리등에서 난황구는 출현하면 틈도 없이 융합하고, 난황괴를 형성하기 위해 핵은 서둘러 넓게 퍼진다. 이와 같은 핵의 이동 (移動)이나 난황구의 융합은 나중에 기술하는 성숙기에 보여지는 핵이동 (核移動) 및 난황구의 융합과는 다른 현상으로 구별되어야 한다.

또 난황형성기간중에 난막의 두께는 점차 증가한다. 이 시기 난막에는 방사상 형태로 연결되는 가늘은 線이 명료하게 관찰되어지기 때문에 난막은 방사대 (放射帶; zona radiata)라고 불려지기도 한다. 이 방사상의 線은 난모세포 및 과립막세포의 쌍방에서 돌출하는 미융모 (微絨毛; microvilus, 복수형 microvili) 이다. 또 난막은 명확한 2층 구조를 나타내는데, 얇은 외측의 층을 난막외층 (卵膜外層; zona externa), 두터운 내측의 층을 난막내층 (卵膜內層; zona interna) 이라고 부른다. 난막외층은 난황형성 개시 이전에 형성되어 지는 것으로, 내층은 난황형성기에 형성된다. 또 난모세포의 동물극측 (動物極側)의 난막에는 난문 (卵門; micropyle)이 관찰된다. 난문은 수정시에 정자가 침입하는 소공 (小孔)으로, 배란되기까지는 1개의 대형 난문세포 (卵門細胞; micropylar cell)에 의해 막혀져 있다.

난모세포가 난황축적을 완료하면 난성숙능 (卵成熟能: maturational competence)을 획득 후, 성숙기 (난성숙기 혹은 최종성숙기라고도 부름)에 돌입하여 난성숙은 시작된다. 난성숙 과정은 난성숙유도 스테로이드 (maturation-inducing steroid, MIS 혹은 maturation-inducing hormone; MIH maturation-inducing substance; MIS 라고도 말한다) 의 자극에 의해 난모세포가 제 1 감수분열을 재개 (再開)하고, 제 2 감수분열 중기 (second meiotic division metaphase)에 이르러 수정 (受精) 가능한 난으로 되는 과정이다. 난성숙은 매우 단시간에 일어나는 현상이지만, 난모세포내에서는 수많은 극적인 변화가 보인다. 대부분 어종에서는 난모세포의 핵은 중심에 위치하지만, 난성숙이 시작하면 핵은 동물극측의 난문 바로 밑으로 이동한다. 이 현상을 핵이동 (核移動; germinal vesicle migration) 이라 하고, 이 단계를 핵이동기 (核移動期; migratory nucleus stage) 라고 한다. 앞에서 기술했던 것 처럼, 연어과 어류의 제 3차 난황구기의 난모세포에서 핵은 이미 동물극측에 이동하고 있지만, 엄밀히 말하면 완전히는 이동하지 않고, 실체현미경에서는 핵을 관찰할 수가 없다. 이 난모세포에 MIS가 작용하면, 핵이동이 일어나 육안으로도 핵을 관찰할 수 있게 된다. 핵이동에 뒤를 이어 핵 (난핵포, 배포) 붕괴 (崩壞; germinal vesicle breakdown, GVBD)가 일어나면, 다음에 난모세포는 부등분열 (不等分裂)을 하여 제 1 극체를 방출하고 核相은 2n으로 된다. 곧이어 제 2감수분열이 시작되지만, 분열은 중기에 이르면 다시 정지하여 완숙기 (完熟期; ripe stage)에 도달한다. 완숙란은 여포조직에서 이탈, 즉 배란 (排卵; ovulation) 된다.

이상과 같은 핵의 변화와 더불어, 난성숙시에는 난황구 및 유구에도 큰 변화가 보여진다. 일반적으로 난황구는 세포질 중에 과립상으로 축적되지만, 난성숙이 시작하면 난황구가 융합하여 최종적으로는 1개 혹은 몇 개의 난황괴로 된다. 또 유구의 융합도 이것과 평행하게 진행된다. 연어과 어류나 금붕어 난모세포에서도 이 난황구의 융합에 동반하여 육안적으로도 투명감이 높아진다. 부유성의 난을 산출하는 해산어의 난모세포에서는 투명화가 현저해지고, 식물극에서 시작한 난황

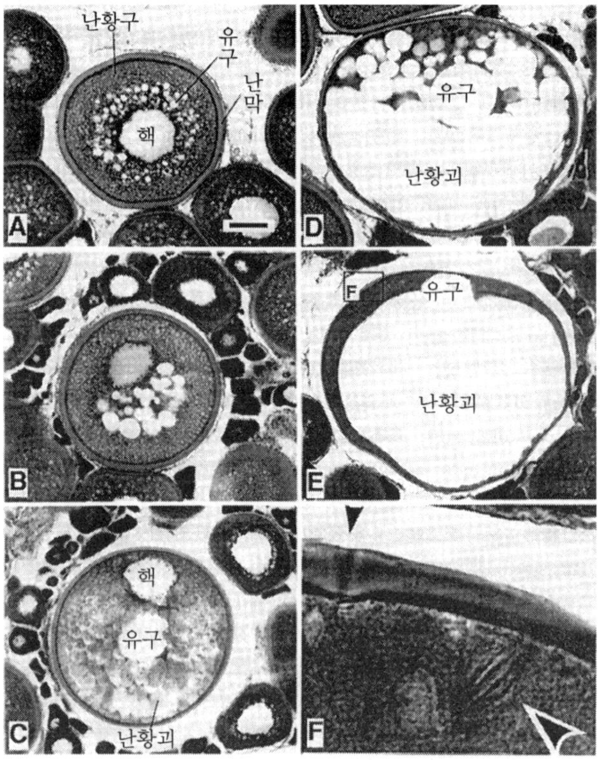

그림 7-7 참돔의 난성숙과정
산란기의 참돔 난소중에는 각 시각에 따라 서로 다른 stage의 난모세포가 관찰된다. A. 16시 (난성숙능 획득) B. 20시 (핵이동 개시). 유구의 융합이 시작한다. C. 0시 (핵이동 완료). 난황구의 융합이 시작하여, 난황괴로 된다. D. 8시 (핵 붕괴). E. 12시 (완숙). F. E의 동물극 부근의 확대. 작은 화살표는 난문, 큰 화살표는 제2 감수분열 중기의 염색체. A에서 E까지는 등배율. 크기는 100㎛.

구의 융합은 다음에 동물극에서도 진행되어 최종적으로는 1개의 난황괴로 됨과 동시에 유구도 1개 혹은 다수로 된다. 해산어의 난모세포에서는 흡수와 난황구의 융합에 의한 투명화에 따라 난경이 급속히 증대되어 1.5배에서 2배로 늘어, 단시간에 극적인 변화를 이룬다 (그림 7-7).

최종적으로 난소강으로 배란된 성숙난은 성행동에 의해 체외로 방란되어 수정한 후, 감수분열을 재개하여 제 2극체를 방출한다. 핵상이 n으로 된 염색체의 주위에는 핵막이 형성되어진다. 이 자성전핵 (雌性前核)은 같은 양상으로 생성된 정자유래의 웅성전핵 (雄性前核)과 핵융합함으로써 2n으로 되며, 발생이 진행된다 (高野, 1989; 長浜, 1991).

2-3 정소의 구조와 발달

1) 정소의 형태 어류의 정소도 난소와 마찬가지로 좌우 1쌍으로, 배부체강벽 (背部体腔壁)에서 정소간막 (精巣間膜)에 의해 매달려 수정관 (輸精管)을 거쳐 생식공 (生殖孔; genital pore)으로 이어진다. 송사리에서는 좌우 생식선이 기관형성의 과정에서 융합하여 1개의 정소로 된다. 정소는 그림 7-8에 나타낸 것처럼, 근육세포 등에서 이루어진 격벽에 의해서 다수의 정소낭 (精小嚢, 精

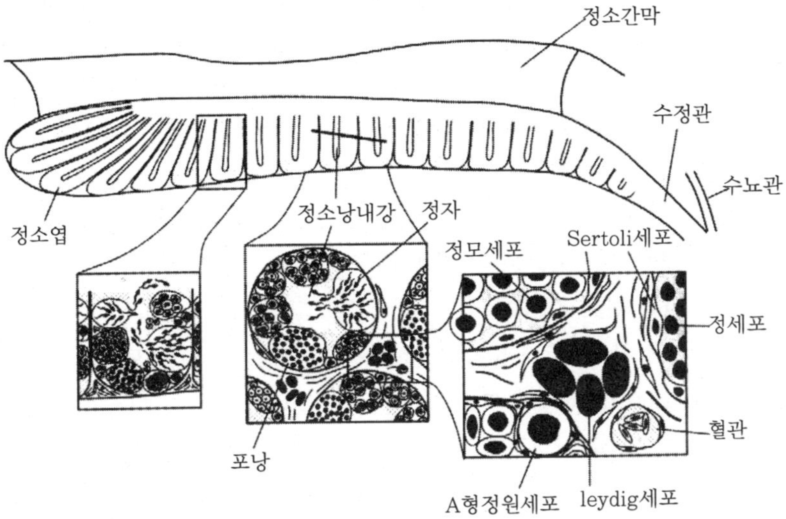

그림 7-8 어류 정소의 구조 (종단면)
정소는 다수의 정소낭으로 나뉘어져 있다. 각 정소낭 사이에는 섬유아세포, 모세혈관 및 leydig 세포 등이 존재한다. 정소낭내에서 생식세포는 sertoli 세포에 의해 둘러싸여져 포낭을 형성하고 있다.

小葉 seminal lobule)으로 나뉘어져 있다. 정소낭의 형태가 가늘고 길게 늘어진 관상 (管狀)으로 보여지는 것은 세정관 (細精管; seminiferous tubule)이라 불려진다. 서로 인접한 각 정소낭 사이에는 섬유아세포, collagen 섬유, 색소세포, 신경섬유, 모세혈관 및 steroid 생성세포인 leydig cell이 존재한다. 精小囊내에는 혈관이 존재하지 않지만, 생식세포는 sertoli cell에 의해 둘러싸여진 포낭 (包囊; cyst)을 형성하고 있다. 포낭은 정소낭의 벽에 함몰되어 거의 한층으로 나열되어, 정자형성 (spermatogenesis)은 포낭내에서 진행된다. 또 동일 포낭내의 생식세포는 세포간교 (細胞間橋; intercellular bridge)로 연결되어져 있어, 이들의 발달단계는 동조 (同調)하고 있다. 정소낭 내강 (小葉腔; lobular lumen)으로 방출되어진 정자는 수정소관 (輸精小管; efferent duct)을 지나 수정관 (輸精管)으로 운반되어 (排精; spermiation), 생식공에서 방출 (放精) 된다.

대부분 어류에서는 정소낭에 내강이 있는데, 이와 같은 type은 lobule 형이라 불려진다. lobule 형의 정소낭 내벽에는 정원세포가 전역에 걸쳐 보여지며, 정원세포비국재형 (精原細胞非局在型)이다. 한편, 송사리나 구피의 정소낭은 내강을 지탱하지 않는 것으로 tubule형이라 불려진다. tubule형의 정소낭 중에는 포낭이 1열로 열거되어 정소낭을 꽉 채우고 있고, 정원세포는 정소낭의 말단부에서만 보여지는, 정원세포국재형 (精原細胞局在型) 이다 (高野, 1989; 長浜, 1991).

2) 정자형성과정 정자형성과정은 증식기, 감수분열기, 변태기 및 성숙기로 나뉘어진다 (그림 7-8). 정자형성개시前의 미숙한 정소중에 보여지는 대형의 생식세포는 제 1차정원세포 (第 1次精原細胞; primary spermatogonium) 혹은 A형 정원세포 (type A spermatogonium)라고 불려진다. 정자형성 개시 이전의 A형 정원세포는 체세포분열에 의해 완만하게 증식하고 있지만, 정자형

성이 시작하면 활발한 분열 증식을 행한다. 이 정원세포는 제 2차 정원세포 (secondary spermatogonium) 혹은 B형 정원세포 (type B spermatogonium)라고 불려진다. 그러나 A형 정원세포의 전부가 B형 정원세포로 이행하는 의미는 아니고, 일부의 A형 정원세포는 다음 기회의 생식을 위해 남게되며, 정원간세포 (精原幹細胞; spermatogonial stem cell)라고 불려지는 경우도 있다. B형 정원세포의 분열회수는 어종에 따라 거의 일정하며, 4회 정도의 어종에서 구피와 같이 13회까지 분열하는 어종도 있다. 활발하게 증식분열하는 B형 정원세포는 A형 정원세포보다 소형으로 포낭중의 수가 많아서 용이하게 구별되지만, 다음에 기술할 1차 정모세포와 광학현미경에 의해 구별하는 것은 숙련을 필요로 한다.

증식분열을 끝낸 B형 정원세포는 DNA 복제후, 감수분열을 개시한 단계에서 제 1차 정모세포 (primary spermatocyte)라고 부른다. 따라서 제 1차 정모세포의 핵상 (核相)은 4n이 된다. 정모세포의 감수분열은 난모세포처럼 정지하는 것은 아니고, 1개의 제 1차 정모세포는 2개의 제 2차 정모세포 (secondary spermatocyte)로 되고, 핵상은 2n으로 된다. 제 1차 정모세포의 핵은 제1 감수분열 전기의 특징적인 변화를 보여, 전자현미경 관찰에서 synaptonemal complex (對合複合体)가 확인 가능하면, B형 정원세포와 명확히 구별된다. 제 1 감수분열을 끝낸 제 2차 정모세포는 형태학적으로는 제 1차정모세포와 유사 하지만, 제 1차 정모세포 보다 작다. 또 제 2차 정모세포는 즉시 제 2감수분열로 이행하기 때문에 출현시간이 짧다. 2개의 제 2차 정모세포가 제 2감수분열을 이행하면 핵상 (核相)은 n으로 된 4개의 정세포 (spermatid)로 된다. 정세포는 제 2차 정모세포 보다도 더욱 작아지고 동시에 염색질의 응축이 시작되어 변태기로 이행한다.

변태기는 정세포가 정자로 극적인 형태변화를 하는 시기이다. 정세포는 염색질의 응축 (凝縮), 핵의 형상변화 (形狀變化), 편모의 분화 및 세포질의 탈락 등의 정자변태 (spermiogenesis) 후, 정자 (sperm, spermatozoon, 복수형은 spermatozoa)로 된다. 즉 경골어류의 정자는 첨체 (acrosome)가 없다. 대부분 어류에서는 정자변태 종료까지의 과정은 포낭내에서 진행된다. 완성된 정자가 포낭에서 수정관으로 배출되는 것을 배정 (排精)이라 한다. 정자변태를 끝낸 정자는 형태적으로는 완성했지만, 수중에서 운동하지 못한다. 이 운동능을 가지지 않은 미숙정자가 배정되어서 수정관내로 들어가면, 고 pH 환경에서 운동능을 가지는 성숙정자로 된다. 이 과정을 정자성숙 (sperm maturation)이라 부르고, 이는 단시간에 일어나며 정자의 형태변화는 동반하지 않는다. 수정관 내의 성숙정자는 수컷의 성행동에 의해 방정되어 수중에서 활발하게 운동하여 알과의 수정 (受精)에 이른다 (高橋, 1989; 長浜, 1991)

§3. 생식관련 호르몬

	1	2	3	4	5	6	7	8	9	10
포유류형	pGlu	His	Trp	Ser	Tyr	Gly	Leu	Arg	Pro	Gly-NH_2
chicken I 형	pGlu	His	Trp	Ser	Tyr	Gly	Leu	Gln	Pro	Gly-NH_2
chicken II 형	pGlu	His	Trp	Ser	His	Gly	Trp	Tyr	Pro	Gly-NH_2
연어형	pGlu	His	Trp	Ser	Tyr	Gly	Trp	Leu	Pro	Gly-NH_2
메기형	pGlu	His	Trp	Ser	His	Gly	Leu	Gln	Pro	Gly-NH_2
돔형	pGlu	His	Trp	Ser	Tyr	Gly	Leu	Ser	Pro	Gly-NH_2
송사리형	pGlu	His	Trp	Ser	Phe	Gly	Leu	Ser	Pro	Gly-NH_2
상어형	pGlu	His	Trp	Ser	His	Gly	Trp	Leu	Pro	Gly-NH_2
칠성장어 I 형	pGlu	His	Tyr	Ser	Leu	Glu	Trp	Lys	Pro	Gly-NH_2
칠성장어 II 형	pGlu	His	Trp	Ser	His	Asp	Trp	Lys	Pro	Gly-NH_2

그림 7-9　생식선자극호르몬방출호르몬 (gonadotropin-releasing hormone; GnRH)의 분자종
분자종의 이름은 그 동물에서 최초로 그 분자종의 GnRH가 동정되어진 것을 의미하며, 그 분자종의 GnRH가 그 동물에만 존재하는 것은 아니다 (Okubo et al., 2000).

표 7-1 어류에 있어서 생식선자극호르몬방출호르몬 (GnRH) 분자종의 뇌내에서의 분포

어종 ＼ 뇌부위	종신경 (終神經)	종뇌복측시색전야 (終腦腹側視索前野)	중뇌피개 (中腦被蓋)
뱀장어	포유류형	포유류형	chicken II 형
금붕어	연어형 및 chicken II 형	연어형 및 chicken II 형	chicken II 형
시마연어	연어형	연어형	chicken II 형
참돔	연어형	돔형	chicken II 형
송사리	연어형	송사리형	chicken II 형
아프리카 메기	연어형	메기형	chicken II 형

3-1 시상하부 (hypothalamus)

수온이나 광주기 등의 환경정보는 감각기관에서 수용된 후, 뇌의 시상하부 (hypothalamus)에서 통합되어 신경정보(신경호르몬, 신경전달물질)로써 뇌하수체로 전달된다. 뇌하수체에서는 이러한 정보를 액성정보 (液性情報; 뇌하수체호르몬)로 변환하여 생식선에 전달한다. 시상하부에서는 뇌하수체에 있어서 생식선자극호르몬 (gonadotropin, GTH)의 합성 · 방출을 촉진하는 생식선자극호르몬방출호르몬 (gonadotropin-releasing hormone, GnRH)이 합성되어진다. GnRH는 뇌내의 신경세포에서 만들어지는 아미노산 10잔기의 peptide hormone으로 몇가지의 분자종 (分子種)이 동정되어져 있다. 어떤 분자종을 가지게 되는 가는 어종에 따라 다르다 (그림 7-9, 표 7-1) (天野등, 1998; 小林, 1998; 天野, 2000; Okubo등, 2000).

어류에서 GnRH 생성세포의 세포체는 종신경(終神經), 종뇌복측부 (終腦腹側部)에서 시상하부의 시색전야 (視索前野)에 걸쳐서 존재하며, 또한 중뇌피개 (中腦被蓋)에 존재하지만 GTH 분비에 직접 관련하는 것은 시색전야의 GnRH세포이다. 세포체에서 합성되어진 GnRH는 분비과립으로 채워져 있고, 분비과립은 신경섬유 (軸索)로 수송되어, 신경섬유의 말단에서 방출되어 진다. 포유

류에서는 시상하부의 GnRH 생성세포의 신경섬유는 정중융기 (正中隆起)로 이어져, GnRH는 정중융기에 있어서 모세혈관 (뇌하수체 문맥)중으로 방출되어 뇌하수체로 운반된다. 그러나 어류 (진골어류)에서는 정중융기, 뇌하수체 문맥이 결핍되어 있기 때문에 GnRH 생성세포의 신경섬유는 직접 뇌하수체에 연결되어, GnRH는 뇌하수체중의 혈관 혹은 세포 간극 (間隙)으로 방출되어 진다 (그림 7-10). GnRH는 뇌하수체에 있어서 GTH 방출의 촉진인자 (促進因子)이지만, 어종에 따라서는 생체 amine계 호르몬인 dopamine (DA)이 GTH 방출을 억제하도록 조절하고 있다. 이와 같이 DA에 의한 GTH방출 억제계를 가지고 있는 어종에서는 GnRH에 의한 어류의 성숙 · 산란 유도 때에 DA 길항제 (拮抗劑; antagonist)를 동시에 투여하면, DA에 의한 GTH분비 억제작용을 경감시켜 GnRH의 GTH분비 촉진효과를 증강시킨다.

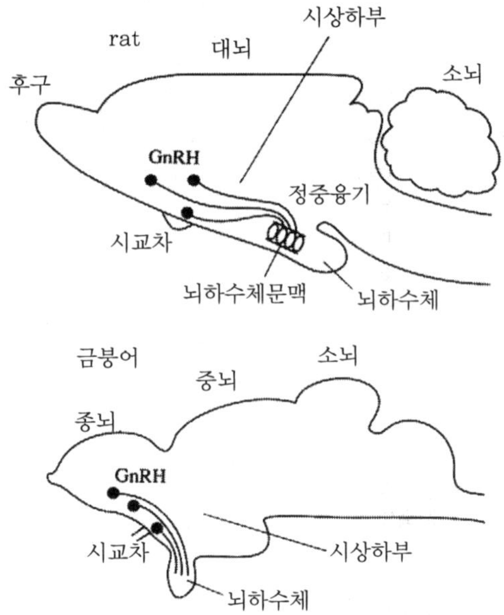

그림 7-10 Rat와 금붕어의 시상하부-뇌하수체계의 모식도 Rat에서 GnRH는 GnRH 생성세포의 신경종말에서 정중융기 (正中隆起)의 뇌하수체 문맥 (門脈)으로 방출되어 뇌하수체에 도달하지만, 금붕어에서는 뇌하수체 문맥이 없어, 신경종말이 직접 뇌하수체에 연결되어 뇌하수체 내에서 GnRH가 방출된다 (小林, 1998).

3-2 뇌하수체 (腦下垂体, pituitary gland, hypophysis)

뇌하수체에서 생성되는 GTH는 분자량 약 30KDa의 당단백질 호르몬으로, 여포자극호르몬 (follicle-stimulating hormone; FSH)과 황체형성호르몬 (luteinizing hormone, LH) 2종류가 있다 (小林 · 孫, 2000). 어류에서는 LH-like의 GTH가 1종류만 존재하고, 생식선의 발달을 조절하고 있다고 생각되어져 왔지만, 최근 어류에 있어서도 FSH가 동정되어 다른 척추동물과 마찬가지로 2종류의 GTH가 존재하는 것이 밝혀지게 되었다. 다만, FSH 작용에 관해서는 불명한 점이 많다. 어류의 GTH는 FSH가 동정되어진 당시, FSH 및 LH을 제각기 GTH Ⅰ, GTH Ⅱ라고 불려졌지만, 현재는 다른 척추동물과 마찬가지로 FSH, LH라고 부르고 있다. 이러한 GTH는 뇌하수체 전엽의 GTH 생성세포에서 합성되어, 분비과립으로써 세포질에 일단 저장되어진다. 뇌하수체에 있어서 GTH의 합성 · 방출은 시상하부에서의 GnRH나 DA 그리고 생식선에서의 성호르몬에 의한 조절을 받는다.

3-3 생식선

생식선에서는 생식세포가 합성되는것 뿐만 아니라, 성호르몬 (sex steroid)을 시작으로하여 여러 호르몬이 합성된다. 성호르몬은 cholesterol을 전구체로써 합성되어지는 steroid hormone으로, 포유류에서는 생식선에서 합성되는 성호르몬을 자성호르몬 (雌性호르몬)과 웅성호르몬 (雄性호르몬; androgen)으로 나누며, 더욱이 자성호르몬을 발정호르몬 (發情호르몬; estrogen)과 황체호르몬 (黃体호르몬; progestin)으로 분류하고 있다. 어류에 있어서도 성호르몬이 생성되지만 (그림 7-11), 그 생리작용은 반드시 포유류와 일치하는 것은 아니다. 어류의 난소에서 합성되는 estrogen의 대표적인 것은 estradiol-17β (E2)로, 이 호르몬은 다른 난생 척추동물과 마찬가지로, 암컷의 간장 (肝臟)에 작용하여 난황단백질전구체의 합성을 촉진한다 (松山 · 太田, 2000; 松原, 2000) (그림 7-12). 또 송사리, 연어과 어류에서는 E2의 작용에 의해 난막 단백질의 전구체가 간장에서 합성되는 것이 확인되었고, 이 전구단백질은 choriogenin이라 불리고 있다. 단지 잉어과 어류에서 난막 단백질은 난모세포에서 합성되는 것이 보고되었고, 난막 단백질의 합성부위, 조절

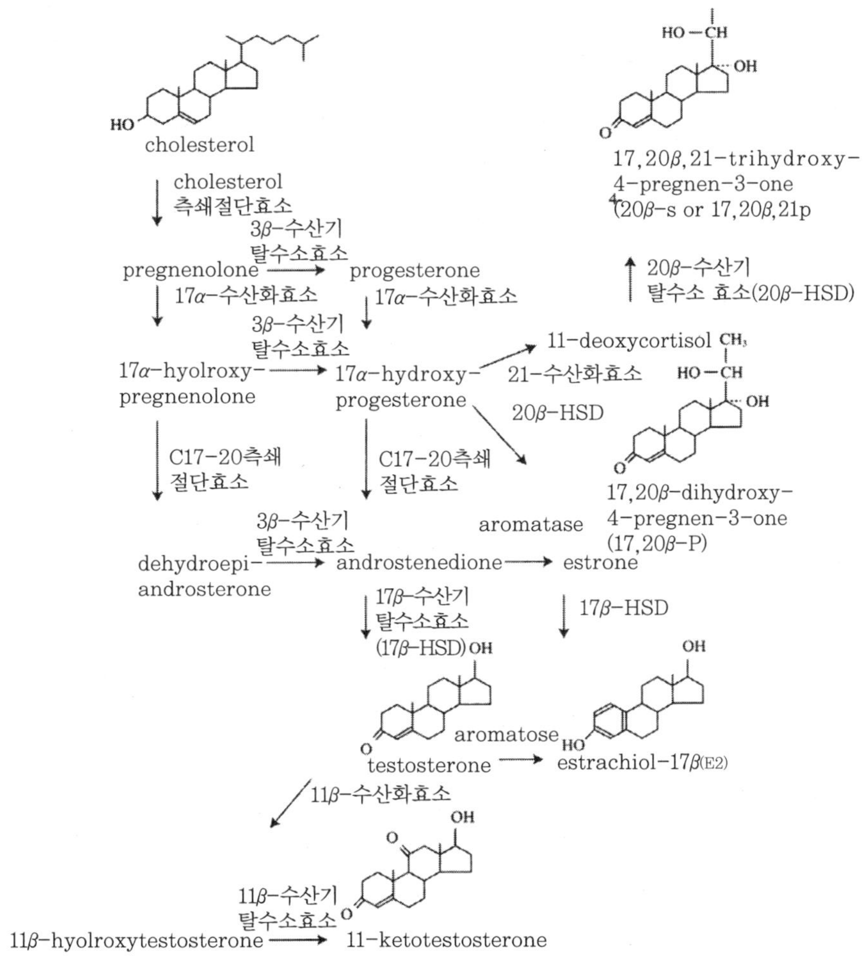

그림 7-11 어류의 성호르몬 합성경로

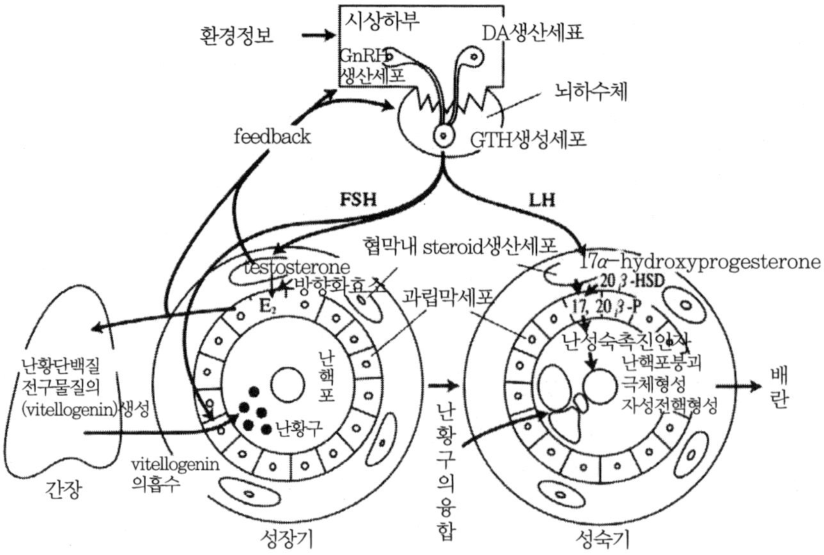

그림 7-12 어류의 난황축적 및 난성숙의 내분비 조절 (會田, 1996)

에 관해서는 아직 일관된 견해가 얻어지지 않았다. 일반적으로, 수컷의 정소에서는 소량의 estrogen만이 합성되지 않기 때문에, 수컷에서는 vitellogenin은 거의 검출되지 않지만 수컷에 있어서도 외부에서 estrogen을 투여하면 간장에 작용해서 vitellogenin이 합성되어진다. 최근 이 성질을 이용해서 어류 수컷의 혈중 vitellogenin은 환경중의 내분비교란화학물질의 estrogen작용을 조사하는 지표로써 활용되고 있다.

포유류에서 androgen로 알려져 있는 testosterone은, 어류에서는 E_2의 전구체로써 난소에서 왕성하게 합성되어진다. 다만 이 경우 testosterone에 의해 암컷에 있어서 수컷의 성질을 발현하지는 않는다.

또 progestin로써는 17,20β-dihydroxy-4-pregneone-3-one (17,20β-P), 17,20β,21-tri hydroxy-4-pregneone-3-one (20β-S) 등이 난성숙유기를 한다. 이러한 progestin은 난성숙 유도 steroid (maturation-inducing steroid, MIS)라고 불려지고 있다. 이 외에 난소에서는 eicosanoid계 호르몬 (arachidonic acid계 호르몬)인 prostaglandin (PG)이 생성되어 배란을 유도한다.

한편, 어류의 정소 (testis)에서는 testosterone, 11-ketotestosterone (11-KT)등의 androgen이 생성되어 정자형성, 2차 성징의 발달, 성행동의 발현 등을 촉진한다 (三浦 · 三浦, 2000) (그림 7-13). 11-KT는 어류 특유의 androgen 으로, 어류에 투여하면 대부분의 작용에 있어서 testosterone 보다 강한 활성을 나타낸다. 또 정자형성의 초기에는 estrogen인 E_2 및 peptide hormone인 activin B가 만들어져 정자형성을 촉진하고 있다. 더욱이 정소에서는 17,20β-P 및 20β-S 등 progestin이 생성되어, 배정 및 정자의 운동능 획득 (정자성숙)을 유도한다.

생식선에서 만들어지는 성호르몬은 뇌하수체에서의 GTH (주로 LH)의 자극에 의해, cholesterol을 전구체로써 여러 효소에 의해 합성되지만, 개개의 steroid가 어떠한 경로로 합성는

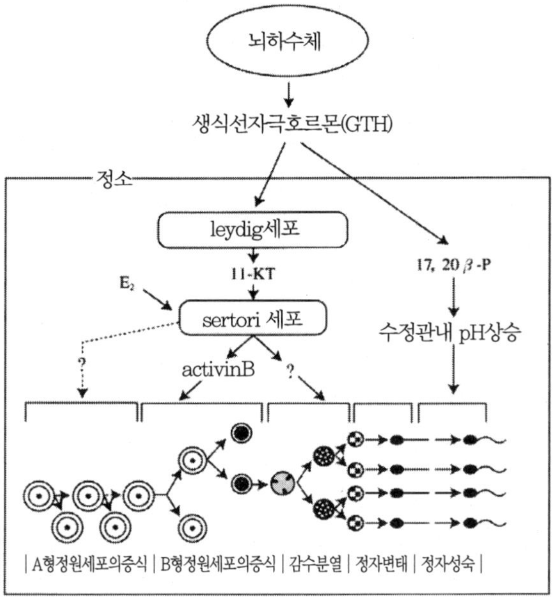

그림 7-13 어류의 정자형성의 내분비조절 기구 (三浦 · 三浦, 2000)

지는 어종에 따라서 다소 차이가 있다 (그림 7-11). 예를 들면 송사리에서 E_2는 testosterone을 전구체로써 합성되지만, 황놀래기에서는 estrogen에서 E_2가 합성된다. GTH는 이러한 합성과정에 있어서 효소의 활성화에 의해 성호르몬 합성을 촉진한다.

연어과 어류의 뱀장어 등의 생식선에 있어서 이러한 성호르몬의 생성부위가 밝혀져 있다 (長浜, 1991; 三浦 · 三浦, 2000). 난황형성기의 난소에서는 난소여포 협막세포 (thecal cell) 층내의 steroid 생성세포에 있어서, cholesterol이 testosterone까지 변환되고 testosterone은 과립막세포 (granulosa cell) 내에서 방향화 효소에 의해 E_2로 변환된다 (그림 7-12). 그 후, 성숙기의 난소에서는 협막세포에서 17α-hydroxyprogesterone 혹은 11-deoxycortisol이 합성되어, 과립막세포내의 20β-수산기 탈수소효소 (20β-HSD)에 의해 제각기 17,20β-P 및 20β-S로 변환된다.

정소에 있어서 11-KT는 주로 Leydig cell에서 합성되지만, 17,20β-P 및 20β-S는 그 전구체가 Leydig cell에서 합성되며 정자가 지닌 20β-HSD의 작용에 의해 17,20β-P 및 20β-S로 변환된다 (그림 7-13). 또 최근 정소에서도 activin B나 E_2가 합성되는 것이 밝혀졌다. Activin B는 sertoli cell에서 생성되는 것이 밝혀졌지만, 정소내에 있어서 E_2 합성기구, sertoli cell에 있어서 E_2의 작용 등 아직 불분명한 점이 많다.

포유류에서 생식선에서 peptide hormone인 activin 및 inhibin이 생성되어, 뇌하수체에서의 FSH분비를 제각기 촉진 및 억제하고, 생식선의 발달을 조절하고 있다. 어류에 있어서 activin은 동정되었지만 , 뇌하수체에 있어서 생리적 작용은 명확하게 밝혀져 있지는 않다. 또한 inhibin에 관해서는 미동정 (未同定)인 상태이다.

§4. 생식내분비

4-1 난형성의 내분비조절

1) 난황형성 성성숙에 적절한 환경, 생리상태에서는 우선 시상하부의 GnRH가 합성 · 방출되어 뇌하수체에 있는 FSH, LH 분비를 촉진한다. 뇌하수체를 적출하면 난소에서는 주변인기의 난모세포까지만 발달하지 않기 때문에, 그 이후의 난모세포의 발달에는 GTH 자극이 필요로 한다. 연어과 어류에서는 처음에 주로 FSH 및 소량의 LH가 난소의 여포세포에 작용해서 E_2합성을 촉진한다 (그림 7-12, 14, 15) (Swanson, 1991). 이 E_2는 간장에 작용해서 난황단백질 전구체인 vitellogenin합성을 촉진하고, 난모세포의 난황축적 (vitellogenesis)을 진행한다.

Vitellogenin (VTG)은 분자량 400~550 kDa의 단백질로, 지질, Ca, 인산 및 당이 결합하고 있다. VTG는 혈액을 통해서 여포세포의 간극 (間隙)을 통해 난모세포에 전달되며, 난모세포의 세포막 표면에 있는 VTG receptor (受容体)를 통해 음작용에 의해 난모세포내로 들어오게 된다 (松原, 2000). 난세포내로 들어온 VTG는 lipovitellin, phosvitin 및 β-component로 절단되어, 난황단백질 (yolk protein)로써 난황구 (卵黃球)내로 축적되어진다. 이 VTG 수확은 FSH에 의해 유도되어진다고 추측되고 있다. 또 송사리, 연어과 어류에서는 VTG와 마찬가지로, E_2작용에 의해

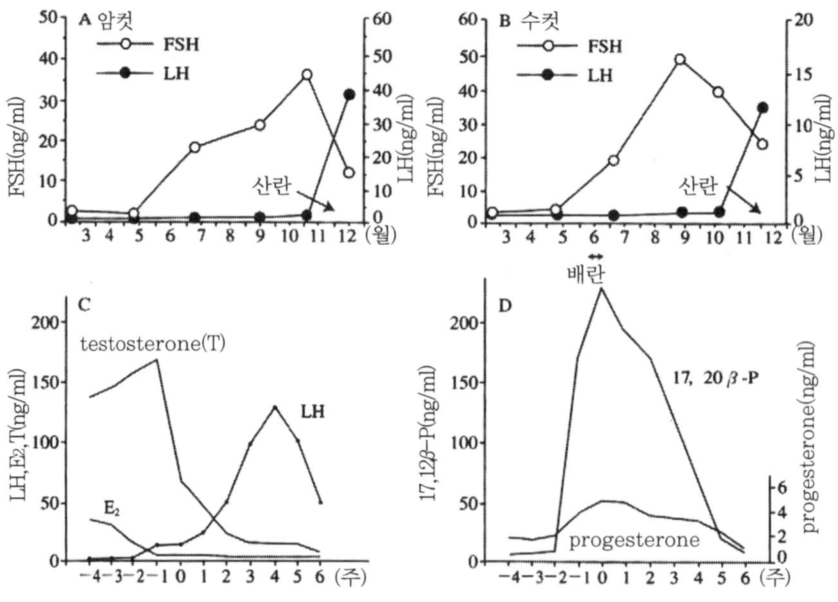

그림 7-14 연어과 어류의 성성숙에 따른 혈중 호르몬 농도의 변화
A: 은연어 *Oncorhynchus kisutch* 암컷의 성성숙에 따른 혈중 FSH 및 LH 농도의 변화
B: 은연어 수컷의 성성숙에 따른 혈중 FSH 및 LH 농도의 변화. 성숙초기는 뇌하수체에서 FSH가 분비되어 성숙이 진행되면 LH가 분비된다. A, B는 Swanson (1991).
C, D : 무지개송어의 배란 전후의 혈중 호르몬농도의 변화. 난황형성이 완료에 가까워지면 혈중 E_2 농도는 저하하고, 반대로 testosterone 농도가 상승한다. 그 후 LH 농도의 상승이 시작하여, 이 LH 작용에 의해 17, 20β-P 합성, 난성숙, 배란이 유기된다. LH 농도의 상승은 배란후도 계속되지만, 이 LH의 생리적 의의는 아직 불명이다.

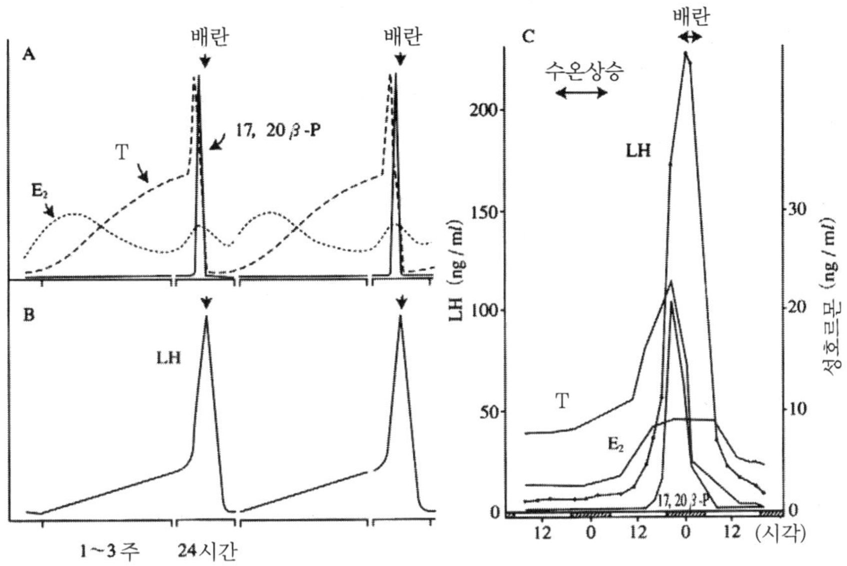

그림 7-15 금붕어의 배란주기에 따른 혈중호르몬의 변화

A, B : 배란주기에 따라 혈중호르몬 농도의 변화, E2 작용에 의해 난황축적이 진행되고, 난황축적이 완료한 난모세포가 증가해 오면 testosterone (T)농도가 상승한다. 이 T는 난황축적이 완료한 난군 (卵群)이 있는 것을 뇌에 전달하는 signal로써 작동한다. 그래서 혈중 T 농도가 높을 경우에 무언가의 환경자극을 받으면 배란 LH surge가 일어난다. LH surge에 의해 17, 20β-P의 합성, 난성숙, 배란이 야기된다. 이 시점에서 난황축적이 완료하지 않은 난군 (卵群)은 배란되지 않고, 그후 난황축적이 완료한 시기에 순차적으로 배란된다. C: 배란전후의 혈중 호르몬 농도의 변화. 여기에서는 수온상승 자극에 의해 배란을 유발하고 있다. 배란은 LH surge의 peak 때에 일어난다. 배란전의 T는 높은 농도로 유지하고, 난황축적이 완료한 난군이 있는 것을 나타낸다. LH surge에 의해 한층 더 상승하여, 배란후에 저하된다. 배란 전후에 E2 농도의 상승이 보여지지만, 이것은 난황축적중인 난군의 여포세포가 LH에 반응해서 생성되어진 것이며 직접 배란에 관여하지 않는다. 아직 FSH에 관해서는 측정계가 확립되어 있지 않기 때문에 조사되지 않았다.

간장에서 choriogenin이 합성되어 혈액중으로 운반되어 난소내로 난막단백질로써 난막(chorion)을 형성한다.

난황축적이 완료에 가까우면, 여포세포에 존재하는 방향화효소 (芳香化酵素; aromatase)활성이 저하하고, 그 결과로써 E2 합성량은 감소하며 E2 전구체인 testosterone합성량이 증가하게 된다. 난황축적이 완료하면 FSH 분비는 감소하고, 뇌하수체에서 LH 분비가 증가한다. LH 작용에 의해 여포세포에서 MIS인 17,20β-P 및 20β-S가 합성되어, 난성숙이 유도된다. 서로 다른 단계에 있는 연어과 어류의 난소조직을 적출하여 LH와 함께 배양 (培養)하면 난황축적중의 난소조직에서는 17,20β-P가 합성된다. 연어과 이외의 어종에 관해서는 FSH, LH 양쪽의 분비동태의 연구는 아직 없지만, 다른 어종에 있어서도 기본적으로는 이와 같은 GTH 분비 패턴을 나타내지 않을까 추측되어진다.

2) 난성숙능의 획득 난황축적의 완료후, 난모세포 성숙이 MIS에 의해서 유도되는데에는, 난모세포에 있어서 MIS에 대한 감수성이 가능해야 한다. 즉 MIS 수용체가 난모세포에 충분히 형성

되어야 한다. 실제, 난황축적을 완료한 난모세포에 MIS를 투여하면 난성숙이 유도되지만, 난황축적중인 난모세포에 MIS를 투여하면 난성숙은 일어나지 않는다. 이와 같이 MIS에 반응해서 난모세포가 난성숙하는 능력을 난성숙능 (卵成熟能; maturational competence)이라 말한다 (그림 7-6). 최근 참돔, 청보리멸 등의 연구에서 난성숙능의 획득은 GTH 중 LH에 의해 유도되며, FSH에서는 그 작용이 없는 것이 밝혀지게 되었다 (松山 · 太田, 2000).

3) 난성숙 난모세포가 난황축적을 완료후, 난성숙능을 획득하면 뇌하수체에서 LH 대량분비가 일어나, 난성숙 (oocyte maturation)과 배란이 일어난다. 이 난성숙 및 배란을 유도하는 LH 대량분비를 배란 LH surge (ovulatory LH surge) 혹은 LH surge라고 부른다. 이 LH 작용에 의해 우선 여포세포에서 MIS가 합성되어, 난성숙이 유도된다 (그림 7-12, 14, 15). 일반적으로 성호르몬은 세포내의 핵내수용체에 결합해서 작용하지만, MIS는 난모세포의 세포막 수용체에 결합해서 작용한다고 추측되며, 그 후 난성숙은 MIS 자극에 의해 난모세포내에서 합성되어진 난성숙촉진인자 (卵成熟促進因子; maturation-promoting factor, MPF)에 의해 진행한다. MPF는 cyclin B와 serine-threonine kinase인 *cdc 2*와의 복합체로 MIS작용에 의해 양 단백질의 복합체 형성과 *cdc 2*의 인산화가 일어나 활성형 MPF가 형성된다 (長浜, 1991; 近藤 · 山下, 2000).

4) 배란 · 산란 LH surge는 MIS 합성 · 난성숙유도와 더불어 여포세포에 있어서 PG 합성을 촉진시키고, 배란 (排卵; ovulation)을 유도한다. PG는 여포세포에 있어서 단백질 분해효소를 활성화시켜, 여포세포와 난모세포간의 결합을 느슨하게하는 역할을 할 것이라 생각되어진다.

이 LH surge의 패턴은 어종에 따라 다소 다르다 (그림 7-12, 14, 15) (小林 · 朴, 1998). 연어과 어류에서는 혈중의 LH농도는 1주간 정도의 시간을 걸쳐 서서히 상승하여, 그 동안 성숙한 모든 난모세포가 배란되는데는 1~3일이 걸린다고 보고하였다. 또 배란후도 계속해서 혈중 LH농도는 지속적으로 상승한다. 이런 배란후의 LH 분비의 생리적 의의는 불명확하다. 잉어과 어류에서는 LH surge는 광주기와 일치하게 일어나고, 혈중 LH는 10시간 정도 사이에 급속히 상승, 저하 (低下)를 나타내며 대부분의 경우 피크때에 배란이 시작된다 (그림 7-16). 이 경우 배란은 수시간 내에 완료한다. 배란된 난모세포는 난소강내로 이동하고, 체외수정의 어류에서는 그 후 산란행동 (産卵行動; spawning behavior, 性行動; sexual behavior)에 의해 체외로 방란 (egg release, oviposition)되어 정자와 수정 (受精)한다. 난성숙에 의해 난모세포 자신은 수정 가능하게 되지만, 실질적으로 배란 · 방란후에 정자와의 만남이 가능하게 된다.

포유류에서는 암컷의 성행동 발현에는 혈액중의 estrogen 농도의 상승이 필요하지만, 어류에 있어서는 estrogen이 암컷 성행동에 촉진적으로 작용한다는 보고는 지금까지 구피에 관해서만 있지만, 대부분의 어종에서는 난황축적이 완료한 산란시기에 혈중 E_2농도가 저하해 있기 때문에 어류에 있어서 암컷 성행동으로의 estrogen 관여는 약하다고 추측되어진다. 금붕어에서는 배란후에도 계속해서 난소내에서 prostaglandin F2α (PGF2α)가 생성되며, 이 PGF2α에 의해 암컷의 산란행동이 유도된다. 배란하지 않은 암컷의 금붕어에 PGF2α를 주사하면 난의 방출은 동반하지 않지만 산란행동과 같은 행동이 유도된다. 또 난소를 적출한 어류에 PGF2α를 투여해도 마찬가지 행동이 일어나기 때문에, 금붕어에서는 난소에서 생성되는 성호르몬은 암컷의 성행동 발현에는 필수적인 것은 아니다 (小林, 2002). 금붕어 이외에 미꾸라지, 송사리에 있어서도 PGF2α에 의한 암컷의 성행동이 유도되지만, 연어과 어류에서는 PGF2α에 의한 성행동 유도효과는 나타나지 않는다. 따라서 어류의 암컷에 있어서 성행동의 내분비조절은 어종에 따라 다르다고 추측된다.

LH surge, 배란 및 산란은 내분비계 이외에 환경요인의 영향을 강하게 받는 경우가 많다. 연어과 어류에서는 적절한 환경이라면 난소가 충분히 발달하여 배란이 일어나며, 이러한 과정은 1일중 특정 시각에 일어난다. 한편, 참돔, 송사리 등에서는 적절한 환경에서 충분히 성숙하면, 산란기간 중 거의 매일 배란 · 산란이 반복되지만, 이 경우 하루의 광주기와 동조 (同調)해서 배란 · 산란은 특정의 시각에 이루어진다. 참돔의 배란은 저녁시각에 일어나며, 수컷의 존재에따라 계속해서 산란이 시작된다. 송사리에서는 암기 (暗期)에 배란이 일어나지만, 산란은 곧장 시작하지 않고, 명기 (明期)의 개시와 함께 산란이 시작한다. 금붕어, 잉어 등에서는 산란기의 적절한 조건에서 강우 (降雨), 수온상승 등의 환경자극에 의해 배란 · 산란이 이루어진다. 이 경우도 배란 · 산란은 광주기에 강하게 동조 (同調)해서, 암기에서 명기에 걸쳐 이루어진다.

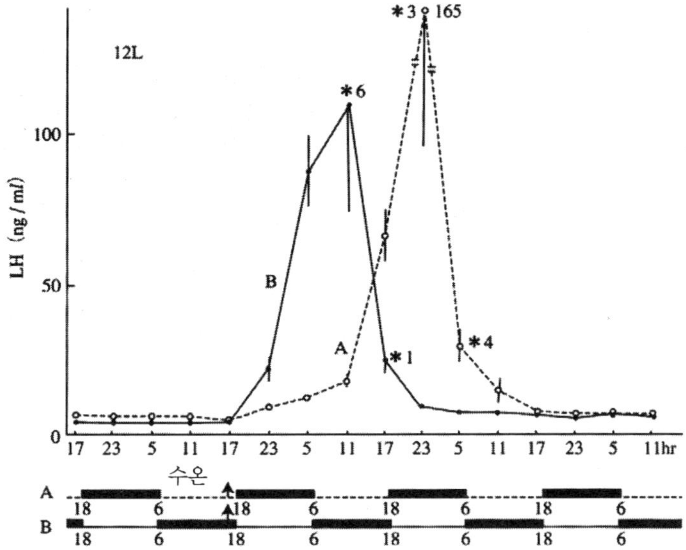

그림 7-16 수온상승 (화살표)에 의해 야기되어진 잉어의 LH surge와 배란의 시각이 광주기에 의해 결정되는 것을 나타낸 그림
난황축적을 종료한 잉어를 수온 16℃, 명기 12시간, 암기 12시간의 광주기 하에서 2주간 사육시킨 후, 17시 30분부터 수온을 서서히 24℃까지 상승시켰다. A그룹과 B그룹은 명암 rhythm이 반대임. LH surge는 어떤 경우라도 명기의 후반에, 배란은 암기에 일어난다. 각 그룹은 7마리를 사용. * 는 배란 개체수를 나타낸다 (會田, 1989).

5) 성호르몬의 Feedback 포유류의 암컷에서는 난모세포의 발달과 동시에 E_2 합성이 증가하고 배란 직전에 피크를 나타낸다. 그리고 이 E_2는 난모세포가 충분히 발달한 것을 전달하는

signal로써 뇌에 작용하고, 그 결과 GnRH 및 LH의 대량분비가 생겨 배란이 유도되어진다. 시상하부-뇌하수체-생식선계에 있어서 이와 같은 하위의 호르몬이 상위의 호르몬 분비를 촉진적으로 조절하는 기구를 positive feedback이라 한다.

대부분의 어류에서는 난황축적때 E_2합성, 난황축적 완료때의 testosterone, 난성숙때의 MIS와 steroid합성 경로가 변하지만, 금붕어에서 testosterone은 난이 충분히 발달한 것을 전달하는 signal로써 뇌에 작용하고, 배란 surge을 유도하고 있다는 것이 밝혀졌다. 금붕어에서는 수온상승 자극에 의해 성숙한 암컷의 LH surge · 배란을 유도하는 것이 가능하지만, 난소를 적출한 어류에 testosterone을 투여하고, 마찬가지의 자극을 주면, 배란때와 똑같은 LH surge가 유발된다 (Kobayashi et al., 1989). 다른 어종에서는 이점에 관해 아직 밝혀져 있지 않지만, 어류에서는 testosterone의 positive feedback 작용에 의해 배란 LH surge가 유도되는 가능성을 추측할 수 있다.

또 암수 어류에 있어서, E_2 혹은 testosterone을 투여하면 뇌하수체에서의 LH 합성이 촉진되며, 이와 같은 성호르몬에 의한 LH의 합성촉진 작용도 positive feedback작용이라 불려진다.

한편, 성호르몬이 GnRH 및 GTH의 합성 · 방출에 대해서 억제적으로 작용하는 것도 알려져 있다. 일반적으로 한번 성성숙에 도달한 척추동물에서는 뇌하수체의 FSH 및 LH는 GnRH 자극을 받아서 지속적으로 분비하는 상태로 있지만, 과잉분비가 생기지 않도록 성호르몬에 의한 억제적 조절을 받고 있다. 이것은 생식선을 적출하여 성호르몬을 제거하면 FSH 및 LH 분비가 증가되고, 이 개체에 성호르몬을 투여하면 FSH 및 LH분비량이 저하하는 것이 밝혀지게 되었다. 이와 같은 성호르몬의 GTH 분비에 대한 억제적 조절작용을 negative feedback라고 한다. 어류에 있어서도 생식선 적출 · 성호르몬투여 실험에서 성호르몬이 GTH분비를 억제하고 있는 것이 시사되어, 성호르몬의 negative feedback 기구의 존재가 밝혀지게 되었다.

일반적으로 척추동물에 있어서 외부에서 과잉량의 성호르몬을 투여하면 생식선이 퇴축하는 경우가 있다. 이 이유의 하나로 성호르몬의 negative feedback작용에 의해 뇌하수체에서의 LH 및 FSH 분비가 강하게 억제되기 때문이라 추측된다.

4-2 정자형성의 내분비 조절

1) 정원세포의 증식 수컷의 정소에 있어서 정자형성 (spermatogenesis)은 암컷의 난형성과 마찬가지로 시상하부의 GnRH, 뇌하수체에서 GTH의 일련의 작용에 의해 진행한다. 그러나 뱀장어의 수컷에 LH 투여실험에서 LH만으로 정원세포에서 정자까지의 모든 정자형성의 과정이 유도가능하기 때문에, FSH가 정자형성에 어떻게 관련하고 있는지는 아직 밝혀지지 않았다. 연어과 어류에 있어서는 암컷의 난형성과 마찬가지로 정자형성과정의 초기에 FSH가 분비되며, 후기에 LH가 분비되기 때문에, 생체내에서는 LH가 분비되지 않을 경우, FSH가 그 작용을 담당하고 있을 가능성이 추측되어지고 있다 (그림 7-14).

최근 뱀장어 연구에서 LH는 Leydig cell에 작용해서 11-KT 합성을 촉진하고, 이 11-KT는 sertoli cell에 작용해서 activin B를 합성하는 것이 밝혀졌다 (그림 7-13) (三浦 · 三浦, 2000). 그

리고 activin B는 B형 정원세포의 증식을 촉진한다. 또 최근 E_2 투여에 의해 A형 정원세포 [정원간세포(精原幹細胞)]의 증식이 촉진되는 것이 밝혀졌다. 성성숙한 수컷의 혈중에 소량의 E_2가 검출되는 것, sertoli cell에 E_2 수용체가 존재하기 때문에 E_2가 A형 정원세포의 증식을 유도하고 있다고 추측되어진다. 그러나 정소내에 있어서 E_2 합성기구, sertoli cell에 있어서 E_2의 작용 등 아직 불명한 점이 많다.

2) 감수분열 · 변태 뱀장어 정소배양계에 있어서, LH 혹은 11-KT 어느 것이나 단독으로 정원세포의 증식에서 정모세포의 감수분열, 변태까지의 과정을 유도할 수 있다. 이것은 LH 작용이 11-KT를 통해서 이루어진다는 것을 알 수 있다. 한편, activin B는 11-KT에 의해 합성되는 것이 밝혀졌지만, activin B는 정원세포의 증식까지만 유도할 수 없다. 따라서 11-KT는 activin B만 아니라 다른 인자을 합성하고, 이 인자가 증식기 이후의 정자 변태까지의 과정을 제어하고 있다고 추측되어진다 (그림 7-13). 그러나, 이 인자에 관해서는 아직 동정되어 있지 않았다 (三浦 · 三浦, 2000).

3) 배정 · 성숙 · 방정 변태한 정자는 정세관내강에서 수정관으로 배정 (spermiation)하게 된다. 또 방금 변태한 정자는 운동능을 가지지 못하며, 수정관 내에서 운동능을 가진 성숙한 정자로 된다 (그림 7-13). 이 정자가 운동능을 획득하는 것을 정자성숙 (sperm maturation)이라고 한다. 배정, 정자성숙은 17,20β-P 및 20β-S 등의 progestin에 의해 유도된다. Progestin에 의한 정자의 정소내에서의 이동이 어떠한 기구에 의한 것인가는 밝혀지지 않았다. 또 정자의 운동능에 관해서는 progestin에 의한 수정관내 정장 (精漿)의 pH가 7.5에서 8.5로 상승함에 따라 발달하는 것이 밝혀져 있다 (長浜, 1991; 三浦 · 三浦, 2000).

배정된 정자는 수컷의 성행동 (암컷과의 산란행동)에 의해 체외로 방정 (放精; sperm release, ejaculation)되어, 난과 수정한다. 일반적으로 척추동물의 수컷 성행동이 발현하기 위해서는 androgen이 필수적이지만, 대부분 어류의 수컷에 있어서도 성행동에는 11-KT등의 androgen이 필요하다. 수컷 정소를 적출하면 성행동은 나타나지 않으며, androgen을 투여하면 성행동이 재개 (再開)한다. 단지, 어류에 따라서는 수컷의 성행동 발현에 androgen은 필수적이지는 않다. 자성선숙성전환어 (雌性先熟性轉換魚)인 *Thalassoma bifasciatum* (놀래기류)에서는 난소를 적출한 후, 수컷에서 성전환하는 환경에 두면 행동이 수컷형으로 변화하여 수컷의 성행동과 마찬가지인 행동을 하는 것이 알려져 있다 (단지 이 경우 정자의 방출은 동반하지 않음) (小林, 2002).

§5. 환경과 생식

어류를 둘러싸고 있는 여러 외부환경은 성결정, 생식선의 형성, 배우자형성 및 산란까지의 일련의 생식현상에 큰 영향을 끼치고 있다. 외부환경 요인의 주된 것으로써 수온이나 광주기 등 (日長;

日照시간)이 있지만, 그 외 강우 (降雨), 산란장소, 社會性, 사육조건, 병원체 혹은 내분비교란물질 등 자연환경 뿐만 아니라 인위적 환경요인도 포함하면 수 없이 많다. 이러한 외부환경 요인은 생식내분비계를 자극 혹은 억제에 의해 여러가지 영향을 끼친다.

성결정은 환경수온에 의한 영향을 받는 어종은 적지 않다는 것이 최근 연구에서 밝혀졌다. 온대역 등의 계절이 있는 지역에 서식하는 대부분의 어류에서는 1년 중에서도 특정 시기에 산란한다. 소위 생식년주기가 존재하고 있다. 또 생식주기에 수온 및 일장이 큰 영향을 끼치고 있다는 것은 잘 알려져 있으며, 대부분의 어종은 수온이나 일장변화에 맞추어 배우자를 발달시켜, 치어 생존에 적절한 시기에 산란을 한다. 여기에서는 성결정과 생식주기에 미치는 주된 환경요인에 대해서 논의하고자 한다.

5-1 환경과 성결정

앞에서 기술했던 것처럼, 어류의 성결정은 기본적으로는 유전적으로 정해져 있지 (유전적 성결정)만, 대부분의 어종에서 자어기 (仔魚期; 생식선의 형태적 성분화 이전)의 환경수온이 성결정에 영향을 미치는 것이 알려졌다 (환경의존형 성결정), 가자미류의 넙치에서는 형태적 성분화가 일어나는 12~30 ㎜ 시기에 25~27.5℃로 사육하면 유전적 암컷이 생리적 (표현형) 수컷이 된다. 금붕어에서도 마찬가지로 30~35℃로 사육하면, 유전적 암컷의 수컷화 (雄化)가 일어난다 (그림 7-

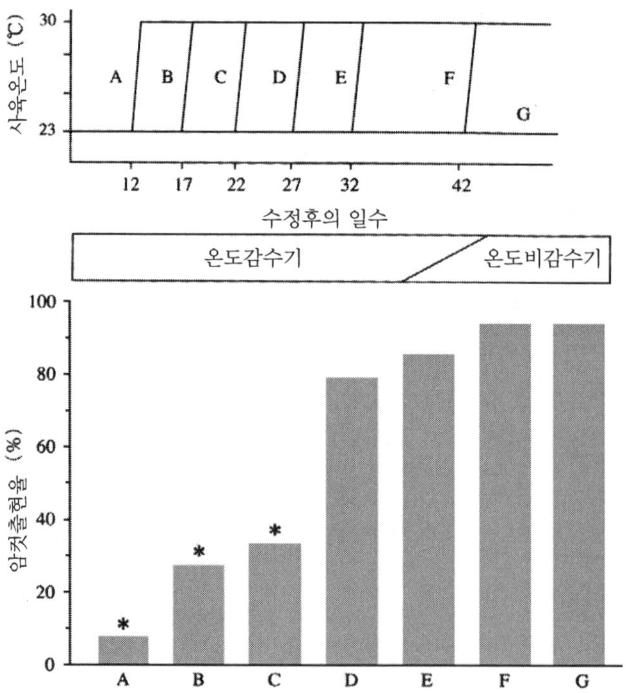

그림 7-17 금붕어 (유전적 암컷)의 성결정에 미치는 사육수온의 영향
수정후 12일 (A), 17일 (B), 22일 (C), 27일 (D), 32일 (E), 42일 (F) 후에 23℃에서 30℃로 사육수온을 상승시켰다. 23℃로 일정하게 사육시킨 G 그룹의 암컷 출현율은 100% 가깝지만, A, B 및 C 그룹 대부분의 개체는 수컷으로 된다.

17). 한편 메기의 일종인 channel catfish *Ictalus punctatus* 에서는 34℃라는 고온사육에서 암컷의 비율이 유의하게 증가한다고 한다.

또 환경수의 pH도 어류의 성결정에 영향을 미치는 것이 알려져 있다. Apistogramma 속 어류는 자어기의 환경수 pH가 낮으면, 수컷의 비율이 증가하고, 고 pH 조건하에서는 암컷의 비율이 증가한다 (Nakamura, 1998; 中村, 1999).

어류의 성결정에 영향을 미치는 그 외 환경요인로써는 사육밀도나 사회적 요인등도 그 하나라고 추측된다. 따라서 어종에 따라 영향을 받는 요인은 여러가지이지만, 여러가지 stress가 성결정에 영향을 끼친다고 생각된다.

5-2 환경과 생식주기

1) 생식년주기 생식년주기 (生殖年周期; annual reproductive cycle)에 수온 및 일장변화가 주어지는 영향은 어종 혹은 시기에 따라 다양하다. 일반적으로 봄산란어 (春産卵魚)의 경우, 산란개시 요인은 수온상승으로, 산란 정지요인은 적수온 (適水溫)을 넘는 것, 즉 고온 억제이다. 그러나 산란 적수온으로 되는 가을에 다시 산란하는 것은 적다. 그 이유는 일장부족으로, 가을에 산란하기 위해서는 최저의 일장, 즉 임계일장 (臨界日長; critical photoperiod) 이상의 일조(日照)조건을 필요로하는 경우가 많다. 산란적수온이 넓고, 봄부터 여름에 걸쳐 산란하는 흰줄납줄개는 산란개시요인은 수온이 10℃를 넘어서는 것이며, 일장의 증가는 효과가 없다. 또한 산란정지요인은 일장이 13~14시간 (이하 13~14 L)의 임계일장이하로 되는 것, 즉 단일 억제이다. 춘하산란어 (春夏産卵魚)에서는 일장의존성 (광주기)은 봄에는 보이지 않고, 가을에 발달하여 동계 (冬季)에 걸쳐 쇠퇴하는 경향이 있다 (그림 7-18). 한편 가을 산란어 (秋産卵魚)인 연어과 어류나 은어에서는 일장단축에 의한 성숙의 촉진, 즉 단일촉진이 보여진다. 이러한 어종에서는 배우자형성의 개시때는

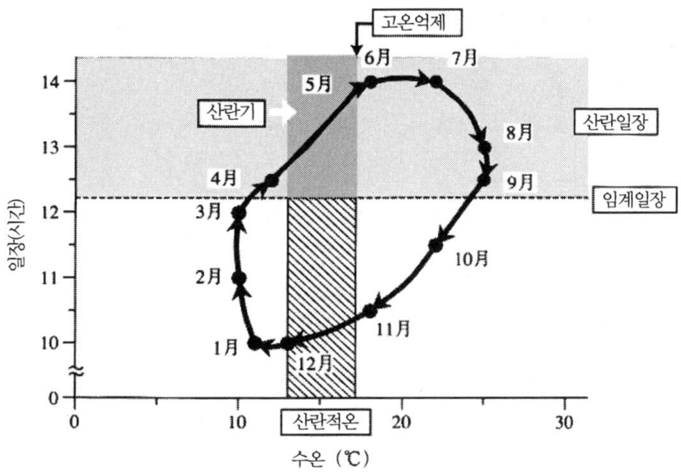

그림 7-18 봄 산란어의 산란 적온 및 일장
봄 산란어에서는 적수온을 넘어서면 산란은 정지한다 (고온 억제). 다시 산란 적수온이 되는 가을에는 임계일장 이하이기 때문에 산란하지 않는다. 한편 산란 적수온이 폭 넓게 봄부터 여름에 걸쳐서 산란하는 어종에서는 임계일장 이하의 가을에 산란이 정지한다 (단기 억제).

수온이 상승하고, 장일조건에 있는 시기에 해당하여, 단일촉진은 배우자형성의 후반에 현저히 될 거라 추측된다.

그러나 생식년주기는 환경자극만으로 지배되는 것은 아니며, 물고기 자신에 내재하는 개년 리듬 (概年 rhythm; circannual rhythm)에 의해서도 영향을 받고 있다. 무지개 송어에서는 완전 암흑하에서도 circannual rhythm를 지킨다. 또 양식 역사가 긴 무지개 송어는 육종에 의한 채란 시기의 조기화 (早期化; 8월 채란)나 만기화 (晩期化; 3월 채란)가 이루어져 있으며, 봄과 가을에 년 2회 채란할 수 있는 계통도 있다. 이러한 계통에서는 생식내분비 기능의 자율성이 강함과 동시에 그 환경의존성이 약하다고 추측된다. 일본 연안에 넓게 분포하는 넙치의 산란기는, 큐슈에서는 2~3월, 혼슈에서는 5월, 홋카이도에서는 6~7월이지만, 큐슈 및 홋카이도산 넙치를 수정란 때부터 혼슈에서 사육해도 큐슈산은 빠르고, 홋카이도산은 늦게 성숙한다. 따라서 생식의 circannual rhythm은 유전적 요소로도 존재한다고 생각된다. 자연환경하에 있어서, 어류는 자신의 circannual rhythm을 수온이나 일장변화에 동조 (同調)시키면서 조절하고, 자어의 생육에 최적인 생식년주기를 결정하고 있다고 생각된다 (朝比奈, 1989; 羽生, 1991).

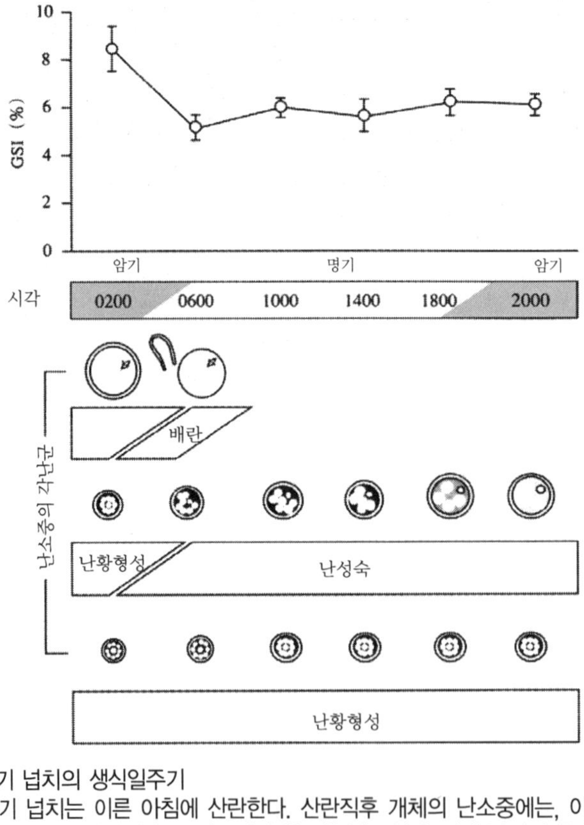

그림 7-19 산란기 넙치의 생식일주기
산란기 넙치는 이른 아침에 산란한다. 산란직후 개체의 난소중에는, 이미 난성숙이 시작한 난모세포가 관찰되어진다. 오전 2시경에는 흡수(吸水)에 의해 난경의 증대와 GSI의 상승이 일어난다.

2) 생식일주기 (生殖日周期) 산란기간중에 반복해서 산란을 하는 다회 산란어 중에서도 송사리, 참돔, 넙치, 청보리멸, 날돛양태와 같이 매일 산란하는 어종에서는 소위 생식일주기 (生殖日周期; diurnal reproductive cycle)이 존재한다. 이러한 어종에서는 1일 특정의 시각에 산란하고 있다 (그림 7-19).

또 생식일주기는 환경자극만으로 지배받고 있을 뿐만아니라 어류 자신에 내재하는 circannual rhythm에 의해서도 영향을 받고 있다. 청보리멸의 경우, 명기가 오전 5시 시작하는 14 L 조건하에서는 오후 8~12시에 산란하지만, 점등 (点燈) 및 소등 (消燈) 시각을 동시에 5시간 빠르게하면 산란시각도 5시간 빨라진다. 다음에, 소등시각을 원래대로 하더라도 산란시각은 변동이 없고, 소등이전의 명기에 있는 상태로 되어 버린다. 한편 날돛양태의 경우, 산란시각의 결정에는 점등시각이 아니라, 소등시각이 관여하고 있다. 따라서, 매일 산란하는 어종의 산란주기는 내재성 circannual rhythm에 기초로하며, 이것이 새벽이나 일몰을 신호로 하여 환경광주기에 동조하고 있다고 추측되어진다 (朝比奈, 1989; 羽生, 1991; 廣瀨 1991).

§6. 생식의 인위적 제어

대상이 되는 어류의 생식을 인위적으로 제어하여, 효과적인 이용을 도모하기 위해서는 대상어종은 사육환경하에서 관리되어져야한다. 그러나 사육환경하에 있어서는 적당한 외부환경 자극의 결여나 stress에 의한 생식 억제가 나타나는 경우가 많다. 그 정도는 어종에 따라 다양하며, 사육환경하에서도 전혀 영향이 없는 어종, 사육환경하에서는 거의 생식선이 발달하지 않는 어종이 있다. 사육환경하에서 생식억제가 나타나는 어종에 있어서는 수온이나 광자극 등의 환경조절 혹은 각종 호르몬 처리등의 인위적제어가 시도되어진다.

여기에서는 최초로 stress에 의한 생식억제에 관해서 기술한 후, 성제어 (性制御)와 성숙 · 산란에 관해서 기술한다.

6-1 stress에 의한 생식제어

생식의 인위적인 제어를 하는 경우, 무시할 수 없는 것이 stress의 영향이다. stress의 원인은 수질악화, 과밀, 기아 (飢餓), 괴음, 질병 등 여러가지가 있다. 생식은 어류에 있어서도 다른 생물과 마찬가지로 최종적 목표이지만, 생존이 우선되는 것은 말할 것도 없다. 생존이 위협받는 상황에서는 생식에 소비되는 에너지는 생존쪽으로 충당된다.

예를들면, 환수하지 않고 사육한 금붕어에서는 수온이나 일조조건이 성숙에 적당한 환경으로 되어도 성숙이 억제된다. 환수하지 않고 사육하면 사육수중의 pH는 저하하고, 유독한 암모니아나 초산등의 이온농도가 상승한다. 이와 같은 수질 악화가 stress로 된다고 추측되어진다. 절식에 의한 성숙의 억제는 잘 알려져 있지만, 이 경우도 절식이 stress로 된다고 여겨진다. stress는 성장이나 면역 등 여러 가지 생리상태에 악영향을 끼치지만, 그 중에서도 가장 영향을 받기 쉬운 것이 생식이다. 따라서 생식의 인위적 제어를 할 경우 심한 stress를 배제하는 것을 전제로 한다.

일반적으로 stress를 받은 개체의 반응으로써 현저한 것은, 시상하부–뇌하수체–부신계이다. 시상하부에서 생성되어지는 부신피질자극호르몬방출호르몬 (副腎皮質刺戟호르몬放出호르몬; corticotropin–releasing hormone: CRH)의 자극에 의해 뇌하수체에서 부신피질호르몬 (adrenocorticotropic hormone: ACTH) 분비가 촉진되어, 그 자극의 결과로써 혈중 cortisol이 상승한다. Cortisol은 혈당치를 상승시켜 체조직에 에너지를 공급한다. CRH는 뇌내에 있어서 GnRH 분비를 억제하는 것이 알려져, 이것이 stress에 의한 생식억제의 주된 원인이라 생각되어진다 (東村 · 前多, 2000). 그러나 어류에 있어서 자세한 기구는 아직 명확하지 않다. 또 stress에 의한 영향은 자연산 어류에 있어서 크며 양식어등에서는 적다. Stress에 대한 감수성에는 개체 차이 및 유전성이 있다.

6–2 성제어 (性制御)

일반적으로 대부분의 어류에 있어서는 외형적으로 성차 (性差)가 생겨, 그 가치에도 큰 차이가 생기는 경우가 많다. 따라서 인위적인 성제어는 유용어종의 효율적인 종묘생산 혹은 증양식에 효

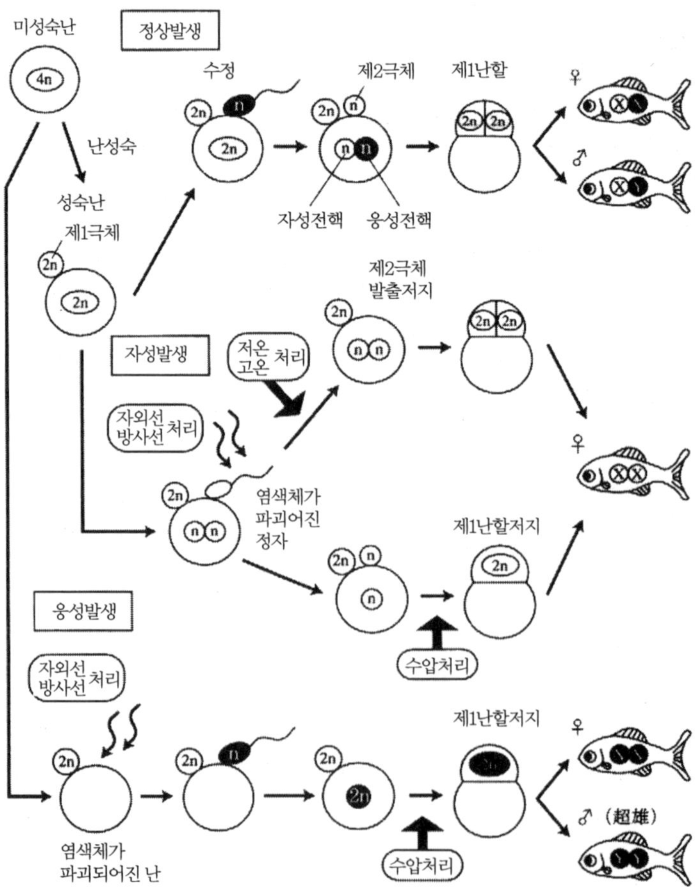

그림 7–20 염색체 조작에 의한 성제어

과적이다. 성제어의 방법에는 수정시에 하는 염색체조작 및 성결정기에 하는 호르몬 처리 혹은 수온 등의 환경조작이 있다. 성결정의 유전적 지배가 강하고, 또한 인공수정이 가능한 어종에서는 염색체조작에 의한 방법이 효과적이다. 유전적지배가 약한 환경의존형 성결정을 하는 어종에서는 환경조작이 효과적이다. 호르몬 처리에 의한 성제어법은 자웅이체종의 모두에 적용가능하다.

염색체 조작법에는 자성발생이배체 (雌性發生二倍体) 혹은 웅성발생이배체 (雄性發生二倍体)를 작출 (作出)하는 방법이 있다 (그림 7-20). 어류에서 자성발생이배체는 난 유래의 염색체만으로 발생시켜, 제 2극체 방출저지 또는 제 1난할저지에 의해 작출할 수 있다. 이 경우 정자는 자외선이나 방사선 처리에 의해 그 염색체가 파괴되어도 수정능은 가지기 때문에, 수정자극만 이용되어진다. 제 2극체 방출저지는 저온 혹은 고온처리에 의해 이루어져, 제 1난할저지는 수압처리에 의해 이루어지는 경우가 많다. 앞에서 기술했던 것처럼, 수정전의 난은 제 2감수분열 중기의 단계에 있는 것이기 때문에 핵상은 2n이다. 이 정상난과 염색체가 파괴된 정자와의 수정후, 어떠한 처리를 하지않으면 수정란은 제 2극체를 방출하여 치사적인 반수체로 되지만, 제 2극체 방출 저지 또는 제 1난할 저지에 의해 염색체를 배수화하면 정상발생 가능한 2배체로 된다. 자성발생 의 경우, 성염색체형이 XX/XY에서는 모든 개체가 암컷 (XX)으로 되지만, ZZ/ZW에서는 수컷 (ZZ)와 초암컷 (超雌, WW)이 1:1 비율로 생겨난다. 超雌에서 생긴 난과 정상수컷의 정자가 수정하면, 이론상 모든 개체가 암컷 (ZW)으로 되지만, 어류에서의 명확한 보고는 없다. 한편 웅성발생의 경우는 자외선이나 방사선 처리에 의해 염색체가 파괴된 난과 정상 정자를 수정하여, 제 1난할저지에 의해 염색체를 배수화하는 것으로 2배체를 얻는다. 웅성발생의 경우 성염색체형이 XX/XY 에서는 암컷 (XX)과 초수컷 (超雄; YY)이 1:1 비율로 생겨난다. 정상난과 超雄의 정자가 수정하면, 모든 개체가 수컷 (XY)으로 된다. ZZ/ZW에서는 웅성발생으로 모든 수컷 (ZZ)으로 되지만, 지금까지 보고된 예는 없다. 그러나 자성발생 및 웅성발생 어느 경우도, 치사성의 약세 유전자의 homo화에 의해 태어난 새끼는 치사되는 경우가 있다.

환경의존형 성결정을 하는 어종에서는, 수온 등의 환경조작에 의한 성제어가 가능하다. 이 방법은 stress에 의한 생식억제를 역으로 이용한 방법이라고 말할 수 있을지 모른다. 넙치나 금붕어에서는 성염색체형이 XX/XY 이지만, 자성발생에 의해 얻어진 유전적 암컷에서도 자어기 (생식선의 형태적 성분화 이전의 온도감수기)에 고수온으로 사육하는 것으로 수컷으로 된다. 이 가짜 수컷과 정상 암컷과의 교배에 의해 태어난 새끼는 적정 환경에서 사육되어지면 전체가 암컷으로 된다. 환경조작에 의한 성제어는 최근 연구되어져 보고 예는 적지만 많은 유리한 점이 있어, 각각의 어종에서의 조건 검토가 기대된다.

호르몬 처리에 의한 유전적 암컷의 웅성화나 유전적 수컷의 자성화는, 지금까지 많은 어종에서 보고되어져 있다 (그림 7-21). 연어과 어류처럼, 성결정의 유전적지배가 강한 어종에서도 호르몬 처리에 의해 쉽게 성제어가 가능하다. 그러나 호르몬처리의 시기는 자어기 (생식선의 형태적 성분화이전의 호르몬 감수기)에 한정되어, 생식선이 난소 및 정소로 분화한 후에는 호르몬처리에 의한 성제어는 불가능하다. 웅성화에 이용되는 웅성 (雄性)호르몬은 생체내에 존재하는 11-KT나 testosterone등 외에, 합성호르몬의 methyltestosterone이나 19-norethynyl- testosterone 등이 있다. 자성화에 이용되어지는 자성 (雌性)호르몬에는 생체내에 존재하는 E_2나 estrone등 외에, 합성호르몬인 diethylstilbestrol이나 hexestrol등이 있다. 호르몬 처리의 방법에는 사육수에 첨가하는 방법과 먹이에 섞어서 경구투여하는 방법이 있다. 호르몬의 유효농도는 어종, 호르몬의 종류, 처리방법 및 처리시간에 따라 크게 다르지만, 호르몬감수기의 빠른 시기의 처리에서는 저농도에서도 효과적이며, 처리개시가 늦을수록 고농도를 필요로하여 간성 (間性; 자웅동체)이나 불임 등의 이상이 생기는 경우가 많다. 성염색체형이 XX/XY 어종에서는 유전적 암컷을 雄性호르몬 처리에 의해 웅성화되고, 이 거짓 수컷과 정상 암컷을 교배함으로써 전(全) 암컷 생산이 가능하다. 또 유전적 수컷을 자성 (雌性)호르몬 처리에 의해 자성화하여, 이 거짓 암컷과 정상 수컷과의 교배로 초웅 (超雄; YY)을 작출하여, 이 超雄과 정상 암컷을 교배하는 것으로 전(全) 수컷 생산이 가능하다 (山崎, 1989; 荒井, 1997).

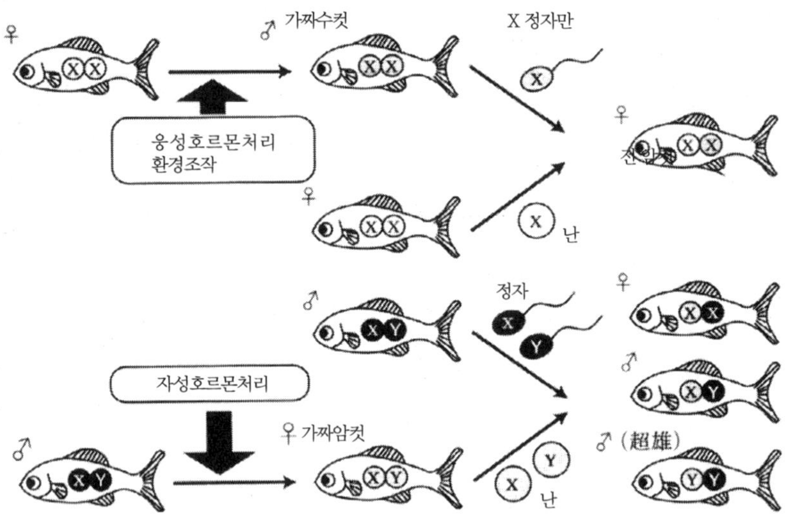

그림 7-21 호르몬 처리에 의한 성제어

6-3 성숙 · 산란의 제어

성숙 · 산란에는 많은 생식현상이 포함되고 있지만, 여기에서는 배우자형성의 개시에서 배우자의 최종성숙 (난성숙 및 정자성숙) 직전까지를 성숙, 배우자의 최종성숙개시에서 산란까지를 산란이라 부른다. 성숙 · 산란을 인위적으로 제어하는 방법은 주로 수온이나 광자극 등의 환경을 조절하는 방법과 각종 호르몬 투여법으로 크게 나뉜다.

1) 환경조절에 의한 성숙 · 산란의 인위적제어 성숙 · 산란을 제어하는 환경요인은 어종에 따라 여러 가지이다. 주된 환경요인이 판명되어 있는 경우에는 그들을 조절하는 것으로 성숙 · 산란의 인위적 제어가 가능하다. 일반적으로 산란기의 일조조건 (봄산란어에서는 장일, 가을산란어에

서는 단일) 하에서 산란기의 1~2 개월 전의 수온에서 사육하면 성숙촉진이 가능하며, 산란 최적수온으로 수온변화 혹은 산란환경 (산란자리 등)의 설치로 산란유도가 가능하다. 봄 산란어인 금붕어에서는 장일조건, 10~15℃ 쯤에서 1개월 정도 사육하면 성숙촉진이 가능하고, 20~25℃ 로 수온상승 및 산란환경 (수초등의 산란자리와 환수)의 설치로 년중 산란유도가 가능하다. 한편 가을 산란어인 연어과 어류에서는 일조시간의 단축에 의해 성숙촉진이 가능하다.

2) 호르몬 투여에 의한 성숙 · 산란의 인위적 제어　성숙 · 산란유도에 이용되어지는 호르몬으로는 GnRH 및 GTH가 많다. 주로 이용되고 있는 것으로는 시판되고 있는 포유류 유래의 GTH 혹은 타 어종의 뇌하수체 마쇄물이나 추출물이 많다. 포유류 유래의 GTH중에서도 인간태반융모성 (人間胎盤絨毛性) GTH (human chorionic gonadotropin, HCG) 및 임마혈청성 (妊馬血清性) GTH (pregnant mare serum gonadotropin; PMSG)는 자주 이용된다. 또 시상하부에서는 GTH 방출을 억제하는 dopamine이 분비되고 있는 것이 알려져 있어, 그 저해제인 dopamine antagonist와 GnRH의 복합투여도 잘 이용되고 있다. 이 방법에 의해 dopamine에 의한 GTH 방출억제가 약해지고, GnRH에 의한 GTH 방출작용이 증가되어진다 (隆島, 1989; 廣瀬, 1991).

대부분의 어종에서는 사육환경하에서 성숙은 하지만 산란하지 않는 경우가 많고, 산란환경이 부적절하기 때문에 배란을 유도하는 내인성 LH surge가 억제된다고 추측된다. 이 경우 위에서 기술한 것처럼 호르몬 1회 투여로 배란유도가 가능하다. 한편 뱀장어처럼 사육환경하에서는 성숙하지 않는 어종에서는 타 어종의 뇌하수체 추출물의 반복적인 (통상 주 1회) 투여가 효과적이다. 뱀장어에서는 뇌하수체의 GTH 생성능이 불충분하기 때문에 GnRH 투여에서도 그다지 효과적이지 못하다. 따라서 호르몬 투여에 의한 성숙 · 산란 유도를 하는 경우, 대상어종의 성숙도가 어디까지 진행하고 있는지를 명확하게 조사하는 것이 매우 중요하다 (足立, 2000).

文　献

足立伸次（2000）：成熟・産卵の人為的制御と卵質，月刊海洋，32，120-126.

会田勝美（1989）：成熟・産卵の内分泌支配，水族繁殖学（隆島史夫，羽生　功編），緑書房，p.65-102.

会田勝美（1996）：繁殖制御，動物生産学概論，（大久保忠旦，豊田　裕，会田勝美編），文永堂出版，p. 221-230.

天野勝文，朴民根，小林牧人（1998）：ゴナドトロピン放出ホルモン（GnRH）とその受容体，生殖とホルモン（日本比較内分泌学会編），学会出版センター，p.19-57.

天野勝文（2000）：生殖腺刺激ホルモン放出ホルモン，月刊海洋，32，69-74.

荒井克俊（1997）：染色体操作，魚類の DNA（青木　宙，隆島史夫，平野哲也編），恒星社厚生閣，p. 32-62.

朝比奈　潔（1989）：生殖周期とその調節，水族繁殖学（隆島史夫，羽生　功編），緑書房，p. 103-131.

羽生　功（1991）：生殖周期，魚類生理学（板沢靖男，羽生　功編），恒星社厚生閣，p. 287-325.

廣瀬慶二編（1991）：海産魚の産卵・成熟リズム，恒星社厚生閣，p. 1-142.

Kitano T, K. Takamune, Y. Nagahama , S-I. Abe（2001）：Role of P450 aromatase in gonadal sex differetiation in Japanese flounder（*Paralichthys olivaceus*）. *Environ. Sci.* 8, 1-11.

Kobayashi M, K. Aida, I. Hanyu（1989）：Involvement of steroid hormones in the preovulaory gonadotropin surge in female goldfish. *Fish Physiol. Biochem.* 7, 141-146.

小林牧人（1998）：脊椎動物における GnRH 分子の多様性,

脳と生殖（市川真澄他），学会出版センター，p. 100-128.

小林牧人，朴民根（1998）：脊椎動物の生殖内分泌現象，生殖とホルモン（日本比較内分泌学会編），学会出版センター，p. 1-18.

小林牧人，孫永昌（2000）：生殖腺刺激ホルモン，月刊海洋，32，74-80.

小林牧人（2002）：魚類の性行動の内分泌調節と性的可逆性ー魚類の脳は両性か？ー，魚類のニューロサイエンス（植松一眞，岡　良隆，伊藤博信編），恒星社厚生閣，p. 245-262.

小林　亨（1998）：魚類の生殖巣の分化と精子形成，蛋白質核酸酵素，43，438-445.

近藤朋子，山下正兼（2000）：卵成熟機構（MPF の形成，活性化機構を中心に），月刊海洋，32，113-119.

桑村哲生（2001）：生命の意味（進化生態からみた教養の生物学），p. 1-173.

松原孝博（2000）：卵黄形成機構と卵黄の関係，月刊海洋，32，107-112.

松山倫也，小林牧人，足立伸次（2000）：魚類の配偶子形成機構，月刊海洋，32，65-131.

松山倫也，太田耕平（2000）：性ステロイドホルモン，月刊海洋，32，81-89.

三浦　猛，三浦智恵美（2000）：精子形成機構，月刊海洋，32，102-106.

長浜嘉孝（1991）：生殖，魚類生理学（板沢靖男，羽生　功編），恒星社厚生閣，p. 243-286.

Nakamura M.（1998）：Gonadal sex differentiation in teleost fish. *J. Exp. Zool.*, 281, 362-372.

中村　將（1999）：性分化と環境，月刊海洋，31，304-312.

中園明信，桑村哲生編（1987）：魚類の性転換，東海大学出版会，p. 1-283.

中園明信（1991）：機能的雌雄同体現象，（板沢靖男，羽生功編），恒星社厚生閣，p. 327-361.

Okubo, K., M. Amano, Y. Yoshiura, H. Suetake and K. Aida（2000）：A novel form of gonadotropin-releasing hormone in the medaka, *Oryzias latipes. Biochem. Biopyhys. Res. Com.*, 276, 298-303.

魚，遺伝，54，38-44.

鈴木　亮（1991）：発生生理とバイオテクノロジー，魚類生理学（板沢靖男，羽生　功編），恒星社厚生閣，p. 585-609.

ıson, P.（1991）：Salmon gonadotropins: Reconciling old and new ideas, Reproductive Physiology of Fish, (ed. by Scott, A. P., Sumpter, J. P., Kime, D. E., Rolfe, M. S.)，Fishsymp, p. 2-7.

裕哉（1989）：精巣の構造と配偶子形成，水族繁殖学（隆島史夫，羽生　功編），緑書房，p.35-64.

和則（1989）：卵巣の構造と配偶子形成，水族繁殖学（隆島史夫，羽生　功編），緑書房，p.3-34.

史夫（1989）：ホルモンによる催熟技法，水族繁殖学（隆島史夫，羽生　功編），緑書房，p. 132-140.

博子，前多敬一郎（2000）：ストレスと生殖，からだの中からストレスをみる（日本比較内分泌学会編），学会出版センター，p. 169-196.

兄人，新井康允編（2001）：性を司る脳とホルモン，コロナ社，p. 1-216.

山崎文雄（1989）：性の分化とその制御，水族繁殖学（隆島史夫，羽生　功編），緑書房，p. 141-165.

제 8 장 변　　태

§1. 변태란 무엇인가?

변태 (metamorphosis)하는 척추동물로 알려진 종류로는 양서류와 경골어류 및 칠성장어류이지만, 칠성장어류의 변태기구는 경골어류와는 상당히 다르며 (Youson, 1988), 여기서는 논하지 않는다. 「변태」는 반드시 과학적으로 정의된 용어는 아니지만, 이것을 「동물이 부화후의 발생 · 성장과정에서 일어나는 단순한 대형화가 아니고 현저한 형태의 변화를 지칭한다」라고 정의하면, 대부분의 경골어류의 자어는 성어와는 크게 형태가 다르며 (沖山등, 1988), 발육과정에서 변태한다고 할 수 있다. 그러나, 일반적으로 진골어류의 변태는 자어에서 치어로의 발달과정의 형태변화가 특히 현저한 것을 가리킨다 (Blaxter, 1988). 경골어류는 부화 후 잠시동안은 성어와는 완전히 다른 외관을 가진 종이 많고, 이 단계를 자어 (larva)라고 부른다. 많은 해산 진골어류의 자어는, 통상 투명한 몸을 가지고 표층을 부유한다. 자어는 어느 시기가 되면 점차 형태가 변화하여 기조나 척추가 형성되어, 소형이고 성적으로 미숙하지만 성어 (adult)와 거의 같은 형태를 가지게 되며 치어 (juvenile)라고 부른다. 이때, 체표에서는 색소세포가 발달하여 성어와 같은 체색이 되며, 체표에서는 성어형의 조직 · 기관의 발달이 관찰된다. 어종에 따라서는 올챙이의 꼬리가 없어지는 것과 같이, 자어기에 특이적으로 발달한 기관의 퇴행을 동반하는 경우도 많다.

이체류 (넙치 · 가자미류)는 잘 알려진 바와 같이 양쪽 눈이 머리의 한쪽에 위치하고, 좌우 비대칭의 특이한 체형을 갖고 있다. 그러나, 자어기에는 보통의 어종처럼 양쪽 눈은

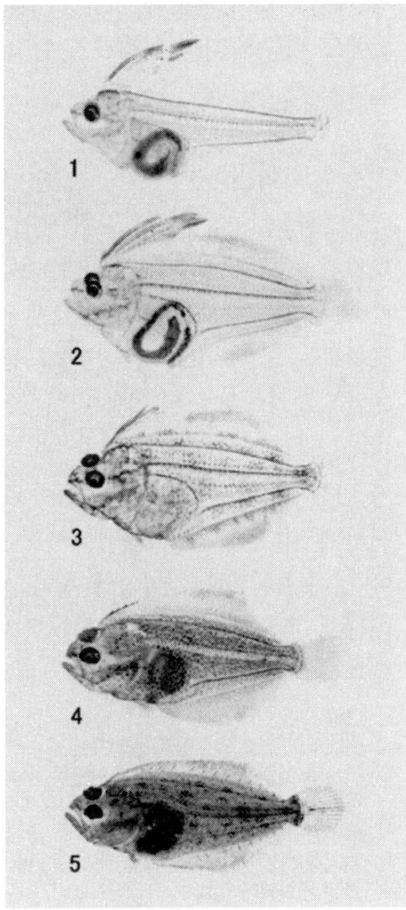

그림 8-1. 넙치의 변태과정
축척은 각각 다르다. 1: 외관이 좌우대칭인 변태전의 자어. 2: 오른쪽 눈이 이동을 시작하고, 등지느러미 앞쪽의 기조는 계속 신장된다. 3: 오른쪽 눈은 이동을 계속하고 등지느러미 기조는 짧아지기 시작한다. 4: 오른쪽 눈은 거의 왼쪽으로 이동하고 기조의 단축이 완료됨. 5: 성어형의 색소포가 발달하여 변태를 완료한 치어.

좌우의 몸쪽 각각에 존재하고, 「세로」로 헤엄치면서 부유생활을 한다. 어느 시기가 되면 한쪽의 안구가 이동을 시작하여, 반대쪽으로 옮겨지고 성어와 같은 체형이 된다. 동시에 해저에 착저하여 저서생활을 하게 된다. 넙치 등은 자어기에 등지느러미 앞부분의 몇 개의 기조가 길게 신장하지만, 변태시에 급격히 퇴행된다 (그림 8-1). 무족류 (뱀장어의 일종)를 포함한 당멸치아강의 어류 자어는 잎형태의 유생 또는 자어 (leptocephalus)라고 불리며, 버드나무 잎과 같은 형태를 하고 있다. 잎형태 자어의 변태 특징은 성장한 유생의 체장이 변태의 진행과 함께 수축하는 점이다. 변태하여 거의 성체형의 몸형태 (치어)가 되면 다시 성장을 시작한다.

변태는 단순히 외견상의 변화뿐만 아니라 여러 가지 생리적, 생화학적 또는 생태적 변화를 동반한다. 그러나 변태의 생리학적 측면에 대한 연구는 이제 시작되었다고 할 수 있다. 본 장에서는 비교적 잘 연구된 넙치의 변태를 주로 예를 들었고, 그 생리적 변화나 기구에 대해서 설명한다.

§2. 체조직의 변화

변태시에는 당연히 외관의 변화뿐만 아니라 내부의 조직에도 각종 형태적, 생화학적 변화가 일어난다. 여기서 기술하는 것은 매우 제한적이지만, 이 이외에도 어종에 따라 여러가지 변화가 생긴다고 판단되어진다.

2-1 소화관

일반적으로, 섭이 개시기의 자어 소화계는 기본적인 소화기관을 모두 갖추고 있지만, 위샘은 미분화 상태이고 따라서 기능적인 위를 갖고 있지 않다. 위샘은 이체류를 포함하는 많은 어종에서 변태와 동시에 발달한다 (田中, 1975). 넙치에서 눈의 이동이 시작될 시기에, 소화관의 상피가 결합조직중에 함몰되기 시작하고, 함몰된 상피세포가 위샘세포로 분화하여, 변태 종료시에는 펩시노젠을 생산하게 된다. 또한, 양서류에서도 위샘의 발달은 변태시에 일어난다. 당멸치아강에 속하는 많은 어류의 잎형 자어에서 항문전장 (입에서 항문까지의 길이)이 변태시에

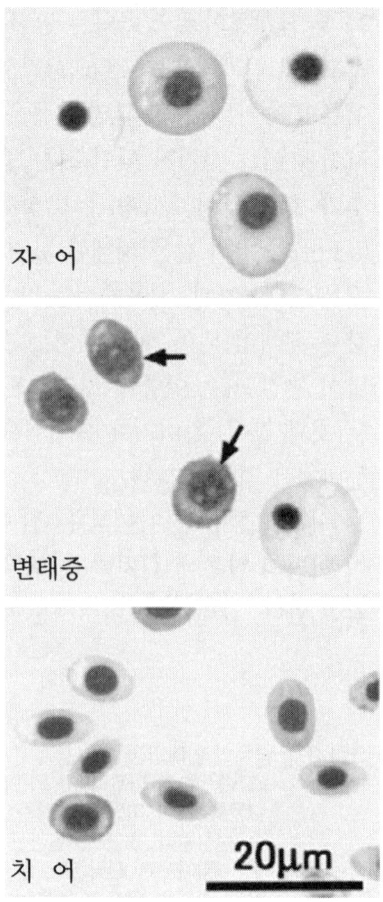

그림 8-2.
변태시의 넙치 말초혈액 도말표본
위쪽의 그림은 오른쪽 눈이 이동을 시작한 무렵의 자어 (자어형) 적혈구. 가운데는 기조단축중의 자어의 말초혈액. 미숙한 성어형의 적혈구 (화살표시)가 다수 출현한다. 변태완료 직후의 치어 말초혈액중 (아래 그림)에서는 성숙한 성어형 적혈구로 완전히 변화되어 있다.

체장과 함께 급격히 짧아 진다. 아마도 이때에 장관조직의 재생이 급격히 진행되고 있다고 생각되어지지만 상세한 연구는 되어 있지 않다.

2-2 적혈구

넙치 자어는 성어와는 다른 특이한 형태의 적혈구를 가진다. 이 자어형의 적혈구는 비교적 대형의 원판형태이고 매우 농축된 핵을 가지고 있다. 변태가 최고조에 달하면 다수의 미숙한 성어형의 적혈구가 말초 혈중에 나타나고 변태 종료시의 넙치에서 보이는 것은 대부분이 성숙한 성어형 적혈구가 된다 (그림 8-2). 자어형의 적혈구는 성어형 적혈구와는 다른 아이소폼의 헤모글로빈을 가진다. 이러한 적혈구군의 교체현상은 엔젤피쉬 (*Pterophyllum scalare*)나 무지개송어 등 다른 진골어류나 양서류의 변태시, 혹은 포유류의 배발생시에도 알려져 있다. 포유류의 배에서는 통상의 적혈구 (definitive erythrocyte)가 만들어지기 전에, 원시적혈구 (primitive erythrocyte)라고 불리는 유핵의 적혈구가 만들어지는 시기가 있지만, 이 원시적혈구와 진골류의 자어형 적혈구는 매우 유사한 형태를 나타낸다. 또한 자어가 적혈구를 가지지 않고 변태시에 최초로 적혈구가 출현하는 붕장어와 같은 어종도 있다.

2-3 체측근

넙치 변태시에는 체측근을 구성하는 근섬유중의 근원 섬유 수가 극적으로 증가한다. 이 뿐만 아니라 변태시에는 체측근을 구성하는 단백질의 일부가 새롭게 출현하거나 상대적인 양이 급격히 증가한다. 새롭게 출현하는 단백질로서 동정된 트로포닌T의 아이소폼과 마이오신 작은사슬의 아이소폼이 있다. 넙치는 3종류의 마이오신 작은사슬 LC1, LC2, LC3를 가지고 있지만, 자어의 LC2는 성어와는 다른 구조를 하고 있고 (자어형), 변태시에는 새로운 (성어형) LC2 아이소폼이 출현한다. 변태직후의 치어는 아직 자어형의 LC2를 가지고 있으나, 성어에서는 자어형의 LC2가 관찰되지 않는다. 넙치는 변태하면 부유생활에서 저서생활로 이행하게 되고, 포획물을 얻기 위한 강한 순간적인 유영력을 갖게 되지만, 체측근에 보이는 변화는 이러한 생태적 변화와 상응한 현상일 것이다. 포유류나 조류에서도 발생이 진행되면서 근육단백질의 아이소폼에 변화가 일어나는 것은 잘 알려져 있다.

그 이외에 넙치는 변태시에 망막 중의 막대세포가 분화하지만, 동시에 망막의 빛 감수성이 변태전에 비해 100배 정도 증대한다고 알려져 있다 (Kitamura, 1990). 이것은 변태후의 착저생활에 적응한 변화라고 생각되어 진다. 또한 정어리에서 변태와 동시에 이중원뿔세포와 막대세포가 분화하고, 체측근이 형태학적으로 큰 변화가 일어난다 (Matsuoka, 1999).

여기서 설명한 바와 같은 내적인 변화는 외관상으로 현저한 변화를 보이지 않는 어종에서도 일어난다고 추정된다. 예를 들면, 무지개송어에서 부화해서 난황을 흡수하여 부상하기 까지 적혈구군의 교체와 위샘의 발달이 일어난다. 즉, 무지개송어는 외관상 현저한 변태를 보이지 않지만, 넙치의 변태와 유사한 내적변화가 발육과정에서 일어난다.

§3. 변태의 내분비지배

양서류의 변태가 갑상샘 (thyroid gland)에서 분비되는 갑상샘호르몬 (thyroid hormone)에 의해 유도되는 것은 잘 알려져 있지만, 넙치의 변태도 기본적인 내분비지배의 기구는 양서류와 같으며, 이하에서 기술하고 있는 각 요인이 협조하여 변태가 효율적으로 진행된다.

3-1 갑상샘호르몬의 작용

변태전의 넙치자어를 갑상샘호르몬을 녹인 해수중에서 사육하면 빠른 시간내에 변태가 유도되고, 보통의 넙치보다 작은 치어가 된다 (그림 8-3). 이때 앞에서 기술한 체내의 조직변화도 자연적인 변태와 동일하게 유도된다 (Inui등, 1995). 또한, 갑상샘호르몬의 체내 합성을 저해하는 티오우레아 (thiourea)를 투여하면 넙치의 변태를 저해하기 때문에, 갑상샘호르몬이 변태를 유도하는 현상은 분명하다 (그림 8-4). 생체내의 갑상샘호르몬은 타이록신 (T4, L-thyroxine)과 트라이요오드타이로닌 (T3, triiodo L-thyronine)의 두 종류가 있다. 넙치의 변태를 유도하는 효과는 T3가 T4보다 분명히 강하지만 10배 이상 강하지는 않다. 이것은 다른 척추동물에서 조사되어 있는 호르몬의 생리활성의 비율과 거의 동일하며, 수용체와의 친화성 차이를 반영하고 있다고 생각된다. 올챙이에서 잘려진 꼬리를 배양기내에서 갑상샘호르몬과 같이 배양하면, 꼬리가 수축된다고 알려져 있지만, 넙치 자어의 등지느러미 신장기조를 잘라서 갑상샘호르몬과 함께 배양하면, 역시 기조의 단축이 유도된다. 즉, 갑상샘호르몬은 말초조직에 직접 작용하고 있다고 예상된다. 실험적인 갑상샘호르몬 투여에 의한 변태는, 넙치와 동일하게 이체류인 summer flounder *Paralichthys denatatus* (Schreiber and Specker, 1998) 또는 Atlantic halibut *Hippoglossus hipoglossus* (Solbakken 등, 1999), 능성어류 *Epinephelus coioides* (De Jesus 등, 1998)에서 보고되어 있

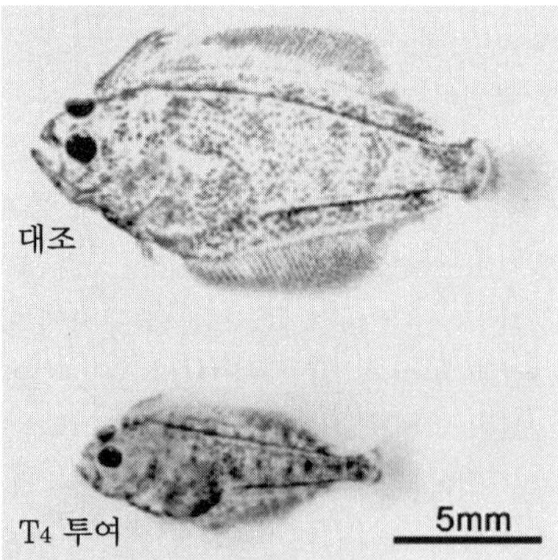

그림 8-3. 위쪽은 자연상태의 변태중 (기조단축중)의 넙치 자어.
아래쪽은 갑상샘호르몬 (T4) 0.1 ppm을 녹인 해수중에서 6일간 사육하여 조기에 변태를 유도한 어린 치어로서 일령은 위의 대조어보다 훨씬 젊다.

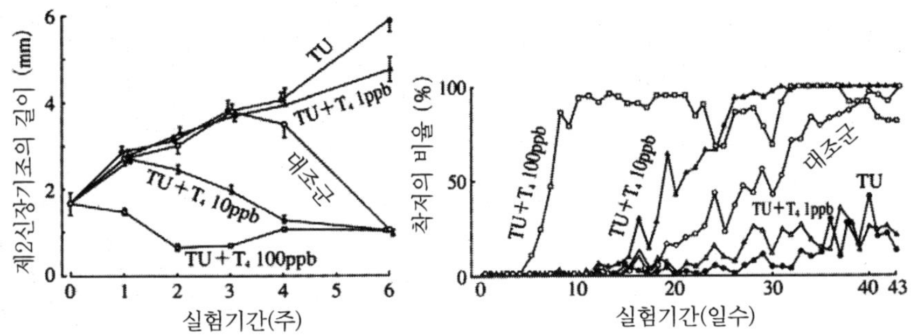

그림 8-4. 변태전의 넙치자어에 갑상샘호르몬 합성저해제 (TU) 30 ppm과 여러 농도의 갑상샘호르몬 (T4)을 투여하여, 등지느러미 신장기조의 길이 (왼쪽)와, 자어의 수조바닥으로의 착저행동 (오른쪽)에 미치는 영향을 조사했다. TU는 명확히 기조의 단축과 착저행동을 저해하지만, 동시에 투여한 T4는 농도에 따라서 기조의 단축과 착저행동을 촉진한다. 왼쪽그래프는 평균±표준오차를 나타냄.

다. 더욱이, 발육과정에서 현저한 변태를 하지 않는 참돔 (Hirata 등, 1989), 틸라피아 *Oreochromis mossambicus* (Okimoto 등, 1993), 제브라피쉬 *Danio rerio* (Brown, 1997)에서도 갑상샘호르몬 투여에 의해, 자어부터 치어로의 발달이 촉진된다. 또한, 포유류에서 갑상샘호르몬은 골격과 중추신경의 발달에 깊이 관여되어 있다고 알려져 있다. 무지개송어에서도 갑상샘호르몬이 치어의 골격형성에 영향을 주고 있다고 알려져 있다 (Takagi등, 1994). 진골어류의 골격형성은 통상적으로 변태시에 현저히 진행되므로, 당연히 그 시기에 갑상샘호르몬이 관여한다고 추정된다. 진골어류의 중추신경의 발달과정에서 갑상샘호르몬의 관여는 불분명하다.

3-2 갑상샘호르몬의 동태

실제로 이체류나 무족류는 변태시에 갑상샘조직이 활성화되고 (그림 8-5), 갑상샘호르몬이 다량으로 분비된다. 넙치의 체내 갑상샘호르몬 함량을 변태과정을 따라 측정해 보면, 변태전의 자어는 거의 검출되지 않고, 눈의 이동이 시작되는 시기부터 서서히 T4량이 상승하고, 등지느러미의 신장기조가 짧아지는 변태의 절정기에 현저히 높은 값을 보이며, 변태의 종료와 함께 저하되는 것이 밝혀졌다 (그림 8-6). T3는 이 기간동안 약간 상승하였으며, T3와 T4가 각각 변태에 어떠한 비율로 관여하는 지는 불명확하다. 다른 이체류도 변태시의 갑상샘호르몬은 넙치와 같은 변화를 보인다 (Tagawa, 1990). 붕장어의 변태에서, 체장의 수축은 천천히 일어나지만, 항문이 급속히 몸의 앞쪽으로 이동하기 전과 항문의 상대적 위치는 변화하지 않지만 체장이 급속히 수축하는 후기로 나누어 진다. 체내 T4농도는 변태전기에는 상승하여 후기에는 감소한다. T3농도는 전기까지 낮지만 후기가 되면 T4농도가 감소하는 것을 보충하듯이 상승한다 (Yamano 등, 1991). Tagawa (1990)는 10종의 진골어류 자 · 치어의 체내 갑상샘호르몬 농도에 대해 조사하였다. 지느러미나 척추의 형성을 치어의 지표로 보면 이러한 현상과 동시에 갑상샘호르몬의 농도가 정점에 달한 어종은 이체류 (2종)와 줄전갱이 뿐이었고 다른 어종에서는 명확한 정점을 보이지 않았거나, 정점을 보이더라도 지느러미나 척추의 형성과는 시기적으로 관련성이 없었다. 쥐노래미와 같은 자어의 접안회유등의 생태적 변화에 동조적인 갑상샘호르몬 농도의 상승을 나타내는 어종도 있었다. 이것은 변태시에 생기는 각각의 생리적변화의 갑상샘호르몬 의존성이 어종에 따라 다르다는 것을 암시하고 있다. 실제로 양서류에서도 발생과정중 다리의 형성과 같은 갑상샘호르몬 의존도는 종에 따라 크게 다르다고 알려져 있다 (Dodd and Dodd, 1976). 더욱이, 부화시에 이미 성체로서 태어나는 양서류도 있다. 따라서 매우 다양성이 풍부한 진골어류에서 발육과정의 갑상샘호르몬 의존도는 어종에 따라 크게 다르다고 추정된다.

3-3 갑상샘자극호르몬 (thyroid stimulating hormone, TSH)

변태시에 갑상샘호르몬의 대량분비를 일으키는 것은 뇌하수체 (pituitary)로부터 다량으로 방출되는 TSH의 자극에 의한 것이라고 넙치에서 조직학적 관찰로부터 추측되고 있다. 실제로 넙치 자어에 소의 TSH를 주사하면 갑상샘호르몬의 분비를 활발히 하고 변태를 촉진시키는 것이 가능하다. 그러나 뇌하수체로부터 다량의 TSH분비를 유도하는 상위의 자극인자는 불분명하다.

3-4 갑상샘호르몬 수용체 (thyroid hormone receptor, TR)

TR은 세포질 및 핵내에 존재하며 갑상샘호르몬과 결합한 후에 핵내에서 여러 가지 유전자의 전사를 촉진하는 일종의 전사제어 인자이다. TR은 갑상샘호르몬이 존재하지 않을 때 반대로 유전자의 전사를 억제한다. 넙치 TR의 mRNA는 이미 변태전 자어의 각종 조직중에 존재하고, 변태시에 약 2배 정도 증가한다 (Yamano and Miwa, 1998). 이 변화가 실제로 수용체의 양적인 변화를 반영한다면, TR은 자어에서 갑상샘호르몬이 분비되기까지 변태가 일어나는 것을 억제하고, 변태시에 조직의 갑상샘호르몬에 대한 감수성을 향상시키는 것으로 생각할 수 있다. 또한, 넙치의 TR은 포유류와 같이 크게 분류하면, α type과 β type의 2종류가 존재하지만 조직에 따라서 발현되는 type이 다르며, TR의 type에 의해 시간적인 발현 양상에도 다소간의 차이가 존재한다. 즉, 갑상샘호르몬의 효과는 수용체의 발현에 의해 표적조직마다 미묘하게 조절된다고 할 수 있다.

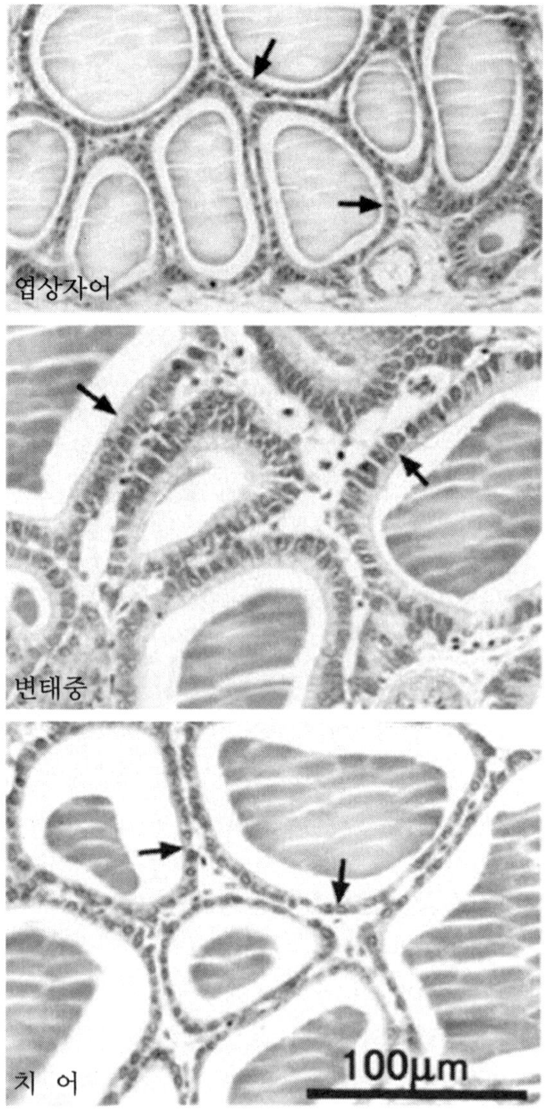

그림 8-5. 변태기간후의 붕장어 갑상샘 여포조직의 단면. 변태중의 갑상샘은 활성화되어 여포세포 (화살표시)가 높아지며, 변태후에는 다시 편형하게 된다.

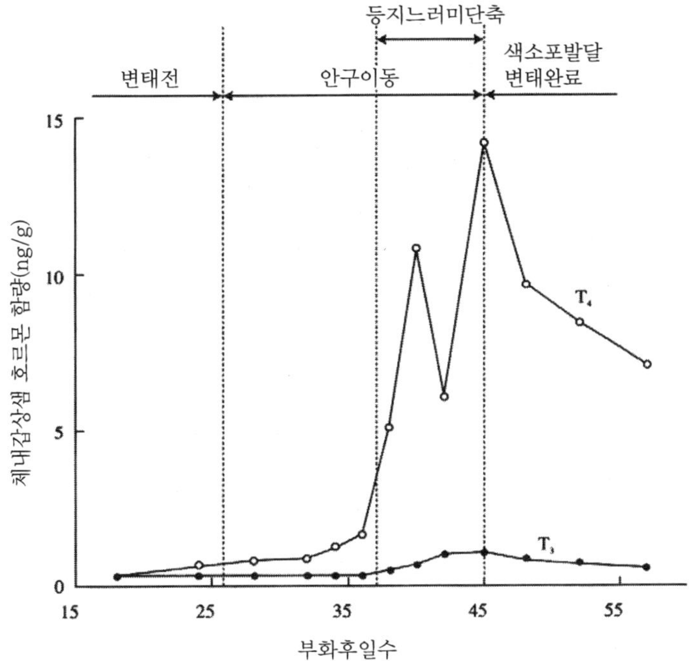

그림 8-6. 넙치 변태시의 체내 갑상샘호르몬 함량의 변화 (田川, 원도),

§4. 경골어류의 변태현상

위에서 설명한 내용과 같이 넙치에서 조사된 진골어류 변태의 갑상샘호르몬에 의한 지배기구는 양서류의 그것과 기본적으로 공통적이다. 이것은 사족동물을 포함하는 경골어류 변태의 생리학적인 본질이 갑상샘호르몬의 자극에 의한 체조직의 발달 또는 교체인 것을 의미한다. 조기류, 특히 진골어류는 여러 종으로 분화하고 다양한 물환경에 확대되어 가는 과정에서, 그 개체 발생의 양식도 천차만별로 변화되어 왔다고 추정된다.

그렇다면, 경골어류 변태의 원형은 어떠하였을까? 기조류 중에서 지질학적으로 가장 빨리 출현한 것은 연질류 (Chondrostei)이며, 현세종으로는 갑상어류와 다기류이다. 다기류는 폐를 가진다. 또한 육기류 중에서 「어류」로서 살아남은 종은 폐어류와 시이라칸스이다. 흥미롭게도 연질류와 폐어류의 자어는 양서류의 유생과 외관이 대단히 닮았다. 양서류 유생의 아가미는 외새라고 하며, 일반적인 어류의 아가미 (내새)와는 발생학적으로 유사한 기관은 아니다. 그러나 *Protopterus* 나 *Lepidosiren*등의 폐어나, 다기류인 *Polypterus* 자어에는 양서류의 유생과 유사한 외새가 생긴다. 이 외새는 변태와 함께 소실되고, 치어는 폐호흡을 하게 된다 (Budgett, 1901). 또한 초기의 경골어류는 일반적으로 폐를 가지고 있으며, 부레는 폐로부터 진화하였다고 알려져 있다. 따라서,

원시적인 경골어류는 「외새를 가진 자어로부터 내새와 폐로 호흡하는 치어로의 변태」라는 발생양식을 공통적으로 가지게 되었다고 추측된다. 또한 양서류의 변태는 기본적으로 선조 경골어류가 가진 발생패턴을 답습하고 있을 뿐, 육상생활로의 이행과 함께 새로운 변태라는 발생기구를 획득하게 된 것은 아니다. 사실, 초기의 사족동물의 일종인 아칸토스테가 *Acanthostega gunnari* 의 변태후라고 생각되는 표본에서 이 동물이 기능적인 내새를 가지고 있었다는 증거가 있으며, 다른 증거와 함께 아칸토스테가는 완전한 수서동물이었다고 생각되어 진다 (Coates and Clack, 1991). 양막류 (포유류, 조류, 파충류)에서는 발생과정에 있어 주요한 형태형성은 배형성기에 이루어지므로, 출생후에는 변태와 같은 형태변화는 일어나지 않는다. 그러나, 포유류에서도 태아기의 골격형성이나 신경조직의 발달 등이 갑상샘호르몬에 크게 의존하고 있다. 즉, 「갑상샘호르몬에 의존된 조직 · 기관형성」이라는 관점에서 보면, 「변태」는 단순히 그것들이 현저한 외관의 변화를 일으키는 것으로, 그렇지 않은 것과 생리학적으로 본질적인 구별은 없다고 사료된다.

(三輪 理)

文 献

Blaxter, J. H. S. (1988) : Pattern and variety in development. Fish Physiology Vol. XI A (W. S. Hoar and D. J. Randall, eds.), pp.1-58.

Brown, D. D. (1997) : The role of thyroid hormone in zebrafish and axolotl development. *Proc. Natl. Acad. Sci. USA*, **94**, 13011-13016.

Budgett, J. S. (1901) : On the breeding-habits of some west-african fishes, with an account of the external features in development of *Protopterus annectens*, and a description of the larva of *Polypterus lapradei*. *Trans. Zool. Soc. Lond.*, **16**, 115-136.

Coates, M. I., J. A. Clack (1991) : Fish-like gills and breathing in the earliest known tetrapod. *Nature*, **352**, 234-236.

De Jesus, E. G., T. Hirano, Y. Inui (1991) : Changes in cortisol and thyroid hormone concentrations during early development and metamorphosis in the Japanese flounder, *Paralichthys olivaceus*. *Gen. Comp. Endocrinol.*, **82**, 369-376.

De Jesus, E. G., J. D. Toledo, M. S. Simpas (1998) : Throid hormones promote early metamorphosis in grouper (*Epinephelus coioides*) larvae. *Gen. Comp. Endocrinol.*, **112**, 10-16.

Dodd, M. H. I., J. M. Dodd (1976) : The biology of metamorphosis. "Physiology of the Amphibia, Vol. III" (B. Lofts, ed.), Academic Press, pp.467-599.

Hirata, Y., H. Kurokura, S. Kasahara (1989) : Effects of thyroxine and thiourea on the development of larval red sea bream *Pagrus major*. *Nippon Suisan Gakkaishi*, **55**, 1189-1195.

堀田又治・有瀧真人・太田健吾・田川正朋・田中　克 (2001) : ホシガレイ仔稚魚期における消化系の発達と変態関連ホルモンの動態. 日水誌, **67**, 40-48.

Inui, Y., K. Yamano, S. Miwa (1995) : The role of thyroid hormone in tissue development in metamorphosing flounder. *Aquaculture*, **135**, 7-98.

Kitamura, S. (1990) : Changes in the retinal photosensitivity of flounder *Paralichthys olivaceus* during metamorphosis. *Nippon Suisan Gakkaishi*, **56**, 1007.

Matsuoka, M. (1999) : Histological characteristics and development of the retina in the Japanese sardine *Sardinops melanostictus*. *Fish. Sci.*, **65**, 224-229.

Okimoto, D. K., G. M. Weber, E. G. Grau (1993) : The effects of thyroxine and propylthiouracil treatment on changes in body form associated with a possible developmental thyroxine surge during post-hatching development of the tilapia, *Oreochromis mossambicus*. *Zool. Sci.*, **10**, 803-811.

沖山宗雄 (編) (1988) : 日本産稚魚図鑑. 東海大出版会, 11-1154pp.

Schreiber, A. M., J. L. Specker (1998) : Metamorphosis in the summer flounder (*Paralichthys dentatus*) Stage-specific developmental response to altered thyroid status. *Gen. Comp. Endocrinol.*, **111**, 156-166.

Solbakken, J. S., B. Norberg, K. Watanabe, K. Pittman (1999) : Thyroxine as a mediator of metamorphosis of Atlantic halibut, *Hippoglossus hippoglossus*. *Environment. Biol. Fish.*, **56**, 53-65.

Tagawa, M. (1990) : Changes in thyroid hormone concentrations in eggs and early life history of teleost fishes, 博士論文　京都大学.

Takagi, Y., J. Hirano, H. Tanabe, J. Yamada (1994) : Stimulation of skeletal growth by thyroid hormone administrations in the rainbow trout, *Oncorhynchus mykiss*. *J. Exp. Zool.*, **268**, 229-238.

田中　克 (1975) : 消化器官, 稚魚の摂餌と発育 (日本水産学会編), 恒星社厚生閣, pp.7-23.

Yamano, K., S. Miwa (1998) : Differential gene expression of thyroid hormone receptor α and β in fish development. *Gen. Comp. Endocrinol.*, **109**, 75-85.

Yamano, K., M. Tagawa, E. G. De Jesus, T. Hirano, S. Miwa, Y. Inui (1991) : Changes in whole body concentrations of thyroid hrmones and cortisol in metamorphosing conger eel. *J. Comp. Physiol. B*, **161**, 371-375.

Youson, J. H. (1988) : First metamorphosis. Fish Physiology Vol. XI B (W. S. Hoar and D. J. Randall eds.), pp. 135-196.

제 9장 소화 · 흡수

§1. 소화기관의 구조와 기능

진골류의 소화기관 (digestive system)은 다른 척추동물과 마찬가지로, 일련의 소화관 (digestive tract, alimentary canal)과, 소화액을 분비하는 기관으로 구성되어 있다. 음식물은 소화관내에서 여러가지 물리적, 화학적 분해를 통해 체내로 흡수된다. 소화관은 입 (mouth)에서 시작하여, 구강 (oral cavity, buccal cavity), 새강 (鰓腔, branchial cavity), 식도 (esophagus), 위 (stomach), 장 (intestine)을 거쳐 항문 (anus)에서 끝난다. 소화관내의 음식물은 분해되어 소화관의 상피에서 흡수되어 처음으로 체내로 들어가게 된다. 소화관 이외 소화에 관여하는 기관에는 간장 (liver), 담낭 (gall bladder), 췌장 (pancreas)이 있다.

소화관벽은 대체로 일정하게 공통된 구조를 가진다 (그림 9-1). 우선 소화관의 내벽은 거의 점막 (mucosa)으로 덮혀져 있다. 점막은 상피세포 (epithelial cell)층 (epithelium)과 그 밑에 상피세포를 유지하는 고유층 (固有層, lamina propria)으로 구성되어 있다. 점막의 외측에는 망상의 결속된 결합조직이 있어 이것을 점막하층 (粘膜下層, submucosa)이라 부르지만, 어체가 작은 경우에는 거의 없는 경우도 있다. 포유류에서는 고유층 외측을 점막근판(粘膜筋板, muscularis mucosae)이라고 부르는 얇은 평활근 층이 둘러싸여져 있어, 고유층과 그 외측의 점막하층과는 확실히 구별되지만 진골류에서는 보통 점막근판은 없다 (*Esox lucius*에서는 예외적으로 존재한다고 함). 따라서 고유층과 점막하층은 명확히 구별되지 않는다. 더욱이 그 외측은 2층의 평활근이 둘러싸여 있다. 평활근 내측의 1층은 내수주근 (內輪走筋, circular muscle layer), 외측의 1층은 외종주근 (外縱走筋, longitudinal muscle layer)이라고 불려지는 양자의 근섬유는 서로 수직으로 주행한다. 소화관은 이러한 평활근이 수축과 이완을 반복함으로써 운동한

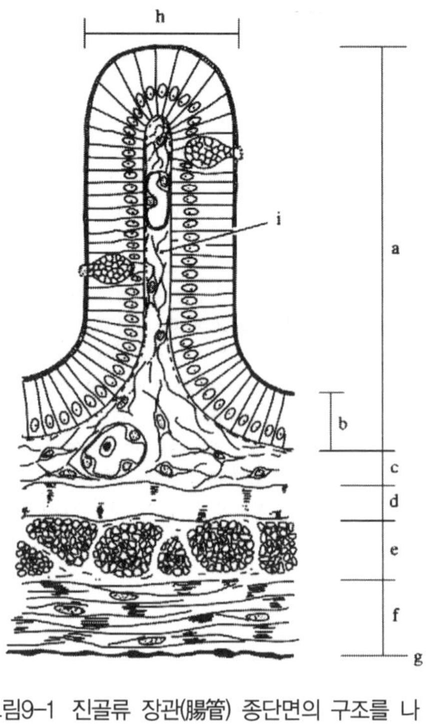

그림9-1 진골류 장관(腸管) 종단면의 구조를 나타내는 모식도

a,점막; b,상피세포층; c,점막하층; d,치밀층(緻密層, 어종에 따라 없는 경우도 있음); e,내수주근; f,외종주근; g,장막(漿膜); h,점막주름; i,고유층(固有層);

다. 이 운동에 의해서 음식물은 소화액과 섞여서 소화가 촉진됨과 동시에 소화된 음식물과 관벽의 흡수세포와의 접촉이 일어나, 흡수가 촉진되어진다. 또 음식물은 소화관의 운동에 의해 항문쪽으로 이동하게 된다. 어종 혹은 소화관의 장소에 따라 점막하층과 평활근층 사이에 치밀층 (緻密層, stratum compactum)이라고 불리는 콜라겐층이 존재한다. 소화관의 가장 외측은 장막 (漿膜, serous membrane or serosa)으로 덮혀져 있으며 장막은 보통 매우 얇다. 구강이나 식도 혹은 장의 상피중에는 점액세포 (mucous cell, goblet cell)가 존재하고, 여기에서 분비되는 점액이 소화관 내부를 덮는 윤활유 역할을 담당하는 동시에 소화관 상피를 보호하고 있다.

각각의 소화선에서는 포유류와 거의 같은 소화효소가 분비된다고 여겨진다. 실제 어류의 소화관에서는 여러가지 소화효소가 검출되어지고 있다. 그러나 그들 중 어류의 소화기관에서 합성되며 (즉 먹이나 미생물 유래는 아님), 동시에 세포내에서 작용하는 효소가 아니라 실제로 소화관내에서 생리적으로 분비되는 것이 확인된 소화효소는 많지 않다.

1-1 입에서 식도

진골류에서는 보통 양쪽 턱에 이빨을 가진다. 구강의 점막 중에는 점액세포와 미뢰 (味蕾)가 분포하지만, 포유류와 달리 수액선 (唾液腺)등의 소화선은 관찰되지 않는다. 따라서 입에서 새강(鰓腔)에 걸쳐서는 이빨에 의한 물리적 소화만이 이루어 진다. 이빨의 형태는 어종에 따라 식성에 적응하여 매우 다양하지만, 윗턱의 이빨이 포유류 처럼 한 개체내에서 여러가지의 서로 다른 형태로 분화하는 것은 아니다. 또 턱 이외에 구강을 형성하는 다른 뼈 요소 위에 이빨이 보여지는 어종도 많다. 대부분의 진골류에서는 인두골 (咽頭骨, pharyngeal bone)에 인두치 (咽頭齒, pharyngeal teeth)를 구비하고 있어 음식물의 저작(咀嚼)에 이용되고 있다. 잉어과 어류는 양턱에 이빨을 가지지 않지만 아래측의 인두치가 특히 잘 발달하여 그 형태가 중요한 분류학상의 형질로서 사용되어지고 있다. 아가미에서는 새궁의 내측에 새파 (鰓耙, gill raker)라고 불리는 돌기가 다수 존재하여, 정어리처럼 플랑크톤과 같은 미세한 음식물을 섭취하는 어종에서는 새파가 길고 빽빽이 존재하며, 음식물을 거르기 위한 여과기관으로써 작용하고 있다. 진골류의 식도부에서는 protease나 amylase, lipase 등의 소화효소 활성이 존재하는 것이 보고되어 있지만, 그것이 실제로 식도상피에서 분비되어 음식물의 소화에 관여하고 있는지는 확인되어 있지 않았다.

1-2 위

식도를 통과한 음식물은 일단 위에 도착하여 단백질분해효소인 pepsin에 의해 소화된다. 위의 점막하층과 평활근층은 매우 잘 발달해 비후하여 있다 (그림 9-2). 그러나 포식시에는 위가 확장하여 위벽은 얇아진다. 위는 입구에서 분문구 (噴門口, cardiac portion), 맹낭부 (盲囊部, blind sac), 유문구 (幽門口, pyloric portion)로 나뉘는 경우도 있지만, 명확하게 맹낭부가 결핍된 종류도 많다. 위의 점액중에는 위선 (gastric gland)이 있고, 상피중의 위소와 (胃小窩)에 개구 (開口)하여 있다 (그림 9-3). 위선에서는 pepsin과 염산이 분비된다. 섭식 때에는 염산에 의해서 위의 내부는 pepsin이 작용하기 쉽도록 pH 2~4로 유지된다. 포유류의 위선에서는 염산을 분비하는 벽세포(壁細胞, parietal cell)와 pepsin을 분비하는 주세포 (主細胞, chief cell)가 분화되어져 있지만, 진골류에서는 한종류의 세포가 양쪽 모두를 분비한다고 추측되어진다. pepsin은 실제로 전구체인 pepsinogen으로써 세포외로 분비된 후, 한정적인 분해를 받고서 일부의 peptide로 분리되어, 활성형 pepsin으로 된다. 포유류에서는 위선에서 lipase (gastric lipase)도 분비된다. 진골류의 위에서도 lipase 활성이 검출되고 있지만, 포유류처럼 실제로 위선에서 lipase가 분비되는지 명확하지 않다. 또 진골류의 위에는 chitin 분해활성이 존재하는 것이 보고되어져 있다. 강한 chitin 분해활성은 위벽의 마쇄액중에 관찰되며, pH는 3.6~4.0이라고 말한다 (瀨良 · 奧谷, 1968). 따라서 만약 이것이 chitinase로써 위강 (胃腔)에서 분비되어진다면 실제로 chitin의 분해에 관여하는 것이라 추측되지만, 그 본체는 아직 불명확하다. 한편 포유류에서는 최근 위에서 chitinase 유전자가 크로닝되어져 있다.

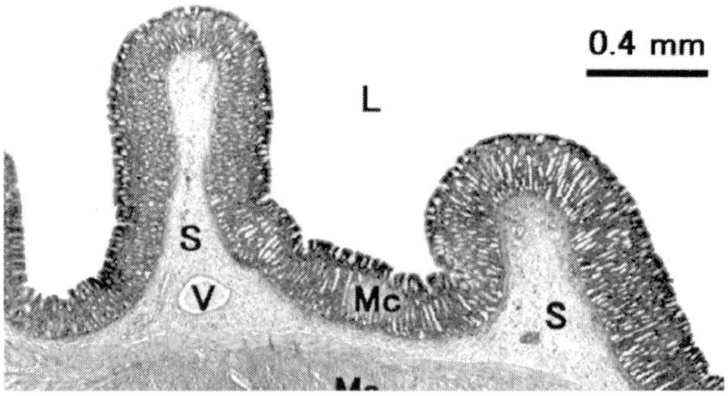

그림9-2 틸라피아 위벽의 단면
L, 위강(胃腔); Mc, 점막; S, 점막하층; V, 혈관; Ms 근육층

인간에서는 선세포 (腺細胞)의 구성 차이에 따라 위의 분비선을 분문선, 위선, 유문선 3개로 구분한다. 진골류에서는 일부의 어종에서 예외적으로 분문부 근처 위선이 점액분비에 특화하고 있는 예가 알려져 있지만 (Harder, 1975), 그 이외는 위의 분비선은 한 종류라고 추측되어지고 있다.

진골류 중에는 위를 가지지 않는 (즉 위선이 없는), 즉 무위어 (無胃魚, stomachless fish)가 존재한다. 무위어는 잉어과, 미꾸라지과, 송사리과 등 여러 가지 분류군에서 출현하지만, 반드시 그

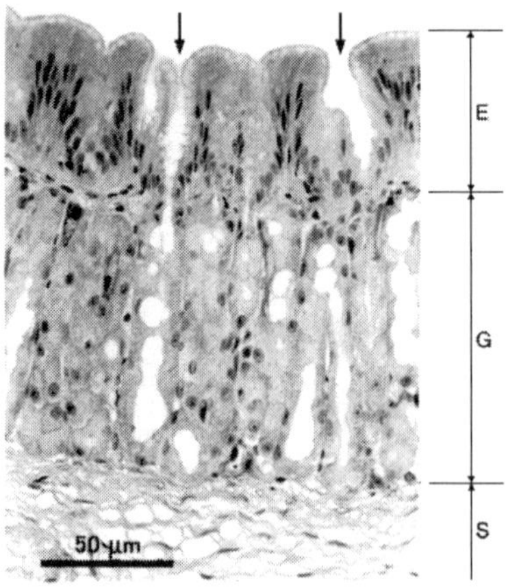

그림9-3 틸라피아 위점막의 단면
위선(G)의 위소와(胃小窩, 화살표)로의 개구를 나타냄. E,표면상피; S, 점막하층

분류군 모든 종이 무위어라고 말할 수 없다. 무위어에서는 식도가 직접 장에 연결되어 있다. 일부의 무위어에서는 장의 전단부가 팽대하여 장팽대부 (腸膨大部, intestinal bulb)라고 불려지는 것이 있다.

1-3 장과 유문수 (幽門垂)

위에서 나온 음식물은 이어서 장으로 들어간다. 진골류의 장은 내벽의 습곡 패턴 차이 등에 의해 위에서 항문으로 향해서 십이지장 (duodenum), 장전부 (腸前部, anterior intestine), 장후부 (腸後部, posterior intestine), 직장 (rectum)으로 나뉜다. 또 중장 (mid-gut)와 후장 (hind-gut, colon)으로 구분되는 것도 있다. 이 경우 식도에서 위에 이르러는 것을 전장 (前腸, fore-gut)이라고 칭한다. 직장과 후장은 같은 부분을 지칭한다. 장의 각 부분 경계는 명료하지 않고 서서히 형태가 변화하고 있다. 그렇지만, 장후부와 직장과는 점막하층에서 내측의 관벽이 관강 (管腔)으로 돌출해서 생긴 판막 (弁, valve)에 의해 구별되는 것이 많다. 장관의 길이를 체장과의 비로 비교하면 육식성은 0.2~2.5, 잡식성은 0.6~8, 초식성은 0.8~15이며, 대략적으로 초식성이 긴 장관을 가지는 경향이 있다 (Harder, 1975). 장관이 긴 경우는 복강내에서 접혀져 있거나 혹은 회전하지만, 그 패턴은 어종에 따라 여러가지이다. 십이지장에는 췌관 (膵管)과 담관 (膽管)이 같은 부위에서 개구하고 있다. 다만 양자는 최후까지 합쳐지지는 않는다. 또 십이지장에는 유문수 (幽門垂, pyloric caeca, 단수형 caecum)가 개구하여 있다. 유문수는 방상 (房狀)의 맹낭으로, 어종에 따라 전혀 없는 것에서 수백 가닥으로 이루어진 것 까지 여러가지이다. 무위어는 전혀 유문수를 가지지 않는다. 유문수의 점액상피는 장관의 것과 동일하며, 기능적으로도 장관과 같다고 추측되어진다. 유문수는 장관 내부의 표면적을 넓히므로써, 소화 · 흡수의 효율화에 기여하고 있다고 여겨진다.

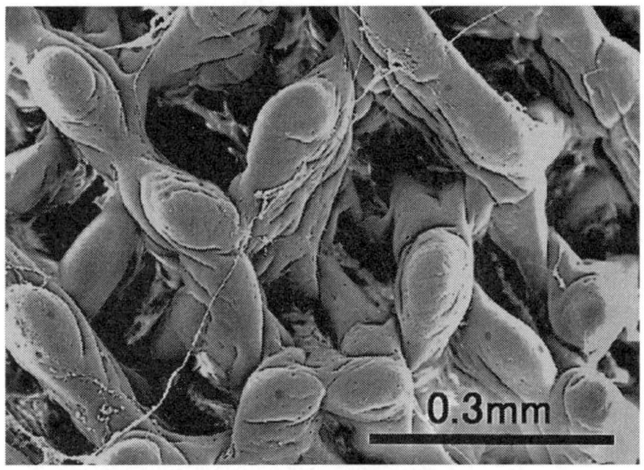

그림 9-4 잉어 장관내벽의 주사전자현미경
점막주름이 격자상으로 융기하여 있다.(間野 原圖)

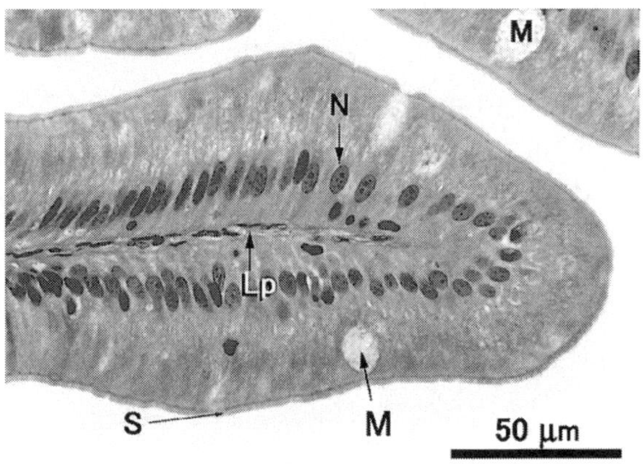

그림 9-5 산천어 유문수의 점막주름의 단면
Lp, 고유층; M, 점액세포; N, 상피세포의 핵; S, 쇄자연(刷子緣)

장관의 점막 (즉 상피세포층과 고유층)은 습곡으로 종주 (縱走), 횡주 (橫走), 지

그재그 혹은 망목상등 여러가지 패턴의 주름을 장관 내면에 형성하고 있다 (그림 9-4). 유두상의 돌기군을 형성하는 어종도 있다. 이 점막의 주름은 포유류 장관 점막의 융모돌기 (villi, 단수형 villus)와 마찬가지로 장관 내부의 표면적을 현저하게 증대시키는데 기여하고 있으며, 물질 흡수의 효율성을 높인다. 포유류에서는 장의 점막하층 (submucosa)이 두텁게 발달하여, 점막상피와 함께 점막하층이 주름상으로 장관내로 돌출하여 윤상주름 (輪狀, plicae circulares)을 형성하고 있지만, 진골류에서는 점막하층은 그다지 발달해 있지 않아, 이 구조는 보통 관찰되지 않는다. 십이지장에서 장후부에 이르는 점막상피 (흡수상피라고도 불려짐)는 한층의 등쪽이 높은 원주상피세포로 되어, 장전부 (腸前部)와 후부에서 세포내의 구조물의 차이가 관찰되어지는 것이 있다. 이것은 흡수하는 물질의 차이라고 말한다. 원주상피세포는 전자현미경으로 보면 관강(管腔)에 접한 정부 (頂部)에 미융모 (微絨毛, microvilli)가 있어, 광학현미경에서는 쇄자연(刷子緣, striated border, brush border)으로 관찰된다 (그림 9-5). 장의 점막상피는 세포의 교체가 왕성하여, 주름의 기부 부근에서 세포분열이 왕성하게 일어나, 새로운 세포는 차츰 정부(頂部)로 향해서 이동하고, 결국 죽어서 정부에서 탈락하게 된다. 포유류는 장융모의 기부에 점액이나 소화효소를 분비하는 장선이라 불리는 선구조 (腺構造)를 가진다. 진골류는 보통 장관에 분비선을 가지지 않지만, 대구과 어류중에서는 장의 점막주름의 기부에 선조직 (腺組織)을 가지는 것이 있다. 직장의 점막상피 습곡은 얇다. 또 상피세포 높이도 일반적으로 장후부에 비교하더라도 낮다. 직장은 항문에서 체외로 개구한다. 항문 주위의 내수주근 (內輪走筋)은 잘 발달하여, 괄약근으로 이루어져 있다. 진골류의 장관에서는 여러가지 소화 효소의 활성이 검출되어져 있으며, 대부분은 비장에서 분비되어지는 것이라 추측되지만, 기원은 확인되어져 있지 않은 것이 많다.

1-4 간장

간장은 복강내에서 매우 큰 장기이며, 중량은 보통 어체중의 1~2%정도이지만 양식산 자주복 등에서는 10%를 넘는 것도 있다. 간장은 척추동물의 체내 물질대사의 중심에 있으며 여러가지 물질의 합성, 분해, 독소의 해독 등을 수행함과 동시에 합성한 물질을 혈중으로 방출하는 내분비 기능을 가진다. 간세포(hepatocyte, liver cell)에는 glycogen을 축적하는 역할도 있지만 진골류의 간세포는 지방의 축적도 이루어진다. 포유류의 간장은 중심정맥이라 불려지는 소정맥을 중심으로 한 소엽구조(小葉構造, lobule)를 가지는 것이 대부분이지만 진골류의 간장에서 명확한 소엽구조는 관찰되어지지 않는다. 또 잉어 등의 간장은 장관의 주위에서 복잡하게 분지되어진 부정형으로 되어져있다. 진골류의 간세포는 일반적으로 세포 2층분 두께의 세포색(細胞索, liver cell cord)을 형성하고, 그 주위에는 동양(洞樣, sinusoid)이라고 불려지는 모세혈관이 이어져 있다. 잉어나 넙치 등에서는 치어기에 췌장조직이 간문맥(肝門脈, hepatic portal vein)을 따라서 간장내에도 복잡하게 침입하기 때문에 이러한 간장을 간췌장(hepatopancreas)이라 부르기도 한다(그림9-6).

소화기관으로서의 간장의 역할은 담즙(膽汁, bile)의 합성과 분비이다. 소화에 관여하는 담즙의 주된 성분은 cholic acid나 chenodeoxycholic acid등의 담즙산(bile acid)과 5α-cyprinol과 같은 담즙알콜(bile alcohol)이며, 이러한 것들은 간세포 중에서 콜레스테롤에서 합성되어 서로 비슷한

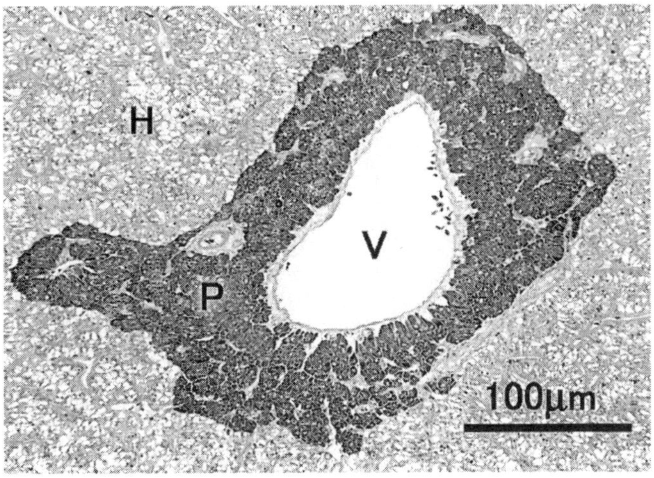

그림 9-6 넙치 간장의 단면도
짙은 췌조직(P)이 정맥(간문맥, V)에 따라 간조직(H)내로 들어가져 있는 모양을 나타냄.

화학구조를 가진다. 포유류의 담즙 중에서 담즙산은 glycine이나 타우린과 결합하고 있지만 어류에서는 타우린 결합형만이 알려져 있다. 담즙산이나 담즙알콜은 음식물중의 지질을 유화하여 그 소화흡수를 촉진한다. 담즙 중에는 다른 생리적 기능이 불명확한 물질이 많이 포함되어져 있으며 담즙의 분비는 이러한 물질을 체외로 배출하는 역할도 있다고 한다. 그 중에서는 담즙색소(bile pigment)도 포함되어져 있다. 담즙색소에는 황색의 bilirubin과 청녹색의 biliverdin이 있다. 이러한 것들은 비장 등에서 파괴되어진 적혈구 중의 헤모글로빈의 대사산물이다. 담즙은 간세포에서 간세포색의 내측에 있는 망세담관(網細膽管, bile canaliculus)이라 불리는 세포간극에서 분비된다. 망세담관은 집합하여 담관(bile duct)으로 되며, 더욱 집합하여 간관(肝管, hepatic duct)으로 되며 간장외로 나타난다.

1-5 담낭

간장에서 나온 간관(肝管)은 담낭관(cystic duct)과 총담관(總膽管, common bile duct)으로 된다. 담낭관은 담낭으로 연결되며, 총담관은 췌관과 함께 십이지장 (腸起始部)에 개구한다. 총담관은 췌관과는 최후까지 합류하지 않지만 개구부는 동일하다. 담낭은 간장에서 분비된 담즙을 일단 저장한다. 담낭에는 공복시에 담즙이 모여, 담즙색소 때문에 투명감이 있는 황색 혹은 청록색으로 보인다. 포유류에서 담즙은 담낭에 머물고 있는 동안에 수분을 흡수하여 농축한다는 것이 알려져 있다. 담낭의 벽은 내측에서 한층의 상피세포층, 엷은 결합조직, 평활근층이 구별되어 제일 외측을 장막이 둘러 싸고 있다. 섭식때에는 담낭에 축적되어진 담즙은 담낭관에서 총담관을 걸쳐 장관내로 분비되어, 담낭은 수축된다. 대부분의 진골류는 담낭을 가지지만, 예외적으로 담낭이 흔적밖에 없다든지, 전혀 담낭이 없는 어종 (*Lota lota*)도 있다.

1-6 췌장

진골류의 췌장은 보통 포유류처럼 하나의 덩어리로 이루어져 있지 않고, 장관 주위의 정맥을 따라 복잡하게 나눠어져 분포하고 있다 (그림 9-7). 이런 이유로 보통은 해부하여도 췌장을 육안으로 확인하는 것이 어렵다. 췌조직 중에는 포유류와 마찬가지로 랑게르한스 섬 (islet of Langerhans), 혹은 췌도 (膵島)라 불리는 내분비 조직이 산재하지만, 보통 진골류에서는 그것 이

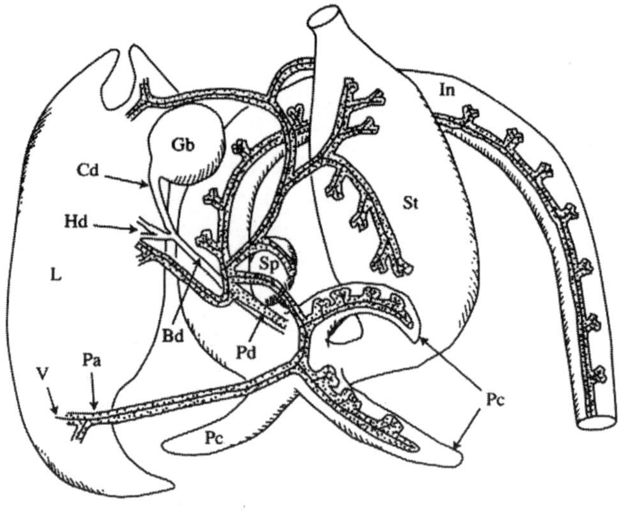

그림 9-7 넙치 췌조직(Pa)이 정맥(V)에 따라 분포하는 모양을 나타내는 모식도
간장내부의 본포는 생략하고 있음. Bd, 총담관; Cd, 담낭관; Gb, 담낭; Hd, 간관(肝管); In, 장관; L, 간장; Pc, 유문수; Pd, 췌관; Sp, 비장; St, 위 (黑川 原圖)

외에 1~수개의 대형 췌도가 해부시에 육안으로도 확인되어, Brochmann body 혹은 principal islet라고도 불려진다. 이것에 대해서 췌조직 중에 산재하나 육안으로는 확인하기 어려운 소형의 췌도를 accessory islet라고 부르는 것이 있다. 단지 뱀장어의 췌장은 예외적으로 한 개의 충실성 기관으로 관찰되어, Brochmann body는 보이지 않고 췌도는 췌장 중에 산재하여 있다. 췌장은 각 종의 소화효소를 함유한 췌액을 장관으로 분비하는 외분비선이다. 췌장의 외분비선은 세포가 포도 송이의 방상 (房狀)으로 도관 (導管)에 연결하고 있으며, 췌세포에 한정되어져 있지 않는 이와 같은 구조의 분비세포를 선방세포 (腺房細胞, acinar cell)라 한다. 췌세포는 세포내에 효소의 전구체를 내포하는 분비과립 (zymogen granule)을 가진다. 이 분비과립은 광학현미경에서도 확실히 관찰된다. 분비과립의 내용물은 세포 간극에 방출되어 췌관을 통해 담관과 동일 부위에서 장관내로 방출되어진다. 인간의 췌장에서는 여러가지 소화 효소가 분비되는 것이 알려져 있다. 최근 Suzuki et al. (2001)은 넙치 췌장에서 발현하고 있는 여러 종류의 소화 효소 유전자를 크로닝했다 (표 9-1). 이러한 유전자에는 분비 시그날과 활성화 peptide도 암호화되어져 있으며 (Suzuki, 私言), 또 얻어진 효소 유전자 모두에 대해서 포유류의 췌장에서 분비되는 소화효소와 상동하는 것이 있기 때문에, 이들은 생리적으로 넙치의 췌장에서 분비되는 소화 효소의 유전자라고 생각해도 틀리지 않는다고 생각한다. 포유류에는 존재하지만 진골류에서는 아직 확인되어져 있지 않은 것도 많지만, 상동한 효소는 역시 존재하고 있다고 추측되어진다. 이들 효소의 대부분은 포유류와 마찬가지로 전구체 (zymogen)로 분비되어, 장관내에서 trypsin 등의 효소에 의해 한정적인 분해를 받아서 활성형으로 전환된다고 추측된다.

다른 진골류의 췌장에서 분비되는 것 중 거의 확인되었다고 여겨지는 효소에는 탄수화물분해효소인 amylase가 있다 (Yamane, 1973). 또 진골류의 장관내에는 collagenase 활성이 관찰되어,

표 9-1 인간과 넙치의 췌장에서 확인된 소화효소
괄호내는 다른 진골류에서의 data이고, 표 중의 효소명칭의 숫자는 인간과 넙치에서 동일하다고 하더라도 Isoform이 상동이라는 것을 의미하는 것은 아님.

인간(Lowe, 1994)	넙치(Suzuki et al, 2001)
단백질분해효소	단백질분해효소
trypsin 1	trypsin 1
trypsin 2	trypsin 2
trypsin 3	trypsin 3
chymotrypsin	chymotrypsin 1
-	chymotrypsin 2
elastase 1	elastase 1
elastase 2	elastase 2
-	elastase 3
-	elastase 4
protase E	-
kallikrein	-
carboxypeptidase A1	carboxypeptidase A1
carboxypeptidase A2	carboxypeptidase A2
carboxypeptidase B1	carboxypeptidase B
carboxypeptidase B2	-
-	(collagenase)
탄수화물 분해효소	탄수화물 분해효소
amylase	(amylase)
지질분해효소	지질분해효소
lipase	lipase
colipase	-
cholesterolesterase	-
phospholipase A2	-
핵산분해효소	핵산분해효소
DNase Ⅰ	-
RNase	

그 활성은 췌조직에서 매우 높기 때문에 어쩌면 진골류의 췌장은 collagenase도 분비한다고 여겨진다 (Yoshinaka et al., 1978).

포유류에서는 췌장이 중탄산나트륨 ($NaHCO_3$)을 분비하여 위액의 강한 산성을 중화하고 있는 것이 알려져 있다. 중탄산이온의 분비는 선방세포에서는 존재하지 않고, 췌관의 상피세포에서 이루어진다. 진골류에서도 장관내 pH는 장관의 상부에서 약 알카리성으로 유지되어져 있기 때문에 (竹內, 1991), 진골류의 췌장도 포유류와 마찬가지로 중탄산나트륨을 분비한다고 여겨진다.

§2. 소화 · 흡수

음식물 유래의 고분자는 소화효소에 의해 분해되어, 장관이나 유문수의 점막 상피세포에서 체내로 흡수된다. 이 과정은 대개 포유류와 마찬 가지라 추측된다.

2-1 단백질

진골류에 있어서 단백질 (아미노산)은 몸의 구성성분으로서 뿐만 아니라, 에너지원으로써도 중요하다. 그 중에서도 육식성의 어종에서는 에너지원의 대부분을 아미노산이나 지질에 의존하고 있으며, 탄수화물의 이용률은 매우 적다. 넙치는 거의 완전한 육식어이지만, Suzuki et al. (2001)에 의하면 넙치 췌장에서 크로닝되어진 소화 효소 유전자 중, 96%가 단백질분해효소라고 말한다.

진골류에서도 단백질은 포유류와 마찬가지로 위에서 pepsin에 의해 어느 정도 분해된다. 더욱이 장관내에서 췌장에서 분비되어진 trypsin이나 chymotrypsin등에 의해 더욱 작은 peptide로 분해되어진다. 이들 peptide는 같은 췌장에서 분비되어진 carboxypeptidase나 장관의 점막상피세포의 솔모양 위에 분포하는 aminopeptidase (Kurokawa and Suzuki, 1998) 등에 의해 아미노산 혹은 dipeptide, tripeptide로 분해된다. 이 aminopeptidase는 포유류와 마찬가지로 점막상피세포 자신에서 합성되어, 쇄자연(刷子緣) 위에 배치되어 진다고 추측되어진다. 포유류의 장상피세포에서는 그 이외도 쇄자연(刷子緣) 위에 몇 종류의 peptitase가 보고되어져 있다. 이들 아미노산이나 dipeptide, tripeptide는 포유류와 마찬가지로 장의 상피세포 (흡수세포라고도 불려진다)의 쇄자연에서 능동적으로 세포내로 흡수되어, 일부는 장상피세포 자신의 영양으로써 사용되며, 나머지는 고유층의 모세혈관내에 방출된다고 생각되어진다. 포유류의 장상피세포에는 단독의 아미노산을 흡수하는 기구와 dipeptide나 tripeptide를 흡수하는 기구가 개별로 존재하는 것이 알려져 있다.

앞에서 기술한 것 처럼 무위어 (無胃魚)에서는 기능적인 위가 없고, pepsin에 의한 소화(消化)가 없다. 또 대부분의 해산어나 은어 등의 자어는 치어로 성장할 때까지는 위선을 가지지 않는다. 따라서 무위어나 위선이 미발달한 자어에서 단백질은 그대로 장관으로 들어가 비장에서 분비되어진 trypsin이나 장상피세포의 쇄자연 위에 존재하는 peptidase등에 의해 분해를 받는다 (Segner et al., 1989). 또 여기에 있어서는 직장상피에 의한 세포내 소화가 중요하다는 것이 나타나 있다. 즉 일부의 단백질은 고분자인 채로 직장상피세포에 음작용 (飮作用, pinocytosis)에 의해 흡수되어, 세포내에서 소화를 받는다 (Yamamoto, 1966; 渡辺, 1985). 또 기구는 불명확하지만 무위어인 금붕어에서는 단백질이 생리활성을 유지한 채로 장관에서 체내로 흡수된다. Suzuki et al. (1988a, b)은 은연어 뇌하수체를 금붕어에 먹이면, 뇌하수체 중의 생식선자극호르몬 (GTH)이 활성을 유지한 채로 혈중에 흡수되어 금붕어의 배란이나 배정이 야기된다고 보고하고 있다.

2-2 지질과 당질

음식물 중에 함유되어져 있는 지질에는 triglyceride (triacylglycerol, TG), 인지질 (phosphatidylcholine 등) 및 sterol (주로 cholesterol)이 있다. TG는 glycerin의 3개의 수산기에 3분자의 지방산이 ester 결합한 것이다. 포유류에 있어서는 TG의 일부는 우선 위에 있어서 타액선 (唾液腺) 유래의 lipase 혹은 위선 유래의 lipase에 의해서 소화를 받는다. 진골류의 위에도 lipase가 존재하는 것이 보고되어져 있지만, 그 활성은 약하고 기원은 불명이다. 따라서 진골류에 있어서는 TG의 소화는 실질적으로 장관내에서만 이루어진다고 추측되어진다. TG는 장관내 췌장에서 분비되는 lipase에 의해서 지방산과 monoglyceride, 혹은 glycerin으로 소화된다. 지방산과 monoglyceride는 담즙산이나 담즙 알콜의 작용에서 만나 micelles라고 하는 상태로 된다. 포유류에서는 micelles가 쇄자연(刷子緣)의 세포막에 접근하면 micelles 중의 지방산이나 monoglyceride가 단순 확산 (수동수송)에 의해 쇄자연을 통과하여 장상피세포에 흡수되어진다고 추측되어지며, 진골류에서도 마찬가지라 여겨진다. 수용성의 glycerin은 micelles와는 다르게 흡수된다고 생각되어진다.

이와 같이해서 흡수되어진 지방산과 glycerin은 포유류에서 상피세포내에서 TG로 다시 합성되어 lipoprotein 막으로 둘러싸여 1 ㎛ 이하의 소구(小球)로 된다. 이것을 chyromicron이라 한다. Chyromicron은 능동수송에 의해 장상피세포에서 고유층의 세포 간극으로 방출된 후, 모세혈관이 아니라 림프관내로 들어가 수송된다. 진골류에서도 장상피세포에서는 TG의 합성능력이 있는 것이 알려져 있어 적어도 일부는 TG에 재합성 된다고 추측되지만, 일부의 지방산은 직접 순환 혈중에 방출된다고 여겨진다 (鹿山 · 飯島, 1983). 그러나 진골류에는 포유류와 상동인 림프계는 없고, 대신에 2차 혈관계라 불려지는 구조가 발달하고 있다고 말한다 (Steffensen & Lomholt, 1992). 따라서 진골류의 장상피세포에서 재합성되어 체내로 방출되는 TG를 포함한 지방 방울 (아마 Chyromicron)이 당초 어떠한 경로로 수송되는지는 의문점이 있다. 어류에 있어서 인지질이나 sterol의 소화 흡수에 관한 정보는 그다지 없다. 포유류에서 인지질은 췌장에서 분비되는 phospholipase에 의해 분해되어진 후 흡수된다. 콜레스테롤은 포유류에서는 유리 상태로, 콜레스테롤 에스텔은 콜레스테롤 에스테라제에 의해 분해되어 흡수된다.

당질 (탄수화물)은 장관내에서 amylase 등의 탄수화물분해효소에 의해 단당으로 분해된 후, 장의 상피세포에서 능동적으로 흡수된다. 당질의 함량이 높은 사료를 양식어에 급이하면 성장이나 사료효율이 저하하는 것이 알려져 있어, 일반적으로 진골류의 당이용능(糖利用能)은 낮다 (示野, 1983). 그러나 진골류 중에서도 식성에 따라 당이용능은 매우 다양하며, 잡식성 잉어의 amylase 활성은 육식성 방어의 100배라고 말한다 (示野, 1983). 즉 방어, 농어, 감성돔의 위강 및 장관내에서는 chitin 분해활성을 가진 세균이 분리되어져 있으며, 특히 장관내에서 분리되어진 세균의 대부분은 chitin 분해세균이라고 한다 (奧谷, 1967). 어류는 갑각류를 먹이로 하는 것도 많으며, 장관내의 chitin 분해세균은 이들을 소화하는 역할을 가지고 있다고 생각되어진다.

§3. 소화기관의 운동과 분비의 제어

3-1 자율신경에 의한 제어

포유류에서 소화관의 평활근은 부교감신경 (迷走神經)의 자극으로 수축하고, 교감신경 (內臟神經)의자극으로 이완하지만, 소화관의 근층내신경총 (筋層內神經叢)에 의해서 협조적으로 수축과 이완이 생겨 연동운동 (蠕動運動)이 일어난다. 또 포유류에서 위액의 분비는 부교감신경의 지배를 받고 있으며, 신경말단에서 분비되는 아세틸콜린이 위액이나 가스트린의 분비를 촉진한다. 담즙의 분비에도 부교감신경이 촉진적으로 작용하는 것이 알려져 있다. 더욱이 포유류에서는 구강내의 미각자극에 대한 반사로써 부교감신경을 통한 췌액의 분비가 일어난다. 진골류에서도 소화관벽의 평활근층에 신경총이 존재하므로 유사한 신경지배는 당연히 존재한다고 생각되지만 2~3종류의 어종에 있어서 부교감신경에 의한 위의 수축이나, 교감신경에 의한 장의 수축이 보고되어져 있는 정도로 불명확한 점이 많다.

3-2 내분비에 의한 제어

포유류에서 위장호르몬(gastrointestinal hormones)라고 총칭되는 대부분의 peptide hormone이 위장운동이나 소화액 분비 등의 기능을 조절하고 있는 것이 알려져 있다. 이러한 호르몬의 대부분은 장의 점막상피 중에 산재하는 분비세포에서 합성되어 소화관 내용물의 자극에 의해 분비된다. 포유류의 주된 위장호르몬에는 gastrin, somatostatin, cholecystokinin(CCK), secretin, motilin, gastric inhibitory polypeptide(PP), peptide YY(PYY)등이 있다. 진골류에서는 이 중 몇 개의 호르몬에 대한 항체를 이용하여 조직화학적 관찰시, 양성반응을 나타내는 세포가 보고되어져 있지만, 그것만으로는 항원성이 유사한 다른 물질이 반응하고 있는 가능성이 있으므로 확실히 존재한다고는 말할 수 없다. 그러나 진골류에서도 somatostatin 생성세포가 무지개송어의 랑게르 한스섬과 소화관에 (Moore et al. 1999), CCK생성세포가 넙치의 장관의 점막상피중에 (Kurokawa et al, 2000)존재하는 것이 유전자 레벨에서 확인되어져 있다. Somatostatin은 포유류에서 여러가지 위장 호르몬이나 소화효소의 분비를 억제하는 작용을 가진다. CCK는 포유류에서 췌장에서의 소화효소의 분비나 담낭의 수축을 촉진하는 등의 작용을 가진다. PP는 포유류에 있어서 췌장에서의 소화효소분비를 억제하는 작용을 가지지만 이 펩티드는 사지동물에 있어서 PYY에서 유전자 중복에 의해 분화한 분자라고 알려져 있으며 진골류에서는 관찰되어지고 있지 않고 있다. PYY는 인간에서 췌장의 중탄산이온 방출의 억제나 위에 있어서 염산이나 pepsin 분비 억제등의 작용이 있다. 진골류에서는 PYY이외에 PYY와 매우 유사한 peptide Y(PY)라 불려지는 peptide유전자가 크로닝 되어져 있다(Cerda-Reverter and Larhammar, 2000). 진골류에서는 어종에 따라 PYY생성세포 혹은 PY생성세포 중 어느 것이 소화기관(랑게르 한스섬과 장관상피)에 분포하게 되며, 현재의 단계에서는 아직 PY를 PYY와는 다른 물질로써 다루는 것은 타당한지는 의문이 있다. 어쨌든 이러한 펩티드가 진골류에서도 위장 호르몬으로써 작용하는가를 생리학적으로 확인한 예는 지금까지 보고되어져 있지 않다.

포유류의 위선 중에는 histamine을 분비하는 세포가 존재하여, 이 세포는 gastrin이나 신경의 자극에 의해 histamine을 분비하며, 이 histamine이 벽세포(壁細胞)에 작용하여 염산의 분비를 촉진하는 것이 알려져 있다. 진골류의 위선에도 histamine의 항체와 반응하는 세포가 있는 것이 알려져 있으며(Hakanson et al., 1986) 포유류와 마찬가지로 histamine에 의한 염산의 분비촉진 기구가 있을런지도 모른다.

文　献

Cerda-Reverter, J. M., D. Larhammar (2000) : Neuropeptide Y family of peptides: Structure, anatomical expression, function, and molecular evolution. *Biochemistry and Cell Biology*, **78**, 371-392.

Harder, W. (1975) : Anatomy of fishes. E. Schweizerbart'sche Verlagsbuchhandlung (Nägele u. Obermiller).

Håkanson, R., G. Böttcher, E. Ekblad, P. Panula, M. Simonsson, M. Dohlsten, T. Hallberg, F. Sundler (1986) : Histamine in endocrine cells in the stomach. A survey of several species using a panel of histamine antibodies. *Histochemistry*, **86**, 5-17.

Kurokawa, T., T. Suzuki (1998) : Development of intestinal brush border aminopeptidase in the larval japanese flounder *Paralichthys olivaceus*. *Aquaculture*, **162**, 113-124.

Kurokawa, T., T. Suzuki, T. Andoh (2000) : Development of cholecystokinin and pancreatic polypeptide endocrine systems during the larval stage of Japanese flounder, *Paralichthys olivaceus*. *Gen. Comp. Endocrinol.*, **120**, 8-16.

Lowe, M. E. (1994) : The structure and function of pancreatic enzymes. "Physiology of the gastrointestinal tract, third edition, vol.2" (L. R. Johnson ed.), pp. 1531-1542, Raven Press.

Moore, C. A., J. D. Kittilson, M. M. Ehrman, M. A. Sheridan (1999) : Rainbow trout (*Oncorhynchus mykiss*) possess two somatostatin mRNAs that are differentially expressed. *Am. J. Physiol.*, **277** (6 part 2), R1553-R1561.

奥谷康一・川田　泉・木俣正夫 (1967) : 水産動物のキチン分解酵素に関する研究-V. ハマチの消化管に存在するキチン分解酵素について. 日水誌, **33**. 848-852.

Segner, H., R. Rösch, H. Schmidt, K. J. Von Poeppinghausen (1989) : Digestive enzymes in larval *Coregonus lavaretus*. L. *J. Fish Biol.*, **35**, 249-263.

瀬良　洋・奥谷康一 (1968) : 水産動物のキチン分解酵素に関する研究-Ⅶ. クロダイのキチン分解酵素について. 日水誌, **34**, 920-924.

鹿山　光・飯島憲章 (1983) : グリセロ脂質の代謝, 魚類の物質代謝 (永山文男編), 恒星社厚生閣, pp.35-51.

示野貞夫 (1983) : 糖代謝系, 魚類の物質代謝 (永山文男編) 恒星社厚生閣, pp.9-22.

Steffensen, J. F., J. P. Lomholt (1992) : The secondary vascular system. "Fish Physiology Vol. XII, The cardiovascular system, Part A" (W. S. Hoar, D. J. Randall, A. P. Farrell eds.) pp. 185-217, Academic Press.

Suzuki, T., A. S. Srivastava, T, Kurokawa (2001) : cDNA cloning and phylogenetic analysis of pancreatic serine proteases from Japanese flounder, *Paralichthys olivaceus*. *Comp. Biochem. Physiol*, **131B**, 63-70.

Suzuki, Y., M. Kobayashi, K. Aida, I. Hanyu (1988a) : Transportation of physiologically active salmon gonadotropin into the circulation in goldfish, following oral administration of salmon pituitary extract. *J. Comp. Physiol.* B, **157**, 753-758.

Suzuki, Y., M. Kobayashi, O. Nakamura, K. Aida, I. Hanyu (1988b) : Induced ovulation of the goldfish by oral administration of salmon pituitary extract. *Aquaculture*, **74**, 379-384.

竹内俊郎 (1991) : 消化と栄養, 魚類生理学 (板沢靖男・羽生　功編), 恒星社厚生閣, pp.67-101.

渡辺良朗 (1985) : 仔魚の消化吸収機構, 養魚飼料-基礎と応用 (米　康夫編), 恒星社厚生閣, pp. 89-98.

Yamamoto, T. (1966) : An electron microscope study of the columnar epithelial cells on the intestine of freshwater teleosts : goldfish (*Carassius auratus*) and rainbow trout (*Salmo irideus*). *Z. zellforsch.*, **72**, 66-87.

Yamane, S. (1973) : Localization of amylase activity in the digestive organs of the mozambique mouthbrooder, *Tilapia mossambica*, and bluegill, *Lepomis macrochirus*, determined by a starch substrate film method. *Bull. Jap. Soc. Sci. Fish.*, **39**, 595-603.

Yoshinaka, R., M. Sato, S. Ikeda (1978) : Distribution of collagenase in the digestive organs of some teleosts. *Bull. Jap. Soc. Sci. Fish.*, **44**, 263-267.

제10장 대　사

어패류에는 가장 맛이 좋은「계절」이 있다. 맛이 좋은 계절이 있다는 것은 어패류의 체성분이 계절에 따라 크게 변한다는 사실을 말해주는 것으로서 일년을 주기로 환경요인이 바뀌면서 체내 대사, 먹이의 질과 양이 달라지기 때문에 생기는 듯 하다. 어류는 즐겨 먹는 먹이에 따라 식성이 육식성, 잡식성, 초식성, 플랑크톤식성으로 구분되며 식성은 유전적 형질에 따라 다르고, 식성에 따라 소화 · 흡수 · 대사 상황도 달라지게 마련이다. 예를 들면 일반적으로 어류는 당을 이용하는 능력이 낮지만 잡식성인 잉어는 당질을 이용하는 능력이 크다. 그러나 연어나 방어와 같은 육식성 어류는 당질을 잘 이용하지 못한다. 이렇게 어류에 따라 당질의 이용능력이 다른 것은 당질의 소화효소나 효소활성, 혈중 인슐린의 농도, 에너지 획득방식과 같은 여러 가지 요인이 관여하기 때문이라 여겨진다. 본 장에서는 어류에서의 당질 · 지질 · 단백질 대사의 특징과 이들의 조절기구에 관하여 간단히 설명할 것이다. 자세한 것을 알기 원하면 다른 참고서를 참고하길 바란다 (Watta and Watts, 1974; 林, 1983; 鹿山 · 飯島, 1983; 村田, 1983; 能勢, 1983; 坂口, 1983; 佐藤, 1983; 示野, 1983; 1991; 乾, 1987; 手島, 1991; Moriyama 등, 2000).

§1. 당대사

어체 내의 당질로는 글리코겐 (glycogen)이나 포도당 (glucose), 글리코겐이 포도당으로 분해되는 과정의 중간체, 점질다당류 (mucopolysaccharide) 등이 포함된다. 글리코겐은 에너지원으로 중요하지만 성체 중 함량은 지질 함량의 1/10 이하에 불과하다. 이것은 지질이 당질보다 단위중량당 열량이 높고 저장에너지로 뛰어나기 때문일 것이다. 글리코겐 함량은 먹이나 사료의 양 · 질, 대사상태에 따라 다르겠지만 간장에서는 수 %로 많고, 근육은 1% 이하이다. 어류가 탄수화물을 섭취하면 혈액 중 포도당 수준 (혈당치)이 올라간다. 하지만 혈액 중의 과잉 당질은 간장이나 근육에서 글리코겐으로 저장되기도 하고 지질로 만들어지기도 하여 혈당치는 정상수준이 된다. 혈당치는 대체로 물살이 느린 곳에 사는 고기보다는 물살이 빠른 곳에 사는 고기가 높고, 움직임이 활발치 못한 어종보다는 활동성인 어류가 더 높다고 한다. 이것은 다량의 포도당을 혈액 중에 가짐으로서 활발하게 행동 (근육 수축)하는데 필요한 에너지를 얻을 수 있기 때문이다. 그리고 어류가 스트레스를 받으면 혈당치가 급등하였다가 시간이 지나면 다시 회복하는데, 이때 혈당치가 높아지는 것도 스트레스를 낮추기 위해 에너지를 공급하기 때문이라 여겨진다.

당질의 중요한 생리적 기능은 해당경로 (glycolysis)와 구연산 회로 (citric acid cycle, TCA 회

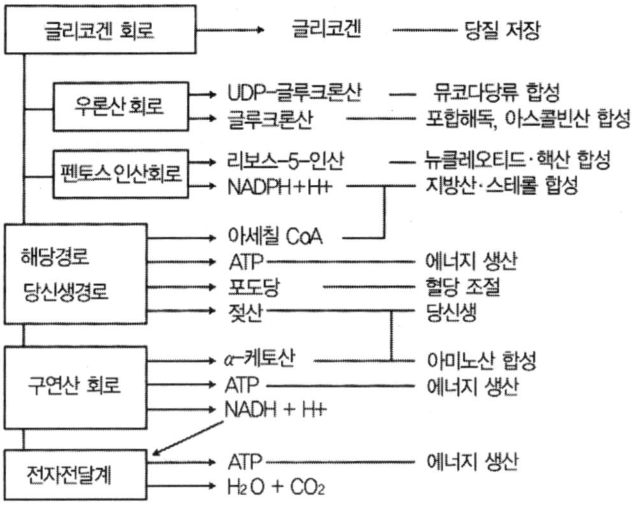

그림 10-1 당대사 경로와 그 생리적 의의 (示野, 1991에서 인용)

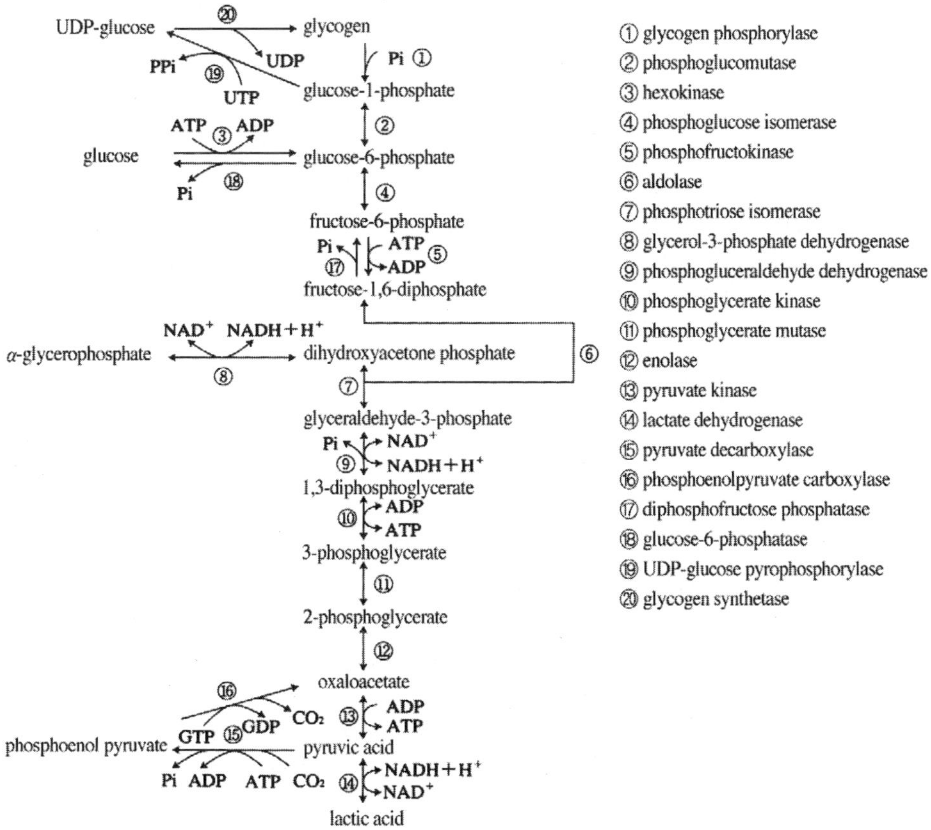

그림 10-2 해당경로와 당신생경로 (示野, 1991에서 인용)

로, Krebs 회로라고도 함)를 거치면서 에너지를 생산하는 것이다 (그림 10-1). 여기에 글리코겐 회로, 펜토스-인산 회로, 우론산 회로, 전자전달계 등도 포함된다. 더욱이 당질은 지방산이나 비필수 아미노산의 합성재료로도 쓰인다.

해당경로 (그림 10-2)는 글리코겐이나 포도당에서 피루브산 (pyruvic acid)이나 젖산 (lactic acid)이 만들어지는 경로이다. 이 경로를 간단히 나타내면 포도당+2 ADP+2 H_3PO_4 → 2 젖산+2 ATP+2 H_2O이다. 즉, 포도당과 글리코겐은 우선 인산화가 되었다가 이어서 과당-6-인산, 과당-1,6-인산 등으로 변한 다음에 삼탄당 인산으로 되었다가 최종적으로 피루브산이나 젖산으로 되는데 그동안 포도당 1분자는 ATP 2분자를 만든다.

반대로 당신생원으로는 피루브산, 젖산, 비필수 아미노산, 글리세롤 등이 이용된다. 당신생은 해당경로의 가역반응이 많지만 일부 불가역반응에서는 해당경로 때와는 다른 효소가 이용된다. 그림 10-2에서 15, 16, 17, 18 효소가 이들이다. 18의 포도당-6-포스파타제 (glucose-6-phosphatase)는 간장에만 들어있으므로 진정한 의미의 당신생은 주로 간장에서 일어난다 (示野, 1991).

해당과정을 통해 만들어진 피루브산은 호기조건 하에서는 아세틸 CoA (acetyl CoA)를 거쳐 구연산회로 (그림 10-3)로 들어간다. 아세틸 CoA는 옥살로초산과 축합하여 구연산이 되고 다시 탈수, 가수, 탈수소 및 탈탄산 반응을 거쳐 옥살로초산이 된다. 이 과정에서 만들어진 전자 (수소 원

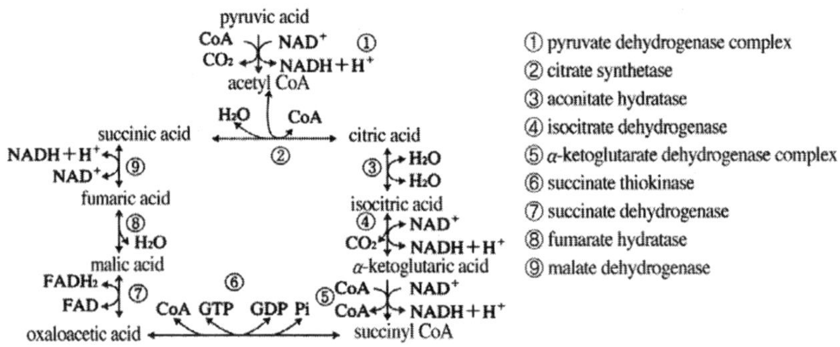

그림 10-3 구연산 회로 (示野, 1991에서 인용)

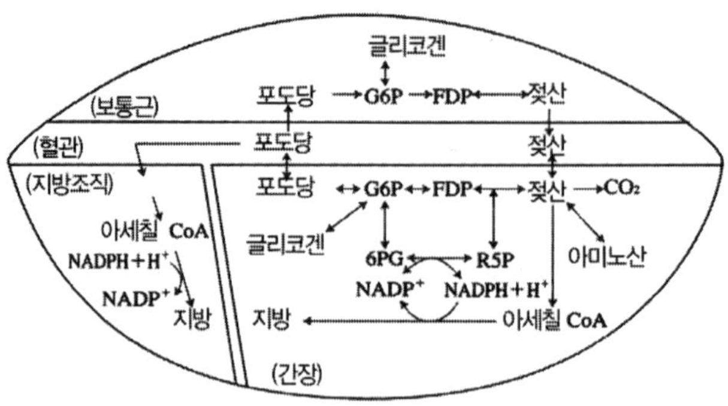

그림 10-4 내장간 당대사의 차이와 당대사의 내장간 상관관계 (示野, 1991에서 인용)

자)는 전자전달계라 부르는 일련의 산화환원계로 옮겨져서 최종적으로는 산소와 결합해서 물이 된다. 이처럼 전자전달계에서 산화환원반응에 공역하여 ATP를 만드는 반응을 산화적 인산화 반응 (oxidative phosphorylation)이라 하는데, 생체에서 만들어지는 ATP의 90% 이상은 이 반응으로 만들어진다. 나머지 ATP 생산은 기질레벨의 인산화라 하며, 해당경로의 2군데, 구연산회로의 1군데에서 일어난다.

해당경로는 모든 조직에 분포하다. 그러나 펜토스 인산회로와 당신생 경로는 간장과 신장에 존재하지만, 보통근에서는 불완전 하는 등 각 장기의 대사기능은 다르다. 그래서 각 장기는 각각의 기능을 수행하므로 개체의 당대사가 유지되는 것이다 (그림 10-4). 예를 들어, 보통근에서 만들어진 젖산은 혈류를 타고 간장으로 운반되고, 그곳에서 새로 만들어진 포도당은 다시 혈류를 타고 보통근으로 운반된다. 이 회로를 Cori cycle이라 한다.

어류의 혈당치도 먹이를 먹고 난 직후가 아니면 거의 일정한 수준을 유지한다. 혈당치가 상승하

표 10-1 지질클라스의 구성 (手島, 1991에서 인용)

지질클라스	지방산과 아실 수용체
비극성지질	
중성지질	
트리아실글리세롤(TG)	지방산: 글리세롤
디아실글리세롤(DG)	지방산: 글리세롤
모노아실글리세롤(MG)	지방산: 글리세롤
왁스에스테르(WE)	지방산: 지방족 알코올
스테롤에스테르(SE)	지방산: 스테롤
글리세릴에테르지질	지방산: 글리세롤: 지방족 알코올
유도지질 注1)	
지방산	
지방족 알코올	
각종 알코올, 기타 注2)	
스테롤	
탄화수소	
극성지질	
인지질	
포스파티딜콜린(PC)	지방산: 글리세롤: 포스포콜린
포스파티딜에탄올아민(PE)	지방산: 글리세롤: 포스포에탄올아민
포스파티딜세린(PS)	지방산: 글리세롤: 포스포세린
포스파티딜이노시톨(PI)	지방산: 글리세롤: 포스포이노시톨
에테르글리세로인지질	지방산: 포스포콜린(또는 포스포에탄올아민):
리조형 인지질	지방족 알코올(글리세롤 인지질의 일종注3))
스핑고미엘린(SM)	지방산: 스핑고신: 포스포콜린
당지질	
글리세로 당지질	
스핑고 당지질	
세레브로시드(CB)	지방산: 당: 스핑고신
강글리오시드 등	지방산: 당: 노이라민산 등
스테로이드 배당체	
포스포노리피드	
황지질 · 리포아미드	

*1) 지질을 가수분해하면 얻어지는 지질이며, 유리 상태로도 존재하지만, 각종 지질의 구성성분으로 존재한다.
*2) 비타민A, 지용성 비타민, 스테로이드 등
*3) 글리세로 인지질 (PE, PC, PI, PS등)에서 지방산 1몰이 없는것.

는데는 췌장의 내분비선인 랑게르한스섬의 A세포에서 분비되는 글루카곤 (glucagon), 스트레스를 받았을 적에 간신선 (interrenal gland, 부신피질에 상당함)에서 분비되는 코티졸 (cortisol), 크롬친화세포 (chromaffin cell, 부신수질에 상당함)에서 분비되는 아드레날린 (adrenalin, 에피네프린 epinephrine이라고도 함)이 관여하며, 혈당치가 떨어지는데는 췌장 랑게르한스섬의 B세포에서 분비되는 인슐린 (insulin)이 관여한다.

§2. 지질대사

먹이를 먹어 체내로 들어온 지질은 에너지로 쓰이지만, 남은 것은 저장지질이나 조직지질로 축적된다. 이들 지질은 비극성지질 (nonpolar lipid)와 극성지질 (polar lipid)로 크게 나뉜다 (표 10-1). 비극성지질에는 중성지질 (neutral lipid), 유도지질과 탄화수소가 포함된다. 중성지방은 TG, DG, MG를 통털어 일컫는 말이다. 극성지질에는 인지질 (phospholipid), 당지질, 포스포노리피드, 황지질 · 리포아미드가 포함된다. 일반적으로 적색어는 백색어에 비해 지질 함량이 많다. 이는 인지질이나 스테롤을 주성분으로 하는 조직지질의 함량은 어종에 따라 큰 차이가 없으나 TG를 주성분으로 하는 저장지질의 함량은 어종에 따라 다르기 때문이다. 저장지질은 주로 간장, 체지방 조직, 근조직에 저장되지만, 저장상태는 어종에 따라 다를 뿐 아니라 섭이 상태 (먹이의 질 · 양), 환경조건 (수온, 생식장소), 생리상태 (나이, 성별, 성 성숙도)에 따라서도 크게 다르다. 이들 요인 중 대부분은 1년을 주기로 변동하지만 저장지질의 양도 같은 주기로 달라진다. 정어리나 고등어는 성 성숙 하면서 간장, 지방조직이나 근육조직 중의 저장지방이 늘지만 산란기가 끝나면 낮아지는 것도 좋은 예일 것이다. 양적인 변화뿐만 아니라, 저장지질의 주요 구성요소의 하나인 지

표 10-2 어패류 지질의 지방산 조성 (手島, 1991에서 인용)

지방산 *1)	은어 등살		방어 등살	참돔 등살	명태간유	오징어간유	보리새우	바지락
	천연	양식	(천연)	(천연)			(천연)	
14 : 0	4.0	5.6	6.6	1.6	5.8	5.7	0.7	3.6
16 : 0	26.0	29.5	24.0	21.6	10.8	16.2	15.6	19.1
16 : 1	16.7	16.2	8.8	5.4	7.7	6.5	3.6	8.4
18 : 0	3.4	4.6	3.0	7.6	3.3	1.8	9.2	6.3
18 : 1	25.6	13.1	16.1	14.7	13.7	18.6	0.9	9.0
18 : 2	10.0	3.5	1.3	1.0	0.8	1.9	6.6	0.7
18 : 3	4.9	8.6	0.9	1.9	0.3	1.4	0.5	0.9
20 : 1	–	–	3.5	–	20.1	5.7	0.9	5.6
20 : 4	1.5	1.0	1.9	4.7	0.3	0.9	9.9	–
20 : 5	1.9	5.0	10.8	8.5	9.7	12.5	14.0	11.8
22 : 1	–	–	1.4	–	14.6	6.3	–	–
22 : 5	0.4	4.0	3.5	6.0	0.7	0.6	2.5	1.0
22 : 6	2.3	1.7	11.2	19.3	5.7	13.3	11.7	8.4

*1) 일반적으로 이중결합이 2개 이상인 지방산을 고급 불포화 지방산 (PUFA, polyunsaturated fatty acids)이라 하는데, 어류에서는 탄소수가 20이상이며 이중결합이 3개 이상인 지방산을 고도불포화지방산 (HUFA, highly unsaturated fatty acids)이라부른다.

방산의 조성도 어종에 따라 다르며 상기한 요인에 의해서도 변화한다. 그리고 양식어에서는 먹이의 질 · 양에 크게 영향을 받아 지질 함량이나 지방산 조성이 크게 변화한다는 것도 잘 알려져 있다 (표 10-2).

어류에서 식이성 지질은 소화관에서 유화, 가수분해, 미셀 형성의 과정을 거치면서 소화되어 장 상피세포에 흡수된다. 어류에서 사료지질의 소화흡수율은 대개 90% 이상이나 되기 때문에 어류의 지질소화 흡수능력은 높은 듯하다. 혼합 미셀은 장 상피세포에 흡수된 다음 세포 안에서 TG나 인지질로 재합성 된다. 하지만 잉어나 무지개송어에서는 TG나 인지질로 재합성 되어 리포단백질로서 순환계로 방출되는 경우, 그리고 유리지방산 · 알부민 복합체로서 방출되는 경우가 있다는 것이 밝혀졌다. 일반적으로 소화흡수의 초기단계에서는 지방산은 에스텔화 되지 않고 유리지방산으로 혈액에 방출된다고 한다. 어류의 혈장 리포단백질 성분은 초저밀도 리포단백질 (very low

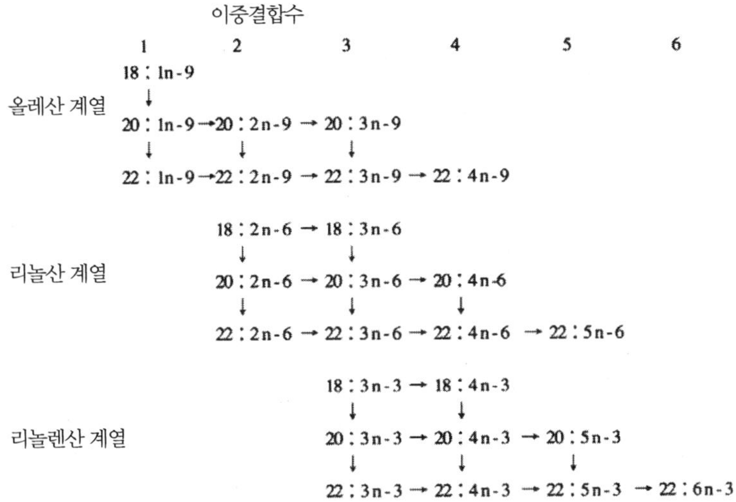

그림 10-5 어류에서 가능한 불포화지방산의 변환경로 (手島, 1991에서 인용).
종류는 대개 18:1n-9, 18:1 (ω9), C18:1 (ω9)와 같이 표시한다. 18:1에서 18은 탄소수, 1은 이중결합 갯수이다. 그리고 n-9나 ω9은 말단 메칠기로부터 9번째 탄소원자가 처음으로 이중결합을 가지고 있다는 것을 의미한다.
올레산 (oleic acid) 18:1n-9 시스의 이중결합이 1개 인 C18 불포화지방산
리놀산 (linoleic acid) 18:2n-6 시스의 이중결합이 2개 인 C18 불포화지방산
리놀렌산 (linolenic acid) 18:3n-3 시스의 이중결합이 3개 인 C18 불포화지방산

density lipoprotein, VLDL), 저밀도 리포단백질 (low density lipoprotein, LDL), 고밀도 리포단백질 (high density lipoprotein, HDL)의 3 성분으로 나뉘는데, 원구류나 판새류는 VLDL이나 LDL이 많고, 진골어류는 HDL의 비율이 높다고 한다. 잉어에서는 식이성 지질이 순환계에서 이동할 적에는 VLDL, LDL, HDL이 모두 관여하지만 가장 중요한 운반체는 HDL인 듯 하다 (手島, 1991).

어류도 탄수화물이나 단백질의 이화되어 만들어지는 아세칠 CoA로부터 팔미트산과 같은 포화지방산을 만들며, 포화지방산을 불포화화 하여 n-9 계열의 폴리엔산을 만들 수가 있다. 하지만 n-6나 n-3 위치에는 이중결합을 도입할 수가 없기 때문에 이들 지방산은 먹이에 유래하는 지방산이거나 그 변환물이다. 이처럼 어류도 육상동물과 마찬가지로 C18 이상의 n-3나 n-6 계열의 지방산을 생합성 할 수가 없으므로 이들을 필수지방산 (essential fatty acid, EFA)이라 한다. 어류의 EFA는 어종에 따라 다르며, n-3과 n-6 계열 지방산의 요구량 차이에 따라 담수어-1형 (무지개송어형), 담수어-2형 (잉어형), 담수어-3형 (틸라피아형), 해수어형 (도미형)으로 나눈다 (手

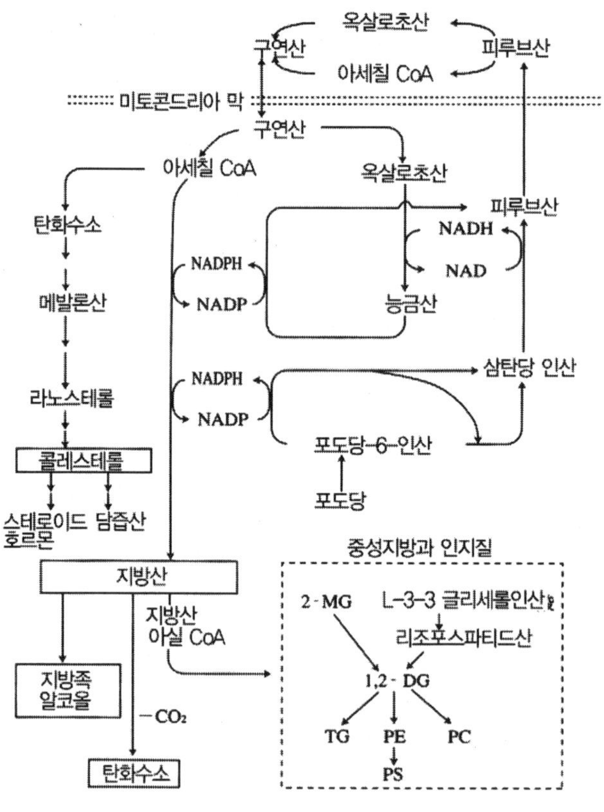

그림 10-6 지질의 생합성 경로 (手島, 1991에서 인용).

島, 1991). 틸라피아를 제외한 나머지 어류는 n-6 계열 지방산보다 n-3 계열 지방산을 요구하는 듯 하다. 그리고 어류는 아세칠 CoA로부터 메발론산, 스쿠렌 등을 거쳐 콜레스테롤을 생합성 할 수가 있다. 콜레스테롤은 스테로이드 호르몬의 출발물질로 중요하다. 그림 10-6은 지질의 생합성 경로를 보여준다 (手島, 1991).

갑상선호르몬이 지방 동원작용이 있다는 것이 포유류에서는 알려져 있다. 어류에서는 간장이나 지방조직의 지방을 감소시켜 혈중 유리지방산 농도를 증가시킨다는 보고가 있는 반면에 부정적인 결과나 정반대의 결과도 보고되는 등 일정한 결과가 얻어지지 않고 있다. 또한, 포유류에서는 갑상선호르몬이 기초대사량을 높이는 작용이 있다고 알려져 있지만, 어류에서는 갑상선호르몬이 에너지 대사에 관여한다는 것은 부정적이다 (乾, 1987).

이와는 반대로 성장호르몬을 투여하면 연어과 어류의 근육이나 몸의 지방함량은 감소하며, 무지개송어나 뱀장어의 혈중 유리지방산 농도는 증가하는 것으로 미루어 어류에서는 성장호르몬이 지방 동원작용이 있는 게 아닐까 여겨진다 (乾, 1987). 연어과 어류가 스몰트로 변태할 적 (smoltification)에는 해수 적응능력이 발달함과 아울러 몸이 은색화 하고, 지방함량이 줄어 체장이 늘기 때문에 몸이 슬림해진다. 근래에는 성장호르몬이 해수 적응능력과 몸의 슬림화를 촉진한다는 것이 밝혀졌다. 성장호르몬과 공통의 조상분자를 가지지만 유전자 중복에 의해 출현한 프로락틴 (prolactin)이 담수 적응을 위한 필수 호르몬이며, 또한 지방 축적에 관여할 가능성이 있다는 것은 매우 흥미롭다. 한편, 체색이 은색화 하는 것은 체표에 구아닌 색소의 침착이 촉진되기 때문인데, 이것에 갑상선호르몬이 관여하고 있는 듯 하다.

필수지방산이 부족하면 여러 가지 장애가 일어난다고 알려져 있다. 연어과어류인 (*Oncorbynchus tshawytscha*)는 체색이 엷어지고 성장 저하가 일어나며, 무지개송어는 몸통 후반부가 백변 · 경화하고, 꼬리 부위가 짓무르며, 성장 저하, 쇼크증상 등이 일어난다고 한다 (鹿山, 1983). 무지개송어나 참돔은 친어의 산란성적과 난질 (부상란율, 발안율, 부화율)에도 나쁜 영향이 미친다는 것이 밝혀졌다. 이들 난질의 저하는 n-3 계열 고도불포화지방산을 첨가하였더니 개선되었다고 한다 (渡邊, 1988).

§3. 단백질대사와 성장

대부분의 어류는 육식성이고 이들의 단백질과 아미노산 요구량은 포유류보다 훨씬 많다. 포유류는 탄수화물이나 지방으로부터 에너지를 생산하지만 어류는 총에너지 생산의 40% 이상을 단백질을 이화하여 얻으며 85%가 되는 수도 있다. 포유류는 아미노산에서 당신생을 한다. 지방을 합성하는데도 당을 이용한다. 그래서 당을 많이 섭취하면 지질의 축적된다. 하지만 어류는 단백질이 분해되어 생긴 아미노산이 당신생이나 지질 합성의 기질로 쓰인다.

단백질로부터 아미노산으로의 이화 또는 섭취한 아미노산으로 단백질 합성 등은 어류와 포유동물간에 큰 차이는 없지만, 질소대사에서 최종산물과 그 배설형태는 다르다. 즉, 모든 동물은 단백질의 대사산물로 암모니아를 만들어내고, 대부분의 어류는 암모니아를 물 속으로 배설하는데 비해, 육상의 척추동물은 요소와 요산과 같은 독성이 없는 형태로 체내에 가지고 있다가 배출한다. 어류 중에서도 연골어류는 암모니아를 요소로 바꾸어 혈액 중에 갖는다. 이 때문에 연골어류는 요소 배출동물이며, 혈액의 삼투압을 해수와 같게 하려고 요소를 적극적으로 만들어 혈액 중에 갖기 때문에 요소 삼투압동물이라고도 한다.

동물이 아미노산에서 암모니아를 만드는 과정으로는 아미노기 전이반응과 푸린 뉴클레오티드

회로가 있지만, 어류는 아미노기 전이반응의 기능이 큰 듯 하다. 어류는 특히 섭이 후 간장에서 아미노산이 탈아미노화 되어 암모니아가 만들어지지만, 절식을 시키면 신장이나 근육도 탈아미노화

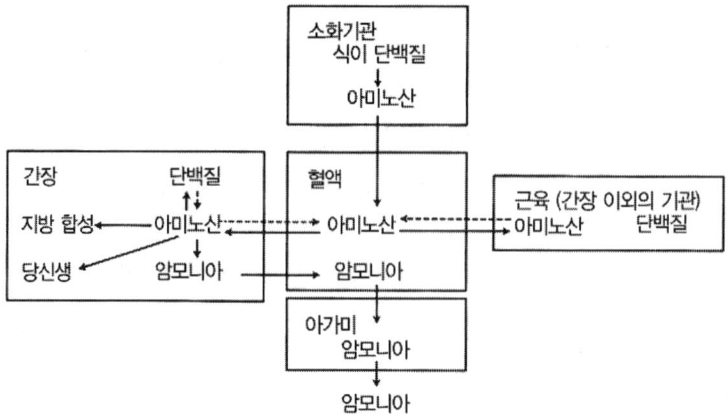

그림 10-7 어류에서 아미노산성 질소의 흐름 (乾, 1987에서 인용)

에 관여한다고 한다 (坂口, 1983).

경골어에서 단백질, 아미노산, 암모니아의 흐름을 그림 10-7 (乾, 1987)에 나타내었다. 혈액 중의 아미노산은 먹이에서 유래하는 아미노산이거나 몸의 단백질이 분해되면서 만들어진 아미노산인데 간장에서는 이들을 이용하여 당신생이나 지방합성, 단백질합성에 사용하며, 일부는 탈아미노화 되어 암모니아가 만들어진다. 그리고 혈중 아미노산은 몸의 여러 곳에서 단백질을 합성하는데 이용된다. 혈중 아미노산 농도는 섭이 직후에 높아지지만 대개는 4-9 mg/dl 또는 100ml의 안

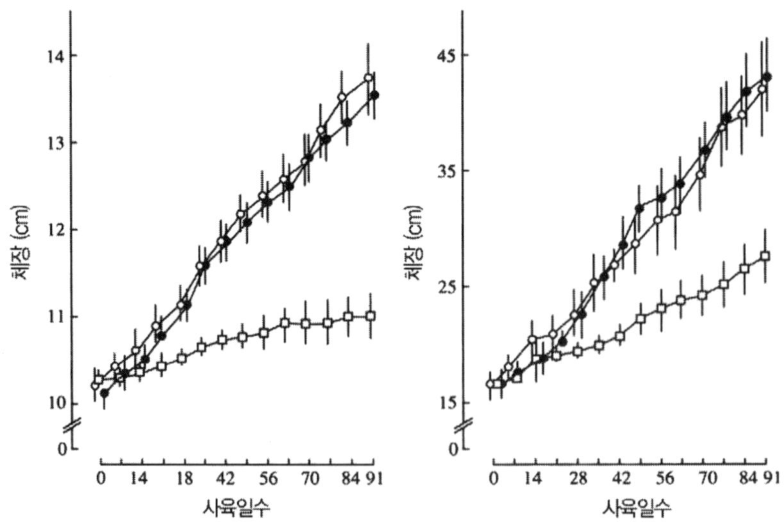

그림 10-8 대장균이 생산하는 연어(*Oncorhynchus Keta)* GH (rsGH)와 천연 연어(GH (SGH)의 성장촉진 효과 비교 (高橋 · 川内, 1987에서 인용) rsGH 1 ug/마리 (●)와 sGH 1 ug/마리 (○)을 0일부터 80일까지 7일마다 13회나 무지개송어 복강에 주사했다. □: 대조군.

정한 수준을 유지하기 때문에 혈중 아미노산 농도를 일정하게 유지토록 하는 기구가 작동하는 듯 하다. 어류에서는 단백질, 아미노산 대사를 조절하는데 인슐린이 큰 역할을 한다고 알려져 있다. 인슐린은 혈당치를 낮추는 호르몬으로 알려져 있는데, 뱀장어에게 인슐린을 투여하면 혈당치를 낮출 뿐 아니라 혈중 아미노산 농도도 낮춘다. 또한 뱀장어의 간장이나 아가미덮개근육 (鰓蓋筋)을 이용한 배양실험에서 인슐린은 단백질 합성을 촉진시켰다. 게다가 여러 어종에게 인슐린을 투여했더니 근육 중의 유리아미노산은 줄고 단백질 합성은 촉진되었다는 보고가 있다. 이처럼 인슐린은 간장이나 근육에서 아미노산이 세포에 잘 흡수되도록 하고, 세포내에서 단백질 합성도 촉진한다 (乾, 1987).

어류 자신이나 포유류의 성장호르몬 (growth hormone)을 어류에게 투여하면 성장은 촉진된다. 하수체를 떼어낸 어류를 사용하면 효과는 더욱 뚜렷해진다. 대장균을 이용하여 만든 어류의 조합 성장호르몬에도 성장촉진 효과가 있다는 것이 밝혀졌다 (高橋 · 川内, 1987; 그림 10-8). 성장호르몬은 근육과 간장에서 단백질 합성, 연골조직으로 황산염의 흡수를 촉진시킨다. 다만 포유류보다 어류는 단백질 합성작용이 발현하는 데는 상당히 오랜 시간이 걸린다. 성장호르몬의 분비에서 단백질 합성촉진까지 장시간이 걸리는 이유는 어류가 변온동물이며, 생식수온이 포유류의 체온에 비해 아주 낮기 때문인 듯 하다.

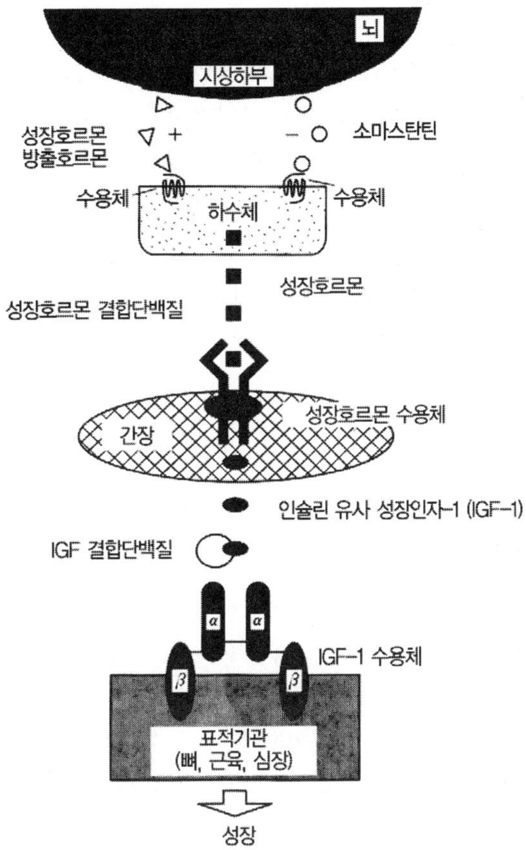

그림 10-9 성장에 대한 내분비 제어 기구 (Moriyama 등,2000에서 인용)
세포막에 있는 수용체에 시상하부호르몬, 성장호르몬, IGF-1이 결합하게되면 생리작용이 나타난다. 성장호르몬과 IGF-1은 혈액 중에 존재하는 특이결합단백질과 결합한다.

하수체에서 분비된 성장호르몬은 주로 간장에 작용하여 인슐린 유사 성장인자-Ⅰ (insulin-like growth factor-Ⅰ, IGF-Ⅰ)의 생산과 분비를 촉진한다. IGF-Ⅰ은 혈액을 통해 연골, 뼈, 근육 등의 표적기관에 운반되어 IGF-Ⅰ 수용체와 결합을 하여 단백질 합성이나 세포분열을 촉진시켜 성장을 좋게 한다 (Moriyama 등 2000, 그림 10-9). 이 밖에도 IGF-Ⅰ은 미량이지만 여러 조직에서 만들어지며 주변(곁)분비 자기분비적으로 작용한다는 것이 알려져 있다. 혈중 IGF-Ⅰ 농도의 95% 이상은 각종 IGF 결합단백질과 결합해 있으며, 이들 결합단백질이 IGF-Ⅰ 수용체와 결합할 수 있는 유리형 의 IGF-Ⅰ 농도를 조절한다. 성장호르몬의 분비는 시상하부에 존재하는 성장호르몬 방출호르몬을 비롯한 몇 종류의 시상하부 호르몬에 의해 촉진되며, 소마토스탄틴(somatostantin)에 의해 억제된다. IGF-1과 구조가 비슷한 IGF-Ⅱ는 포유류에서 배의 초기발생에 중요한 역할을 한다고 하지만, 어류에서의 기능은 아직 잘 알려져 있지 않다.

성 스테로이드 호르몬, 특히 합성한 웅성호르몬은 사람이나 가축에게 단백질 동화작용이나 근육증강 작용이 강하다는 것이 알려져 있다. 어류에서도 성 스테로이드 호르몬이나 합성 스테로이드가 체중 증강 작용이 있다는 것이 밝혀졌다. 하지만 투여량이 많으면 오히려 이화작용이 일어난다고 하므로, 단백질 대사에 미치는 자세한 작용은 아직 더 검토가 필요하다.

§4. 산란 회유와 대사

산란하려고 회유를 하는 연어과 어류가 바다에서는 먹이를 먹지만 하천을 거슬러 올라 갈 적에는 먹이를 먹지 않는다. 하천에서 산란장까지 거리가 1,000 km나 되는 캐나다 플레이저강을 거슬러 오르는 홍연어는 절식상태에서도 생식선을 성숙시키면서 산란장에 도달할 수 있는 에너지를 확보해야만 한다. 간장이나 근육 중의 글리코겐은 곧 소비되므로 그 이후에는 지방이 주요 에너지원이 된다. 하지만 결국에는 지방마저 다 소모하게 된다. 동물을 절식상태로 두면 수주간 이내에 지방을 다 소모하며, 이후에는 체 단백질 특히 근육단백질이 분해되어 만들어진 아미노산을 에너지원으로 삼는다. 강을 거슬러 오르는 홍연어는 보통근 중의 가용성 및 불용성 단백질 획분이 70%나 감소하며, 단백질 분해효소 활성도 뚜렷하게 증가하는 것으로 미루어 보통근이 분해되어 아미노산이 공급되는 듯 하다. 뱀장어를 절식시키면 간장의 글리코겐은 빠르게 줄지만 차츰 천천히 증가한다. 이때 간장의 아미노기 전이효소 활성과 혈장 중 아미노태 질소량이 증가하는 것으로 미루어 체 단백질이 분해되어 생긴 아미노산으로 당신생을 하는 듯 하다 (乾, 1987). 산란을 위해 강을 거슬러 오르는 홍연어 수컷도 간장의 글리코겐 농도가 늘어나는 것으로 미루어 연어도 아미노산으로 당신생을 하는 듯 하다.

연어가 강을 거슬러 오르는 동안에 체 단백질이 이화하는데는 간신선에서 분비되는 코티졸이나 성 호르몬이 관여하는 듯 하다. 강을 오르는 동안에도 연어는 간신선의 기능이 항진되며, 혈중 코티졸 농도도 6배나 증가한다고 한다. 또한, 연어에게 17α-메칠테스토스테론을 투여하면 근육의 자기분해가 촉진되며, 그 결과 단백질은 줄며, 엑스태 질소가 증가한다. 아마도 강을 오르는 동안에 코티졸과 성 호르몬 농도가 높아지며, 이것이 단백질의 이화를 더욱 돕는 듯 하다.

文　献

林　征一（1983）：糖新生系，魚類の物質代謝（永山文男編），恒星社厚生閣，pp.23-34.

乾　靖夫（1987）：回遊と代謝，回遊魚の生物学（森沢正昭・会田勝美・平野哲也編），学会出版センター，pp.53-69.

鹿山　光（1983）：油化学，32，1-7.

鹿山　光・飯島憲章（1983）：グリセロ脂質の代謝，魚類の物質代謝（永山文男編），恒星社厚生閣，pp.35-51.

Moriyama, S., F. G. Ayson, and H. Kawauchi（2000）：Growth regulation by insulin-like growth factor-I in fish. *Boisci. Biotechnol. Biochem.*, 64, 1553-1562.

村田　寿（1983）：脂肪酸のβ酸化，魚類の物質代謝（永山文男編），恒星社厚生閣，pp.68-79.

能勢健嗣（1983）：エネルギー代謝，魚類の物質代謝（永山文男編），恒星社厚生閣，pp.106-116.

坂口守彦（1983）：非タンパク態窒素化合物の代謝，魚類の物質代謝（永山文男編），恒星社厚生閣，pp.80-90.

佐藤　守（1983）：物質代謝とビタミン，魚類の物質代謝（永山文男編），恒星社厚生閣，pp.91-105.

示野貞夫（1983）：糖代謝系，魚類の物質代謝（永山文男編），恒星社厚生閣，pp.9-22.

示野貞夫（1991）：魚介類の糖質とその代謝，水産生物化学（山口勝己編），東京大学出版会，pp.56-71.

高橋明義・川内浩司（1987）：遺伝子組み換え技術による成長ホルモンの生産とその利用，回遊魚の生物学（森沢正昭・会田勝美・平野哲也編），学会出版センター，pp.213-221.

手島新一（1991）：魚介類の脂質とその代謝，水産生物化学（山口勝己編），東京大学出版会，pp.34-55.

渡邉　武（1988）：養魚飼料としての水産油脂，水産油糧学（外山健三・高木　徹・渡邉　武編），恒星社厚生閣，pp.171-186.

Watts, R. L. and D. C. Watts（1974）：Nitrogen metabolism in fishes. in "Chemical Zoology"（M. Florkin and T. Scheer eds.）Vol. 8, pp.369-446 Academic Press, New York.

제 11 장 삼투압 조절 · 회유

§1. 내부환경과 이온 · 삼투압 조절

생물이 생명활동을 유지하는 데에는 체내의 환경을 일정한 생리적 범위내로 유지하는 것은 가장 중요한 조건중의 하나이다. 개체를 형성하는 세포의 대부분은 외부환경과 직접 접하는 것이 아니라, 그 주위를 내부환경인 체액에 의해서 충진되어져 있다. 내부환경 (체액)을 규정하는 요인으로써는 화학적, 물리적인 것을 포함해 여러 가지가 있지만, 그 중에서도 이온농도 및 거기에 기인하는 삼투압 (osmotic pressure)은 중요한 요인이다.

삼투압은 반투막을 경계로 물과 용액을 넣은 경우에 생기는 압력차라고 정의되며, 순수 (純水) 1kg에 이상비전해질 (理想非電解質)이 1 몰 함유되어 있는 경우의 삼투압 (중량삼투압농도, osmolality)을 1 Osm/kg H_2O 라고 한다. 생물의 체액중 삼투압을 표현할 때에는 mOsm/kg H_2O를 사용하는 경우도 많다.

1-1 체액중 이온 조성과 삼투압

체액의 삼투압은 용질의 몰농도에 의해서 결정되지만, 그 대부분은 무기이온에서 유래한다. 동물의 체액중 이온조성은 원구류인 해산 먹장어류의 체액이 해수와 거의 동등한 것을 제외하고, 서식환경에 관계없이 해수의 1/4~1/2정도로 유지하며, 현존하는 어류의 대부분을 점유하고 있는 진골류 (Teleost)도 그 예외는 아니다 (표 11-1). 한편, 해산 판새류 (板鰓類)의 체액은 해수의 약 반정도의 무기이온을 함유하고 있지만, 그 외에 다량의 요소 (尿素; urea)와 trimethylamine oxide (TMAO)가 체액중에 존재하는 것으로 그 삼투압은 해수보다도 거의 고장 (高張)으로 이루어져 있다 (표 11-1). 이와 같이 체액중에 요소등을 축적함으로써 체액 삼투압을 해수와 같은 정도로까지 높이고 있는 동물로써 같은 연골류에 속하는 전두류 (全頭類)인 은상어나 경골어류에서는 총기류 (總鰓類)인 시라칸스 등이 있어, 척추동물중에서 특이한 한 그룹을 형성하고 있다

진골류의 체액삼투압은 담수어, 해산어에 관계없이 300 mOsm/kg H_2O 정도로 유지하고 있다. 체액에는 여러 가지 이온을 함유하고 있지만, Na^+과 Cl^-가 대부분 점유하며 실제로 체액삼투압의 90% 이상이 Na^+과 Cl^-에 의한 것이다. 그러나 그 외에 미량으로 함유되어 있는 이온도 생리학적으로는 중요하며, 마찬가지로 일정한 범위로 유지하고 있다. 특히 Ca^{2+}는 골조직의 주성분일 뿐만 아니라 신경의 흥분, 근육의 수축, 호르몬의 분비등, 생명 활동의 여러 가지 국면에서 중요한 역할을 담당하고 있다. 그렇기 때문에 체액의 Ca^{2+} 농도는 척추동물 전반을 통해서 1.5 mM 정도로 유지하고 있다. 대부분의 척추동물은 체액에 함유되어 있는 여러 가지 이온의 농도를 생리적

표 11-1 어류의 체액 이온 조성과 삼투압

어 종*	환경수	Na (mM)	Cl (mM)	K (mM)	Mg (mM)	Ca** (mM)	Urea (mM)	삼투압 (mOsm / kg)
해수		439	513	9.3	50	9.6	0	1,050
원구류								
먹장어 *Myxine glutinosa*	海水	486	508	8.2	12	5.1	–	1,035
칠성장어 *Petromyzon marinus*	海水	156	159	32	7.0	3.5	–	333
칠성장어 *Lampetra fluviatilis*	淡水	120	104	3.9	2.0	2.5	–	272
판새류								
까치상어 *Triakis scyllium*	海水	231	299	6.3	2.3	3.7	304	1,077
괭이상어 *Heterodontus japonicus*	海水	278	355	12.6	1.8	4.5	220	1,080
노랑가오리 *Dasyatis akajei*	淡水	146	175	15.4	1.3	3.1	48	488
진골류								
무지개송어 *Oncorhynchus mykiss*	淡水	164	–	3.6	0.9	2.9	–	306
잉어 *Cyprinus carpio*	淡水	130	125	2.9	1.2	2.1	–	274
우다이 *Tribolodon hakonensis*	淡水	154	124	–	1.8	2.9	–	310
해산송사리 *Fundulus heteroclitus*	淡水	160	–	–	–	3.1	–	330
	海水	178	–	–	–	3.1	–	337
틸라피아 *Oreochromis mossambicus*	淡水	163	140	4.5	–	(1.6)	–	309
〃	海水	175	161	4.1	–	(1.8)	–	328

* 平野 (1987), Evans (1993)외
** 전 Ca 량, ( )내는 이온화 Ca, 이온화 Ca는 전 Ca의 약 반을 차지한다.

허용 범위내에서 유지함과 동시에, 주로 이온농도의 총계에 의해서 규정되어지는 삼투압을 조절하고 있기 때문이다.

1-2 수생 (水生)과 육생 (陸生)

물을 생활의 장소로 하는 어류 이외에도, 육생의 척추동물에서도 체액의 삼투압은 마찬가지로 300mOsm/kg H_2O 정도로유지하고 있지만, 수생과 육생에서 놓여져 있는 상황은 매우 다르다. 어류의 호흡기관인 아가미에서는 가스교환의 효율을 높이기 위해 두께가 불과 수 마이크론의 호흡상피를 통해서 환경수와 모세 혈관이 접하고 있다. 그렇기 때문에 농도구배에 따라서 몸 안팎에서의 이온의 이동이 일어난다. 체액보다도 약 3배 염농도가 높은 해수중의 어류에서는 체내에 과잉의 이온이 유입하고, 역으로 담수에서는 체내에서 이온이 유실한다. 이와 같은 상황은 공기중에서 생활하는 육상동물에는 존재하지 않는 것이 있다. 변화로 풍부한 이온 환경이라고도 말할 수 있는 수권 (水圈)에서 체액의 이온 조성 및 삼투압을 조절하기 때문에 어류는 독특한 기구를 발휘시키고 있다.

1-3 협염성 (狹鹽性)과 광염성 (廣鹽性)

잉어과 어류로 대표되는 담수 진골어류는 해수 환경에 잘 적응하지 못한다. 예를들면 금붕어를 해수에 옮겨 놓으면 체액의 삼투압이 생리학적인 허용범위를 넘어 상승하여 결국에는 죽음에 이른다. 또 꽁치나 전갱이등의 해산 진골류가 담수역을 유영하고 있는 모습은 상상하기 어렵고, 실제로 담수역에는 서식하기 어렵다. 이와 같이 담수 또는 해수 어느 쪽의 환경이 아니면 생존할 수 없는 어류를 협염성 어류 (stenohaline fish)라고 한다. 그것에 대해서 담수, 해수의 어느 쪽이든 적응 가능한 어류를 광염성 어류 (euryhaline fish) 이다. 연어과 어류나 뱀장어등의 회유어는 생활사중에서 바다와 강을 왕래하여, 광범위의 염분환경에 적응하는 메카니즘을 구비하고 있다. 또 문절망둑, 숭어와 같이 강 어귀역에 서식하는 어류의 대부분도 광염성을 나타내고, 틸라피아, *Oreochromis mossambicus*에서는 180% 농축해수에서도 적응 가능한 것이 실험적으로 확인되어졌다. 이와 같은 생리학적 관점에서 어류는 협염성과 광염성으로 크게 구별되지만, 양자의 구별은 반드시 명확하지 않고, 그 중간적인 성질을 나타내는 어종도 많다. 협염성과 광염성의 차이는 나중에 기술할 삼투압조절기관의 기능 다양성과 가역성에 의존하는 것이라 추측되어진다.

§2. 어류의 삼투압 조절

여기에서는 최근 연구가 진전되고 있는 진골어류 중심으로 삼투압 조절의 기구에 관해서 기술한다. 일반적으로 진골어류에서는 아가미 (gill), 신장 (kidney), 장 (intestine)이 삼투압 조절에 중요한 역할을 담당하고 있다 (그림 11-1). 해수중에서는 이온이 아가미등의 체표에서 체내로 유입되며, 역으로 체내의 물은 유실되어 탈수되는 경향이 나타난다. 해산 진골어류는 해수를 마셔서 장에서 흡수하게 되고, 수분만을 체내로 머물러 여분의 염류를 아가미의 염류세포를 통해 외계로 배출되고, 또 신장이 체액과 거의 등장 (等張)인 뇨를 만들어서 밖으로 배출한다. 한편 담수 진골류에서는 물이 체내로 침입하여 염류가 유출한다. 여기에 대처하기 위해 담수어는 신장에서 다량의 묽은 뇨를 만들어, 염류를 유지하며 계속해서 과잉되는 수분만을 배출한다. 또 환경수에 녹아 있는 미량의 염류를 아가미에서 흡수하고, 체내의 염류 부족을 보완하고 있다.

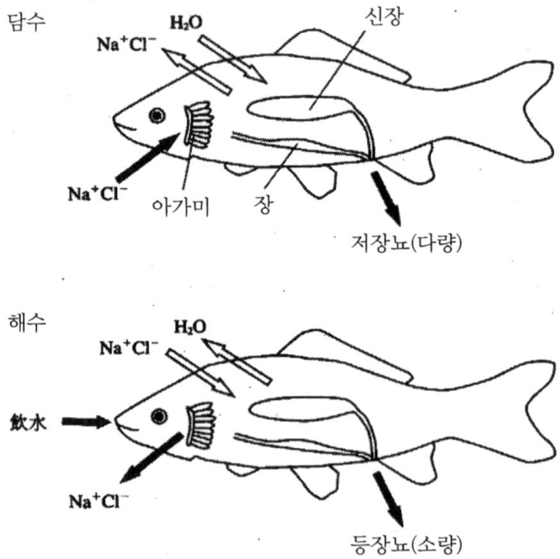

그림 11-1 어류의 삼투압 조절 기구
검은 화살표시는 물과 이온의 능동적인 움직임을, 흰 화살표시는 농도구배에 의한 이동을 나타낸다

이와 같은 어류는 담수, 해수라는 크게 다른 환경중에서 삼투압조절기관를 조화롭게 작동함으로써 체액의 이온 농도나 삼투압을 유지하고 있다.

2-1 아가미와 염류세포

1) 아가미의 구조와 기능 아가미는 좌우 4쌍으로 이루어진 기관으로, 육상 척추동물의 폐와

마찬가지로 호흡기관으로써 기능을 하지만, 삼투압 조절이나 산염기 조절에도 중요한 역할을 담당하고 있다. 그림 11-2에 나타낸 것 처럼, 4쌍의 아가미궁 (鰓弓; gill arch), 아가미변 (鰓弁; gill filament)이 후방으로 향해 좌우교대로 V자형으로 늘어나서, 각 새변의 양측에는 주름상의 2차 아가미변 (gill lamella)이 형성된다. 라디에타 구조와 마찬 가지로 2차 아가미변이 빈틈없이 존재함으로써 아가미의 표면적이 넓어지고, 가스 교환의 효율을 높이고 있다.

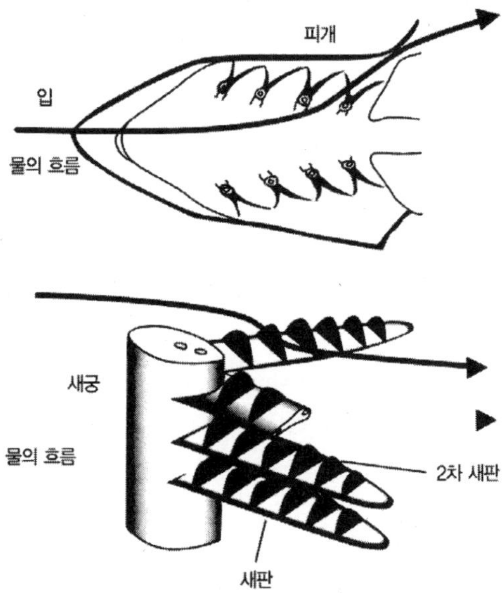

그림 11-2 아가미의 구조. 위 : 어류의 등면에서 본 아가미의 배치. 아래 : 아가미의 입체도

아가미에는 입새동맥 (入鰓動脈)에서 혈액이 공급되어, 입새변동맥 (入鰓弁動脈)을 걸쳐 2차 아가미변으로 들어간 혈액은 벽주세포 (壁柱細胞)로 구성되어 있는 망목상 (網目狀)의 모세혈관에 도달한다. 2차 아가미변에서는 두께가 겨우 수 마이크로의 호흡 상피세포 [피개세포 (被蓋細胞); pavement cell]를 통해서 체내외가 접해, 혈액과 환경수 사이에서 가스교환이 이루어진다. 산소를 받아 들인 동맥혈은 출새변 (出鰓弁) 에서 출새동맥 (出鰓動脈)을 걸쳐 등쪽 대동맥(背大動脈)쪽으로 흘러간다. 입새변동맥 (入鰓弁動脈)은 V자형으로 배열하는 새변의 내측 테두리로, 또 출새변동맥은 V자형의 외측의 테두리에 평행하게 이어져, 혈액은 2차 새변내를 아가미변의 가지인 V자형의 내측에서 외측으로 향해서 흐른다. 2차 새변에서 혈액과 환경수의 흐름은 역방향으로 된다. 이와 같은 물흐름 시스템은 2차 새변의 전면을 지나서 환경수와 혈액간에 가스 분압차를 가지며, 가스 교환의 효율에 뛰어난 구조이다.

환경수에 접하는 아가미 표면은 피개세포, 염류세포 (chloride cell) 및 점액세포 (mucous cell)로 이루어져 있다. 호흡상피인 피개세포는 아가미 상피의 대부분을 차지하는 편평한 세포로, 그 표면에는 지문상의 구조가 보여진다. 위에서 기술한 것처럼, 2차 아가미변에서는 피개세포를 통해서 환경수와 혈액이 접해 가스 교환의 장소로 된다. 또 표면의 지문상 구조는 가스교환이 이루어지는 표면을 넓혀줌과 동시에 점액의 유지에도 관여하고 있는 것 같다. 염류세포와 점액세포는 피개세포 사이에 매몰되여져 있으며 아가미 상피에 존재한다. 염류세포는 이온 수송을 담당하는 세포이며, 아가미의 삼투압조절기능에서 중심적인 역할을 담당하고 있다. 또 점액세포에서 분비되어지는 점액은 아가미 상피와 외부환경과의 울타리로 되며, 물리적 혹은 화학적으로 아가미 상피를 보호하고 있다.

2) 염류세포 (塩類細胞; chloride cell) 염류세포는 mitochondria로 충만되어 있는 대형의 호산성 세포이다 (그림 11-3). 진골어의 아가미 이외의 조직에서는, 아가미 덮개를 덧붙여 튼튼하게 하는 새개막 (鰓蓋膜; opercular membrane) 혹은 배자어기 (胚仔魚期)의 체표나 난황낭상피 (yolk-sac membrane)에서도 관찰되지만 일반적인 구조는 공통적이다. 세포질에는 다수의 mitochondria가 존재하고, 체내측 (漿膜側)의 세포막 (basolateral membrane)이 세포질에 복잡하게 뒤 얽혀 있는 관상구조를 형성한다. 그 결과, basolateral membrane이 점유하고 있는 표면적은 현저하게 증대한다. 여기에서는 각종의 이온수송 단백질이 존재하고, 세포내와 체내측과의 사이에서 이온 수송이나 교환이 이루어진다. 한편 세포의 정단부에 위치하는 점막측의 세포막 (apical membrane)은 외계에 접하여 환경수와 세포내 사이에서의 이온 수송의 장소이지만, 여기에서도 ion channel, 이온 교환체등의 이온수송 단백질이 분포한다. 또 apical membrane은 내측에 함입하여 개구부 (開口部; apical pit)를 형성하는 것이 많다.

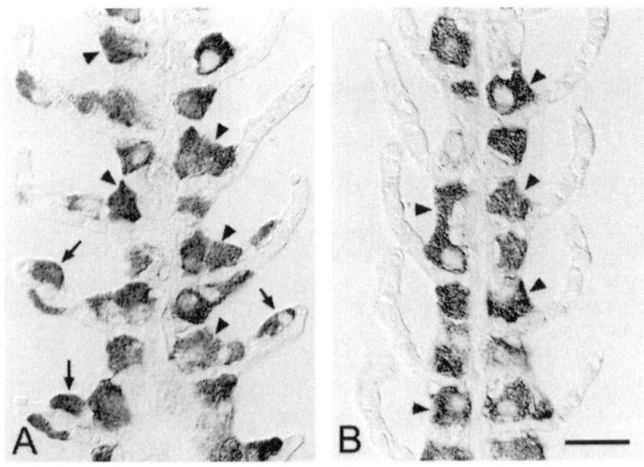

그림 11-3 연어 치어의 아가미 염류세포
A. 담수. 염류세포는 아가미변 (화살촉)과 2차 아가미변 (화살)에 분포한다.
B. 해수이행후. 2차 아가미변의 염류세포가 소실하여 아가미변의 세포만이 남는다. 크기 : 20 mm

같은 형태적 특징을 가지며 이온 수송에 관여하는 세포는 어류의 아가미 뿐만 아니라 포유류 신장 (腎臟)의 집합관 (集合管), 개구리의 표피, 거북이나 개구리의 방광막등 척추동물에서는 폭넓게 관찰되지만, 그 형태적 특징에서 보면 일반적으로 mitochondrion-rich cell (MRC)이라 부른다. 염류세포도 MRC에 속하는 세포라고 추측되지만, 기능의 관점에서 보면 ionocyte라고도 불려지기도 한다. 상어 · 홍어등 판새류에서 특유한 직장선 (直腸腺)을 구성하는 세포도 MRC의 한

종류로 해산의 판새류에서 체내로 과잉 공급되는 염류를 직장으로 배출한다.

염류세포는 아가미 상피에 넓게 분포하고, 특히 아가미변의 입새변동맥측 (入鰓弁動脈側)에 많고, 2차 아가미변이 붙어 있는 기저부위 혹은 입새변동맥측의 테두리에 밀접하게 분포한다. 입으로 유입되는 환경수는 아가미변의 출새변동맥측에서 입새변동맥 쪽으로 흐르게 되며, 따라서 염류세포는 물 흐름의 아래쪽에 위치한다. 연어과 어류, 뱀장어, 농어등의 어종에서는 해수중에서 아가미변에 있는 염류세포는 대형화이며, 형태적으로 활성이 높은 상태로 된다. 또 이러한 어종에서는 2차 아가미변에서도 편평한 염류세포가 관찰되지만, 2차 새판에 있는 세포가 담수에 놓여질 경우에 현저하게 된다 (그림 11-3). 따라서 아가미변에 있는 염류세포가 해수형, 2차 아가미변에 있는 세포가 담수형이라 추측되어진다. 한편 틸라피아나 해산 송사리 *Fundulus heteroclitus*의 염류세포는 담수, 해수에 관계없이 거의 입새변동맥측의 새변에 위치하며, 2차 아가미변에는 거의 관찰되지 않는다. 틸라피아의 경우 담수 보다도 해수에서 염류세포가 발달하지만, 해산 송사리는 역으로 담수에서 염류세포가 크게 발달한다. 이것은 광염성 어류중에서도 담수기호성 (淡水嗜好性) 또는 해수기호성 (海水嗜好性)이 강한 어종이 존재한다는 것을 나타낸다.

해수에 적응된 어류에서 기능을 나타내는 염류세포는 인접하는 악세서리 세포라고 불려지는 소형의 세포와 세포 복합체를 형성하는 것이 많다. 염류세포와 악세서리 세포는 1개의 개구부를 공유하며, 상호간의 세포막이 손가락을 짝을 맞추어 놓은 것처럼 뒤얽힌 구조 (指狀鉗合)를 나타낸다. 양자사이에는 세포 간극이 넓게 형성되지만, 이것은 Na^+의 배출에 유리한 구조라 여겨진다. 한편 이와 같은 세포 복합체는 담수 어류에서 적고, 염류세포는 오로지 단독으로 존재한다.

3) 해수어의 아가미 해수에 적응된 어류는 체내에 과잉 상태인 Na^+과 Cl^-를 아가미의 염류세포에서 능동적으로 배출한다. 현재 논의되고 있는 염류세포의 이온수송 모델을 그림 11-4에 나타냈다. 이것에 의하면 체내측의 Na^+과 Cl^-는 basolateral membrane에 분포하는 Na^+, K^+, $2Cl^-$, cotransporter에 의해 염류세포내로 전달된다. Na^+은 같은 basolateral membrane인 Na^+, K^+-ATPase 에 의해 일단 세포외로 나오며, 염류세포와 악세서리 세포 간에 형성되는 세포간극

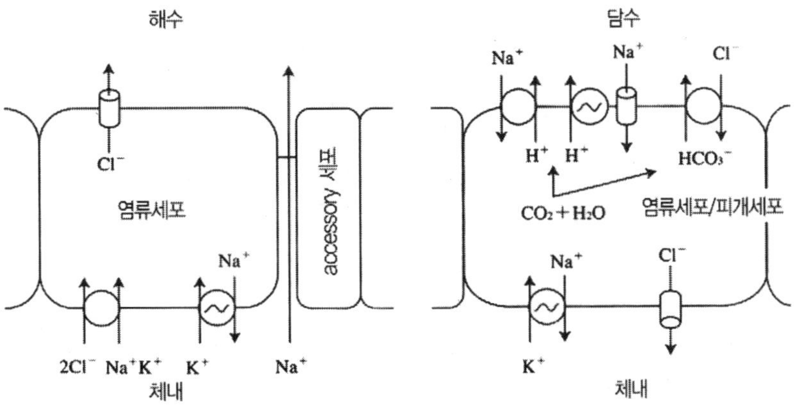

그림 11-4 담수어 및 해수어에 있어서 아가미 상피의 이온 수송 model

을 통해서 체외로 배출된다. 한편, 염류세포에 전달되어진 Cl^-는 apical membrane에 있는 Cl^- channel에 의해 배출되어 진다. Na^+, K^+-ATPase는 이를 테면 나트륨 펌프로써, ATP의 에너지를 사용하여 $3Na^+$을 세포외로 내보내는 것과 동시에 $2K^+$을 세포내로 받아 들인다. 그 결과 세포내의 Na^+농도가 저하됨과 동시에 세포내는 전기적으로 마이너스로되며, 이것이 염류세포에 있어서 이온수송의 구동력을 제공하게 된다. 따라서 Na^+, K^+-ATPase활성은 염류세포의 이온 수송능의 좋은 지표가 된다.

4) 담수어의 아가미 담수의 염농도는 체액보다도 낮기 때문에 담수어에서는 체내의 이온이 확산에 의해서 잃어 버리지만, 아가미에서 능동적으로 이온을 받아들이는 것으로 체내의 이온 바란스를 유지하고 있다. 실제 어류를 극단적인 이온 농도가 낮은 환경에서 사육하면 아가미의 염류세포가 발달하기 때문에 염류세포가 담수중에서 이온의 거두어 들임에 관여하고 있는 것을 엿 볼 수 있다. 그러나 이온의 흡수는 섭이에 의해서도 가능하기 때문에, 아가미에 모두 의존하고 있는 것은 아니다. 또 담수라고 말하더라도 거기에 포함되어 있는 각종 이온농도는 지역에 따라 크게 다르며, 담수역은 다양성이 풍부한 환경이라고 말할 수 있다. 예를들면, 2가의 양이온 (Ca^{2+}, Mg^{2+})이 많고 적음에 따라 경수와 연수로 구분되며, 혹은 H^+농도에 의해서 산성수, 중성수, 알카리수등으로 나뉘어진다. 이와 같은 풍부한 변화에 담수 이온환경으로의 적응에, 염류세포의 이온수송능이 크게 공헌하고 있다.

Krough (1938)는 담수어의 아가미에서 환경수 중의 이온이 농도구배에 역으로 능동적으로 흡수하는 것을 실험적으로 밝혔다. 뱀장어의 몸을 고무막으로 앞뒤로 분할하면 아가미의 전방에서 Na^+과 Cl^-이 흡수되어지는 것을 알 수 있다. Na^+의 흡수는 H^+ 또는 NH_4^+로 부터, Cl^-의 흡수는 HCO_3^-로 부터 제각기 교환해서 수송되어진다. 이들의 기능에 관여하는 이온 수송 단백질은 한정된 어종에서만 최근 분자생물학적 수법에 의해 차츰 동정되어 염류세포내에 있어서 그 부위가 밝혀지고 있다. (그림 11-4). 환경수 측에서 염류세포내로의 Na^+의 흡수에는 2가지 경로가 제창되어지고 있다. 하나는 apical membrane에 분포하는 V-ATPase (H^+ pump)에 의해 세포내에서 외계로 H^+가 능동적으로 배출되어, 그것과 교환해서 apical membrane에서의 Na^+ channel를 통해서 Na^+이 흡수되는 경로이다. 다른 하나는 apical membrane에 있는 Na^+/H^+ exchanger (NHE)에 의해 Na^+의 흡수와 H^+의 배출이 동시에 이루어지는 경로이다. 한편 세포내로 흡수된 Na+은 Na^+, K^+-ATPase에 의해서 체내쪽으로 수송되어진다고 생각되어지며, Na^+, K^+-ATPase는 해수와 담수 쌍방에서 이온수송의 구동력을 공급하고 있다. 그러나 V-ATPase가 피개세포에도 관찰되어지기 때문에 담수중에서의 이온의 흡수에는 염류세포 이외에 피개세포의 관여도 지적되고 있다. 아가미 표면의 대부분 (95% 이상)은 피개세포로 구성되어져 있고, 염류세포가 외부환경에 노출되어진 면적은 전체에서 보면 극히 일부에 불과하다. 또 가스교환의 장소인 피개세포에서는 CO_2와 H_2O에서 carbonic anhydrase의 촉매작용으로 쉽게 H^+와 HCO_3^-를 공급하는 것이 가능하기 때문에 피개세포는 이온을 흡수하는데 조건이 좋다. 그러나 현 시점에서 어느쪽의 세포가 주요한 이온 흡수 부위인지는 확실하지 않다.

5) Ca^{2+}의 흡수 이상 기술한 Na^+과 Cl^-의 수송에 덧 붙여, 염류세포는 Ca^{2+}의 흡수에도 관여하고 있다. 육상 척추동물은 골조직을 Ca^{2+}의 저장소로써 이용하고, 혈액중의 Ca^{2+}농도를 1.5mM 전후의 값으로 유지하고 있다. Ca^{2+}농도가 저하하면 뼈에서 Ca^{2+}를 용출시키고, 역으로 상승하면 인산칼슘으로써 뼈에 침적된다. 그런데 수중생활을 하는 어류에서는, 비록 담수라 하더라도 환경수 중에는 무한의 Ca^{2+}이 존재하고 그것을 흡수하는 기구만 있으면 필요로 할 때 곧장 Ca^{2+}이 이용 가능하기 때문에 골조직에 저장할 필요성은 없다. Ca^{2+}의 흡수에는 섭이, 식수에 의해 장 (腸)에서의 흡수도 중요하지만, 염류세포에 의한 경우가 많다.

틸라피아나 해산 송사리의 새개막 (鰓蓋膜)에는 염류세포가 밀접하게 분포하고, 이온수송의 생리학적 연구에 넓게 이용되어져 왔다. 예를 들면 틸라피아를 낮은 Ca^{2+}물에 순치하면, 새개막에서의 Ca^{2+}흡수를 증가시킴과 동시에 염류세포를 대형화한다. 낮은 Ca^{2+} 환경하에서의 염류세포의 활성화는 새개막의 염류세포에 한정하지 않고, 아가미에도 일반적으로 관찰되어진다.

보통 담수에서는 Ca^{2+}농도가 체액 (약 1.5mM) 보다도 낮기 때문에 Ca^{2+}은 능동적으로 흡수되어진다. 일반적으로 세포내에서 Ca^{2+}농도는 0.1mM 정도의 매우 낮은 값으로 유지되고 있지만, 염류세포도 그 예외는 아니다. 한편 담수에 포함되어 있는 Ca^{2+}농도는 0.2~1.0 mM 경우가 많지만, 지역에 따라서는 체액농도 보다 높은 곳도 있다. 염류세포의 apical membrane에는 Ca^{2+} channel이 존재하고, 그것이 열리면 농도구배에 따라서 외계에서 세포내로 Ca^{2+}이 유입한다. 세포내로 들어 온 Ca^{2+}은 basolateral membrane에서의 Ca^{2+}–ATPase 및 Na^+/Ca^{2+} exchanger에서 체내측으로 수송되지만 Na^+/Ca^{2+} exchanger는 역시 Na^+, K^+– ATPase에 의해서 구동된다. 이와 같이 담수중에 염류세포는 각종 이온의 흡수에 관여하지만, 동일의 세포가 이러한 이온을 동시에 흡수하는 것인지, 혹은 세포에 따라서 기능이 분화하여 있는지는 알 수 없다.

2-2 신장 (腎臓)

1) 신장의 형태 어류의 신장은 체강의 등쪽에 위치하는 가늘고 긴 기관으로, 경골어류에서는 두신 (頭腎; head kidney)과 체신 (体腎; body kidney)으로 구별된다. 두신은 신장의 전단부에서 lymph– like 조직으로 이루어져 있다. 체신에는 다수의 nephron (腎單位)이 있으며, 그 사이를 lymph–like 조직이 채워져 있다. 두신 및 체신에서 나타나는 lymph–like 조직은 경골어류의 주요한 조혈조직 (造血組織)이다. Nephron은 신소체 (腎小体)와 그기

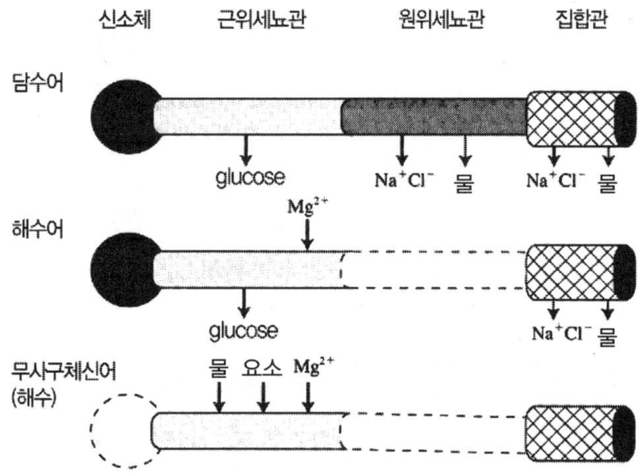

그림 11–5 담수 및 해수 경골어에 있어서 신장의 구조와 기능

에 연결되는 세뇨관 (細尿管)으로 구성되어, 세뇨관은 집합관 (集合管), 수뇨관 (輸尿管)을 걸쳐 배설구 (排泄口)로 연결된다 (그림 11-5). 대부분의 어종에서는 수뇨관의 후방에 방광 (膀胱)을 가지지만, 이것은 수뇨관의 일부가 부풀어 오른 것이다.

신소체 (腎小体)는 신동맥 (腎動脈)에서의 모세혈관이 집합해서 형성되는 사구체 (糸球体; glomerulus)와 이것을 덮어 싼 보우만 주머니 (Bowman's capsule)로 구성되며, 신동맥 (腎動脈)에서 사구체로 운반되어진 혈액이 여과되어 원뇨 (原尿)가 만들어진다. 세뇨관은 신소체와 연결하는 경절 (頸節)에서 근위세뇨관 (近位細尿管), 원위세뇨관 (遠位細尿管)으로 연결되어 집합관 (集合管)으로 합류한다. 근위 및 원위 세뇨관은 제각기 기부곡절 (基部曲節), 말부곡절 (末部曲節)이라고도 불려진다. 근위세뇨관의 관강측 (管腔側)에는 미융모 (微絨毛)가 밀생 (密生)하여 솔모양을 형성하는 것이 특징으로, 솔모양을 없앤 원위세뇨관과는 쉽게 구별할 수 있다. 근위세뇨관은 전방의 제 1부와 후방의 제 2부로 나뉘어진다.

위에서 기술한 nephron의 각 구성 부위는 모든 어종에 구비되어져 있지는 않고, 그 서식환경에 따라서 각 종의 형태적 변이가 나타나며 특정 부위가 없는 경우도 있다 (그림 11-5). 예를 들면 Na^+등의 1가 이온을 재흡수 할때 원위세뇨관이 해산어에서는 결여되어 있다. 회유어인 뱀장어는 nephron에 원위세뇨관을 가지며, 따라서 뱀장어는 신장의 구조에서 보면 담수어이다. 역으로 광염성의 해산 송사리는 원위세뇨관이 결여되어 있어, 신구조 (腎構造)에서는 해산어에 속한다. 해산어의 사구체는 일반적으로 담수어 보다도 작고 수도 적다. 이것은 담수어가 다량의 뇨를 배설하는데 비해서, 해산어는 물의 손실을 억제하기 때문이다. 극단적인 경우에는 사구체를 완전히 없는 것도 있으며, 이와 같은 어종은 무사구체신어 (無糸球体腎魚)라고 불려지며 아귀나 실고기등이 여기에 속한다. 무사구체신어는 해수에 적응하는데 있어서 불필요한 신기능 (腎機能)을 잘라 버려, 해수에 가장 적응한 어류라고 말할 수 있다.

2) 담수 진골어의 신기능 (腎機能) 담수 진골어의 체액 삼투압은 환경수보다도 높고, 아가미 등에서 체내로 물이 침입한다. 그렇기 때문에 담수어는 거의 물을 마시지 않고, 신장에서 저장 (低張)의 뇨를 다량으로 생산함으로써 체내에 과잉으로 된 수분을 배출한다. 따라서 사구체여과량 (糸球体濾過量; glomerular filtration rate; GFR)은 해산어에 비해서 크고, 세뇨관에서의 물의 재흡수는 적다. 한편 사구체에서 수분과 함께 여과되어진 glucose나 Na^+과 Cl^-등의 1가 이온은 세뇨관을 통하는 사이에 재흡수되어진다 (그림 11-5). 질소성함유 배출물인 creatine, creatinine, 요소, ammonia, TMAO 등은 뇨중에 배설되지만, ammonia나 요소의 대부분은 아가미에서 배설된다.

3) 해산 진골어의 신기능 (腎機能) 담수의 진골어와는 대조적으로 해산의 진골어는 체액보다도 고장 (高張)인 환경에 서식하기 때문에 항시 탈수의 위험에 놓여져 있다. 해산어는 다량의 해수를 들어 마시는 것으로 부족한 수분을 보충한다. 섭취되어진 해수중의 수분은 1가 이온과 함께 장관 (腸管)에서 흡수되어 진다. 그 결과 수분은 보급되지만, 동시에 체내에 과잉의 1가 이온이 흡수

되어 버린다. 어류의 신장은 일반적으로 체액보다 고장 (高張)인 뇨를 만드는 것이 가능하기 때문에 과잉의 1가 이온은 주로 아가미의 염류세포에서 배출된다. 신장에서는 체액과 거의 등장 (等張)인 뇨를 만들지만, 수분의 손실을 최소한으로 억제하기 위해 배설되는 뇨는 소량이다. 한편 Mg^{2+}, $SO4^{2-}$, Ca^{2+} 등의 2가 이온은 근위세뇨관에서 능동적으로 배출된다 (그림 11-5). 따라서 해산어 신장의 주된 기능은 수분을 체내에서 유지하여 2가의 이온을 배설하며, 1가 이온의 배설에 관해서는 신장 보다도 오히려 아가미쪽이 중요한 역할을 담당하고 있다.

판새류는 대부분이 해산이지만, 사구체에서 여과되어진 요소나 TMAO를 근위세뇨관에서 재흡수하여 체액중에 유지함으로써 체액을 해수 보다 약간 고장 (高張)으로 유지된다. 따라서 해산 경골어와는 달리 해수중에서 삼투압차에 의해 탈수되는 것은 아니다.

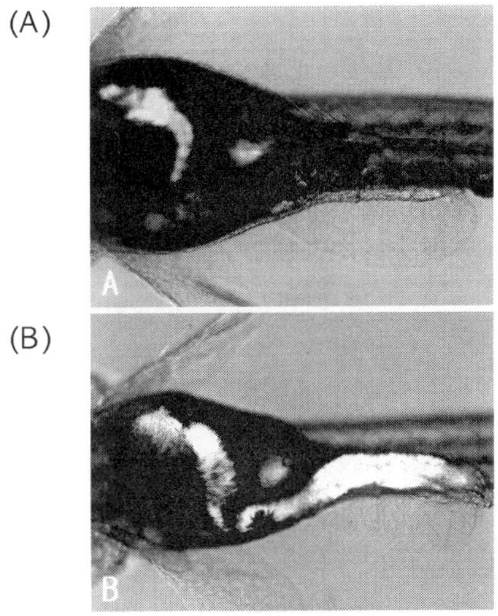

그림 11-6 송사리 치어의 물 마심
담수 (A) 및 80% 해수 (B)에 순치된 송사리 자어를 형광물질 (FITC)를 함유한 환경수에 3시간 침적시킨 후, 장내에 들어 마신 형광물질을 confocal microscopy로 관찰한 사진. 그림중에 백색으로 보이는 부분이 물이다.

2-3 장 (腸)

담수어는 침투한 물을 다량의 묽은 뇨로써 배출하고 거의 물을 마시지 않지만, 해산어는 환경수를 마시는 것으로 부족한 수분을 보충하고 있다. 따라서 어류가 마시는 물의 량은 장(腸)에서 흡수되기 어려운 색소를 환경수에 넣어 일정 시간후에 장관 (腸管)에 흡수되어진 색소량을 측정하는 것으로 산출된다. 자어 (仔魚)의 경우, marker로써 형광색소를 이용하면 장관내에 흡수되어진 물을 형광현미경등을 이용해서 직접 관찰하는 것이 가능하다 (그림 11-6).

장관의 형태는 어류에 따라 매우 다양하다. 발생초기의 소화관은 거의 직선으로 늘려진 관(管)이지만, 성장에 따라 다양한 형태를 나타낸다. 장의 길이와 식성 (食性)에는 밀접한 관계가 관찰되어, 뱀장어나 연어 등의 육식성 어류는 장이 짧고, 잡식성 혹은 초식성의 어류에서는 장이 매우 길고 복잡하게 꼬여 있다. 장에서의 물이나 이온의 흡수를 조사해 보면, 장이 짧고 비교적 단순한 구조의 뱀장어나 연어는 실험재료로써 조건이 좋다.

1) 식도에서의 탈염 (脫塩) 해수 뱀장어에서는 들여 마신 해수를 식도를 통해 위에 도달하는 사이에 탈염되며, Na^+과 Cl^-의 농도는 거의 반으로 저하한다. 해수 뱀장어의 식도를 잘라 내어 주머니 상태로 해서 내부에 해수를 채워 이것을 링거액에 담그 두면, 이온은 내강 (内腔)에서 체내쪽으로 이동한다. 그러나 내부를 링거액으로 채운 경우에는 이온은 흡수되지 않고, 식도에서의 탈염은 농도구배에 의한 이온의 이동이며, 능동적인 수송은 아니다. 담수 및 해수에 적응한 뱀장어 의

식도는 이온과 물에 대한 투과성이 매우 다르며, 담수 뱀장어의 식도는 물도 이온도 통과하지 못한다. 담수 뱀장어의 식도 상피는 대형의 점액세포로 빈틈 없이 둘러싸여 있지만, 해수 뱀장어의 식도는 원주상 (圓柱狀)의 상피세포로 이루어진 점액세포는 거의 없다. 식도상피의 이온 투과성의 차이는 이와 같은 형태적 차이에 기인하는 것이라 생각되어진다.

2) 장 (腸)에서 물의 흡수

식도에서 어느 정도 탈염되어진 해수는 장 (腸)에 도달하면 이곳에서 물이 흡수되어진다. 장(腸)에서 물의 흡수는 Na^+, K^+-ATPase의 특이적 저해제인 ouabain에 의해서 억제되기 때문에 Na^+, K^+- ATPase가 관여하는 이온 수송에 부수적인 작용이라고 생각되어진다. 해수 뱀장어의 장(腸)은 담수 뱀장어와 비교해서 다량의 Na^+ 및 물을 흡수하고, 양자에는 질적인 차이가 관찰되어진다. 포유류와는 달리, 어류 장(腸)의 구분은 반드시 명확하지 않지만, 뱀장어나 연어와 같이 장(腸)이 비교적 짧은 어종에서는 평활근층의 두터운 전부 (前部)와 얇은 후부(後部)로 나뉘어지는 경우가 많고, 물의 흡수는 장전부 (腸前部) 보다 후부에서 왕성하게 이루어진다. 해수에 적응한 뱀장어의 장(腸)에서 물 channel의 일종인 aquaporin-1이 동정되어, 이 분자가 장(腸) 상피세포의 정단부에 분포하는 것이 밝혀졌다. 탈염을 받아 가면서 장(腸)에 까지 도달한 물은 물 channel을 통해서 체내쪽으로 흡수되어진다고 생각되어진다.

이상과 같이 해수에 적응한 뱀장어에서는 우선 식도에서 해수가 탈염되어, 더욱이 장(腸)에서 물과 이온이 흡수되지만, 뱀장어 같이 식도가 긴 어종은 오히려 드물며, 식도에서의 탈염작용이 어류에 보편적인 것이라고는 생각하기 어렵다. 그러나 들어 삼킨 해수가 장관 (腸管) 속으로 이동해 가면서 탈염으로 계속되는 물의 흡수가 일어나는 일련의 과정은 해수에 적응한 진골어류에 공통된 현상일 것이다.

§3. 삼투압조절과 호르몬

삼투압조절 기관에 있어서 물이나 이온의 수송은 여러 가지 호르몬에 의해서 조절된다. 특히 광염성 어류나 회유어는 내분비계의 작동에 의해서 삼투압조절기관의 기능을 담수형에서 해수형으로 혹은 해수형에서 담수형으로 바꾸며, 그 기능을 유지하고 있다. 어류의 삼투압 조절에 관여하는 호르몬로써는 뇌하수체호르몬의 prolactin이나 성장호르몬 (growth hormone), cortisol, staniocalcin 등의 여러 가지 호르몬이 삼투압조절기관에 작용해서 그 기능을 조절하고 있다.

3-1 prolactin

담수에 있어서 어류의 삼투압조절에는 뇌하수체 전엽단부 (前葉端部)에서 생성 · 분비되는 prolactin이 중요하다. 해산 송사리는 뇌하수체를 제거해도 해수중에서 살아가지만, 담수중에서는 혈중 Na^+농도가 현저히 저하하여 생존할 수 없다. 그런데 뇌하수체 제거한 어류에 prolactin을 투여하면 Na^+저하가 억제되어 담수중에서도 생존 가능하게 된다.

어류에 있어서 prolactin의 일반적 작용은 삼투압 조절기관의 상피 투과성을 저하시킴으로써 아가미에서는 확산에 의한 Na^+과 Cl^-의 체외로 유출을 막아, 이러한 이온을 체내로 유지하는 작용이 있다. Prolactin은 신장에도 작용해서 사구체에서의 여과량 (GFR)을 증대시켜 뇨량을 증가시킨다. 또 세뇨관 및 방광에서는 Na^+재흡수가 증가하여 물의 재흡수가 저하하는 것으로 담수어에 특징인 저장 (低張)인 다량의 뇨를 생산시킨다. 한편 해산 송사리에서의 결과와 달리, 뱀장어나 연어과 어류에서는 뇌하수체를 제거해도 담수중에서 생존이 가능하다. 그러나 뇌하수체를 제거한 뱀장어에서도 체액의 삼투압이나 Na^+농도의 저하가 관찰되어, prolactin투여에 의해 회복되기 때문에 prolactin의 이온 유지작용은 어류 전반에 관찰되어진다.

담수적응에 있어서 prolactin 의존성은 어류의 담수 및 해수 기호성과 관련이 깊다. Prolactin이 없으면 담수에서 살아 갈 수 없는 해산 송사리는 신장 (腎臟)의 nephron에 원위세뇨관이 결여되어, 신 (腎)형태에서 보면 해산어이다. 그렇기 때문에 담수중에서 부족한 염류는 신장의 원위세뇨관에서는 재흡수되지 않고, 아가미 상피에서 흡수하여 보충한다. 따라서 해산 송사리는 원래 해수 기호성이 강한 어종으로, prolactin 작용으로 인해 담수에도 적응하는 광염성의 해산어라 말할 수 있다. 역으로 뱀장어는 신장이나 아가미의 염류세포 형태에서 담수기호성이 강한 어류라 추측되며, 담수 적응에 있어서 prolactin의존성은 낮다.

3-2 Cortisol

Prolactin이 어류의 담수적응 호르몬인데 비해서 해수적응에 가장 중요한 호르몬은 cortisol이다. 포유류의 경우 cortisol은 부신피질 (副腎皮質)에서 생성되지만, 어류에서는 부신피질에 상동한 간신선 (間腎腺; interrenal gland)에서 만들어진다. 경골어류의 간신선은 두신 (頭腎)에 매몰되어, 두신을 관통하는 주정맥이나 그 분지정맥 주변에 산재적으로 분포하기 때문에 간신선 제거는 일반적으로 매우 곤란하다. 그렇지만 뱀장어에서는 두신이 전방으로 향해 가늘고 길게 존재하여, 예외적으로 그 부분을 cannula로 간신선(間腎腺) 제거가 가능하다.

이 방법으로 간신선을 제거한 유럽산 뱀장어는 해수중에서 혈중 Na^+농도가 생리적 범위를 넘게 상승하여 생존할 수 없다. 그러나 간신선 제거 뱀장어에 cortisol을 투여하면 Na^+배출이 촉진되어 해수중에서도 생존하게 된다. 이와 같이 cortisol은 해수중에서 혈중 Na^+농도가 과도로 상승하는 것을 방지해 해수 적응 호르몬으로써 기능을 한다. 실제 뱀장어나 연어를 담수에서 해수로 옮기면 혈중 cortisol 농도의 상승이 관찰된다.

Cortisol은 아가미에 작용하여 해수형 염류세포의 분화를 촉진함과 동시에 Na^+, K^+-ATPase 활성을 높여, 염류세포에서의 이온 배출을 촉진한다. 또 cortisol은 장에 있어서 이온 및 물의 흡수를 증대시켜, 뱀장어의 식도에서는 점액세포로 풍부하여 투과성이 낮은 담수형에서 투과성이 높은 해수형의 상피로 변화시킨다.

3-3 성장 호르몬 (growth hormone)

Cortisol 이외에 성장호르몬도 해수적응에 관여하는 호르몬이다. 연어과 어류나 틸라피아를 담수에서 해수로 옮기면 성장호르몬의 혈중 농도가 상승한다. 또 해수이행 전에 미리 성장호르몬을 투여해 두면, 해수이행후의 체액삼투압이나 이온 농도의 상승이 억제되어, 성장호르몬에는 해수적응력을 향상시키는 작용이 있다.

성장호르몬의 삼투압조절기관에 미치는 작용은, 성장촉진 작용과 마찬가지로, 간장에서 생성되는 insulin-like growth factor (IGF-Ⅰ)를 통한 것이라고 추측되어진다. IGF-Ⅰ은 연어과 어류의 아가미에서 Na^+, K^+-ATPase 활성을 높여, 해수적응력을 향상시킨다. 성장호르몬은 간장에서의 IGF-Ⅰ생성을 촉진시킬 뿐만아니라, 아가미에서도 성장호르몬의 작용에 의해 IGF-Ⅰ이 만들어 진다.

이와 같이 성장호르몬은 성장촉진과 삼투압 조절이라는 전혀 다른 2가지 작용을 가진다. 은연어나 틸라피아는 담수중 보다도 해수중에서 성장이 좋다고 하며, 이것은 해수에 적응하기 때문에 분비되는 성장호르몬이 삼투압조절호르몬으로써 작용하는 것과 동시에 성장을 촉진하기 때문이라고 해석될 수 있다.

3-4 그 외의 호르몬

이상에서 기술한 prolactin, cortisol, 성장호르몬 이외에도 어류의 삼투압조절에 관여하는 호르몬 몇가지가 알려져 있다. Angiotensin은 신장의 방사구체세포 (傍糸球体細胞)에서 생성되는 효소 renin에 의해 생성되지만, 이 호르몬은 어류의 중추에 작용해서 해수중에서의 음수행동 (飲水行動)를 야기한다. 스타니우스 소체(Stannius corpuscle) 에서 생성되는 stanniocalcin은 혈중 Ca^{2+}농도의 상승을 억제시키는 것으로 체액의 Ca^{2+}바란스를 유지하고 있다. 그 이외에도 뇌하수체신경엽호르몬의 arginine-vasotocin (AVT) 및 isotocin, 미부하수체 (尾部下垂体; urophysis)에서 분비되는 urotensin, 심장에서 만들어지는 나트륨이뇨펩티드 (atrial natriuretic peptide: ANP) 등이 물 · 이온 대사에 관여 하는 호르몬로써, 어류의 삼투압조절에 직접 또는 간접적으로 관여한다.

§4. 삼투압조절과 회유

연어과 어류나 뱀장어등 회유어 (diadromous fish)는 생활사의 어느 특정시기에 담수역과 해수역을 왕래하여, 쌍방의 환경에 적응하기 위한 mechanism을 구비하고 있다. 이러한 어종에서는 강해 (降海), 소상 (遡上)에 앞서, 제각기 해수적응력, 담수적응력을 미리 발달시킨다. 연어는 산란하기 위해 하천으로 소상하는 소하회유어 (遡河回遊魚; anadromous fish)로, 역으로 뱀장어는 성숙이 시작하면 바다로 내려가는 강하회유어 (降河回遊魚; catadromous fish)에 속한다 (그림 11-7). 또 은어와 같이 산란때문이 아니라 담수역과 해수역을 회유하는 양측회유 (amphidromous migration)도 회유의 범주에 속한다.

회유는 상당 부분이 유전적으로 프로그램되어 회유하며, 가까운 장래에 만나게 되는 환경의 변화을 미리 예측하여 생리학적 변화가 앞서 진행한다. 또 회유어에서는 한쪽의 환경으로의 적응능이 발현하면 다른 쪽으로의 적응능이 저하하며, 경우에 따라서는 완전히 소실하는 것도 있어 담수와 해수를 자유로이 왕래 할 수 있는 하구역등에 서식하는 광염성 어류와는 분명히 차이가 있다.

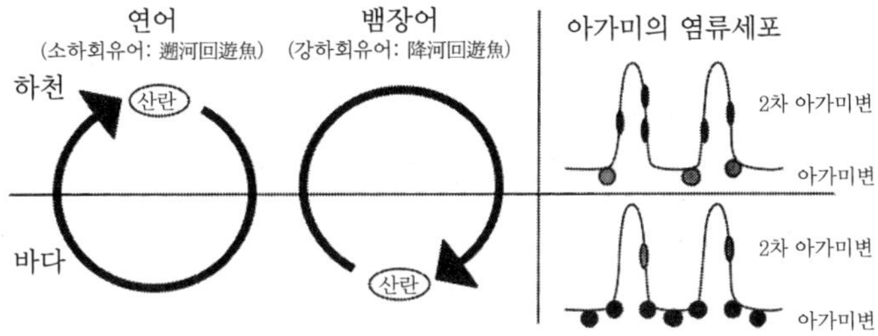

그림 11-7 회유와 아가미의 염류세포
연어나 뱀장어 등의 회유어에서는 해수중에서 새판의 염류세포 (해수형)가, 또 담수중에서 2차 아가미변의 염류세포 (담수형)가 발달한다.

4-1 은화 (銀化)와 강해 (降海)

하천 생활기의 연어과 어류는 체측에 parr marker라고 불려지는 암흑색의 반문을 가지며, 이 시기의 어류을 parr라고 부른다. 강해기 (降海期)가 되면 피부에 guanine이 침작하여, 체색이 은백색의 smolt로 변화한다. 이 parr에서 smolt로의 변화를 은화 (銀化; smoltification) 혹은 은모 (銀毛)라고 부르지만, 은화는 단순히 형태적 변화에만 한정하지 않고 현저한 생리적 변화을 동반한다. 특히 삼투압조절능이 양자 모두 매우 다르며, 해수적응능이 없는 parr는 smolt로 되면서 해수적응능을 현저하게 발달시킨다. 이와 같은 형태적 · 생리적 변화를 동반한 은화현상은 내분비계에 의해 야기되며, 특히 갑상선호르몬이 체색의 변화에, 또 성장호르몬이나 cortisol은 해수적응능의 발달에 관계한다.

은화하는 것은 연어과 어류에 한정되지 않고, 뱀장어도 산란을 위해 강해 (降海)에 앞서 은화한다. 그러나 은화한 뱀장어는 연어과 어류처럼 은백색이 아니라 오히려 갈색을 나타낸다. 은화한 은뱀장어 (silver eel)에 대해, 하천에 서식하는 미성숙한 뱀장어는 복부측에 황색을 띠고 있는 것으로 황뱀장어 (yellow eel)라고 부른다. 연어과 어류의 smolt와 마찬가지로, 은뱀장어에서도 해수적응능이 높아진다.

4-2 연어의 회유와 염류세포

연어에 한정하지 않고 연어과 어류의 난은 담수중에서 수정하여 발생이 진행한다. 연어 치어는 산란한 익년의 봄까지 하천에 머물지만, 그후 바다로 내려가 북양 (北洋)으로의 긴 회유생활의 여행에 돌입한다. 생활의 장소를 바다로 옮긴 연어는 4년간을 바다에서 지내지만, 북양의 풍부한 먹이에 의지하여, 바다로 내려 갈때는 수 g 였든 것이 그 사이에 수 Kg까지 성장한다. 충분히 성장하여 성성숙에 도달한 연어는 낳아서 자란 모천 (母川)으로 되돌아와, 산란해서 그 일생을 마친다 (그림 11-7).

치어기에 돌입한 연어에서는 체측에 parr marker가 나타나지만, 바다로 내려가는 초봄쯤에 parr marker는 완전히 사라지고, 몸이 선명한 은백색으로 변한다. 이 시기까지 발달한 연어는 바다를 향한 생리적인 준비가 정비되어, 뛰어난 해수적응능을 획득하게 된다. 이 시기의 은색화된 연어는 해수로 옮기더라도 혈액의 삼투압이 크게 상승하는 것이 아니라, 즉시 이행전의 레벨로 회복한다. 바다로 내려가는 시기의 연어 아가미는 담수중임에도 높은 Na^+, K^+-ATPase 활성을 나타내지만, 해수로 옮기면 효소활성은 더욱 상승한다. 이미 기술한것처럼 연어 아가미는 아가미변에서의 해수형과 2차 아가미변에서의 담수형의 서로 다른 형태를 나타내는 2가지 형의 염류세포가 관찰되어진다. 바다로 내려가는 시기 (降海期)의 연어 치어는 이미 해수형의 염류세포가 발달하고 있다. 이 시기의 치어를 담수에서 해수로 옮기면 해수형 염류세포의 활성이 더욱 높아져, Na^+, K^+-ATPase에 대한 면역 염색성이 증가한다. 따라서 Na^+, K^+-ATPase 활성의 상승은 주로 해수형 세포의 발달에 유래한다. 한편 2차 아가미변에서의 담수형은 해수로 옮긴후 서서히 수가 감소하고 최종적으로는 거의 소실한다 (그림 11-3, 11-7).

바다로 내려간 연어는 북양에서 크게 성장하고, 생식선이 발달하기 시작하면 산란을 위해 모천으로 돌아오지만, 하천은 비교적 짧기 때문에 소상 직전의 연어는 성성숙을 거의 완료해 있다. 이와 같은 연어를 포획하여 해수에서 사육을 계속하면 체액의 삼투압이 서서히 상승하고 대부분의 개체는 3일 내에 죽지만, 담수로 옮기면 그 후도 생존 가능하다.

이와 같은 삼투압조절의 변화는 아가미의 염류세포와 밀접한 관계가 있다. 북양을 회유중인 미숙한 연어는 아가미변상에서 발달한 해수형 염류세포를 가지며, 2차 아가미변상의 담수형 세포는 거의 보이지 않는다. 한편 소상직전의 연어 아가미에는 해수형 염류세포와 더불어 해수중에도 관계없이 2차 아가미변상에 담수형 염류세포가 출현하고 있다. 그 후 서서히 해수형 염류세포가 감소하고, 결국에는 해수적응능을 완전히 잃는다. 그 사이, 담수형 염류세포가 발달하여, 담수 기호성이 높아지게 된다. 따라서 소상직전의 성숙한 연어가 해수 적응능을 잃고, 동시에 담수적응능을 획득하는 것은 아가미의 염류세포가 해수형에서 담수형으로 바뀌는 것이 원인이다. 이와 같은 삼투압조절기구의 전환이 성숙한 연어를 하천으로 소상시키는 방아쇠의 하나이다.

4-3 시마연어의 회유와 성성숙

시마연어는 가을에 하천의 상류역에서 산란하고, 수정란은 겨울에 부화한다. 같은 연어속의 연어나 곱사연어 등이 부화후 수개월후에 바다로 내려가는 것에 비해서 시마연어는 부화에서 약 1년반을 하천에서 생활한 뒤, 은화 변태하여 강을 내려간다. 은화의 진행에 동반하여 아가미의 Na^+, K^+-ATPase 활성이 상승하고, 아가미변에서 염류세포가 발달하지만, 연어의 경우와 마찬가지로 아가미변에서의 염류세포는 해수형이라고 추측되어지며, 은화한 시마연어에서는 해수적응능이 높아진다.

은화한 시마연어의 강하행동 (降河行動)은 눈이 녹으면서 생기는 증수 (增水)나 탁도 등의 환경변화가 자극이 되어 나타나지만, 강하행동의 발현에는 갑상선호르몬이나 성장호르몬이 관여하고 있다. 갑상선호르몬은 외부환경의 변화에 대한 감수성을 높여, 혈중 갑상선호르몬량이 상승하고 있는 은화어가 증수나 탁도 등의 자극을 받으면 일제히 강하행동을 일으킨다. 또 성장호르몬은 삼투압조절기관에 작용해서 해수적응능을 높이고, 특히 아가미에서는 아가미변에서의 해수형 염류세포를 발달시킨다.

한편 시마연어나 아마고 (*Oncorhynchus rhodurus*)에서는 은화가 일어나지 않고 일생 담수역에서 생활하는 것이 출현하지만, 이와 같은 어류는 대부분이 정소가 발달한 조숙 (早熟)한 수컷이다. 일반적으로 1년생 시마연어는 3~5월에 걸쳐 은화하지만, 성장이 우월한 수컷은 0세의 여름에 성숙을 시작, 그 해 9~10월에는 방정하게 된다. 조숙한 수컷은 체표가 비후해지고 체색이 검어지기 때문에 dark parr라 불린다. Dark parr는 겨울이 되면 정소가 일단 퇴화하지만 다음해 봄이 되어도 은화하지 않고 다시 정소가 발달한다. 따라서 은화하기 전에 성성숙한 개체는 그 이후에도 은화하지 않고 담수역에서 살아간다. 이와 같은 조숙한 수컷에서 보여지는 은화의 억제는 생식선에서 분비되는 testosterone 등의 성호르몬에 의해 일어난다. 또 은화한 시마연어의 강하행동 (降河行動)이 성호르몬 투여에 의해 억제되는 것도 실험적으로 확인되어 졌다.

봄에 바다로 내려가는 미숙한 시마연어는 익년 봄까지 바다에서 지내지만, 이 시기에 성성숙이 개시된다. 성성숙을 시작한 시마연어는 초여름에는 모천으로 회귀하고 그 해 가을에는 산란을 위해 모천의 상류역으로 되돌아 온다. 한편 태어난 하천에 머물던 조숙한 수컷도 여름 이후에 성성숙을 진행시켜, 가을쯤 태어난 하천 유역에서 산란장의 상류역으로 소상한다. 소상기의 조숙 시마연어을 거세하면 소하행동 (遡河行動)이 현저하게 감퇴하지만 거세 수컷에 성호르몬을 투여함으로써 소하행동이 다시 활발해지기 때문에 성호르몬에 의해서 소하행동의 발현이 촉진되는 것을 엿볼 수 있다.

이상과 같이 시마연어에서는 성호르몬에 의한 강하행동(降河行動)의 발현이 억제적으로, 또 소하행동 (遡河行動)이 촉진적으로 제어되어지며, 연어과 어류에 대표되는 소하회유어에서 성호르몬의 동태가 회유행동을 결정하는 주요한 요인이 될 가능성이 높다.

4-4 뱀장어의 강하회유 (降河回遊)와 염류세포

뱀장어는 동아시아해역에 넓게 분포하고, 강하회유를 하는 회유어이다. 일본산 뱀장어의 산란장이 필리핀 동쪽 해역에 있는 것이 근래 밝혀졌고, 그 life cycle의 전면이 서서히 해명되어지고 있다. 외양의 산란장에서 태어난 뱀장어는 투명한 leptocephalus 유생으로 되며, 해류를 타고 동아시아 연안으로 수송된다. 변태후 실뱀장어로 되어 하구에 모여들며, 하천으로 소상한다. 그 후 담수역에서 성장한 뱀장어는 성숙을 개시하여 은뱀장어로 되어 바다로 내려가 다시 외양의 산란장으로 회유해서 산란후 일생을 마친다.

연어의 은화현상과 마찬 가지로 하천에서 서식하는 황뱀장어가 은뱀장어로 은화변태하여 하천을 내려가는 과정에서 뱀장어의 해수적응능은 서서히 증가한다. 뱀장어의 아가미에도 연어와 마찬가지로 아가미변에 해수형, 2차 아가미변에 담수형의 염류세포가 관찰된다 (그림 11-7). 은화가 진행하여 하천을 내려가는 것과 함께 Na^{+}, K^{+}-ATPase 활성은 상승하고 해수형의 염류세포가 증가하지만, 한편에서는 2차 아가미변의 담수형 염류세포는 감소한다. 그 결과 염류세포 전체를 차지하는 해수형 세포의 비율은 하구에 도달함에 따라 증가하고, 바다에 도달한 은뱀장어에서는 담수형의 염류세포가 완전히 소실하고 해수형만이 남게된다. 다시 담수역으로 돌아오지 않는 뱀장어이기에 담수형의 염류세포는 이미 쓸모 없는 세포가 될련지도 모른다.

§5. 발육초기의 삼투압조절

지금까지 기술했던 것처럼 어류의 삼투압조절은 아가미, 신장, 장이라는 삼투압조절기관의 조화에 의해 물과 이온의 수송에 의해 처음 가능하게 된다. 그런데 성어에서 기능을 나타내는 이러한 삼투압조절기관이 미발달한 발육초기의 어류에서도 체액의 삼투압은 성어와 마찬가지로 조절되고 있다. 이 조절에는 난황을 둘러싸는 난황낭 상피나 배체 (胚体)의 표피에 분포하는 염류세포가 큰 역할을 하고 있다.

5-1 발안기 연어의 해수적응

치어기까지 발달한 연어가 뛰어난 해수적응능을 나타내는 것은 당연 예상되지만, 그 이전의 발달 단계의 연어에서도 어느 정도의 해수 적응능을 획득하고 있다. 부화전의 발안기 연어를 직접 해수로 옮기는 즉시 죽는 것은 아니다. 이때의 배체 (胚体)와 난각 (卵殼) 사이를 채우고 있는 위란강액 (囲卵腔液)의 삼투압 변화를 조사해 보면 옮기기 전에 담수 레벨이었든 삼투압이 옮긴 후 3시간까지 해수의 삼투압 (약 1,000 mOsm/kg · H_2O)과 거의 비슷하다. 따라서 난각은 저분자량의 염류나 물을 자유롭게 투과시켜, 해수로 옮겨진 난에서는 배체가 직접 해수에 접한 것이 된다. 한편 체액의 삼투압은 해수로 옮긴후 3시간까지 급격히 상승하지만, 그 후 서서히 저하하여 회복된다. 이것은 발안기 연어가 해수적응능을 가지는 것을 나타낸다.

일반적으로 어류가 해수중에서 체내로 유입되는 염류가 과잉 상태가 되면 염류세포에서 배출되는 것은 이미 기술하였지만, 발안기 연어에서 아가미는 아직 충분히 발달하고 있지 않기에 호흡기관로써도 삼투압조절기관로써도 기능을 발휘하지 못한다. 성어에서 체표의 대부분을 차지하고 있는 것은 아가미이지만, 아가미가 미발달한 배기에 있어서는 큰 난황을 둘러싸고 있는 난황낭 상피가 체표의 대부분을 차지하고 있다. 난황낭 상피에는 염류세포가 빽빽이 분포하여, 해수로 옮김에 동반하여 현저히 대형화되고, 위란강액에 접하는 개구부가 확장한다. 이 난황낭 상피에 존재하는 염류세포는 미발달한 아가미 대신에 연어 발안기에 있어서 주요한 삼투압조절부위로써 기능을 한다. 또 난황낭상피는 지문상 구조를 가진 피개세포(被蓋細胞)로 둘러싸여, 아가미와 실질적으로 같은 구조를 나타낸다. 즉 발육초기의 어류에서는 난황낭상피가 삼투압조절기관 및 호흡기관으로써 기능을 가지기 때문이다.

5-2 배기 · 자어기 틸라피아의 삼투압조절

광염성 어류인 틸라피아 *Oreochromis mossambicus*는 담수역과 해수역을 자유로이 왕래 할 수 있다. 또 담수 및 해수에서도 성숙 · 산란이 가능하며, 방란한 난은 쌍방의 환경에서 정상적으로 발달한다. 연어의 경우와 마찬가지로 배기 · 자어기 틸라피아에서는 난황난 상피에 다수의 염류세포가 관찰되어진다. 담수 및 해수에 순치한 어류에서 난황낭상피의 염류세포 크기를 비교해 보면, 해수의 어류에서는 담수보다 2~3배 정도 큰 것을 알 수 있다 (그림 11-8). 이것은 발육초기의 틸라피아가 해수로 적응하는데 있어서, 난황낭상피의 염류세포가 중요한 역할을 담당하고 있다.

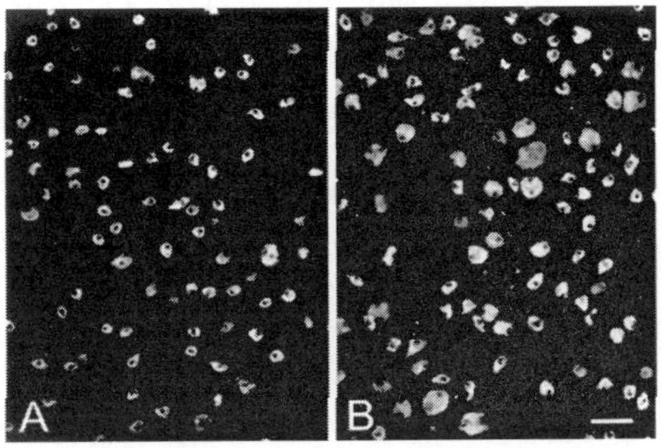

그림 11-8 배기 (胚期) 틸라피아 난황낭상피 염류세포 Na+, K+-ATPase 에 대한 항체를 이용한 형광면역염색. A: 담수. B: 해수이행후. 염류세포는 해수이행과 함께 대형화된다.크기 : 50㎛

주사전자현미경 관찰에 의하면, 틸라피아의 난황낭상피를 둘러싼 피개세포의 사이에 염류세포의 개구부가 관찰되지만, 담수의 어류에 비해 해수에서는 염류세포의 개구부가 빈번히 관찰되며, 대형이다. 또 그림 11-9의 모식도에 나타낸 것처럼, 담수와 해수에서 그 미세구조에 큰 차이가 나타난다. 담수의 염류세포는 mitochondria와 관상구조 (管狀構造)가 적절히 발달하며, 단독으로 존재하는 비교적 소형의 세포이다. 그것에 비해, 해수중의 염류세포는 대형의 발달된 세포로, 그 측면에 부수적인 소형의 accessory 세포와 세포복합체를 형성한다. 해수에 적응한 성어의 아가미에서도 같은 염류세포-accessory 세포복합체를 형성하는 것은 이미 기술했다. 배기 (胚期)의 틸라피아를 담수에서 해수로 옮기면, 소형의 담수형 염류세포가 대형화하는 것과 함께, 그 주위에 accessory 세포가 발달하여 해수형의 세포복합체를 형성한다. 이것은 염류세포 기능의 가역성을 나타내는 것이다.

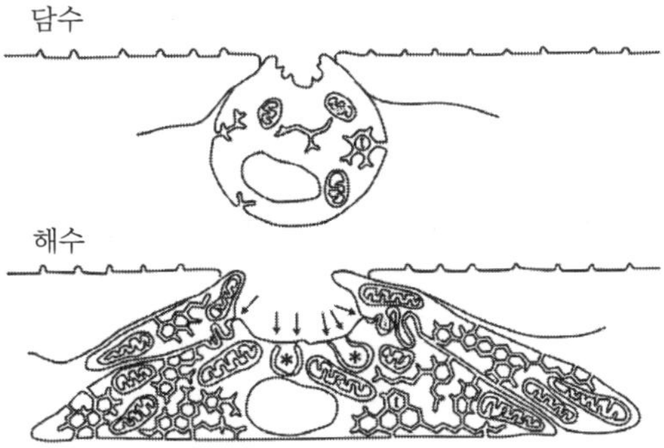

그림 11-9 배기 (胚期) 틸라피아 난황낭상피염류세포의 모식도 담수중에서는 단독으로 존재하는 염류세포가, 해수중에서는 accessory 세포와 세포복합체를 형성한다.

이상과 같이, 아가미가 미발달한 발달 초기에 있어서, 틸라피아는 체표의 대부분을 차지하는 난황낭상피에 염류세포를 배치하여, 그곳에서 이온 · 삼투압조절을 수행하고 있다. 특히 해수중에서 발달하는 염류세포 복합체는 Na^+과 Cl^-의 배출 장소라고 추측되어진다.

5-3 발육초기의 이온 · 물 대사

발육초기의 어류에서는 염류세포가 난황낭상피 등의 체표에 분포하는 것은 연어나 틸라피아에만 한정된 것이 아니라, 어류 전체 공통된 것이라 말 할 수 있다. 지금까지 해산송사리, 넙치, 뱀장어 (그림 11-10) 등의 어종에서, 발육에 따른 염류세포 분포의 천이 (遷移)가 밝혀지게 되었다. 어떠한 경우에서도 아가미의 분화 · 발달에 앞서 염류세포가 난황낭이나 배체의 상피에 출현하여, 아가미 형성과 함께 주요한 분포 부위가 아가미쪽으로 옮겨진다.

염류세포는 각종 이온을 체내에서 체외로, 혹은 체외에서 체내로 수송하는 것으로 체액의 이온 바란스를 유지하며, 아가미가 미발달한 발육초기의 어류에서도 체표의 염류세포 작동으로 이온 조절이 가능하게 된다. 한편 성어에서는 물을 마시는 것이나 뇨의 생산 · 배설에 의해 물의 출입을 조절하지만, 장관 (腸管)이나 신장이 기능적으로 되기 이전의 발육단계의 어류에서는 물을 능동적으로 수송하는 메카니즘을 구비하고 있지 못하다. 어쩌면 체표의 물 투과성을 낮게 억제시킴으로써 해수중에서의 탈수, 담수중에서의 흡수 (吸水)을 방지하고 있기 때문일 것이다.

그림 11-10 뱀장어 자어의 체표 염류세포
뱀장어 부화자어에서는 아가미가 아직 미발달하였지만,
염류세포는 체포에 넓게 분포한다.

文　献

Ayson, F. G., T. Kaneko, S. Hasegawa and T. Hirano (1994) : Development of mitochondrion-rich cells in the yolk-sac membrane of embryos and larvae of tilapia, *Oreochromis mossambicus*, in fresh water and seawater. *J. Exp. Zool.* 270, 129-135.

会田勝美・小林牧人・金子豊二 (1991) : 内分泌, 魚類生理学 (板沢靖男・羽生　功編), 恒星社厚生閣, pp.167-241.

Alderdice, D. F (1988) : Osmotic and ionic regulation in teleost eggs and larvae, Fish Physiology, Vol. 11A (Hoar, W.S. and Randall, D.J. eds), Academic Press, pp.163-251.

Evans, D. H. (1993) : Osmotic and ionic regulation, The Physiology of Fishes (D. H. Evans ed), CRC Press, pp.315-341.

Flik, G., P. M.Verbost and S. E. Wendelaar Bonga (1995) : Calcium transport processes in fishes, Fish Physiology, vol.14 (C. M. Wood, T. J. Shuttleworth eds), Academic Press, pp.317-342.

Foskett, J. K. and C. Scheffey (1982) : The chloride cell : Definitive identification as the saltsecretory cell in teleosts, *Science*, 215, 164-166.

平野哲也 (1978) : 板鰓類の浸透圧調節について, 月刊海洋科学, 10, 158-164.

平野哲也 (1994) : 降海と陸封の生理学的メカニズム, 川と海を回遊する淡水魚 (後藤　晃・塚本勝巳・前川光司編), 東海大学出版会, pp.20-39.

Hirano, T (1991) : Endocrine control of osmoregulation in migratory fishes, Marine Biology (J. Mauchline, T. Nemoto, eds.), Kokusen-Sha, pp.3-14.

Hiroi, J., T. Kaneko, T. Seikai and M. Tanaka (1998) : Developmental sequence of chloride cells in the body skin and gills of Japanese flounder (*Paralichthys olivaceus*) larvae, *Zool. Sci.* 15, 455-460.

Hiroi, J., T. Kaneko and M. Tanaka (1999) : *In vitro* sequential changes in chloride cell morphology in the yolk-sac membrane of Mozambique tilapia (*Oreochromis mossambicus*) embryos and larvae during seawater adaptation. *J. Exp. Biol.* 202, 3485-3495.

Hwang, P. P (1989) : Distribution of chloride cells in teleost larvae, *J. Morphol.* 200, 1-8.

生田和正・会田勝美 (1987) : 産卵回遊, 回遊魚の生物学 (森沢正昭・会田勝美・平野哲也編), 学会出版センター, pp. 72-89.

岩田宗彦・平野哲也 (1991) : 浸透圧調節, 魚類生理学 (板沢靖男・羽生　功編), 恒星社厚生閣, pp. 125-150.

金子豊二 (1997) : 魚類におけるイオン調節と塩類細胞, 化学と生物, 35, 376-382.

Kaneko, T., K. Shiraishi, F. Katoh, S. Hasegawa and J. Hiroi (2002) : Chloride cells in early life stages of fish and their functional differentiation, *Fish. Sci.*, 68, 1-9.

Kaneko, T., S. Hasegawa, Y. Takagi, M. Tagawa, T. Hirano (1995) : Hypoosmoregulatory ability of eyed-stage embryos of chum salmon, *Mar. Biol.* 122, 165-170.

Krough, A. (1938) : The active absorption of ions in some freshwater animals, Z. Vergl. *Physiol.* 25, 335-350.

Marshall, W. S. (1995) : Transport processes in isolated teleost epithelia : opercular epithelium and urinary bladder, Fish Physiology, vol.14 (C. M. Wood, T. J. Shuttleworth eds), Academic Press, 1-23.

McCormick, S. D. (1995) : Hormonal control of gill Na^+, K^+-ATPase and chloride cell function, Fish Physiology, vol.14 (C.M. Wood, T.J. Shuttleworth eds), Academic Press, 285-315.

小栗幹郎 (1991) : 腎臓, 魚類生理学 (板沢靖男・羽生　功編), 恒星社厚生閣, pp. 103-123.

Pickford, G. E., E. E. Robertson and W. H. Sawyer (1965) : Hypophysectimy, replacement therapy and the tolerance of the euryhaline killifish, Fundulus heteroclitus to hypotonic meida, Gen. *Comp. Endocrinol.* 5, 160-180.

Shiraishi K, T. Kaneko, S. Hasegawa and T. Hirano (1997) : Development of multicellular complexes of chloride cells in the yolk-sac membrane of tilapia (*Oreochromis mossambicus*) embryos and larvae in seawater, *Cell Tissue Res.* 288, 583-590.

Uchida, K., T. Kaneko, K. Yamauchi and T. Hirano (1996) : Morphometrical analysis of chloride cell activity in the gill filaments and lamellae and changes in Na^+, K^+-ATPase activity during seawater adaptation in chum salmon fry, *J. Exp. Zool.* 276, 193-200.

Zadunaisky, J. A. (1984) : The chloride cell : The active transport of chloride and the paracellular pathways, Fish Physiology, vol. 10B (W. S. Hoar, D. J. Randall eds), Academic Press, pp. 130-176.

제 12 장 생체 방어 (生体防御)

박테리아, 바이러스, 기생충 등의 병원생물 (病原生物)의 공격, 암화 (癌化)되든지, 또는 아포토시스(세포사; apoptosis)를 일으키든지 하는 세포의 배제 등, 생체에서 생기는 여러 가지 이상상태 (異常狀態)를 정상으로 복구하기 위한 기구가 생체방어기구 (defense mechanism)이다. 한번 걸린 질병에 두번 걸리지 않는, 소위 면역 (immunity) 보다 넓은 의미를 가진 말로써 구별되어져 왔지만, 현재에는 "면역"도 넓은 의미로 이용되어지고 있는 경우가 많아서 생체방어와 거의 같은 뜻으로 쓰인다. 생체방어 기구의 연구는 어병학을 지탱하는 분야로 중요하지만, 생체의 호메오스타시스 (항상성; homeostasis) 유지라는 의미에서는 신경계, 내분비계와 병행하여 생체 제어기구의 일원으로 있기 때문에 생리학의 중요한 과제라고 말 할 수 있다.

우리들의 몸은 병원균의 침입을 막기위해 여러 가지 기구를 갖추고 있다. 건강한 피부는 벌레에 물린다든지, 외상을 당하지 않으면 쉽게 병원균의 침입을 받지 않는다. 호흡기나 소화관에도 균의 침입을 방어하는 특유의 기구를 갖추고 있다. 감기에 걸린 사람 옆에서 대량의 균을 들어 마셔도 바로 발병하지는 않는다.

그렇다면, 일단 병원균이 체내로 침입하게 되면 어떻게 될까? 우선 백혈구의 일종인 호중구 (好中球; neutrophil)가 반응해서 그 균을 탐식한다. 발병해도 림프구 (lymphocyte)에 의해 만들어진 항체 (antibody)등의 작용으로 질병을 막고, 한번 걸린 감염은 기억에 남아 같은 질병에는 걸리지 않게 된다. 이 림프구와 항체에 의한 좁은의미의 면역은, 병원 (病原)의 침입을 받아서 처음으로 그 병원에 대응해서 획득되고, 기억되어 진다는 의미로 특히 획득면역 (acquired immunity)이라 부른다. 병원에 대한 높은 특이성 때문에 특이적생체방어기구 (specific defense mechanism) 라고도 부른다. 림프구중에서도 B세포에 의한 항체생성이 주체로 되는 체액성면역 (體液性免疫) 외에, T세포가 중심이 되는 세포성면역이 있다. 또한 항체에 의하지 않고 태어나면서 지니게 되는 방어기구는 자연면역 (自然免疫; innate immunity), 혹은 병원 특이성이 없기 때문에 비특이적방어기구 (非特異的防御機構; non-specific defense mechanism) 라고 부른다. 피부, 점막등의 물리적인 방어, 혈액이나 점액에 함유되어져 있는 항미생물인자에 의한 방어, 호중구나 마크로파지(macrophage)에 의한 식작용 (食作用; phagocytosis) 등의 세포에 의한 방어가 있다. 이러한 생체를 방어하기 위한 여러 가지 기구중에서도 질병의 예방과 밀접한 관계가 있는 좁은 의미의 면역계에 관해서는 상당한 연구가 있으며, 의학의 진보에 큰 공헌을 하고 있다.

어류에서는 어떠할까 ? 림프구나 항체에 의한 방어기구는 척추동물에서만 보여지는 면역계이며, 최하등 척추동물인 어류에도 존재는 하고 있지만 충분히 발달하여 있다고는 말할 수 없다. 면역응답을 전혀 가지고 있지 않는 무척추동물에서도 오래동안 생존이 가능하기 때문에, 어류에서는 항체가 절대적이지 않고 무척추동물에서와 같은 폭넓은 여러 가지 방어기구를 가지고 있다고 추측되어지고 있다.

본서에서는 구체적인 질병과의 관계는 피하고, 어류 특히 진골어류의 생체방어기구를 여러 각도에서 다루고는 있지만, 보다 심도 깊은 이해를 돕기 위해서는 어류의 면역계에 관한 정보를 정리한 Iwana & Nakanishi (1996)등의 책을 참고하기 바란다.

§1. 자연면역 (비특이적방어기구)

생체방어에 관여하는 세포나 체액성분에는 포유류와의 본질적인 차이는 없지만, 병원생물에 대해 특이성이 없는 자연면역기구가 어류에 있어서 중요한 의미를 가지며 이는, 고도로 발달한 획득면역기구를 갖는 포유류와 많은 차이를 보여준다. 미생물의 생존에 적합한 물이라는 환경에 서식하기 때문에 체표에 특별한 방어기구를 갖추고 있는 것 또한 큰 특징이다 (鈴木, 1995). 여기에서는 우선 생체방어에 관여하는 세포와 액성 인자를 개별적으로 다루어 자연면역계에 관해서 설명하고 이러한 인자에 의한 외벽에서의 방어와 병원생물이 침입할때 방어반응의 한가지 형태인 염증 (炎症)에 관해서 설명하고자한다.

1-1 생체방어에 관여하는 세포와 액성인자

생체방어기구는 크게 세포에 의한 것과 액성인자에 의한 것으로 나뉘어 생각할 수 있다. 그것들은 주로 자연면역에 관계하는 것과 주로 획득면역에 관여하는 것으로 나눠지만, 양쪽 모두에 관계되는 것 과, 양쪽에 중개 역할을 하는 것이 있다. 세포성 인자로서는 백혈구계가 있고, 액성인자로서는 항체외에, 보체 (complement), 리소자임 (lysozyme), 렉틴 (lectin)등 여러 가지 형태로 병원생물에 작용하는 인자가 있다 (Alexander & Ingram, 1992; 鈴木, 1995; Ellis, 2001)

.

1) 백혈구의 종류와 생체방어상의 역할 세포성인자로서는 백혈구와 조직중에 존재하는 유리세포가 있지만, 후자도 동일 계통의 세포이므로, 여기에서는 서로 연관된 동일계통의 세포로 취급한다. 혈액내에 순환하는 세포가 혈구이며, 대다수를 차지하고 있는 적혈구의 수가 1㎣당 백만내지 수백만개가 존재하는 것에 비해서, 백혈구의 수는 수천내지 수만개정도이다. 백혈구의 형태는 혈액을 슬라이드 위에 얇게 도말하여, 김자(Giemsa)염색을 실시하면 관찰 가능하며 호중구, 호산구 (eosinophil), 호염기구 (basophil), 단구 (monocyte), 림프구 그리고 전구 (thrombocyte)로 구별되어진다 (Suzuki, 1995a). 그러나 기능면으로는 림프구는 T세포, B세포로 나뉘어지며 이외에, natural cytotoxic cell등이 있다. 더욱이 백혈구나 백혈구 유사 유리세포는 신장 (腎臟; kidney)이나 비장 (脾臟; spleen) 등의 림프 유사 조직 (lymphoid tissue), 체내의 결합조직 그리고 체강내에도 존재하며, 앞에서 열거한 세포외에도 macrophage나 호산성 과립세포 (eosinophilic granular cell, EGC) 등이 있다. 백혈구의 조성은 어류의 종류에 따라 크게 다르고,

일반적으로 호산구나 호염기구는 드물게 존재하지만, 복어과 어류나 잉어에서는 호염기구가 많다. 백혈구나 림프 유사 조직의 형태에 대해서는 Suzuki (1995a)를 참조하라.

① **호중구 (好中球)** : 혈액중에 비교적 많은 성분으로 수백 내지 수천 존재한다. 호중구는 비교적 대형의 세포로 그림 12-1A에서처럼 완두콩형에서 몇 개로 분엽한 형태의 핵과, 세포질에 다수의 미세과립이 존재한다. 김자에 의한 미세과립의 염색성은 어종에 따라 다르며, 거의 염색되지 않는 것부터 에오진에 염색되는 호산성을 나타내는 것까지 다양하다. 후자의 경우, 호산구라고 부르는 연구자도 있지만 염색성은 어디까지나 편의적인 것이기 때문에 본서에서는 그 기능적 유의성에서 염색성에 관계없이 호중구로 통일하고자 한다.

살아있는 호중구는 아메바운동을 활발히 하고, 염증부위에도 수시간에서 수일내에 빠르게 모여든다 (Suzuki & Iida, 1992). 이들의 가장 큰 기능은 박테리아등의 탐식이며, 탐식한 균은 과립내에 있는 효소 작용에 의해 살균, 분해된다 (飯田 · 若林, 1995).

② **호염기구 (好塩基球)** : 염기호성, 즉 염기성색소에 염색되는 비교적 대형의 과립을 가진 대형의 백혈구로, 핵이 타원형으로 한쪽 가장자리에 위치해 있는 것이 특징이다 (그림 12-1B). 복어과 어류에 많고, 개체에 따라서는 10만 이상이 존재하고, 잉어에서도 호중구와 거의 같은 정도로 존재한다. 대부분의 백혈구는 비중이 작아, 혈액을 원심하면 적혈구 위에 백색층에서 관찰되지만, 어류의 호염기구는 원심관의 밑에 가라앉는다.

호중구와 마찬가지로 활발한 아메바운동을 나타내고, 실험적으로 염증을 일으키면 급속히 대량으로 모여들지만 그 역할은 밝혀지지 않았다. 포유류의 호염기구는 히스타민 (histamine)을 가지며, 알레르기 반응에 관여하고 있지만, 어류에서는 히스타민 존재가 알려져 있지 않고 진화적으로

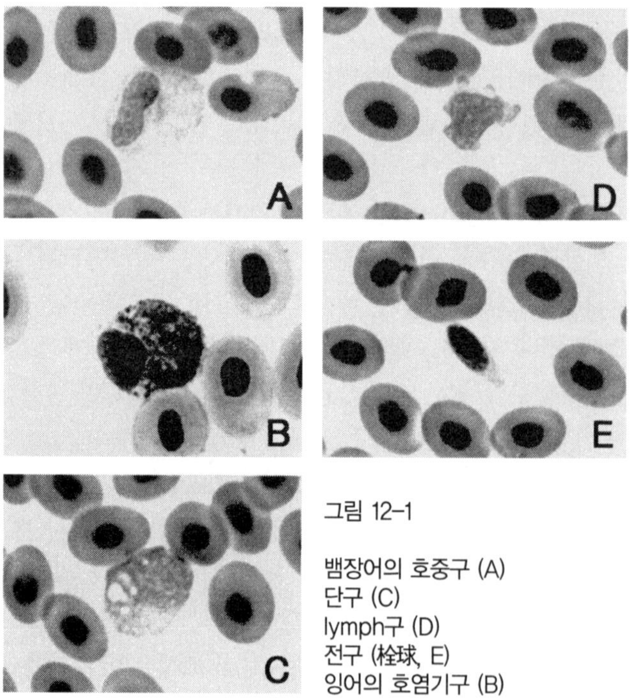

그림 12-1

뱀장어의 호중구 (A)
단구 (C)
lymph구 (D)
전구 (栓球, E)
잉어의 호염기구 (B)

덜 분화된 세포라고 추측 되어진다.

③ **호산구 (好酸球)** : 산성색소인 에오진 (eosin)에 염색되는 과립을 가진 호산구가 어류에서는 방어종류에서 드물게 존재한다. 포유류에서는 기생충에 대한 작용등이 알려져 있지만, 어류의 호산구의 기능은 전혀 알려져 있지 않다. 더구나 복강내에 있는 EGC가 호산구로 인식되어지는 경우가 있지만, 호산성과립세포라고 부를 수밖에 없기 때문에 호산구와는 다른 비만세포계의 세포라고 추측되어진다.

④ **단구 (單球, macrophage)** : 체내의 여러 조직중에 분포한다. 대형의 탐식능력이 높은 세포가 마크로파지이며, 혈액중의 마크로파지를 특히 단구라고 부른다 (그림 12-1C). 포유류에서 단구는 조직 마크로파지의 전구세포로 추측되어지고 있지만, 어류에서는 적어도 형태적으로는 큰 차이가 없다. 세포질은 염기호성으로 과립은 적고, 대형의 부정형 핵을 가진다. 운동능력을 가지지만, 호중구에 비교해서 움직임은 느리다. 염증부위에는 호중구에 비해 늦게 출현한다.

마크로파지는 박테리아만 아니라, 바이러스에 감염된 세포, 암화된 세포, 세포사를 일으킨 세포 등, 원래 자기 (自己)의 세포였던것도 비자기 (非自己)라고 간주해서 탐식하는 능력을 가진다. 더욱이 탐식한 이물질 (異物質)의 정보를 림프구에 제시하여 면역응답을 활성화하는 작용도 가진다.

⑤ 림프구 : 가장 수가 많은 소형의 백혈구로 핵에 비해서 세포질이 적은 것이 특징이다 (그림 12-D). 면역응답의 중심적인 역할을 가지고 있으며, 흉선 (thymus)에서 만들어져 자기와 비자기 식별을 하는 T세포와 항체를 생산하는 B세포가 있고 이 두세포들은 세포표면의 항원 (antigen, 이경우 단일클론항체로 구별되는 분자를 일컫는다.)으로 구별 되지만, 어류에서는 양자를 확실하게 구별할 수 있는 단일클론 항체가 충분히 갖추어져 있지 않다.

⑥ **자연살해 유사 세포** : 바이러스에 감염된 세포나 암화된 세포를 비자기라 인식하여 직접공격하여 상해를 끼치는 세포로서 자연 살해 세포, NK 세포)가 있다. 포유류에서는 대형과립 림프구로 알려져있지만, 미국산 메기나 무지개송어의 소형 무과립 림프구중에도 이러한 작용이 알려져 있어 포유류의 NK세포와의 유사관계가 명확하지 않기 때문에 자연 살해 유사 세포 (NCC, natural cytotoxic cell)라고 불려지고 있다 (Evans 등, 2001). 이는 어류에 있어서 대표적인 NK 세포이다. 이 세포는 기생충의 공격에도 관여하고 있다고 생각되어지고 있으며, 항체에 의한 이물질의 인식을 필요로 하지 않고, 표적세포의 공격에 비특이적이라는 점에서 보다 원시적인 방어기구라고 추측되어진다. 즉 어류의 경우 자연 살해 유사 작용은 반드시 NCC만이 아니라 호중구도 그 기능을 갖고 있다 (岡本 · 倉田, 1995).

⑦ **호산성과립세포 (好酸性顆粒細胞)**: 어류의 장점막결합조직과 복강내에 존재하며, 에오진에 잘 염색되며 큰 과립을 가진 대형세포가 호산성과립세포 (eosinophilic granular cell; EGC) 이다. 포유류의 결합조직에서 보이는 비만세포 (mast cell)와 비슷하지만, 어류에서는 과립내에 히스타민이 없는 것 등, 몇가지 성상의 차이가 있다. 비만세포는 히스타민 방출에 의해 염증초기의 혈관반응이나 알레르기 응답을 일으키지만, 어류의 ECG 기능은 잘 밝혀져 있지 않다. 그러나 보체의 활성화나 substance P (신경전달물질의 하나)에 의한 자극에 동반하여 과립이 방출되기 때문에 비만세포와 같은 기능이 추정되어 진화상의 전구세포라고 추정된다.

⑧ 전구 (栓球; thrombocyte) : 림프구와 비슷하다. 다수의 소형 혈구로 종종 세포의 한쪽 끝 혹은 양쪽 끝이 신장된 형태를 가진다 (그림 12-1E). 기능적으로는 포유류의 혈소판에 해당하며, 혈액응고에 관여하고 있지만 혈소판은 핵을 가지지 않는 세포의 작은 조각에 불과하며 형태적으로는 아주 다르다. 혈관이 상해를 입어, 혈액이 collagen 섬유에 접촉하면 그 표면에 부착하여 지혈하는 작용을 가진다.

2) 조 혈 (造 血) 포유류의 조혈기는 골수 (bone marrow)이다. 모든 혈구로 분화하는 골수 간세포 (myeloid stem cell)로부터 여러 성숙단계를 걸쳐 각종의 혈구가 생겨나게 된다. 그 중에 T세포만은 흉부 윗쪽에 있는 흉선에서 성숙분화 하지만, 미분화된 어린 세포는 골수에서 유래한다고 알려져 있다.

한편 어류에는 골수가 없다. 경골어류에 있어서 골수와 상동한 조혈조직은 신장, 특히 두신 (head kidney)의 림프유사 조직이다. 이 림프유사조직은 세망 (細網)섬유에 의해 가는 망목구조를 가지며, 증식 · 분화의 여러 단계에 있는 적혈구와 백혈구들을 이들 조직내에서 관찰할 수있다.. 성숙한 혈구는 림프 유사 조직내를 두르고 있는 신문맥 (腎門脈)으로 진입하여 혈류를 타게된다. 림프구중에 T세포만은 새강상부 (鰓腔上部)의 피하에 있는 흉선에서 증식 · 분화하는 것이라 추측되어진다.

조직중에 분포하는 혈구는 순환혈유래 (循環血由來)이다. 마크로파지는 혈액유래이지만, 조직중에서 증식도 일어난다고 추측된다. EGC에 관해서는 그 기원은 불분명하다.

3) 여러 가지 액성인자 혈장중에는 생체방어에 관련하는 여러 가지 인자가 함유되어 있다. 대표적인 것은 항체로 면역글로블린 (immunoglobulin)라 불리는 단백질이다. 박테리아, 바이러스 등의 항원 (항체를 유도하는 분자를 일컫는다)의 자극을 받은 B세포로부터 분화한 형질세포

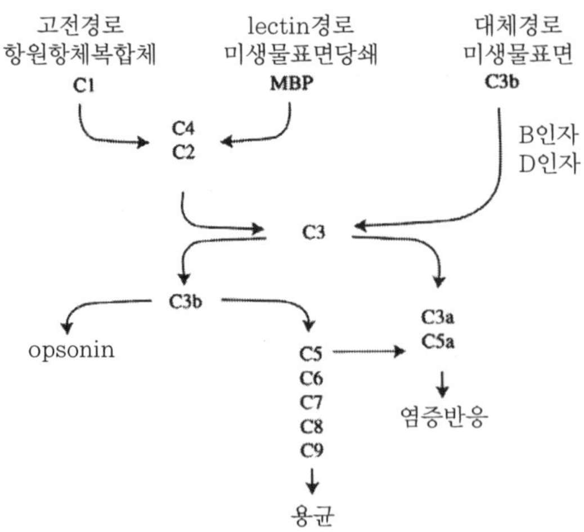

그림 12-2 보체결합반응의 모식도
고전경로, 대체경로, lectin 경로가 있으며, 제각기 다수의 인자가 관여하고 있지만 최종적으로는 표적 세포표면에 막공격복합체 (MAC)를 형성하여 세포를 파괴한다

(plasma cell)에 의해 생성되며, 높은 항원 특이성을 가지는 것이 특징이다. 항체에 관해서는 획득면역의 항목에서 서술한다.

항체와 밀접하게 관여하여 작용하는 인자로써 보체가 있다. 이는 항원과 항체의 결합물로 작용하여 항원을 파괴하는 역할을 가지지만, 항체의 관여에 의하지는 않는다. 즉 항원특이성이 없는 상태에서 작용하는 系도 있으며, 비특이적 방어기구의 일원으로도 있다. 그 외, 항체와 관계없이 작용하는 인자도 다수 알려져 있다.

① **보체 (補體)**: 어류의 보체계에 관해서는 Yano et al. 연구진에 의해 자세히 조사되어져 있다 (Nakao & Yano, 1998; 中尾・矢野, 2000). 보체계는 단일의 성분이 아니라 C1에서 C9까지의 9 성분, B 인자, D 인자등 다수의 단백질로 이루어져 그 대부분은 효소작용을 가진다. 그림 12-2에서 나타낸 것 처럼, 보체의 활성화 경로에는 고전경로 (classical pathway)와 대체경로 (alternative pathway; 제2경로)가 있다. 고전경로에는 항원과 결합한 항체에 의해서 C1이 활성화되고, 계속해서 C4, C2, C3, C5, C6, C7, C8, C9 순서로 반응한다. C5에서 C9까지의 성분은 표적이 되는 세포막상의 분자 결합, 즉 막공격복합체 (membrame-attack complex MAC)를 형성하여 최종적으로 세포에 구멍을 만들어 용균 (溶菌), 용혈 (溶血)을 일으킨다. 그외에 보체의 생체방어 작용에는 백혈구에 의한 세균탐식을 활성화하는 opsonin작용등이 알려져 있다 (그림 12-3). 어류의 경우, 호중구, 마크로파지에 C3 receptor가 있어서, 이 opsonin효과는 C3에 의한 것이라 추측되어진다 (Matsuyama et al., 1992). 대체경로에서는 항체와 관계없이, B인자, D인자

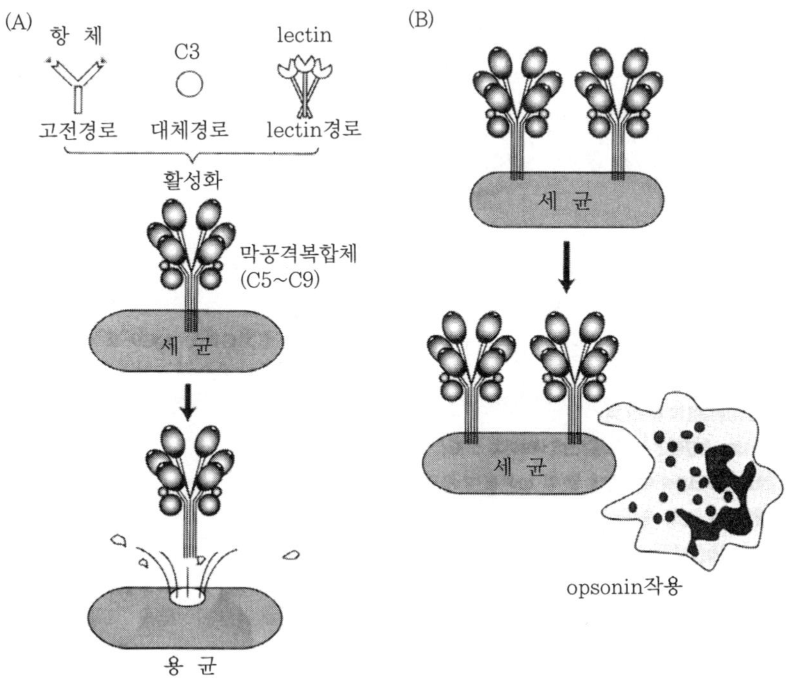

그림 12-3 보체의 역할
(A) 여러 가지 경로에 의해 보체가 활성화되면 막공격복합체가 형성되어 용균이 일어난다.
(B) 막 위의 보체성분은 식작용을 보조하는 opsonin 작용을 나타낸다.

의 존재하에서 C3가 활성화되어 그 후 C5에서 C9까지는 고전경로와 마찬가지로 순차적으로 반응한다. 실험적으로 대체경로를 활성화시키는 성분으로서는 zymosan (효모의 세포벽), 토끼의 적혈구 등이 알려져 있지만, 넓게는 세균등의 이물질에 대해서 비특이적으로 작용하는 系이다.

최근, 혈장 (血漿)중의 mannose-binding lectin (MBL)이 세균표면의 당쇄와 결합하고, 또한 MBL associated serin protease (MASP)와는 복합체을 형성함으로써 시작되는 lectin 경로도 알려지게 되었다.

어류의 보체는 열에 불안정하여 포유류의 55℃ 보다 낮은 40~50℃에서 실활 (失活)하지만, 0~4℃에서도 실활이 보여진다. 이러한 변온동물에서 체온이 낮은 것을 고려하면 합리적이다. lectin활성화의 3가지 경로중, 항체를 필요로하는 고전경로는 연골어류 이상의 척추동물에서만 관찰되어지는데 비해서 lectin 경로는 원구류 (圓口類)나 원색동물인 우렁쉥이에서, 대체경로는 극피동물인 성게에서도 존재의 증거가 있으며, 비특이적 방어기구를 갖는 무척추동물과의 연속성이 밝혀지게 되었다.

② **그외의 성분** : 그램양성균의 세포벽에 존재하는 peptidoglycan중의 다당류를 가수분해해서 막구조를 파괴하는 효소로서 리소자임(lysozyme)이 알려져 있다. 호중구나 마크로파지에 의해 생성되어 혈장과 점액중에 분포하지만, 생체방어상의 의의에 관해서는 잘 알려져 있지 않다.

인터페론 (interferon; IFN)은 바이러스에 감염된 세포가 생성하는 단백질로 주위의 세포에 결합하면 항바이러스성의 물질이나 바이러스 증식억제에 관한 인자의 생성을 유도함으로서 바이러스 증식을 저해한다. 어류에서도 그 존재가 알려졌고, 그 구조도 계속해서 밝혀지고 있다.

lectin은 특정한 당 (糖)에 특이적으로 결합하는 단백질로, 항체나 효소가 아니며, 생물계에 넓게 분포하고 있다. 2개 이상의 결합부위를 가진 lectin은 세포막에 있는 당쇄에 결합하여 응집반응을 일으키기 때문에 적혈구 응집소 (赤血球凝集素)로도 알려져 있다. 전술 (前述)의 보체활성화에 관한 MBL 외에, 후술 (後述)한 것 처럼 체표 점액중에도 많이 확인되어져 비특이적인 감염방어와 관계하는 것이라고 추측되어지고 있다.

그 외에, C 반응성 단백질 (C-reactive protein; CRP)은 염증급성기에 현저하게 상승하는 성분으로 세균이나 기생충 등의 세포막에 결합한다. transferin은 철(鐵)과 결합하여 세균의 증식에 필요한 철의 이용을 방해한다. Chitinase는 진균, 선충, 절족동물 등의 외벽성분인 chitin을 분해하는 효소로 진균과, 기생충에 대해서 방어작용을 가지는 것이라 여겨진다.

획득면역계는 척추동물만이 가지지만, 어류에서는 포유류의 고등 척추동물만큼 충분히 발달하지 않으므로 생체방어중에서도 그 역할은 비교적 적다. 액성인자중에서도 여기서 기술한 것 처럼 비특이적인 방어인자가 차지하는 역할이 크다, 따라서 어류에서는 면역계에 치우치지 않는 방어 기구에 대해서 이해 하는것이 중요할 것이다.

1-2 외벽의 방어

병원생물의 공격으로 부터 몸을 지키는 기구는 감염의 경로가 되는 외벽에서 모든 기능이 이루어지고 있다. 여기서 말하는 외벽이라는 것은 체표뿐만아니고 호흡기와, 소화관내의 표면도 포함하게 된다. 항원항체반응의 면역계는 이 외벽을 돌파하여 체내로 침입한 병원생물에 대해 저항하는 단계이며, 외벽의 방어는 체내의 방어와 밀접한 관계는 구별해서 생각 할 수 있다.

1) 체표의 구성 체표를 둘러싸고 있는 피부는 상피성표피와 그 밑의 치밀결합조직 (緻密結合組織)인 진피로 구성되며, 양자는 기자막으로 격리되어져 있다. 진피에는 비늘 (鱗)이 있어 체표의 물리적인 강도를 높이고 있다. 그래서 표피의 외측은 점액으로 둘러싸여져 있는 것도 큰 특징이다. 어류의 피부에 관한 자세한 정보는 Whitear (1984)과 Suzuki (1995b)를 참조하라.

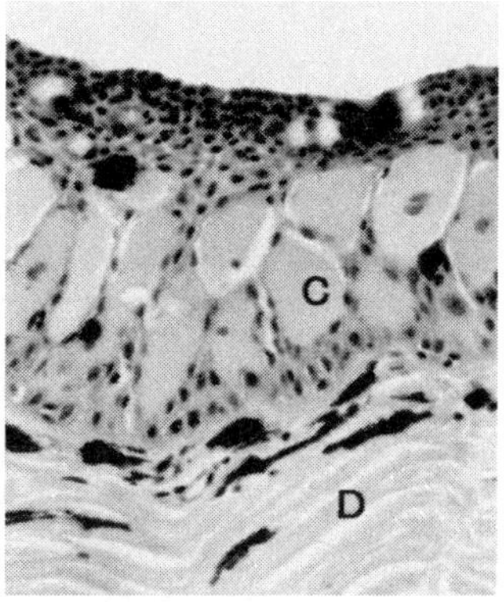

그림 12-4 메기의 체표
균질한 세포질과 중앙에 핵을 가지는 대형의 곤봉상세포 (棍棒狀細胞) (C)가 다수 관찰되어진다. D는 진피

표피에는 어종에 따라 곤봉상세포 (棍棒狀細胞; club cell; 그림 12-4)나 낭상세포 (嚢狀細胞; sacciform cell; 그림 12-5)가 있다. 곤봉상세포는 뱀장어목, 잉어목, 메기목 어류의 표피에 관찰되는 세포며, 대형으로 약호산성의 균질한 세포질과 세포중앙에 여러개의 핵이 있는 특징을 가진다. 뱀장어목 어류에서는 핵에 인접해서 분비포가 있으며, 뱀장어에서는 lectin이 축적되어 있는 것이 알려져 있다. 또 쏠종개는 등지느러미, 가슴지느러미 가시에 독선을 가지고 있는 것이 잘 알려져 있지만, 곤봉상세포가 함몰해서 생겨 난 것이다. 같은 독이 체표의 곤봉상세포에서도 분비되어지며, 이것도 어느 정도의 생체방어적 의미를 가지고 있다고 할 수 있다.

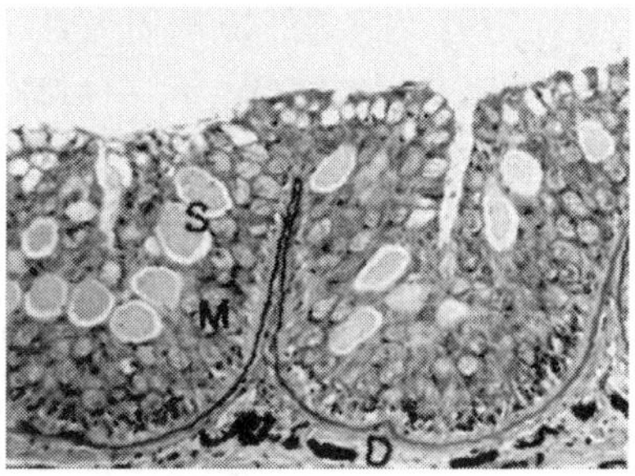

그림 12-5 국매리복의 체표
점액세포 (M) 이외에, 대형으로 단백질을 함유한 낭상세포 (嚢狀細胞) (S)가 다수 관찰되어진다. D는 진피

낭상세포는 농어목, 가자미목, 복어목 등 비교적 고등한 어류의 표피에 나타나는 대형의 세포로, 밑부분에 평편한 핵이 있고 체표쪽으로 개구 (開口)되어 있는 특징을 지닌다. 형태적으로는 점액세포와 비슷하지만, 세포질 성분은 단백질일 것이라고 여겨진다. 기능에 관해서는 정확하게 알려진 것은 없으나, 이 세포를 많이 지니고 있는 어종에서는 lectin 활성이 높기 때문에 곤봉상세포와 마찬가지로 생체방어에 관여하는 인자의 분비에 관계할 것이라고 추측되어진다.

2) 체표 점액중의 생체방어인자 점액 그 자체는 약한 체표를 물리적으로 보호함과 동시에, 계속해서 분비되어짐으로써 부착한 병원생물을 씻어 내는 효과를 가진다고 추측되어진다. 점액의 주요 성분은 단백질에 점질성 다당류가 결합한 점질당단백질 (proteoglycan)이지만, 그외 여러가지 생체방어 인자가 함유되어 있다 (Alexander & Ingram, 1992; 鈴木, 1995; Ellis, 2001).

토끼 적혈구에 점액을 반응시키면 적혈구를 응집시키는 경우가 있다. 이 반응은 특정한 당 (糖)

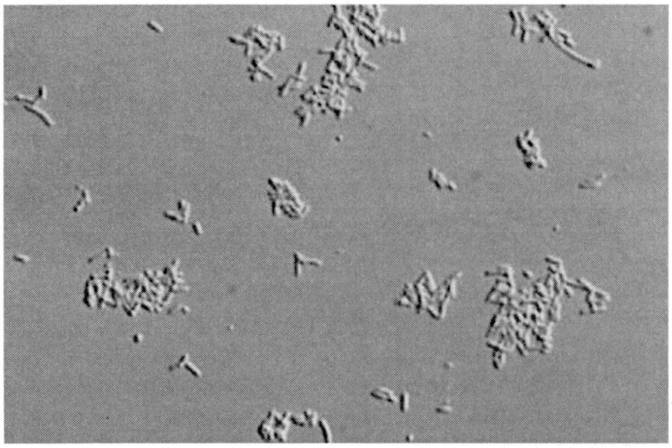

그림 12-6 뱀장어 체표 점액 lectin에 의한 대장균의 응집반응

에 특이적으로 결합하는 단백질인 lectin이 세포표면의 당쇄 (糖鎖)에 반응하기 때문이다. lectin은 뱀장어, 메기, 복어등의 점액에서 특히 활성이 높다. 뱀장어의 lectin은 세균을 응집시켜 (그림 12-6) 증식을 억제시키기 때문에 직접세균에 작용해서 방어에 담당하고 있다고 추측되어진다 (Tasumi et al., 2002). 또 백혈구의 탐식능 증강 등, 체내의 방어계와 연동 (連動)한 기능도 시사되어졌다.

그외, 점액중에는 용혈인자, 단백질분해효소, 리소자임 등의 비특이적인 방어인자가 보고되어져 있다. 한편 점액중에는 특이적인 인자로써 항체도 알려져 있다. 점액중 항체의 특이성과 혈장중의 항체 특이성과는 반드시 일치하지 않으며, 체내의 것과는 독립된 피부 면역계가 존재한다고 추측되어진다.

3) 소화관의 생체방어 기구 소화관은 복잡한 주름상태의구조와 미융모 등에 의해 매우 큰 표면적을 가지며, 그것만으로 방어의 장소로써 중요하다. 어류의 소화관은 식도, 위, 장전부 (腸前部), 장후부 (腸後部), 직장으로 나뉘어져 있지만, 이것들은 거의 같은 기본구조를 가지고 있다. 내강에 접해서 단층원주상피로부터 이루어진 점막상피 (ephithelium mucosae)가 있으며, 그 하부에 점막고유층 (lamina propria mucosae), 치밀층 (stratum compactum), 과립층 (stratum granulosum)으로 구별되어, 전체가 평활근층에 둘러 싸여져 있다. 점막상피의 사이에는 배세포 (점액세포)가 혼재하여, 여기에서 분비되어진 점질당단백질을 주체로 하는 점액이 장관의 내면을 둘러싸여 있다.

상피세포층 바로 밑에 있는 고유층은 소성 결합조직으로, 림프구, 마크로파지, 과립구 등이 존재하며, 소화관을 경유한 감염 방어의 최전선 부위이다. (Rombout et al., 1993).

후장부 (後腸部)의 상피세포 선단에는 미융모가 발달하여 있으며 영양분의흡수를 담당하고 있다. 단백질이 소화되지 않은 채로 이 후장부까지 운반되어지면 상피세포가 음세포활동으로 단백질을 흡수하고, 음세포 활동에 의해 형성된 식포 (食胞)가 기저층에서 방출하기 때문에 혈액 속에까지 운반되어지고 만다. 특히 위가 없는 잉어과 어류에서 현저하게 일어나며, 혈중에 음식물 유래의 단백질에 대한 항체가 생기는 경우도 있다. 이종(異種) 단백질의 배제 (排除)가 생체방어의 기본이지만, 이와 같은 현상의 의의에 관해서는 충분히 알려져 있지 않다 (Nakamura et al., 2000).

1-3 염 증 (炎症)

장기의 이름에 염 (炎)을 붙이면, 폐렴 (肺炎), 신염 (腎炎), 간염(肝炎) 등과 같이 염증성질환의 병명이 된다. 이러한 염증의 여러 가지 증후는 병원생물에 의해 초래되 발병하는 부분이 있다고 말할 수 있으나 염증은 병변에 대한 생체의 반응으로써 기본적으로는 같은 형태의 모습으로 진행한다 (Suzuki & Iida, 1992).

생체에 병원균의 침입이나, 외상등의 염증자극이 가해지면 처음에 혈관의 반응을 일으킨다. 국소의 혈압이 상승하고, 혈관, 특히 정맥이 확장하고 서로 이웃하는 내피세포간의 간극이 확대하게 된다. 여기에 동반하여 혈장성분이 혈관외로 누출이 일어난다. 혈관확장은 발적을 일으키고 혈관투과성의 촉진은 종창 혹은 부종 (浮腫)으로써 나타난다. 포유류에서는 국소의 비만세포로 부터 히스타민 방출에 의한 제 1 단계 반응과, 보체결합반응에 의해 생겨나는 혈관확장인자에 의한 제 2 단계 반응의 두단계의 반응을 나타내지만, 어류에서는 히스타민이 결핍되어 있기 때문인지 급속한 반응이 없이 한단계의 반응밖에 없다. 이러한 혈관의 반응 결과로 유해한 성분은 희석되고, 침입한 병원생물은 혈류에 실려 전신 (全身)으로 운반되지 않고 국소에서 처리된다.

혈관의 반응으로 계속해서 백혈구의 침윤 (浸潤)이 일어난다. 최초로 출현하는 것은 호중구이며, 염증자극에 의한 조혈기 (造血器)인 두신 (頭腎)에 저장되어져 있던 호중구가 혈중으로 방출되어, 염증부위에 도달하면 혈관벽에 부착하여 내피세포 간극에서 혈관외로 돌아 다닌다 (그림 12-7). 백혈구가 염증부위에 떠 다니는데는 여러 가지 액성의 인자가 관여하고 있지만, 대표적인 것은 보체유래의 성분이다. 병원균에 대한 보체결합반응의 과정에서 C5는 병원 (病原)에 결합하는 C5b와 유리의 C5a로 분리되어, 이 C5a가 호중구에 대한 유인작용을 나타내는 것이 포유류에서 알려져 있다. 어류에서도 보체결합반응성 생성물에 대해서 호중구가 유인되는 것이 알려져 있으며, 같은 양상의 기구로 백혈구 유주 (白血球遊走)가 일으나는 것이라 추측되어진다. 호중구는 병원균의 탐식, 살균을 담당한다. 복어의 한 종류인 복섬에서는 염기구도 염증 급성기에 돌아 다니지만 그 역할은 밝혀져 있지 않다.

호중구에 이어서, 혈액중의 단구가 혈관밖으로 돌아 다님으로써 염증부위에는 마크로파지가 증가한다. 마크로파지가 돌아 다니는 데에는 호중구 유래의 인자도 관여하고 있을 거라고 추측되어진다. 마크로파지는 세균외에 살균과정에서 죽은 호중구, 국소에서 장해를 받은 자기의 세포를 탐식 · 소화한다. 세균등 외래의 이물질은 세포내 소화 후, 그 항원정보를 세포표면에 제시하여 나중에 돌아 다니다가 온 림프구의 항체생성을 촉진하는 것도 있지만, 이것에 대해서는 나중에 설명하고자 한다.

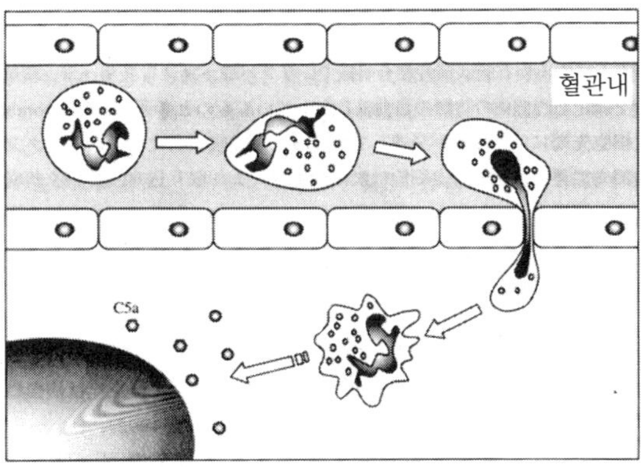

그림 12-7 염증 급성기에 있어서 호중구 유주반응의 모식도 염증 부위에서 호중구는 혈관내피세포 간극에서 혈관외로 침입하여, 보체성분 (C5a) 등으로 유인되어 염증 중심부로 떠다닌다.

외상 등의 경우, 이러한 응답에 의해 염증자극이 배제되어진다면, 일시적인 결합조직에 의한 국소조직의 수복 (修復)등의 과정을 걸쳐 최종적인 회복 (回復)으로 향한다. 병원균에 의해 공격을 받은 경우에 회복에는 획득면역계의 관여가 더해져 면역기억이 성립한다. 그러나 만성화 되어 일진일퇴에 빠질 경우 더 이상 면역반응을 하지않고 죽음에 이르는 경우도 있어서 매우 중요한 질병으로 인식되는 일이 있지만 거기에 대해서는 어병학 전집(室賀 · 江草, 1996)을 참고하라.

§2. 획득면역 (특이적방어기구)

지금까지 기술한 생체방어의 여러 가지 형태는 침입해온 외적에 대해서 비특이적으로 작용하는 방어 시스템이다. 이에 반해 침입을 받고 나면 후천적으로 획득하는 특이성이 높은 방어 시스템이 획득면역이다. 면역응답에는 B세포에 의한 항체생성이 주체로 되는 체액성면역 (體液性免疫)과 T세포에 의한 세포성면역 (細胞性免疫)이 있지만, 제각기 매우 많은 인자에 의한 복잡한 반응계이며 어류에서는 극히 일부가 밝혀졌을 뿐이다.

2-1 림프구와 항체

1) 림프구　획득 면역에 있어서 중심적인 역할을 하는 것은 림프구이다. 림프구는 기능에서 크게 B 세포와 T 세포로 나뉘어진다. B세포는 항원자극을 받아서 형질세포로 재분화하여 항체를 생성한다. T세포에는 B세포의 항체생성세포로 분화를 보조하는 Help T 세포 (Th), 세포성면역에 관여하는 세포장애성 T세포 (Tc) 등이 있다. 이들 혈구는 세포표면에 어떠한 분자를 가지느냐에 따라서 분류되지만, 다수의 CD (cluster of differentiation)라고 불려지는 세포표면 항원이 알려져 있으며, 포유류에서는 몇가지 subunit로 세분되어져 있다.

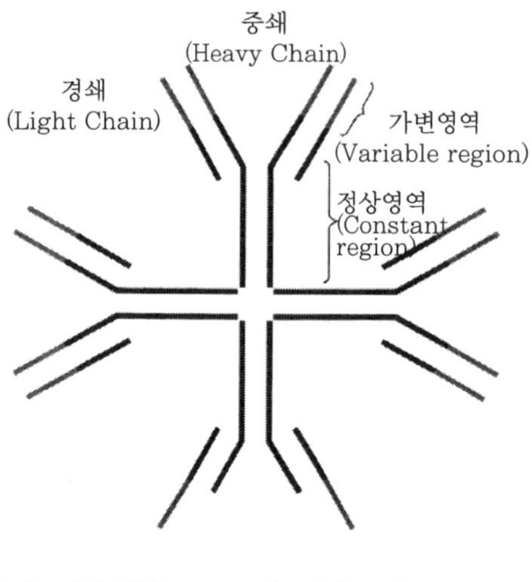

그림 12-8　어류 면역 globulin (IgM)의 모식도
L chain 2 가닥, H chain 2 가닥의 기본 구조가 4 량체를 형성하고 있다. 각 chain의 가변영역은 다양하게 변이한다. 여러 가지 항원에 대응할 수 있다.

B 세포는 세포표면에 막형 항체 (면역 globulin)를 가지는 것에 의해 특징지어진다. B세포가 형질세포로 변화하여 분비형 항체를 세포외로 분비하게 되는 제 1단계로서 세포막 상에 있는 항체에 항원이 결합하는 것이 필요하다. 항원에 특이적인 매우 다양한 항체가 만들어지는 기구에 대해서는 나중에 설명한다.

한편 T세포는 세포표면에 TCR (T cell receptor)를 가진다. 이 분자는 항체는 아니지만 항원과 결합하는 능력을 가진다. T 세포는 흉선에서 흉선세포 (thymocyte)로 부터 분화하지만, 그 과정에서 TCR 유전자가 재편성되어 다양성의 어느 한 TCR이 발현된다. 개개의 세포에는 한 종류의 TCR만 발현되지 않고 비자기를 인식할 수 있는 세포만이 선택되어 T 세포로서 성숙하기 때문에 자기와 비자기를 고도로 식별하는 것이 가능하다. TCR은 면역 globulin과 유사 domain 구조를 가지고 있기 때문에 B 세포나 T 세포를 확실하게 식별하는 단일클론 항체를 얻는 것이 반드시 쉽지는 않지만 몇몇 어류에서 식별이 가능하게 됐다 (Scapigliati et al., 1999). CD 항원에 의한 더 자세한 분류도 금후 필요하다.

2) 면역 글로브린 (항체) 항원과 결합하는 분자로써 형질세포에서 분비되는 것이 항체이며, 면역 globulin라는 단백질이다. 어류의 면역 글로브린에 대해서는 비교면역학적인 흥미로 부터 많은 연구들이 이루어 지고 있으며, 유전자 레벨에서의 정보도 충실히 쌓여 왔다 (Ross et al., 1998; Ota et al., 2000). 분자구조의 차이로 여러 type으로 나뉘어져 포유류에서는 IgG, IgA, IgE, IgD라는 class가 알려져 있지만, 어류에서는 주로IgM (immunoglobulin M) 이 있으며, 최근 IgD 존재도 밝혀졌다. 면역 글로브린은 H chain과 L chain이라는 두개의 polypeptide chain이 두가닥으로 이루어진 기본구조를 가진다. 어류의 IgM은 기본 구조의 면역 글로브린이 4량체을 형성하고 있는 점이 5량체의 포유류 IgM과는 서로 다르다 (그림 12-8). H chain과 L chain 분자량은 각각 70~80kDa과 25kDa 전후이며, 어종에 따라 서로 다르다.

H chain과 L chain는 각각 정상영역 (定常領域; constant region)과 선단부분의 가변영역 (可變領域; variable region)을 가진다. 가변영역의 아미노산 배열은 변이가 매우 풍부하며 여러 가지 항원에 특이적으로 결합하는 것이 가능한 분자가 준비되어져 있다. B 세포가 성숙하는 단계에서 가변영역을 code하는 다수의 유전자가 준비되어져 있어서 그 사이에서 유전자 조합 이나 돌연변이 등이 일어남에 따라 다양성이 형성되어진다. 최종적으로는 하나의 B 세포형질 세포는 한종류의 항체를 생산하게 되며, 이처럼 하나하나 다양한 B 세포가 준비되어서 항원자극에 대비해 있는 것이다.

2-2 항체생성응답

생체가 미생물의 침입이나 이종 단백질의 흡수 등의 항원자극을 받으면 그 항원에 특이적으로 결합하는 항체를 생성한다. 이것은 B세포가 항원에 맞추어서 분화하는 하는 것이 아니라 위에서 기술했던 것과 같은 기구로 생체내에 준비되어져 있는 다양한 B 세포 중에서 항원으로 적합한 것이 선택되어 증식하고, 형질세포로 분화하여, 항체를 생성하는 것이기 때문이다. 이 과정을 clone 선택이라고 한다. 이때 B 세포막 표면에 있는 막형 항체가 항원과 결합하게 되면 clone이 선택되어지게 된다. 더욱이 항원을 탐식한 마크로파지가 그 항원의 정보를 세포표면에 제시하면, 거기에 결합한 help T세포가 cytokine (면역응답등에서 보여지는 세포간상호작용을 나타내는 단백질의 총칭)을 방출하여, B 세포의 분열 · 증식, 형질세포로의 분화를 유도한다. Cytokine에는 여러 가지 종류가 있으며, 이러한 응답에는 IL-4 (interleukin-4), IL-6 등이 관여하고 있지만, 어류에서는 cytokine에 관한 지식이 충분히 축적되어 있지 않는 상황이다 (Secombes, et al., 2001). 또

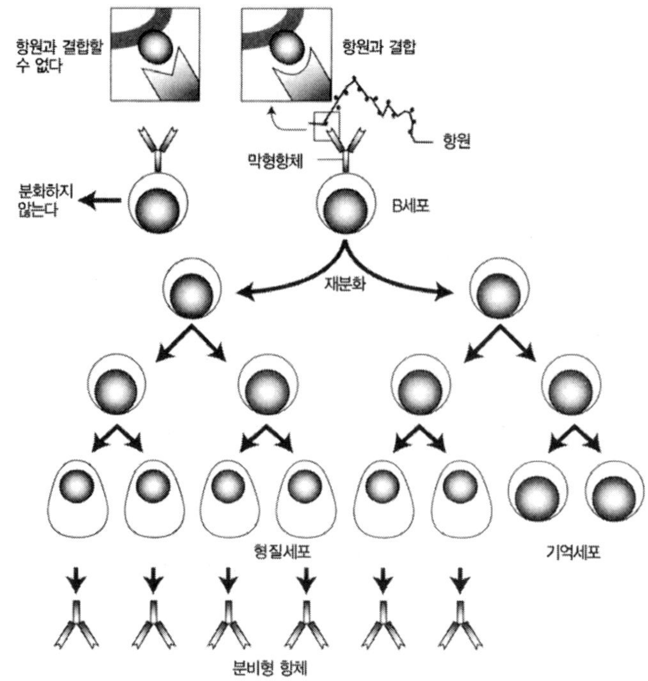

그림 12-9 항원에 특이적인 항체를 생산하는 clone 선택
하나의 B세포가 생산하는 항체는 한 종류이다. 침입한 항원에 대해서 결합할 수 있는 막형항체를 가진 B세포는 증식·세분화해서 분비형 항체를 생산하는 형질 세포로 된다. 또 일부는 기억세포로 되어, 다시 항원침입에 효율 좋게 반응하게 된다.

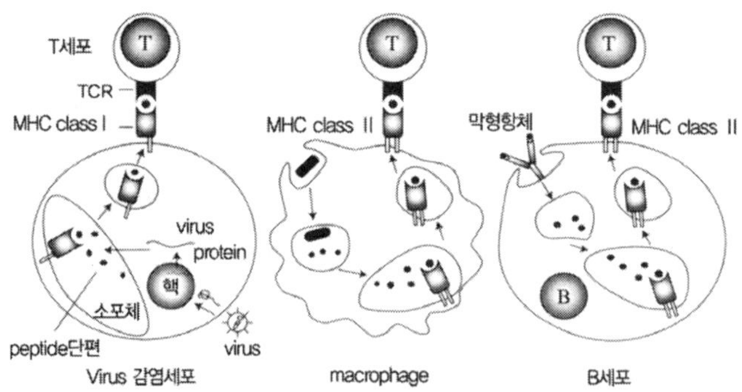

그림 12-10 세포막에 있는 주요조직적합성항원 (MHC)의 기능
class Ⅰ의 MHC는 모든 세포에 발현하며, 바이러스에 침입되어지면 그 단편을 T세포에 결합하여 스스로 공격을 받는 것에 의해 감염의 확대를 막는다. 면역계세포가 발현하고 있는 class Ⅱ MHC의 경우 마크로파지는 탐식한 이물질의 단편을, B세포는 막형항체가 인식한 항원의 단편을 T세포에 결합하여 면역응답을 활성화한다.

마크로파지에 의한 항원 제시는 탐식한 이물의 단편을 주요조직접합성항원 (MHC항원, major histocompatibility antigen) 상에서 이루어진다 (그림 12-10). MHC에는 모든 세포의 표면에 발현하고 있는 class Ⅰ과 면역계의 세포만이 가지는 class Ⅱ가 있는데, 이 반응에는 class Ⅱ가 관여하고 있다. class Ⅰ에 대해서는 세포성면역의 항목에서 기술하지만, 어느 MHC이든 개체마다의 변이가 크며, 자기와 비자기와의 식별하는 열쇠로써 파악하는 분자이다. 일련의 항체생성반응의 과정에서 B세포의 일부는 기억세포로 되어 같은 항원에 의한 공격을 다시 한번 받게되면 빠른 응답을 일으킨다. 이상은 포유류의 결과에서 나타난 결과이지만, 어류에서도 기본적으로 같을거라고 추측되어진다. 그러나, 포유류에서는 2번째의 항원자극을 받을 때에는 IgM과는 다른 IgG라는 class의 항체가 매우 빠르게 응답을 나타내는 것에 반해서 IgM밖에 가지지 않는 어류에서는 이 2차 응답이 포유류에 비해서 느리며 항체가의 상승도 낮다.

2-3 항체의 effector작용

항체가 항원에 결합한 후, 그 항원을 어떻게 처리해서 없애는가 하는 것이 effector작용이다 (그림 12-11). 항원이 독소일 경우, 항체가 결합하는 것에 의해 우선 독작용을 중화하는 것이 가능하다. 세균의 경우도 항체가 결합하는 것으로 침입을 저해하는 효과를 가지지만, 그것만으로는 완전히 무해화할 수 없고 보체나 식세포의 도움을 필요로 한다. 보체에 관해서는 이미 기술한 것 처럼 항원항체결합물에 의해 고전경로가 활성화되어 세포막에 구멍을 만들어서 살균한다. 호중구나 마크로파지는 항체나 보체에 대한 receptor를 가지고 있기 때문에 이것들이 표면에 결합한 균체는 쉽게 탐식되어 살균, 분해된다.

2-4 면역반응의 장소

포유류에서는 침입한 균이 림프관에 들어가 각 장소에 있는 림프절에서 사로잡혀서 면역반응이 일어나는 경우가 많다. 어류에서는 림프계가 발달하지 않고 림프절도 없다. 침입한 균 (菌)은 국소에서 처리되지 않는 경우는 신장 (腎臟)이나 비장 (脾臟)의 림프 유사조직에서 사로잡히기 때문에 이러한 조직이 면역응답의 장소가 된다. 신장은 조혈기 임과 동시에 면역응답의 장소로 되는 점이 조혈만을 하는 포유류의 골수와는 다르다. 또 비장에는 적혈구를 저장하고 순환하는 혈중의

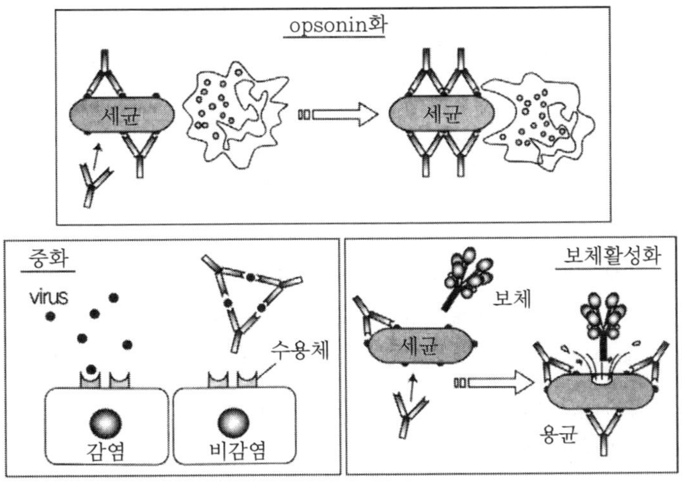

그림 12-11 항체의 기능
항체는 opsonin 작용, virus나 독소의 중화작용 그리고 고전경로에 의한 보체의 활성화 작용에 의해 생체의 방어를 담당

적혈구수를 조절하는 기능도 있으며, 포유류에서는 이러한 기능을 발휘하는 적색수질(red pulp)과 면역응답의 장소가 되는 백색수질(white pulp)로 구별되지만, 어류의 비장에서는 그 구별이 명료하지 않다. 그러나 비장내에는 섬유질이풍부한 조직으로 둘러싸여진 필동맥 (筆動脈)이라는 가는 혈관이 도처에 보여지기 때문에 거기에서 입자상의 항원이 사로잡혀 주위의 마크로파지에 탐식되어지고 또 림프구에 항원정보를 전달한다는 포유류와 마찬가지의 면역응답 기구를 갖추고 있다고 생각되어진다.

2-5 세포성 면역

항원특이적인 면역응답은 항체와 림프구에 의해서만 일어나지만, 림프구가 주체로 되는 면역이 세포성면역이다. 실험적으로는 이식거부반응에서 전형적으로 나타내 보이지만, 바이러스 감염세포나 종양세포에 대한 공격도 세포성면역의 응답으로 나타난다. 공격의 주체는 세포장해성 T세포이며, 세포에 직접 접촉하여 파괴하고 더욱이 cytokine방출에 의해 호중구나 마크로파지는 같은 식세포를 활성화 시킴으로써 장해를 제거하게된다. 어류의 세포성면역에 관해서는 Nakanishi 연구진에 의해 자세히 조사되었다 (中西, 1995; Nakanishi et al., 1999; Nakanishi et al., 2002).

같은 종류의 어류에서도 개체간에 비늘을 이식하면, 이식편에는 림프구나 식세포가 모여서 염증반응이 일어나서 즉시 탈락한다. 같은 개체에 다시 한번 이식하면 보다 신속히 거부반응이 일어난다. 이것이 세포성면역응답이며 면역기억도 성립하는 특이적인 반응이다.

자기와 비자기의 식별에는 class Ⅰ의 MCH항원이 관여하고 있다. 이 항원은 일부 예외를 제외하고 모든 세포의 표면에 발현하고 있고, T세포는 구조적 형태가 일치하는 것을 자기라고 인식한다. 그러나 MCH 항원은 개체간에 매우 다양하고 풍부하기 때문에 다른 개체에서 구조적 형태가 일치하는 것은 희박해서 거부반응이 일어나버린다. 더욱이 바이러스 감염을 받은 세포나 암화되어버린 세포는 MHC 항원상에서 바이러스 단편이나 암화 정보를 발현해서 제시하기 때문에 T세포는 비자기라고 인식하여 없애게 된다 (그림 12-10). 최근 어류의 MHC 분자구조에 관한 지식도 쌓여가고 있으며, 포유류와 거의 마찬가지의 구조를 가지는 것이 밝혀졌다 (Nakanishi et al., 2000).

§3. 생체방어의 여러 가지 측면

모든 생리현상과 마찬가지로 변온동물인 어류의 생체방어기구는 수온에 의존한다. 제 1장에서 기술한 것처럼 생체방어기구는 신경계, 내분비계와 함께 생체제어기구의 하나로서 발휘하기 때문에 그들의 지배를 받게된다. 어느 정도 성장할 때 까지 모체내에서 보호되는 포유류와는 달리 어류에서는 난이나 부화자어의 단계에서부터 병원생물에 의한 공격에 노출되어지기 때문에 생체방어기구의 개체발생도 중요한 과제이다.

3-1 생체방어에 영향을 끼치는 인자

1) 수온 일반적으로 획득면역계는 온도의 영향을 받기 쉽다. 잉어와 같이 넓은 온도 영역에 서식하

는 담수어에서는 15℃ 이하의 저수온에서 항체생성능이 현저하게 떨어지게 된다. 그래서 혈중 항체량도 여름에 많고, 겨울에 적은 명료한 계절변화를 나타낸다. 무지개송어와 같은 냉수성 어류에서는 더 저수온때에도 비교적 높은 항체생성능을 나타내지만, 수온변화에 따른 항체량 변화도 관찰되어진다.

한편 자연면역계는 온도의 영향을 받기 어렵고, 어류의 혈장은 생존 가능한 수온대에서는 충분한 보체 대체 경로의 활성, 즉 용혈활성을 나타낸다. 뱀장어 체표 점액의 lectin은 4℃에서도 활성을 나타낸다.

병원생물은 고수온 때에 활성화하는 것이 많지만, 고수온 때에는 모든 온도에서 기능하는 자연면역계에 획득면역이 더해진다고 생각되어지는 것이 합리적이다.

2) 스트레스 어류도 여러 가지 원인으로 스트레스 상태에 놓이게 된다. 스트레스 때의 부신피질호르몬 (주로 cortisol)의 상승은 생체내에서 여러 가지 작용을 가지지만, 면역계의 억제도 잘 알려져 있다. 무지개송어에 대한 cortisol 투여는 림프구의 감소, 림프구의 항체생성능의 저하, 그리고 혈중이나 체표 점액중의 면역글로브린량의 감소를 초래한다. 스트레스는 본래 적응된 상태에서의 응답이라 생각되어지지만, 스트레스 상태가 지속되면 결과적으로는 질병에 대한 저항성을 잃어버리게 된다 (Schreck, 1996; Weyts et al., 1999).

3) 생식 연어과 어류의 대부분은 산란후 죽는다. 산란후 생존하는 무지개송어에서는 산란기에 질병, 특히 곰팡이병에 걸리기 쉽다. 산란기에 상승하는 cortisol 영향이라 여겨져 왔지만, 성숙에 따른 성호르몬, 즉 암컷에서는 estradiol-17β와 testosterone, 수컷에서는 11-ketotestosterone과 testosterone의 상승도 림프구의 항체생성능을 억제하는 것이 밝혀졌다 (Suzuki et al, 1997). 한편 산란기에도 건강을 유지하고 있는 잉어과 어류의 림프구는 성호르몬의 영향을 받지 않기 때문에 생식내분비계의 면역계에 대한 작용은 어종에 따라 다르다.

3-2 자치어의 생체방어

연어과 어류와 같이 다량의 난황을 가지는 어류에서는 부화까지의 기간이 길고 자어의 체제 (體制)가 비교적 정비되어져 있다. 한편 대부분의 해산어는 작은 부성란 (浮性卵)을 대량으로 낳고, 단시간내에 부화하기 때문에 자어는 매우 미숙한 상태이다. 그렇기 때문에 생체방어기구에도 성어와는 차이가 있다.

1) 림프계 조직의 개체발생 림프계의 조직, 즉 신장의 림프유사 조직, 비장, 흉선이나, 그들 조직중의 lymph구가 언제 출현하는지는 자치어의 면역기능을 파악하는 지표가 된다. 연어과 어류에서는 부화때에는 언급한 모든 조직 · 기관을 가지고 있으며, 림프구도 존재한다. 그러나 보다 소형의 난에서 생겨나는 대부분의 어류에서는 그러한 조직들을 구비하지 않은채 부화자어가 탄생한다. 참돔에서는 이러한 조직~기관을 구비하여, 항체가 생성되기까지 25~30일 정도 걸린다. 그 사이 자연면역계에 의한 생체방어기구가 작동하고 있다고 생각되어진다.

2) 모자면역 (母子免疫) 모유중의 항체는 유아의 건강 유지에 중요한 역할을 가진다. 닭에서는 난황중에 축적되어진 모조유래 (母鳥由來)의 항체가 병아리의 생체방어에 기능을 하고 있다. 이와

같은 모자면역이 어류에도 있지 않을까하는 생각에서, 몇몇 어종에서 조사되어져 왔다. 卵중에 면역글로브린이 있는 것은 틀림 없으며, 연어과 어류에서는 부화자어에 있어서도 존재한다. 따라서 이미 면역된 친어에서 생겨난 자어는 같은 균으로 노출시켜도 유의하게 생존률이 향상한다는 보고도 있다. 한편 해산어 참돔에서 측정한 연구에서는 친어유래의 항체는 부화후 2~3일 정도에서 소실하여, 그 후 1개월 가까이 항체가 없는 상태에 놓여지기 때문에 모자면역은 없는 것으로 결론지어졌다 (Tanaka et al., 1998).

3) 자연면역계 뱀장어는 체표 점액에 강력한 lectin을 가지지만, 렙토세파루스 유생의 단계에서도 그 활성이 모두 관찰되어졌다. 이 시기에 림프계 조직은 매우 미발달 상태이나 흉선은 관찰되어지지만, 신장에서의 적혈구나 백혈구의 조혈, 비장의 분화 · 발달은 확인되지 않아 좋은 대조를 이루고 있다. lectin은 부화후 8일째 자어의 체표에도 관찰되어 자어의 생체방어에는 자연면역계 (비특이적방어기구)야 말로 중요하다는 추측을 뒷받침하고 있다 (Suzuki & Otaka, 2000)

文 献

specific defence mechanisms of fish. *Ann. Rev. Fish Diseases*, 2, .249-279.

Evans, D. L., J. H. Leary, III and L. Jaso-Friedmann (2001) : Nonspecific cytotoxic cells and innate immunity : regulation by programmed cell death. *Dev. Comp. Immunol.*, 25, 701-711.

Ellis, A. E. (2001) : Innate host defense mechanisms of fish against viruses and bacteria. *Dev. Comp. Immunol.*, 25, 827-839.

飯田貴次・若林久嗣 (1995) : 魚類貪食細胞の特性, 水産動物の生体防御 (森　勝義・神谷久男編), 恒星社厚生閣, pp.29-36.

Iwama, G. and Nakanishi, T. ed. (1996) : The Fish Immune System Organ, Pathogen, and Environment. Academic Press, San Diego 380pp.

ジェンウェイ. C. A. Jr.・トラバース, P. (1998) : 免疫生物学－免疫系の正常と病理－ (原書第 3 版), 笹月健彦監訳, 南江堂.

Matsuyama, H., T. Yano, T. Yamakawa and M. Nakao (1992) : Opsonic effect of the third complement component (C3) of carp (*Cyprinus carpio*) on phagocytosis by neutrophils. *Fish Shellfish Immunol.* 2, 69-78.

室賀清邦・江草周三編 (1996) : 魚病学概論, 恒星社厚生閣, 177pp.

Nakamura, O., Y. Suzuki and K. Aida (2000) : Oral immunization specifically inhibits the intestinal protein uptake in common carp, Cyprinus carpio L. *Fisheries Sci.* 66, 540-546.

中西照幸 (1995) : 移植免疫から見た防御機構, 水産動物の生体防御 (森　勝義・神谷久男編), 恒星社厚生閣, pp. 46-54.

Nakanishi, T., K. Aoyagi, C. Xia, J. M. Dijkstra and M. Ototake (1999) : Specific cell-mediated immunity in fish. *Vet. Immunol. Immunopahol.* 72, 101-109.

Nakanishi, T., U. Fisher, J. M. Dijkstra, S. Hasegawa, T. Somamoto, N. Okamoto, and M. Ototake, (2002) : Cytotoxic T cell function in fish. *Dev. Comp. Immunol.*, 26, 131-139.

Nakao, M. and T. Yano (1998) : Structural and functional identification of complement components of the bony fish, carp (*Cyprinus carpio*). Immunol. Rev., 166, 27-38.

中尾実樹・矢野友紀 (2000) : 硬骨魚類の補体系, 化学と生物, 38, 582-588.

岡本信明・倉田　修 (1995) : NK 細胞の特性, 水産動物の生体防御 (森　勝義・神谷久男編), 恒星社厚生閣, pp. 37-45.

Ota, T., T. Sitnikova and M. Nei (2000) : Evolution of vertebrate immunoglobulin variable gene segments. *in* "Current topics in microbiology and immunology." vol. Berlin. pp.221-245.

ロイト, I.・ブロストフ, J.・メール, D. (2000) : 免疫学イラストレイテッド (原書第 5 版), (多田富雄監訳), 南江堂.

Ross, D. A., M. R. Wilson, N. W. Miller, L. W. Clem and G. W. Warr (1998) : Evolutionary variation of immunoglobulin μ heavy chain RNA processing pathways : origins, effects, and implications. *Immunol. Rev.* 166, 143-151.

Rombout, J. H. W. M., A. J. Taverne-Thiele and M. Villena (1993) : The gut-associated lymphoid tissue (GALT) of carp (*Cyprinus carpio* L.) : An immunocytochemical analysis. *Dev. Comp. Immunol.*, 17, 55-66.

Scapigliati, G., N. Romano, and L. Abelli (1999) : Monoclonal antibodies in fish immunology : identification, ontogeny and activity of T- and B-lymphocytes. *Aquaculture*, 172, 3-28.

Schreck, C. B. (1996) : Imminomodulation : Endogenous factors, *in* "The fish immune system : organism pathogen and environment" (ed. by G. Iwama and T. Nakanishi), Academic Press, San Diego, pp.311-337.

Secombes, C. J., T. Wang, S. Hong, S. Peddie, M. Crampe, K. J. Laing, C. Cunningham and Zou, J. (2001) : Cytokines and innate immunity of fish. *Dev. Comp. Immunol.*, 25, 713-723.

Suzuki, Y. (1995a) : Vascular System. *in* "An Atlas of Fish Histology. Normal and Pathological Features" (ed. by F. Takashima and T. Hibiya), Kodansha, Tokyo, pp. 72-87

Suzuki, Y. (1995b) : Skin. *in* "An Atlas of Fish Histology. Normal and Pathological Features" (ed. by F. Takashima and T.Hibiya), Kodansha, Tokyo, pp.8-17.

鈴木　譲 (1995) : 魚類の体表における防御反応, 水産動物の生体防御 (森　勝義・神谷久男編), 恒星社厚生閣, pp.9-17.

Suzuki, Y. and T. Iida (1992) : Fish granulocytes in the process of inflammation. *Ann. Rev. Fish Diseases*, 2, 149-160.

Suzuki, Y., T. Otaka, S. Sato, Y. Y. Hou and K. Aida (1997) : Reproduction related immunoglobulin changes in rainbow trout. *Fish Physiol. Biochem.* 17, 415-421.

Suzuki, Y. and T. Otake (2000) : Skin lectin and the lymphoid tissues in the leptocephalous larvae of the Japanese eel *Anguilla japonica*. *Fisheries Sci.*, 66, 636-643.

Tanaka, T., K. Furukawa, Y. Suzuki and K. Aida (1999) : Transfer of maternal antibody from mother to egg may have no protective meaning for larvae of red seabream, *Pagrus major*, a marine teleost. *Fisheries Sci.* 65, 240-243.

Tasumi, S., T. Ohira, I. Kawazoe, H. Suetake, Y. Suzuki and K. Aida (2002) : Primary structure and characteristics of a lectin from skin mucus of the Japanese eel *Anguilla japonica*, *J. Biol. Chem.*, 277, 27305-27311.

Weyts, F. A. A., N. Cohen, G. Flik, B. M. L. Verburg-Van-Kemenade (1999) : Interactions between the immune system and the hypothalamo-pituitary-interrenal axis in fish. *Fish Shellfish Immunol.* 9, 1-20.

Whitear, M. (1984) : The skin of fishes including cyclostomes. *in* "Biology of the integument. 2 Vertebrates" (ed by Bereiter-Harn, J., Matoltsy, A. G. and Richards, K. S., Springer), Verlin. pp.8-64.

부록 본서에 인용되어진 어류의 명칭과 학명 일람표

화 명	학 명	화 명	학 명
전갱이	Saurel	미꾸리	Misgurnus anguillicaudatus
붕장어	Conger	날돛양태	Repomucenus beliteguri
독가시치	Siganus fuscescens	말뚝망둥어	Periophthalmus cantonensis
쥐노래미	Hexagrammos otakii	자주복	Takifugu rubripes
도도바리	Epinephelus awoara	국매리복	Takifugu radiatus
그물코쥐치	Rudarius ercodes	메기	Silurus asotus
은어	Plecoglossus altivelis	무지개송어	Oncorhynchus mykiss
아귀	Lophiomus setigerus	청어	Clupea pallasi
벤자리	Parapristipoma trilineatum	동갈민어	Nibea mitsukurii
돌돔	OPiegnathus fasciatus	동갈양태	Callionymus punctatus
뱀장어	Anguilla japonica	줄도화돔	Apogon semilineatus
쏨뱅이	Sebastiscus marmoratus	노랑씬벵이	Histrio histrio
가다랑어	Euthynnus pelamis	졸복	Takifugu pardalis
가물치	Channa argus	각시송어	Oncorhynchuus nerka
곱자연어	Oncorhynchus gorbuscha	넙치	Paralichthys olivaceus
쥐치	Stephanolepis cirrhifer	방어	Seriola quinqueradiata
칠성장어	Lempetra japonica	범가자미	Verasper variegatus
잿방어	Seriola dumerili	황놀래기	Pseudolabrus sieboldi
동자개아	Pelteobagrus nudiceps	숭어	Mugil cephalus
황다랑어	Thunnus albacares	전갱이	Trachurus japonicus
용치놀래기	Halichoeres poecilepterus	붕장어	Conger myriaster
금붕어	Carassius auratus	정어리	Sardinops melanostictus
은연어	Oncorhynchus kisutch	문치가자미	Pseudopleuronectus yokkohamae
은상어	Chimaera phantasma		
복섬	Takifugu niphobles	고등어	Scomber japonicus
쌍동가리	Parapercis sexfasciata	참돔	Pagrus major
감성돔	Acanthopagrus schlegeli	대구	Gadus macrocephalus
잉어	Cyprinus carpio	문절망둑	Acanthogobius flavimanus
쏠종개	Plotosus lineatus	앨퉁이	Sternoptyx diaphana
시마연어	Oncorhynchus masou	먹장어	Myxine garmani
꽁치	Cololabis saira	벵에돔	Girella punctata
줄전갱어	Pseudocaranx dentex	송사리	Oryzias latipes
줄벤자리	Terapon oxyrhynchus	볼락	Sebastes inermis
사백어	Leucopsarion petersii	참붕어	Pseudorasbora parva
청보리멸	Sillago japonica	산천어	Oncorhynchus masou
연어	Oncorhynchus keta	실고기	Syngnathus schlegeli
농어	Lateolabrax japonicus	유럽뱀장어	Anguilla anguilla
점다랑어	Euthynnus affinis	빙어	Hypomesus transpacificus nipponensis
흰줄납줄개	Rhodeus ocellatus ocellatus		

색 인

어류 생리학

인 쇄 일 : 2007년 2월 28일
발 행 일 : 2007년 3월 02일
저 자 : 會田 勝美
역 자 : 강석중, 권혁추, 김대중, 김명희, 김 윤
손영창, 여인규, 전중균, 한창희
발 행 처 : 도서출판 바이오사이언스(주)
발 행 인 : 문 정 구
등록번호 : 제 22-3079 호
주 소 : 서울시 서초구 방배동 479-4 호산B/D 4층
전 화 : (02)581-4057~8 / Fax : (02)581-4059
Homepage : http://www.biobooks.co.kr

ISBN : 978-89-959257-1-0 93520

정가 : 12,000 원